降雨及库水作用下滑坡时效变形分析及其数值模拟

王世梅 王 力 占清华 郭 飞 贺元源 等 著

U0230446

国家自然科学基金面上项目（编号：50879044）

国家自然科学基金面上项目（编号：41372359）

国家自然科学基金区域创新联合基金重点支持项目（编号：U21A203）

资助出版

科学出版社

北 京

内 容 简 介

水库蓄水、降雨及波浪侵蚀引起的滑坡变形具有显著的时间效应，根本原因在于滑体地下水渗流、蠕变及其耦合作用等力学过程均与时间相关。本书以水库型滑坡为研究对象，以非饱和土力学、蠕变力学、渗流力学及流体力学等理论为基础，采用室内试验、力学分析、数学建模等综合手段和方法，对滑坡土体非饱和蠕变特征、非饱和渗流与蠕变耦合效应及数值分析方法展开系列研究。揭示滑坡土体非饱和蠕变特性，探究蠕变变形与净围压及基质吸力的相关性，构建反映基质吸力影响的滑坡土体非饱和蠕变模型及数值分析方法；分析非饱和渗流与蠕变的相互影响规律，构建非饱和渗流与蠕变耦合作用的数学模型及数值分析方法；探讨库岸侵蚀-塌岸变形演化过程及对滑坡长期稳定性的影响。研究成果丰富和完善了水库型滑坡长期变形预测理论和方法，具有较强的理论意义和应用价值。

本书可供从事地质工程、岩土工程、地质灾害与环境等领域的科技人员及相关高校的师生参阅。

图书在版编目（CIP）数据

降雨及库水作用下滑坡时效变形分析及其数值模拟 / 王世梅等著.
北京：科学出版社，2024.11. -- ISBN 978-7-03-079450-5

I. TV698.2

中国国家版本馆 CIP 数据核字第 2024UT5823 号

责任编辑：孙寓明/责任校对：胡小洁
责任印制：彭　超/封面设计：苏　波

科 学 出 版 社 出版
北京东黄城根北街 16 号
邮政编码：100717
http://www.sciencep.com

武汉中科兴业印务有限公司印刷
科学出版社发行　各地新华书店经销
*

开本：787×1092　1/16
2024 年 11 月第 一 版　印张：19 3/4
2024 年 11 月第一次印刷　字数：503 000
定价：**188.00** 元
（如有印装质量问题，我社负责调换）

前言

　　降雨和水库蓄水引发的库岸滑坡灾害给库区经济和人民生命财产安全造成极大威胁，也给水库调度和发挥最大经济社会效益带来巨大挑战。每年汛期和库水位涨落期都是滑坡灾害高发期，尤其库水位快速降落叠加暴雨或久雨对滑坡稳定极为不利，往往导致滑坡变形加速甚至失稳。众所周知，降雨和水库蓄水诱发滑坡变形并不是即刻产生的，一般都经历了一个时间过程，具有显著的时间效应。滑坡从最初出现变形至整体失稳破坏，经历的时间长短因滑坡地质条件不同也不一样，短则数天，多则若干年。仅三峡库区因水库蓄水和库水位变动引起变形的滑坡就达 151 处，据滑坡专业监测资料可知，自 2003 年三峡水库首次蓄水至 2020 年 7 月，累积变形超过 1 000 mm 的滑坡达 14 处，比如树坪滑坡最大累积变形达 5 500 mm，直到 2016 年通过削坡压脚治理后变形才得到有效缓解；白水河滑坡最大累积变形达 4 900 mm，直到 2018 年削坡压脚治理后变形才得以缓解；累积变形超过 2 000 mm 的滑坡还有白家包滑坡、八字门滑坡、木鱼包滑坡、谭家河滑坡、谭家湾滑坡、卧沙溪滑坡、三门洞滑坡等，这些滑坡目前均处于持续变形之中。由此可见，滑坡长期变形预测成为滑坡稳定性评价和滑坡灾害预警的关键任务。

　　滑坡变形的时间效应主要体现在两方面：一是降雨和水库蓄水在滑体中引起地下水渗流，渗流过程是一个时间过程；二是在渗流力作用下滑体产生的蠕变变形也与时间相关，且渗流与蠕变变形是相互影响的。三是库岸侵蚀-塌岸规模的不断增大，也会引起滑坡产生缓慢变形。然而，当前针对滑坡变形和分析计算主要只考虑了渗流作用，忽视了滑体的蠕变变形对渗流的影响，更未考虑前缘侵蚀-塌岸演化对滑坡长期变形的影响。为此，作者及研究团队依托国家自然科学基金面上项目"滑坡土体非饱和蠕变特性分析（项目编号：50879044）"、"滑坡土体渗流与蠕变耦合特性分析（项目编号：41372359）"，以及国家自然科学基金区域创新联合基金重点支持项目"鄂西山区大型水库复活型滑坡前缘侵蚀致灾机制及生态防护（项目编号：U21A203）"，以降雨型和水库型滑坡为研究对象，以降雨及库水作用下滑坡变形演化力学过程为主线，以滑坡时效变形预测为最终目标，聚焦"滑坡土体非饱和蠕变特性、非饱和蠕变模型、非饱和渗流与蠕变耦合效应、侵蚀-塌岸演化力学机制"等关键科学问题，开展了长达 15 年的持续研究，取得了一系列研究成果，包括：①自主研发了能够控制基质吸力的非饱和三轴试验仪和能够开展饱和土体渗流与蠕变耦合试验的三轴仪；②揭示了滑坡土体的蠕变特征，构建了饱和土修正经验蠕变模型和修正元件蠕变模型，以 FLAC3D 为二次开发平台，构建了基于修正元件模型的滑坡长期变形数值分析方法；③明晰了滑坡土体的体积和剪切蠕变规律以及基质吸力对蠕变变形的影响，构建了滑坡土体非饱和修正经验蠕变模型、修正元件蠕变模型以及基于非饱和元件模型的有限元数值分析方法；④基于非饱和蠕变方程和塑性势理论，推导了滑坡土体非饱和黏弹塑性本构模型及其模型参数确定方法；⑤以非饱和渗透性函数为纽带，联合非饱和渗流控制方程和非饱和黏弹塑性本构方程，推导了渗流与蠕变耦合数学模型，以有限元软件 ABAQUS 作为二次开发平台，构建了基于非饱和土渗流与蠕变耦合的滑坡时效变形数值分析方法；⑥推导了土质岸坡水流冲刷土粒起动方程，结合冲刷土粒起动方程和能量方程推导并构建了塌岸预测模型，考虑塌岸对滑坡前缘形态的影响，利用有限元数值软件分析计算了塌岸对滑坡长期稳定性的影响。

本书是将上述研究成果系统整理、提炼加工后撰写而成的。参与研究的人员有王世梅、王力、占清华、郭飞、贺元源、陈勇，以及在读研究生陈晶晶、尹清杰、郑俊、赖小玲、邹良超、李孝平、刘先锋、胡秋芬、向玲、余文鹏等，全书由王世梅统稿。

本书共 7 章。第 1 章以三峡库区典型滑坡为例，分析滑坡时效变形特征及其内在力学机制，明确渗流、蠕变及耦合作用是引起滑坡时效变形的主要原因，对相关研究现状进行了综述，提出了拟解决的关键科学问题。第 2 章介绍滑坡滑带土饱和蠕变试验，分析其蠕变特征，构建修正经验蠕变模型和修正伯格斯元件模型，基于 FLAC3D 平台建立基于修正伯格斯元件模型的滑坡时效变形数值计算方法。第 3 章介绍滑坡土体非饱和蠕变试验，明晰基质吸力对蠕变变形的影响，构建非饱和土的修正经验蠕变模型和修正元件模型，推导基于非饱和修正伯格斯元件模型的有限元格式和求解策略，编程实现基于非饱和蠕变模型的滑坡时效变形数值计算方法和程序。第 4 章介绍饱和三轴渗流蠕变试验及不同固结压力下的渗流试验，揭示渗流产生的时效变形特征，分析变形对渗流的影响，并建立渗透系数与孔隙比函数关系，推导饱和土的渗流与蠕变耦合数学方程及有限元求解方程，构建基于渗流与蠕变耦合的数值模拟方法。第 5 章介绍非饱和土体积蠕变试验，建立非饱和土体蠕变方程，推导非饱和土弹黏塑性本构模型和考虑变形影响的非饱和渗透性函数，构建非饱和渗流与蠕变耦合的有限元方程及其数值分析方法，提出基于变形监测的参数动态反演及滑坡时效变形预测方法。第 6 章介绍非饱和土松弛试验，探究非饱和土的松弛特征及其与基质吸力的关系，初步建立非饱和土的松弛函数表达式。第 7 章介绍三峡库区滑坡前缘侵蚀-塌岸基本特征，初步分析土质岸坡水流冲刷侵蚀力学机制，建立土质岸坡侵蚀-塌岸预测方法，分析前缘侵蚀-塌岸对滑坡长期变形和稳定性影响。

由于作者水平有限，书中难免有所疏漏，敬请读者指正。

作 者

2024 年 6 月

目 录

第1章 绪 论

1.1 研究背景

1.1.1 降雨及水库蓄水诱发滑坡变形的时间效应

降雨和水库蓄水是诱发滑坡的最主要外在因素。据统计资料，滑坡发生频次最多的月份与暴雨频次最多的月份相一致，滑坡发生与暴雨频次具有良好的一致性。1975 年 8 月上旬，湖北省秭归县降雨 300 mm，诱发具有严重危害的滑坡高达 876 处；1982 年的川东大暴雨期间，仅重庆市云阳县内就发生了鸡扒子和天宝等十余处大中型滑坡；1998 年重庆市区范围内连续遭受了 9 次大暴雨和特大暴雨的袭击，引发大小地质灾害达 27 896 处，其中滑坡占 80%以上（杨秀元 等，2021）。《中国典型滑坡》（殷跃平 等，2007）一书中列举了 90 多个滑坡实例，其中有 95%以上的滑坡都与降雨有着密切关系。据资料记载，国内外与水库蓄水有关的重大滑坡事件时有发生。如 1959 年意大利建成的高达 262 m 的瓦依昂拱坝，当水库水位达到 700 m 高程时，大坝上游近坝左岸于 1963 年 10 月 9 日夜突然发生了体积约 2.4 亿 m³ 的超巨型滑坡，快速下滑体激发的涌浪过坝时超出坝顶 100 m，强劲的过坝水流一举冲毁了坝下游数公里之内的 5 座市镇，死亡近 3 000 人，酿成了震惊世界的惨痛事件（朱文彩 等，2020）。2003 年 7 月 13 日凌晨，湖北省秭归县千将坪发生 2 400 余万立方米的特大山体滑坡，造成 14 人死亡，10 人失踪，1 200 多人无家可归，直接经济损失达数千万元；四川宝珠寺水库 1998 年蓄水至正常水位，1999 年出现超 104 m³ 滑坡 11 处；湖南的凤滩、柘溪、东江、白渔潭等大型水库，均在蓄水后出现较多的滑坡（刘传正 等，2019）。

上述事实充分说明，水是影响滑坡最活跃、最积极的因素，正因为如此，降雨和水库蓄水如何对滑坡产生影响一直成为滑坡机理研究和预测的重要课题，并受到国际滑坡学界的高度重视。然而，降雨和库水位升降对滑坡的影响机理十分复杂。在库水位变动及降雨入渗条件下，滑坡体内的地下水渗流场不断发生变化，从而使得滑坡土体经常在饱和与非饱和状态之间转化，因此，水的渗流及土体的强度和变形不仅涉及土的饱和状态，也涉及土的非饱和状态。鉴于水库滑坡经常在饱和状态与非饱和状态变化，因此，采用非饱和土力学的理论和方法，开展水库滑坡的变形破坏机理和稳定性评价方法研究，是当前研究的热点问题。

大量实例还表明，降雨或水库蓄水导致滑坡变形演化失稳并不是立即发生的，大都经历了一个时间发展过程。据统计，绝大多数滑坡的发生是在降雨或水库蓄水之后，如美国 Grand Coulee 水库在 1941 年蓄水后的 12 年内，先后发生滑坡约 500 起，其中 49%起发生在蓄水后 2 年内，51%发生在 2～12 年（Riemer，1992）；据 1978~1985 年的位移监测资料，新滩滑坡高速变形期与每年雨季具有密切对应关系，滑坡位移加速—减速周期的起止时间明显滞后于雨季起止时间（孙广忠，1998）。三峡水库自 2003 年开始蓄水以来诱发变形的滑坡 151 起，累积最大位移超过 1 000 mm 的大型滑坡 14 个，绝大多数滑坡变形随时间在不断增加。如树坪滑坡累积最大位移达到 4 300 mm（图 1-1-1），分析图 1-1-1 中库水位、滑坡地下水位及地表位移监测曲线知，随着库水位周期性涨落，滑坡体地下水呈现周期性升降，地表位移变形速率也呈周期性降低和增大，但滑坡累积位移总体上呈阶梯状持续增大趋势。即使库水位和地下水位稳定期间，其变形仍在缓慢持续增大（约 1.36 mm/d，如图 1-1-1 中所示）。说明滑坡时效变形不仅与库水变动产生的渗流场变化相关，还与蠕变效应相关。

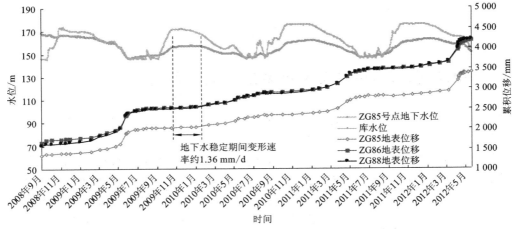

图 1-1-1　树坪滑坡库水位、地下水位及变形监测曲线

随着水库长期运行，受库水涨落和波浪作用的影响，岸坡侵蚀不断推进，塌岸也将不断扩展，这不仅导致水土流失和生态环境恶化，还会不断加剧岸坡破坏特别是滑坡的变形加剧，甚至引发严重的灾难性后果。三峡水库运行 18 年以来，岸坡最大侵蚀深度已达 10 m 以上，侵蚀作用不仅诱发了严重的塌岸问题，还导致了数起滑坡灾害事件，如 2012 年 6 月发生的曾家棚滑坡和 2015 年 6 月发生的红岩子滑坡（图 1-1-2）均与侵蚀、塌岸密切相关。2020 年，作者及其团队专门针对三峡库区 240 余处滑坡前缘侵蚀、塌岸情况进行现场调查发现，已经发生严重侵蚀、塌岸的滑坡达 79 处。通过对巴东县大坪滑坡监测资料分析表明，滑坡右侧遭受侵蚀、塌岸较严重的监测点位移速率明显高于其他监测点数据（图 1-1-3），侵蚀、塌岸对滑坡变形及稳定性产生了直接影响。由于侵蚀-塌岸-滑坡变形是一个不断发展的动态演化过程，随着时间的推移，库岸侵蚀、塌岸还会不断加剧，由此触发滑坡变形也将不断增加。因此，日趋严重的侵蚀、塌岸也是引发滑坡时效变形不可忽视的诱发因素。

（a）红岩子滑坡　　　　　　　　　　　　　　（b）曾家棚滑坡

图 1-1-2　三峡库区塌岸引发滑坡的典型案例

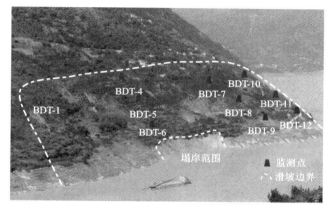

（a）滑坡塌岸照片

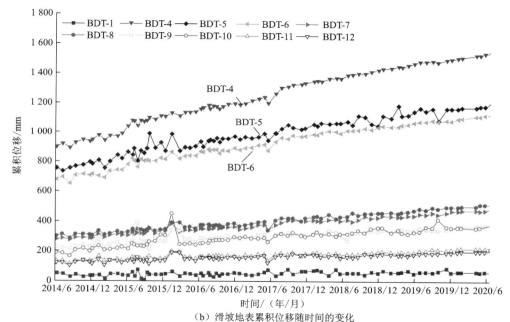

（b）滑坡地表累积位移随时间的变化

图 1-1-3　三峡库区巴东县大坪滑坡受塌岸影响稳定性降低

1. 树坪滑坡变形特征及其时间效应

1）基本特征

树坪滑坡位于三峡库区湖北省秭归县沙镇溪镇树坪村一组，长江南岸，下距三峡工程大坝坝址约 47 km，地理坐标经度 110°37′0″，纬度 30°59′37″（汪发武 等，2021）。

树坪滑坡属古崩滑堆积体，滑坡南北向展布，向北倾斜，发育于沙镇溪背斜南翼，由三叠系中统巴东组泥岩、粉砂岩夹泥灰岩组成的逆层向斜坡地段，地层产状倾向 120°～173°，倾角 9°～38°。滑体总体形态为比较明显的圈椅状，滑坡体东侧以屈家坪至姜家湾一带的叶儿开沟为界，西侧以南北向冲沟—龙井沟为界，后缘以姜家湾至上树坪后山高程 380～400 m 一带为界，前缘直抵长江（前缘剪出口高程 60 m），滑体南北纵长约 800 m，东西宽约 700 m，面积约 55×10⁴ m²，厚约 30～70 m，平均厚约 50 m，总体积约 2 750×10⁴ m³。树坪滑坡全貌图如图 1-1-4 所示。

图 1-1-4　树坪滑坡全貌图

树坪滑坡属一老滑坡，滑体物质主要由粉质黏土、碎裂岩组成，空间分布不均匀。根据产出次序，将粉质黏土层划分为第①层，将碎裂岩划分为第②层。从地面调查和钻孔揭露的情况看，粉质黏土层在滑坡区广泛分布，主要分布于滑体表部，滑坡中下部钻孔深部亦有揭露。根据性状、物质结构的区别又可将粉质黏土分为二个亚层，即①-1 层由可塑状、夹杂以泥质粉砂岩为主的碎块石组成，①-2 层由具有黏性、可塑性差、基本不含碎块石的长江高阶地物质组成。碎裂岩由滑坡滑动过程中的基岩错动碎裂形成，主要分布于主变形区西侧滑体表层以下，局部地表也有出露，根据母岩成分的不同将其分为二个亚层，即②-1 层由三叠系中统巴东组第三岩性段（T_2b^3）紫红色泥岩及粉砂岩组成，②-2 层由三叠系中统巴东组第二岩性段（T_2b^2）浅灰色灰岩、灰黄色泥灰岩组成。

滑带主要为角砾土，呈紫红色或灰绿色，厚 0.3～1.9 m，呈可塑-硬塑状。角砾成分主要为粉砂岩、泥岩及泥灰岩，粒径一般 0.2～2.0 cm，多呈次棱角-次圆状，大多具定向排列特征，土石比 3∶7～5∶5，部分滑带土挤压后颜色有所变异，呈片理化（鳞片状），具摩擦光面。

滑床为三叠系中统巴东组（T_2b）地层，主要成分为紫红色、灰绿色中厚层状粉砂岩夹泥岩，以及浅灰色、灰黄色灰岩、泥灰岩。岩层软硬互层，其中部分岩体中节理裂隙十分发育，沿裂面上可见有方解石、石英脉，岩体结构比较破碎，如遇水极易软化、崩解。树坪滑坡主剖面图（III-III）如图 1-1-5 所示。

2）变形特征

1996 年以前树坪滑坡滑体以局部变形为主，在前缘形成走向 100° 的弧形裂缝，造成 15 栋房屋变形，使 60 多人被迫搬迁。自 2003 年 6 月三峡水库开始蓄水以来，在 2003 年 10 月～2004 年 1 月，2008 年 6～9 月，2009 年 5～6 月，2011 年 6～9 月和 2012 年 6～9 月均出现了较为显著的变形，且在 2013 年和 2014 年 5～8 月变形都会出现扩大趋势，总体呈阶跃型变形特征。2015 年 3 月树坪滑坡治理工程主体完工后，经过 4 年多的运行，在 2019 年期间，树坪

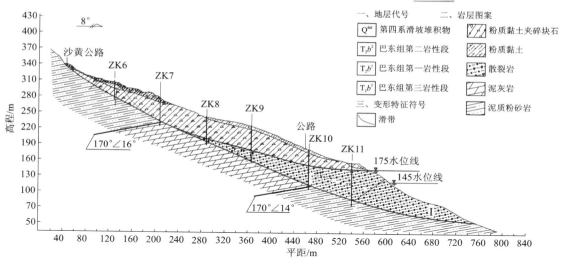

图 例

一、地层代号　二、岩层图案

Qᵈᵉˡ 第四系滑坡堆积物　粉质黏土夹碎块石

T_2b^2 巴东组第二岩性段　粉质黏土

T_2b^1 巴东组第一岩性段　散裂岩

T_2b^3 巴东组第三岩性段　泥灰岩

三、变形特征符号

滑带　泥质粉砂岩

图 1-1-5　树坪滑坡主剖面图（III-III）

滑坡各监测点没有出现明显的变形剧增现象，位移曲线较为平缓。与 2015 年之前相比，树坪滑坡不再出现较大的"阶跃"型变形，凸显了滑坡治理工程的效果。

树坪滑坡体在监测初期布设 6 个 GPS 变形监测点，滑体外围布设 1 个 GPS 监测基点，变形监测点呈两纵三横布置，基本能监控整个滑坡体的变形。2004 年 2 月，因滑坡体变形加剧，根据滑坡体变形特点，在滑体前缘及中部临时增设 5 个 GPS 变形监测点投入应急监测。2007 年 8 月在树坪滑坡体上新建 1 个 GPS 监测点 SP-6 及基准点 SPJ1 和 SPJ2，这两个基准点是为应急监测用。由于监测点 SP-1、SP-3、SP-4 和 SP-5 被损坏，目前能正常监测的 GPS 监测点分别为 ZG85、ZG86、ZG87、ZG88、ZG89、ZG90、SP-2 和 SP-6 共 8 个。监测点分布如图 1-1-6 所示。

树坪滑坡坡前库水位主要经历了四次大的抬升，即 2003 年 6 月 135 m 蓄水，2006 年 10 月 156 m 蓄水，2008 年 11 月 172 m 蓄水，2010 年 10 月 175 m 蓄水，由图 1-1-7 滑坡累积位移与时间曲线可以看出，2003 年 9 月～2007 年 1 月，各监测点的累积变形曲线近似直线平缓上升，总的变形不大，且中前部变形一直大于后部，说明该阶段滑坡处于缓慢匀速蠕变阶段，而且中前部的变形要先于后部发生；2007 年 2 月～2015 年 3 月，各监测点变形呈周期性"阶跃-稳定增长"趋势，且具有同步性。在 2015 年 3 月滑坡治理之后，各监测点变形又呈直线缓慢增长趋势，且增长速率很小，处于缓慢匀速蠕变阶段。

图 1-1-7 显示了树坪滑坡水平累积位移与库水位变化的对应关系。从图 1-1-7 中可以看出，滑坡变形与库水位升降这一"事件"之间具有较强的相关关系。每年的 4～9 月，滑坡的变形监测曲线就出现一个明显的变形增长阶坎，即各监测点位移速率增大，此时正处于三峡库区水位下降或者低水位运行阶段；而在每年 10 月至次年 3 月，滑坡的变形监测曲线相对趋于平稳，即各监测点位移速率减小，从而使得多年的滑坡变形曲线也呈现出"阶跃状"特征。这说明库水位下降对树坪滑坡变形的影响较大，并且滑坡的变形滞后于库水位的下降，具有明显的滞后效应（卢书强 等，2014）。

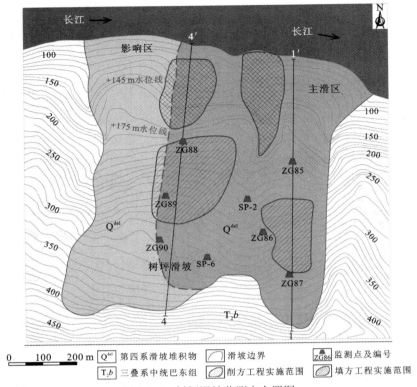

图 1-1-6 树坪滑坡监测点布置图

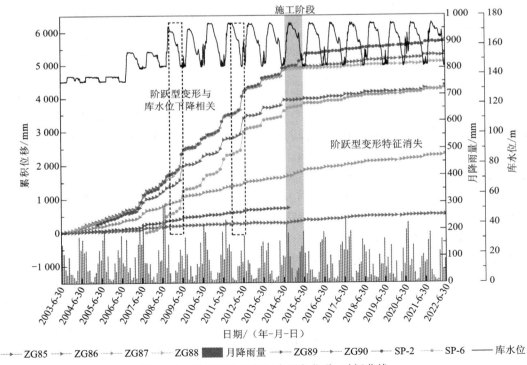

图 1-1-7 树坪滑坡各监测点累积位移-时间曲线

2. 白家包滑坡变形特征及其时间效应

1）基本特征

白家包滑坡位于秭归县归州镇向家店村香溪河右岸，距离香溪河口 2.5 km、三峡大坝坝址 41.2 km（谢林冲 等，2021）。

白家包滑坡平面形态呈短舌状，剖面形态为凹形（邓茂林 等，2020）。滑坡后缘以较陡的基岩山坡与较缓的滑坡后缘平台相接的地形转折线为界，高程 272 m，左侧以山脊与缓坡交界处为界，走向约 40°，右侧以山梁为界，山梁走向 85°，前缘直抵香溪河，滑坡剪出口高程约 130 m。滑坡主滑方向约 82°，纵长约 550 m，横向上窄下宽，平均宽度约 400 m，总面积约 22 万 m²，总体积约 990 万 m³，平均厚度约 30 m。白家包滑坡全貌图见图 1-1-8。

图 1-1-8　白家包滑坡全貌图

滑坡发育于侏罗系下统香溪组（J₁x），主要由长石砂岩、粉砂质泥岩和泥质粉砂岩组成，岩层产状倾向 250°～295°，倾角 20°～35°，逆坡向。滑体物质主要为灰黄色、褐黄色粉质黏土夹块碎石及碎块石土，粉质黏土和碎块石土多呈不规则状交替出现。粉质黏土松散-稍密，硬塑-可塑，稍湿，块石主要成分为强-中风化砂岩、泥岩，块碎含量 5%～50%，粒径 0.2～60 cm。块碎石土多呈稍密-密实，块石含量可达 50%～90%，细粒土为粉质黏土和黏土及角砾。滑带土主要为灰黄色夹杂紫红色可-软塑状态的粉质黏土夹碎石角砾。白家包滑坡 I-I 剖面图见图 1-1-9。

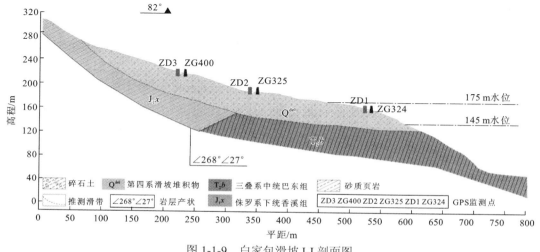

图 1-1-9　白家包滑坡 I-I 剖面图

滑坡地下水主要为滑坡堆积体中的孔隙水及滑床中的基岩裂隙水。滑坡堆积体结构较松散，透水性较好，有利于地表水的入渗、运移和排泄。滑带土弱-微弱透水性，渗透系数为 $1.5 \times 10^{-6} \sim 7.2 \times 10^{-7}$ cm/s，滑床岩体主要为侏罗系下统长石石英砂岩及泥岩，具弱透水性，渗透系数为 $1.0 \times 10^{-4} \sim 1.0 \times 10^{-6}$ cm/s。滑坡区地下水主要由大气降水和库水补给，直接向低处长江排泄，具有就地补给、就地排泄的特点。

2）变形特征

白家包滑坡在 2007 年 5 月以前，地表没有出现明显的变形迹象。2007 年 6 月开始在滑坡右侧公路一带路面出现拉裂缝，同年 7 月在滑坡后缘出现弧形拉裂缝，且左右两侧均出现拉裂缝，且裂缝相连形成总长约 160 m 的弧形拉裂缝，在滑坡体中部公路上也出现拉裂缝，公路路面损毁严重。2008 年 7 月，从滑坡中部穿过的公路及滑坡两侧边界处又出现裂缝，路面受损，滑坡前部北侧边界公路路面也出现拉裂变形，断续延伸至滑坡后缘与南侧裂缝相连，滑坡后缘弧形裂缝张拉变形。2010 年 6 月滑坡两侧边界部分路面损毁较严重，已在路面上形成下座坎。2011 年 6 月，滑坡左侧中部边界变形明显，裂缝沿滑坡左侧边界线展布延伸，同年 8 月，裂缝沿滑坡左侧边界线展布向上延伸至滑坡后缘，向下延伸至秭兴公路以下，长约 200 m。从地表宏观变形迹象分析，滑坡后缘出现拉裂缝，两侧边界原有裂缝亦产生拉张变形，滑坡边缘裂缝基本相通，具整体性变形特征，且有加速趋势。

3）时效变形特征

三峡库区自 2003 年开始蓄水以来，白家包滑坡发生了持续性变形，特别是随着库水位的周期性调度，滑坡变形产生了明显的响应（李永康 等，2017）。为研究降雨和库水波动对滑坡体变形的影响，管理部门在坡体上布设一纵两横三个监测剖面，纵剖面 I-I 沿着滑坡体中轴线位置为断面，横剖面 II-II 和 III-III 与横穿该滑坡的公路轴线大致平行，监测布置平面图见图 1-1-10。

将 I-I 剖面作为滑坡研究的主剖面，在其上共布设了 6 个 GPS 监测点，分别为 ZD1、ZD2、ZD3、ZG324、ZG325 和 ZG400。其中，ZG324 和 ZG325 从 2006 年 10 月开始监测；ZG400 从 2016 年 3 月开始监测；ZD1、ZD2 和 ZD3 从 2017 年 9 月开始监测。各监测点累积位移与月降雨量、库水位的关系曲线见图 1-1-11。从图 1-1-11 可以看出，各监测点地表位移表现了阶跃-稳定型变形特征，分别在每年 5～9 月变形速率加剧，9 月～次年 4 月变形趋于稳定，但变形速率并非为零，呈现缓慢匀速蠕变趋势。

三峡库区水位下降过程在每年 4 月底～6 月初，三峡地区多雨季节是每年 6～9 月，大气降雨和库水位下降两个影响因素往往同时出现。从图 1-1-11 可以看出，在每年多雨和库水位下降阶段滑坡变形曲线出现较大陡坎，其他时间段的变形没有明显差别，说明降雨和库水位下降速率都对白家包滑坡变形影响显著。

白家包滑坡滑体自后缘向前缘物质结构由较松散至较密实，渗透性表现为后部较中前部渗透性好。滑坡中后部较强渗透性有利于雨水入渗进入滑体深部岩土体，软化其力学性质，并抬高地下水位。中前部较弱渗透性则不利于地下水的排泄，容易在滑坡体内形成向外渗流的动水压力。滑坡特殊的滑体结构及物质组成对降雨及库水作用都十分不利，强降雨和库水位下降都是白家包滑坡变形的诱发因素。

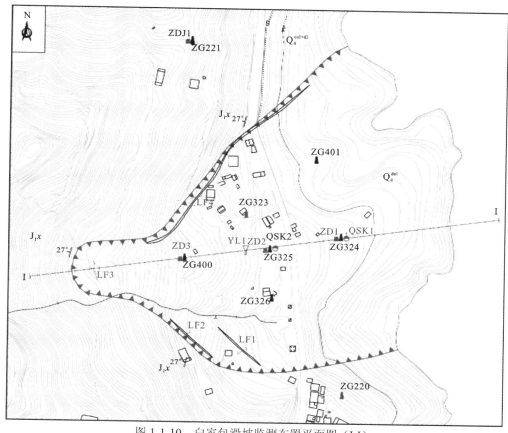

图 1-1-10　白家包滑坡监测布置平面图（I-I）

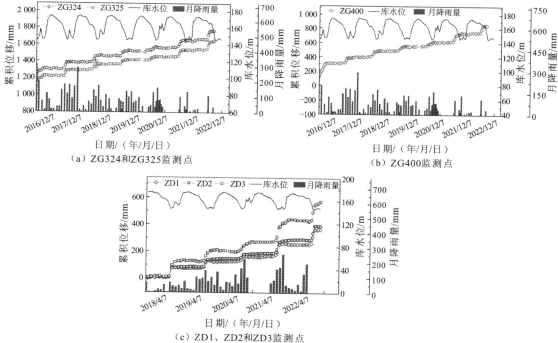

（a）ZG324和ZG325监测点　　　　　（b）ZG400监测点

（c）ZD1、ZD2和ZD3监测点

图 1-1-11　白家包滑坡累积位移-月降雨量-库水位关系曲线

3．八字门滑坡变形特征及其时间效应

1）基本特征

八字门滑坡行政区划属于秭归县归州镇香溪村 1 组，位于香溪河右岸，距河口 0.8 km，距三峡坝址 38 km（杨玲 等，2022）。

八字门滑坡的滑坡发育特征较典型，平面形态呈箕形，两侧边界发育同源冲沟，后缘明显呈圈椅状形态，后缘高程 248 m，前缘直抵香溪河，前缘高程 65 m。上部较窄，宽约 100～110 m，下部较宽约 350 m，纵长约 520 m，总面积约 11.78 万 m²，平均滑体厚度 20 m，总体积约 235 万 m³。八字门滑坡全貌图见图 1-1-12。

图 1-1-12　八字门滑坡全貌图

按照成因类型和物质成分将滑体划分为三组岩土层，分别为粉质黏土夹碎块石层、碎块石土层和碎石角砾土层。其中，粉质黏土夹碎块石层主要分布滑坡中下部三级平台上，黄褐色，稍湿-湿，可塑-硬塑，内含少量强风化状态长石石英砂岩碎石，锤击易碎，断面呈黄绿色，局部呈砂状，含量小于 10%，碎石粒径一般为 3～15 cm，厚度变化区间为 3～8 m，平均厚度为6.6 m；碎块石土层在全滑坡区分布，呈黄褐-紫红色夹深灰色，主要由块石、碎石及粉质黏土组成，土石比为 4∶6，碎块石粒径一般 5～10 cm，大者 20～50 cm，呈次棱角-棱角状，碎块石成分主要为长石石英砂岩、少量泥质粉砂岩和紫红色粉砂质泥岩，局部呈层状分布，强-中风化状态，锤击易碎，由于碎块石土结构松散，钻进时易垮孔，厚度变化区间为 4.8～24.0 m，平均厚度 15.80 m；碎石角砾土层主要分布滑坡体中后部，黄褐-紫红色夹深灰色，主要由碎石角砾及粉质黏土组成，土石比为 3∶7，碎石粒径一般为 0.3～5 cm，大者 15 cm，次棱角-棱角状，碎石角砾成分主要为长石石英砂岩、少量泥质粉砂岩和紫红色粉砂质泥岩，局部呈层状分布，强-中风化状态，锤击易碎，厚度变化大，区间为 4.9～30.8 m，平均厚度为 16.20 m。

八字门滑坡形成较早，属老滑坡，已出现复活迹象。根据钻探揭露其前部存在两层滑带，上部为次级滑面，主滑带在滑体底部与滑床界面之间连续分布，滑面倾角中后部较陡约为 20°～30°，前部平缓，其厚度变化区间为 0.9～3.6 m，滑坡是沿土石接触面或冲洪积物顶面滑出的。在接近基岩面位置可见滑动镜面，倾向为 130°，倾角为 23°；钻孔 ZK2 中 35.8 m处揭露的滑动面，倾角为 28°，其中黏性土可见明显及挤压揉皱。滑带厚度变化总体趋势表现为上部薄、下部厚及前缘薄。上部次级滑带的厚度变化区间为 2.5～3.2 m，与主滑带性质相似。主滑带为角砾土，为紫红色、灰绿色，角砾呈次棱-次圆状，直径 0.2～5 cm，局部表面具磨光

面、擦痕，成分以砂岩、泥岩为主，充填粉质黏土，软塑-可塑状，土石比为6：4～5：5。

滑床基岩主要为强-中等风化长石石英砂岩和泥质粉砂岩互层，局部夹炭质泥页岩，冲洪积物成分以含泥砾砂为主，局部夹灰黑色淤泥质粉质黏土。滑床可分为两级，后部较陡坡度20～30°，中前部为一侵蚀平台，平台宽200～400 m，标高93～128 m，平台中部略呈反翘形态。八字门滑坡主剖面形态见图1-1-13。

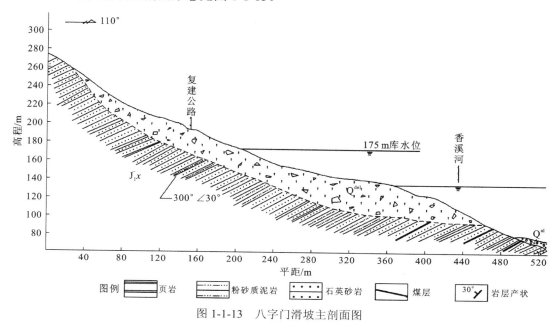

图1-1-13　八字门滑坡主剖面图

2）变形特征

八字门滑坡的历史变形及宏观变形主要表现在滑坡体裂缝发展上。如2003年7月长江三峡水库蓄水至135 m，滑坡体约196 m高程处出现多条走向北北东、南北北西的弧形拉张裂缝，缝宽约2～48 mm，下沉量约38～66 cm。2005年7～10月滑坡后缘（高程250 m）处见一裂缝，裂缝走向170°，宽约1～3 cm，长约60 m，最大下座为6 cm。2009年6月，在八字门滑坡体上的村组简易公路及滑坡体多处均可见明显拉裂缝，裂缝走向70°，张开约1 cm，延伸3～5 m，宏观变形显著。从2010年6月开始，八字门滑坡宏观变形逐渐明显，特别是在当年7月遭受暴雨袭击滑坡表面形成新冲沟，公路上部坡面冲刷严重，在外侧原坍塌体后缘弧形裂缝拉张，新张开1～5 cm。2011年6月，滑坡左、右侧边界处的秭兴公路挡墙变形错开，秭兴公路路面变形强烈，2011年7月，滑坡前缘南（右）侧边界（高程190 m）处产生裂缝，裂缝向上断续延伸至滑坡后缘，向下延伸至江边，沿缝有多处坍塌现象。2012年6月随着三峡库水位的消落和汛期降雨量的增加，八字门滑坡出现了明显的宏观变形迹象，主要表现为村级公路持续变形、秭兴公路外侧较严重变形。随后多年，在滑坡中后部及村级公路上发现多处张拉裂缝，并在滑坡消落带高程160 m范围内出现有侵蚀剥蚀型塌岸，塌岸沿整个滑坡库岸多有发生。

3）时效变形特征

八字门滑坡属于三峡库区二期专业监测灾害点，自2003年三峡库区蓄水以来开始实施专业监测，初期监测时布置有 4 个 GPS 监测点，分别为 ZG109、ZG110、ZG111 和 ZG112，其中，ZG109 监测点因淹没、ZG112 监测点因毁坏失去监测作用，未能获得长期变形结果。由于滑坡累积变形趋势逐步增大，于是在 2013 年 10 月新增加 GPS 监测点 8 个，分别为监测点 GSC1、GSC2、GSC3、GSC4、GSC5、GSC7、GSC8 和 GSC9，加上前期两个监测点 ZG110 和 ZG111，目前正常工作有 10 个 GPS 变形监测点，滑体外围布设 2 个基准点，各监测点平面布置如图 1-1-14 所示。

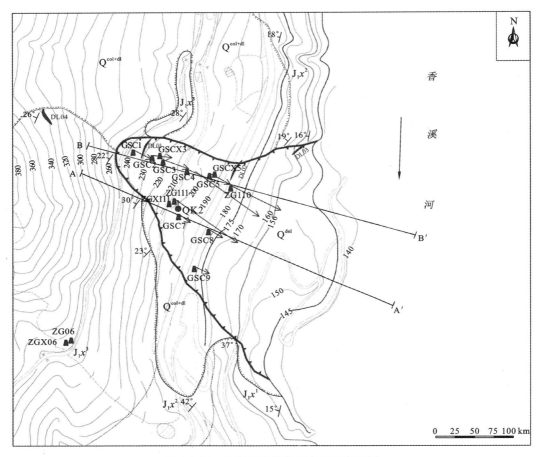

图 1-1-14　八字门滑坡监测点平面布置图

　　图 1-1-15～图 1-1-17 为人工监测累积位移与时间曲线，图 1-1-18 为监测点 GSCX3、GSCX5 和 ZGX111 在 2016 年 5 月开始采用自动监测仪采集数据以来的降雨量、位移与时间曲线。为探讨人工监测与自动监测的结果是否一致，将两者进行对比。自动位移监测点 GSCX3、GSCX5 和 ZGX111（GSCX5 自 2020 年 7 月 5 日后无数据，故采用 7 月 4 日数据）自 2016 年 5 月运行以来累积位移持续增加，截至 2020 年 7 月 26 日 GSCX3、GSCX5 和 ZGX111 累积位移分别为 1 139.0 mm、756.3 mm 和 819.4 mm，见图 1-1-18。3 个自动位移监测点 6 月 9 日～7 月 8 日的位移增加量分别为 76.7 mm、40.0 mm 和 51.7 mm，相近的人工 GPS 监测点（GSC3、GSC5 和 ZG111）位移变化分别为 41.2 mm、43.0 mm 和 43.8 mm，自动监测点与人工监测点位移变化趋势基本一致。3 个自动位移监测点 7 月 9～22 日的位移增加量分别为

20.2 mm、40.0 mm 和 13.6 mm，相近的人工监测点位移变化分别为 13.4 mm、15.1 mm 和 13.4 mm，自动监测点与人工监测点位移变化趋势一致。因 3 个自动监测点分别位于滑坡后部、中前部左右边界处，两期数据说明本月滑坡产生整体变形。

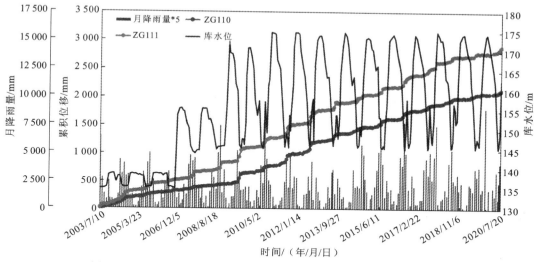

图 1-1-15 监测点 ZG110 和 ZG111 月降雨量、累积位移与时间曲线

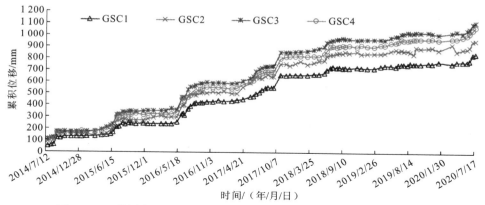

图 1-1-16 监测点 GSC1、GSC2、GSC3 和 GSC4 累积位移与时间曲线

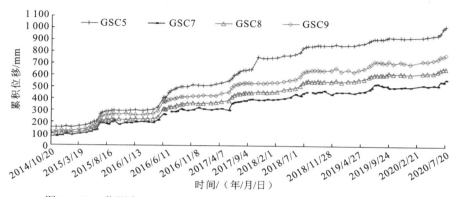

图 1-1-17 监测点 GSC5、GSC7、GSC8 和 GSC9 累积位移与时间曲线

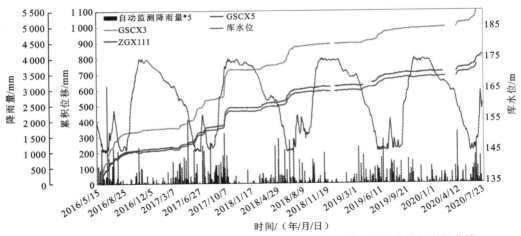

图 1-1-18　自动监测点 GSCX3、GSCX5 和 ZGX111 降雨量、累积位移与时间曲线

由图 1-1-15～图 1-1-18 滑坡各监测点位移与时间的关系可知,自 2003 年开始监测以来,各监测点均呈现出阶跃型变形特征,监测点 ZG111 在 2020 年 7 月最大变形总量达 2 889 mm。对于新增的 8 个监测点,从 2013 年 10 月开始监测以来,监测点 GSC4 在 2020 年 7 月最大变形达 1 076 mm,在每年 5～8 月库水下降阶段变形较为显著,在每年 9 月～次年 4 月变形趋缓,呈缓慢匀速蠕变变形趋势,总体呈现逐年增大的趋势（张桂荣 等,2011）。

4）诱发因素

从图 1-1-15～图 1-1-17 人工监测资料分析,八字门滑坡的变形对三峡库水位的升降具有很明显的响应。每年的 5～7 月,三峡库水位下降至 160 m,再由 160 m 降至 145 m 过程中,滑坡变形曲线出现突跃,滑坡的月位移量达到最大值,充分表现出典型的阶跃型的动态变形特性。而在每年 8 月到次年 4 月期间,滑坡的变形曲线趋于平缓,特别是在 11 月至第二年 2月间（集中在 1～2 月）。

由于自动监测仪为全天候采集数据提供了条件,为了把八字门滑坡的位移跃阶成因解释得更清楚,对图 1-1-18 自动监测资料进行分析。在库水位下降过程中且降雨量较小时（2016年 10 月～2017 年 5 月、2017 年 10 月～2018 年 5 月、2018 年 10 月～2019 年 5 月、2019年 10 月～2020 年 5 月）,八字门滑坡位移呈缓慢增大,并未出现阶跃,而在雨季到来时（2016年 6 月～2016 年 8 月、2017 年 5～8 月、2018 年 5～8 月、2019 年 5～8 月、2020 年 5～7 月）,八字门滑坡变形出现阶跃现象,累积位移出现激增。分析表明,降雨为八字门滑坡位移阶跃现象的主导因素。当然,库水位上升对八字门滑坡的变形产生阶跃现象是有条件的。滑坡体位移急剧增加发生在库水位下降的中期（10 m 左右）以后,且短期内库水位的迅速下降是滑体产生明显蠕滑的前提;短期内库水位的迅速下降导致库水位下降的速率大于八字门滑坡的渗透速度,产生的较大水头差,从而坡体变形出现阶跃现象。

1.1.2　滑坡时效变形机理

1. 土体蠕变引起的时效变形

流变是指物体受力变形中存在的与时间相关的变形特性。在工程实践中,岩土的流变现象包括蠕变、松弛、流动、应变率效应与长期强度效应。岩土工程中存在许多随时间变化的问题，比如建筑物的长期沉降，坑道开挖引起的地表面向临空面的长期变形，隧道开挖引起的地面沉降，以及经过几年、几十年甚至几百年引起的滑坡缓慢变形等。为了保证岩土工程的长期安全，岩土的蠕变特性研究越来越被人们重视。

为了研究岩土的蠕变特性，学者们经过大量的试验及理论研究，取得了许多有价值的成果，其中最著名的是 Bingham 在 1922 年出版的 *Fluidity and Plasticity*（《流动和塑性》），该著作的出版标志着流变学成为一门独立的学科。随后，这门学科广泛应用于岩土工程中与时间相关的问题，它的基本方法是研究岩土应力-应变状态的规律及其随时间的变化，并根据所建立的本构关系预测岩土的时效变形。

土是一种三相体系的介质，它由土颗粒作为基本骨架，水和气体充填其中。其中水与土颗粒之间由于物理化学作用，形成了强结合水和弱结合水。对于这样一种介质，其黏滞性已是公认的基本特性，在某些条件下黏滞性还比较突出，不容忽视，而这种黏滞性的存在使土体的蠕变性质更加明显。对于由土体蠕变引起的时效变形，研究方法可分为两类（郭飞 等，2022）。

（1）从土体的微观角度出发，认为土的流变特性是因土颗粒骨架的微观变化引起的，以土体的微细观构造的变化和机理来推导出整体的流变特性。但是这种方法至今大多只能对土体的流变特性进行定性的描述，而这种定性的描述成果极为少见或者成果缺少重现性。

（2）从土体的宏观角度出发，假设土体为均匀连续体，通过数学、力学的推导及解析，综合各条件下所表现的流变现象来得出流变本构模型。这种方法运用弹塑性理论、黏弹塑性理论等相关理论和试验结果，得出土体新的流变理论，以此预测土体的时效变形。但是这种方法对土体的流变机理方面的认识还存在不足。

因此，进行土体的蠕变特性研究，必须综合上述两种方法，将微观与宏观相结合，理性与物性相结合，探讨土体内部微观、细观结构与宏观流变特性的内在联系及相关规律，从而认识流变的发生和发展条件。

在此背景下，对滑带土进行大量的室内蠕变试验，包括饱和土和非饱和土的剪切蠕变试验，饱和土的渗流与蠕变耦合试验，非饱和土的体积蠕变试验等，以此建立滑带土的流变模型（经验模型、元件模型和黏弹塑性模型）及求解模型参数，然后根据流变模型预测土体蠕变引起的时效变形。

2. 土体渗流引起的时效变形

水在岩土体孔隙中流动的现象称为渗流，岩土体被水透过的性能即为渗透性。土体具有渗透性的内因是土体具有连续的孔隙，外因是土体具有水头差。

水在岩土体中的渗流不仅对于某一接触面作用有浮力，而且土粒本身也受到孔隙水流拖拽力的作用。渗流对于土体作用的孔隙水压力可以分为两种：一是静水压力，即由粒间孔隙中的水所传递的压力，它与土粒间的接触情况无关，对土体骨架的结构形式以及对土的剪应力等力学性质不产生影响；二是动水压力，当土体内部存在水头差时，水就通过土颗粒间的孔隙流动，沿渗透方向给土颗粒以拖拽力（也即渗透力），使土粒间有前移的趋势。当渗透力达到一定值时，岩土中一些颗粒甚至整体就发生移动，从而引起岩土体的变形和破坏，这种作用或是现象，也称为渗透变形。

由于岩土体的渗透变形会对实际工程产生不同的危害，对于岩土体的渗透性的研究，早在 1856 年就开始了，法国工程师达西（Darcy）通过大量的渗流试验研究，总结得出在土体渗流过程中水流的速度与水力梯度之间存在比例关系，且该比例系数为常数（即渗透系数），这就是著名的达西定律。该定律奠定了渗流分析理论的基础，也使岩土体中的渗流问题走上了定量化的研究道路（薛阳 等，2020）。

根据达西定律可知，当岩土体中存在水头差时就会产生渗透力，而渗透力作为一种外荷载长期作用会产生较大的累积变形，这种变形也包括与时间相关的变形，即土体渗流引起的时效变形。

3. 流-固耦合与时效变形

对于水库型滑坡，库水位周期性变动使滑坡体内外存在水头差，从而产生渗流，渗流引发蠕变变形，蠕变又会引起土体孔隙比变化和渗透性变化，因而影响渗流过程。因此，渗流与蠕变是相互影响的，具有耦合效应。时效变形正是这种耦合效应产生的（王力 等，2020）。

基于渗流与蠕变耦合效应预测滑坡时效变形是滑坡灾害防治的重要课题。降雨和库水作用下滑坡产生的力学过程十分复杂，包括饱和及非饱和土体蠕变过程、渗流过程及两者耦合作用过程。根据上述力学过程建立相应的力学模型预测滑坡变形包括三个重要内容：①开展饱和及非饱和土蠕变特性研究，从而建立蠕变模型，正确的蠕变模型能够准确地反映材料的内部结构及其物理力学特性；②建立考虑变形的渗透性函数，传统的渗透性函数将土体看作刚性结构，无法反映变形对渗流的影响；③建立渗流与蠕变耦合模型及数值算法。

4. 侵蚀-塌岸引发的滑坡时效变形

库水位升降和波浪作用下库岸滑坡表面的侵蚀作用会不断加强，进而会引发塌岸发生，塌岸规模不断扩展会导致滑坡变形逐渐增大甚至失稳破坏，因此，"侵蚀—塌岸—滑坡"是依次联动作用的灾害链。然而，侵蚀、塌岸和滑坡是三种不同的灾害类型，分别具有不同的力学机制。库水位升降和波浪通过冲刷和拖拽作用把滑坡表层土体颗粒带走，逐渐形成侵蚀龛，此过程不仅改变了岸坡形态，还使得土体性能产生劣化；当侵蚀龛发展到一定规模，在库水位涨落反复作用下发生以重力作用为主的崩落、坍塌、坍滑等塌岸破坏；当塌岸扩大到一定规模，随着滑坡抗滑部位形态和应力状态改变，滑坡稳定性降低、变形增大甚至失稳破坏。因此，"侵蚀—塌岸—滑坡"致灾演化过程，具有复杂的力学机制和非线性动态演化特征，涉及水动力学和土力学两个领域的力学过程以及二者的耦合作用。

1.2 研究进展

对滑坡进行时效变形预测是提高滑坡灾害预报准确度的有效手段（Intrieri et al.，2019）。目前常用的滑坡变形预测方法有两种：一是基于滑坡位移-时间监测曲线建立数据驱动模型，即根据已监测位移数据采用数学方法推测下一时段的变形趋势；二是基于力学模型建立应力-应变-时间函数关系，通过数值模拟对任意时刻变形进行预测。

数据驱动模型预测法是以滑坡监测位移为基础，结合宏观地质调查和分析，通过建立监测数据数学模型而发展起来的预测方法。该方法基于前一时段的位移对后一时段的变形进行预测，短期预测效果较好，对滑坡变形的长期预测存在极大困难，因为监测只能代表已经发生的变形，不能反映滑坡变形的内在机制。面对滑坡复杂多样的变形特征，难以预测滑坡未来变形趋势。

　　基于非饱和力学模型预测滑坡时效变形，由于考虑了滑坡内在力学机制，能够通过建立不同条件下的应力应变关系反映土体在加卸载条件下的真实响应，使得变形预测更加真实可靠。但还是存在许多问题和不足，表现在没有针对降雨和库水位变动这一外在条件及滑坡内在力学过程建立相适应的模型，以及没有考虑模型参数的真实取值问题，导致预测结果与实际情况不符。

　　为正确分析和预测降雨和库水对滑坡变形的影响，并对滑坡时效变形及演化趋势进行预测，必须要建立合理的力学模型对上述力学过程进行正确的模拟和分析。需构建的力学模型主要内容包括：非饱和蠕变模型、非饱和渗透性函数及非饱和渗流与蠕变耦合模型构建，以及模型参数准确获取。

1.2.1　非饱和蠕变模型

　　降雨和库水位变动诱发滑坡变形具有显著的时间效应，是典型的蠕变现象。蠕变表示在某一级荷载作用下发生与时间相关的变形，除去自身因素外，还与荷载类型、应力状态和应力历史等因素相关。为定量描述蠕变量的大小，通常根据试验现象或流变学理论建立蠕变模型。蠕变模型可分为三类：第一，在岩土蠕变试验基础上，根据试验数据建立应力-应变-时间函数关系，称为经验模型（Mesri et al.，1977）；第二，基于连续介质力学观点，将土体的流变特性看作是理想弹性、塑性和黏性的联合作用，通过将标准元件串联或并联建立能够反映理想流变材料各种特性的模型，称为元件模型（Makris et al.，1991）；第三，以经典的弹塑性模型为基础，根据弹塑性理论和过应力理论建立的蠕变理论模型，称为黏弹塑性模型。

　　上述三类模型的特点见表 1-2-1。经验模型在建模过程中缺乏力学理论基础，各参数物理意义不明确，对于不同的岩土体要总结出不同的经验公式，导致通用性不强；元件模型由于各组成元件的力学特性是线性的，无论怎样组合也无法描述土体的非线性特征，也不能反映蠕变行为的本质。虽然针对元件模型不能反映土体非线性力学行为的问题提出了修正元件模型（di Prisco et al.，1996），但修正元件模型基于应变叠加原理建立，在理论上并不严格，且在确定参数时不能真正剔除不同应变机理的交叉影响使各参数精度有限；黏弹塑性模型以黏性体应变方程和经典的弹塑性模型为基础，根据弹塑性理论、过应力理论和能量理论推导所得，由于采用了势函数，是真正意义上的三维蠕变力学模型。从上述分析可知，黏弹塑性模型基于传统弹塑性理论和流变学理论构建，能够表示时间影响下的应变率-应力率关系，适用于数值模拟滑坡土体在复杂应力状态下的蠕变及应变率等行为。

表 1-2-1　非饱和蠕变模型的特点

类型	建模思想	优点	缺点	适用条件
经验模型	试验数据拟合	简单	不具备普适性	受力简单的材料
元件模型	将标准元件串联或并联	直观、形象、简单	只能描述材料的线性力学特征	理想流变材料
黏弹塑性模型	基于弹塑性理论、过应力理论和能量理论建立	真正的三维蠕变模型，可以描述土体的蠕变及应变率行为	模型复杂，对于不同的岩土体需采用不同的流动法则和屈服函数	复杂应力状态下的材料

现阶段针对饱和土的黏弹塑性模型研究相对比较成熟。在构建黏弹塑性模型时通常将总应变分解为弹性应变和黏塑性应变之和，弹性应变根据胡克定律求解，黏塑性应变有两种求解方式：第一，根据一维建模思路建立三维模型。即不考虑黏性应变对硬化规律的影响，直接在一维黏塑性应变方程基础上，根据修正的剑桥模型和过应力理论推导出三维黏弹塑性模型，比较有代表性的是 Yin 等（1989）、Borja 等（1985）、Leoni 等（2008）建立的模型，这类模型在模拟黏土蠕变特性方面很成功，但模拟土体在临界状态下的力学行为相对较弱。第二，在临界状态理论基础上建立三维模型。以黏性体应变或应变率方程和修正的剑桥模型为基础，将作为硬化参数的塑性应变修正为黏性体应变与塑性体应变之和，根据弹塑性理论、过应力理论和能量理论推导出三维黏弹塑性模型。比较有代表性的是 Adachi 等（1982）、姚仰平等（2013）等建立的模型，这类模型在坚实的临界理论基础上建立，不仅能够描述土体在时间影响下的蠕变及应变率等黏性行为，还能反映土体的临界状态问题，是理论意义最严格的三维蠕变力学模型。

滑坡蠕变变形是由降雨和库水位升降引起的，是非饱和蠕变力学过程，即含水量或基质吸力对蠕变具有不可忽略的影响。因此，开展非饱和土蠕变试验及模型研究对于描述滑坡土体的非饱和蠕变力学过程是必需的。作者团队在非饱和蠕变特性方面已有部分研究成果，课题组成员 Wang 等（2021）在非饱和三轴试验仪和常规土三轴蠕变仪基础上自主研制了吸力控制式三轴蠕变仪，通过控制基质吸力开展了非饱和三轴剪切蠕变试验，探讨了非饱和土剪切蠕变规律，并在试验数据基础上建立了非饱和流变经验模型和元件模型。遗憾的是上述研制的仪器只能测量轴向应变而无法测量体积应变，既无法探索非饱和土体积蠕变规律，也未能在此基础上建立非饱和黏弹塑性模型，但上述研究为本文建立非饱和黏弹塑性模型奠定了试验和理论基础。目前，外界针对非饱和黏弹塑性模型的研究也有零星报道，de Gennaro 等（2013）在等应变率条件下开展非饱和土三轴剪切试验，获得屈服净应力与应变速率的函数关系，建立了非饱和黏弹塑性模型，但在描述应变率对屈服净应力的影响时，将弹性应变率也考虑在内，而弹性变形是可恢复的，将其考虑在内并不合理；胡亚元（2019）在等效时间概念和非饱和弹塑性模型的基础上，将硬化参数修正为黏塑性体应变和应变率，推导了三维非饱和土等效时间流变模型，该成果为构建非饱和黏弹塑性模型开辟了一条新途径，但限于模型并非在临界状态理论基础上建立，无法稳定于临界状态。

鉴于现有非饱和黏弹塑性模型研究的局限性，有必要借鉴饱和黏弹塑性模型的构建思想，在临界状态理论基础上根据非饱和力学试验和相关理论建立能够反映蠕变特性的非饱和黏弹塑性模型，对于描述滑坡土体在复杂应力状态下的非饱和蠕变力学过程是必要的。

1.2.2　非饱和渗透性函数

降雨和库水作用下的力学过程不仅包括非饱和蠕变力学过程，还包括非饱和渗流过程。非饱和渗流的相关理论及方法已较成熟，通常根据 Richards 方程建立渗流控制方程描述滑体内非饱和渗流问题。非饱和渗流与饱和渗流分析的根本区别在于非饱和渗透系数不是常量，是关于体积含水率或基质吸力的函数。非饱和渗透性函数是非饱和渗流分析的关键变量，遗憾的是现有的非饱和渗流分析大多将土体看作刚性结构，在实际工程中外荷载使土体产生变形，变形改变土体的孔隙结构，而孔隙结构的变化又会对渗透性能产生影响，若不考虑孔隙变化往往很难保证计算结果与实际情况相符。因此，有必要研究降雨和库水作用下滑坡变形对非饱和渗透性函数的影响，建立考虑变形影响的非饱和渗透性函数也是实现非饱和渗流与非饱和蠕变耦合的前提。

非饱和渗透性函数的预测方法包括试验测量法和数学统计模型预测法，两种方法的特点见表 1-2-2。试验测量法包括水平入渗法、瞬态剖面法和溢出法等。其中，水平入渗法（Huang et al.，2012）在试验期间由于孔隙水易从土柱表面蒸发，水分蒸发的损失将直接影响渗透系数测量的精度；瞬态剖面法（李华 等，2020）在测量时每间隔一段距离埋设传感器，测量精度取决于制样的均匀性和传感器的数量，导致测量误差难以评定且成本较高；溢出法（邵龙潭 等，2019）是室内获得非饱和渗透系数常用的方法，但试验过程复杂，为测得各级吸力下的渗透系数，试验需要反复进行，测量耗时耗力。鉴于试验方法存在测量精度有限、成本高且测量耗时耗力等弊端，大多学者采用数学统计模型间接预测出非饱和渗透性函数。

表 1-2-2　非饱和渗透性函数预测方法

预测方法	类型	优点	缺点	适用条件
试验测量法	水平入渗法	测量范围大	测量技术要求高，精度低	室内或施工场地
	瞬态剖面法	操作简单	测量结果具有离散性，成本高	
	溢出法	可以同时测量土水特征曲线和渗透系数	测量精度有限	
数学统计模型预测法	经验模型	试验数据拟合，简单直观	需要大量的试验数据拟合，费时耗力	具有大量试验数据的土体
	宏观模型	参数可通过宏观试验求解	精度受限	粗颗粒土
	统计模型	基于孔隙分布理论和流体力学理论推导，精度高	将孔隙看作刚性结构	各种孔隙结构的材料

数学统计模型预测法包括经验模型、宏观模型和统计模型。经验模型（Wen et al.，2021）是在统计大量试验数据（含水率、基质吸力、非饱和渗透系数）的基础上，通过数学函数拟合非饱和相对渗透系数 k_r 与含水率 θ 或基质吸力 s 之间的关系：

$$k_r = f(\theta) \quad \text{或} \quad k_r = f(s) \tag{1-2-1}$$

值得注意的是，这个过程根据试验数据总结其规律，工作量大且计算结果精度有限。宏观模型（Zhang et al.，2018）忽略孔隙微观结构及其分布对渗透系数的影响，根据流体在土体中整体平均流速、平均水力梯度等宏观变量求解，使求解精度受到限制。统计模型（Gao et al.，2022）在建立时基于三个基本假设：第一，任意尺寸的孔径和断面面积具有相同的频率分布函数；第二，Hagen-Poiseuille 方程对任意孔隙成立；第三，根据 Kelvin 毛细模型，土-水特征曲线可以表示为孔隙分布的函数。基于上述三个假设确定非饱和相对渗透系数 k_r 的表达式可归纳为

$$k_r(\theta) = S_e^a \left(\frac{\int_0^\theta \dfrac{\mathrm{d}\theta}{s^b}}{\int_0^{\theta_s} \dfrac{\mathrm{d}\theta}{s^b}} \right)^c \tag{1-2-2}$$

$$k_r(\theta) = S_e^a \left[\frac{\int_0^\theta \dfrac{(\theta-\xi)}{s^b}\mathrm{d}\xi}{\int_0^{\theta_s} \dfrac{(\theta-\xi)}{s^b}\mathrm{d}\xi} \right]^c \tag{1-2-3}$$

式中：S_e 为有效饱和度，$S_e=(\theta-\theta_r)/(\theta_s-\theta_r)$，$\theta_r$ 和 θ_s 分别为残余体积含水率和饱和体积含水率；ξ 为虚拟积分项；a、b、c 为模型参数，$a=0$、$b=2$、$c=1$ 时为 CCG（Childs 和 Collis-George）模型，$a=2$、$b=2$、$c=1$ 时为 Burdine 模型；$a=0.5$、$b=1$、$c=2$ 时为 Mualem 模型。

比较上述三种数学统计模型预测法，统计模型被证实是推导过程最严谨，求解精度最高的非饱和渗透性函数预测方法（Chen et al., 2020）。鉴于此，基于统计模型构建考虑变形影响的非饱和相对渗透性函数对于准确模拟滑体土体的非饱和渗流过程具有重要的意义。

在统计模型基础上推导的非饱和渗透性函数表征其与饱和度的关系，要构建考虑变形影响的非饱和渗透性函数，大多研究者以包含孔隙比的饱和度为桥梁，即先提出考虑变形影响的土-水特征曲线方程。继 Laliberte 等（1966）提出"初始孔隙比对土-水特征曲线和非饱和相对渗透系数影响较大"的结论之后，关于考虑变形影响的土-水特征曲线方程和非饱和相对渗透性函数的研究逐渐有报道。如 Huang 等（1998）通过试验发现孔隙比对饱和渗透系数和进气值等影响较大，即认为饱和渗透系数是以孔隙比为变量的双曲线函数，进气值参数（或孔隙分布参数）是关于孔隙比的指数函数，据此推导了考虑孔隙比影响的非饱和渗透性函数；陶高梁等（2017）以微观孔隙通道为桥梁，将土-水特征曲线视为反映微观孔隙通道特性的间接指标，结合毛细管理论和流体力学理论，建立以孔隙通道等效直径为变量且能够反映变形影响的非饱和相对渗透性函数；胡冉等（2013）从土体孔隙分布对土-水特征曲线的影响出发，认为变形后的孔隙分布函数是变形前的孔隙分布函数经过平移、缩放后得到的，建立考虑变形影响的土-水特征曲线方程和非饱和相对渗透性函数；类似的还有 Romero 等（1999）、Hu 等（2013）、Xu 等（2013）、陈银（2019）、李燕等（2021）通过孔隙分布理论研究土体微观孔隙特征，预测出多种考虑变形影响的非饱和相对渗透性函数。

上述基于微观孔隙通道特性预测考虑变形影响的非饱和相对渗透性函数，参数大多需要根据微观测试手段求解，导致在工程应用时受限。为提高模型的实用性，将孔隙分布曲线预测参数与宏观物理参数相结合，即考虑变形影响的非饱和相对渗透性函数应与宏观的土-水特性相结合。从宏观角度构建考虑变形影响的非饱和相对渗透性函数，应从以下两点出发：第一，获得宏观变形条件下的土-水特征曲线方程；第二，基于统计模型和考虑变形影响的土-水特征曲线方程推导考虑变形影响的非饱和相对渗透性函数。基于上述思想，蔡国庆等（2014）将包含孔隙比为变量的饱和度增量代入 Mualem 模型，采用解析积分法和数值积分法分别推导了考虑初始孔隙比影响的非饱和渗透性函数；Tao 等（2021）通过试验发现土体的进气值是关于孔隙比和分形维数的函数，基于包含进气值的饱和度和 Burdine 模型构建了考虑孔隙比影响的非饱和相对渗透性函数；Gao 等（2021）根据水力参数对土-水特征曲线的影响规律，以及通过引入变换吸力与接触角的关系考虑滞后效应，推导了能够考虑变形和滞后效应的非饱和相对渗透性函数。

上述基于宏观土-水特征曲线方程建立了多种考虑变形影响的非饱和相对渗透性函数，主要区别在于土-水特征曲线方程的不同。理论上选择土-水特征曲线方程应充分考虑主干燥和主吸湿状态下的差异性、滞后效应及与变形的相关性，才能使考虑变形的非饱和渗透系数精度高，但当上述条件均满足时，该模型具有形式复杂，参数多等缺点，在实际应用时受到限制。因此，基于渗流统计模型构建考虑变形影响的非饱和相对渗透性函数，在选择宏观土-水特征曲线方程时还应充分考虑数值模拟的简化性和可行性，也是通过数值模拟实现非饱和蠕变与非饱和渗流耦合分析的关键环节。

1.2.3 非饱和渗流与蠕变耦合模型及其数值方法

降雨和库水作用下滑坡土体非饱和渗流和非饱和蠕变是相互影响的（Liu et al.，2019），即非饱和渗流会引起滑体产生蠕变变形，反过来，蠕变变形又会影响滑体渗透性能，二者具有耦合作用效应。基于非饱和渗流与蠕变耦合效应预测滑坡时效变形的关键是建立能够考虑蠕变特性的非饱和流-固耦合模型。最早研究流-固耦合作用的是 Terzaghi（1996），他在饱和多孔介质中引入有效应力的概念，认为有效应力是引起变形的主要变量，据此建立了一维固结理论。随后，Biot（1941）在 Terzaghi 一维固结理论基础上从连续介质的基本方程出发，推导了三维固结方程，虽然求解过程比较复杂，却是真正意义上的三维固结理论。流-固耦合模型在 Biot 三维固结理论基础上围绕不同孔隙材料的本构方程展开研究，如假设土体骨架是弹性的、弹塑性的、黏弹塑性的，土体处在正常固结或超固结状态，孔隙流体是可压缩或不可压缩的等，在此基础上建立可以考虑不同加载路径、应力历史及反映不同变形特征的流-固耦合模型（Naylor et al.，1988），然而这些模型主要针对饱和的弹性、弹塑性或黏弹塑性材料，未考虑土体的非饱和状态（张亚国 等，2023）。鉴于上述研究的局限性，20 世纪 90 年代开始掀起非饱和流-固耦合理论研究的热潮。经过多年的探索，关于非饱和流-固耦合方程的表达式层出不穷，但大部分在形式上基本一致，即忽略温度和化学作用的影响，非饱和流-固耦合方程组（张延军 等，2004）包括非饱和平衡方程、非饱和渗流连续性方程和考虑变形影响的非饱和渗透性函数，各方程在表达形式上被广为认可，现逐一列出。

非饱和平衡方程是在 Biot 三维固结理论基础上推导的。考虑土体的蠕变效应时，将非饱和平衡方程中的弹塑性刚度矩阵修正为非饱和黏弹塑性刚度矩阵，即考虑蠕变的非饱和平衡方程为

$$\text{div}(D'_{\text{ep}} : \varepsilon) - S_{\text{r}}\text{grad}(u_{\text{w}}) - (1 - S_{\text{r}})\text{grad}(u_{\text{a}}) + f_{\text{i}} = 0 \qquad (1\text{-}2\text{-}4)$$

式中：f_{i} 为外力；D'_{ep} 为非饱和黏弹塑性刚度；S_{r} 为饱和度；u_{w} 为孔隙水压力；u_{a} 为孔隙气压力。

非饱和渗流连续性方程根据达西定律和质量守恒原理推导所得，不考虑气相影响的表达式为

$$\frac{\partial}{\partial t}(\rho_{\text{w}} n S_{\text{r}}) + \text{div}\left[\rho_{\text{w}} - k\text{grad}\left(\frac{u_{\text{w}}}{\rho_{\text{w}}} + Z\right)\right] = 0 \qquad (1\text{-}2\text{-}5)$$

式中：ρ_{w} 为水的密度；n 为孔隙率；Z 为位置水头；k 为非饱和渗透系数；t 为时间。

考虑变形影响的非饱和渗透性函数是非饱和渗流与非饱和蠕变的耦合桥梁，是以孔隙比为变量的函数，表达式为

$$k = f(s, e) \qquad (1\text{-}2\text{-}6)$$

将式（1-2-4）～式（1-2-6）组合即构成非饱和渗流与蠕变耦合模型。非饱和渗流与蠕变耦合是一种复杂的非线性耦合，一般采用有限元方法进行数值求解。耦合数值求解包括全耦合求解和分步解耦求解。全耦合求解同步计算孔隙水压力及黏弹塑性应变等耦合变量。如王媛等（2007）首次提出渗流应力的四自由度全耦合法，并在后期逐步考虑复杂裂隙岩体非稳定渗流与应力全耦合问题；张玉军（2005）、Li 等（2016）对应力平衡方程和水连续性方程

在时间和空间上离散，初步开发了应用于水-应力全耦合弹塑性问题的有限元程序；姚志华等（2019）将考虑损伤的非饱和弹塑性本构方程引入到流-固耦合模型中，并编写相应的有限元程序对自重湿陷性黄土浸水试验进行计算；Luo 等（2018）针对常规油气储层裂缝的位移及孔隙流体不连续问题，提出一种改进的三维渗流-应力全耦合模型，避免了计算复杂裂隙网格中流体压力转换为等效节点力的烦琐过程；还有 Gan 等（2014）、Zhang 等（2019）采用全耦合求解法分析了裂隙岩体稳定性等问题。上述研究采用全耦合求解方法充分考虑了渗流与应力的耦合过程，但在计算裂隙岩体、损伤岩体在变形及稳定性过程中容易产生病态矩阵，求解过程复杂，不易收敛。

分步解耦求解法分别求解非饱和蠕变方程和非饱和渗流方程，根据计算结果修正各自边界条件和参数，然后依次循环迭代直至在规定时间域内计算完毕。如柴军瑞等（2001）采用分步解耦法对可以考虑裂隙岩体的各向异性、损伤等特性的渗流-应力耦合模型进行分析；谢强等（2019）基于 FLAC3D 软件和分步解耦法对饱和-非饱和渗流计算模块、特殊应力修正模块和非饱和抗剪强度修正模块进行二次开发，实现了非饱和流-固耦合理论的数值应用；王胤等（2017）在离散元方法（discrete element method，DEM）和计算流体动力学（computational fluid dynamics，CFD）程序基础上，利用流-固相互作用力构建三维 CFD-DEM 细观耦合数值模拟方法；Cao 等（2022）基于 COMSOL 软件和 MATLAB 程序对有效应力计算模块和渗流计算模块分别计算，对应力-渗流耦合作用下岩体损伤演化过程进行有限元数值模拟；Li 等（2023）建立了低渗透性泥岩隧道三维水-力耦合模型，基于 ABAQUS 软件二次开发分别对孔隙水压力和衬砌内力的时空变化规律进行分析，反映岩体中毛细现象与弹塑性变形的耦合行为。从上述研究可以看出，利用现有有限元软件的流-固耦合计算模块对渗流-应力耦合问题进行求解，使复杂的非线性耦合问题在数值模拟时更加容易实现，虽然没有同步考虑渗流场与应力场的相互作用，但也分步实现了两场的耦合。由于分步解耦方法求解过程相对简便、效率高，其在处理流-固耦合问题时被广泛应用。

基于上述分析，将考虑蠕变的非饱和平衡方程、非饱和渗流连续性方程及考虑变形影响的非饱和渗透性函数组合即可构建非饱和渗流与蠕变耦合模型。对于这种复杂的非线性耦合问题，采用分步解耦法比全耦合求解法更加有优势，主要体现在可利用现有的流-固耦合计算软件（FLAC3D、DEM-CFD、COMSOL、ABAQUS 等）中的耦合单元子程序，使数值模拟非饱和渗流与蠕变两场耦合更加容易实现。鉴于 ABAQUS 软件在力学、渗流及渗流/应力耦合分析中具有明显优势，有必要基于 ABAQUS 二次开发平台构建非饱和渗流与蠕变耦合数值方法，使其对滑坡土体在降雨和库水作用下的非饱和蠕变过程、非饱和渗流过程及两者耦合作用过程进行数值模拟。

基于非饱和渗流与蠕变耦合效应对降雨和库水作用下滑坡时效变形进行预测，除了要构建合理的非饱和力学模型外，获得真实可靠的模型参数也是变形预测结果真实可靠的前提。目前，模型参数大多通过室内或原位试验、经验类比等方法综合确定，忽略了岩土尺寸效应造成的误差，且存在主观性和不确定性。为克服岩体参数取值不准的缺陷，利用现场关键监测指标反演参数，是准确获取非饱和渗流与蠕变耦合模型参数的有效途径。

自 Kavanagh 在 1972 年首次提出岩土工程反分析理论之后，基于位移或实测地下水位反演参数的研究逐渐活跃，并取得丰硕成果。如刘新喜等（2002）采用人工神经网络模型或优化算法对力学参数进行反演；王媛等（2003）基于实测地下水位对渗流或水力参数进行反演。上述研究的成果为岩土工程参数的准确获取提供了新思路，但他们较少考虑到渗流与蠕变的耦合问题，由于渗流与蠕变耦合参数较多，不仅包括力学和渗透性参数，还包括两场的耦合参数，单独采用实测位移或钻孔地下水位分别对力学和渗透性参数进行反演，不仅增加了反演的难度，也无法在参数上体现渗流与应力的耦合效应。实际上，渗流场与应力场的耦合作用能否得到体现将直接影响力学和渗透性参数反演的可靠性。为此，吴创周等（2013）提出了全耦合分析方法，即采用监测位移或实测地下水位对力学及渗透性参数共同反演，不仅提高了参数反演的效率，也能体现两场参数间的相互影响，该方面的研究为非饱和渗流与蠕变耦合模型参数反演问题提供了一种十分有效的途径。

降雨和库水作用下滑体内部渗流与力学行为是一个动态变化过程，监测位移和实测地下水位也是一个随时间变化的序列。上述基于监测位移或地下水位对渗流与应力耦合模型参数进行反演，往往将各参数视为静态问题，未考虑参数随环境变化和滑坡变形的动态特征。因此，基于现场监测数据对模型参数进行动态反演是提高滑坡变形数值计算精度和可靠性的有效途径。

1.2.4　侵蚀-塌岸引发滑坡变形力学机制与预测方法

随着大型水库的持续运行，水库岸坡的侵蚀问题日益凸显，库水位升降和波浪作用下岸坡侵蚀机制和演化过程预测成为大型水电工程库岸地质灾害防治和环境保护的关键基础科学问题。水库波浪对岸坡土体的作用主要考虑剪切力。波浪冲刷作用对无黏性散体颗粒岸坡产生的剪切力（蔡晓禹 等，2006），表现为波浪破碎后入射岸坡并沿岸坡上爬及回落整个过程中水流对土体颗粒的拖曳作用。已有研究表明波浪对土体的冲刷作用其实质是波浪流体与土体颗粒的相互作用（Wang et al.，2020），但由于土体颗粒较小，现有研究仍难以揭示这种微观尺度的作用效应。随着数值模拟技术的发展，作为连接流体与颗粒作用之间桥梁和纽带的CFD-DEM 方法（计算流体动力学-离散元法），可能成为解决这一难题的有效手段（Sun et al.，2016）。针对水库岸坡土体侵蚀演化过程研究，目前最常用的手段就是现场观测，初步建立岸坡侵蚀距离、土体物理力学参数与水动力因素的相互关系，并对河岸侵蚀形态变化预测（Duró et al.，2020）。由于水库岸坡侵蚀是一个长期缓慢发展的过程，短期侵蚀形态观测变化并不显著，因此，能在有限时间内模拟波浪侵蚀岸坡全过程的水槽模型试验，得到了广泛应用（Gao et al.，2010；）。以上研究表明，波浪作用是水库岸坡侵蚀的最主要水动力因素，岸坡侵蚀表现为渐进发展的动态演化过程，但是，由于波浪对库岸土体的侵蚀过程非常复杂，不仅涉及水动力学和土力学两个领域的力学过程，还涉及这两个过程的耦合作用。因此，有必要将模拟波浪冲刷作用的水动力学数值方法 CFD 与模拟岸坡土体颗粒运动过程的土力学数值方法DEM 结合起来，揭示波浪对岸坡土体侵蚀机制并模拟其演化过程。

岸坡侵蚀引发塌岸是一种重力控制的坍塌、滑移现象，具有突发性和不确定性（戴海伦 等，2013）。有的学者（Małgorzata et al.，2018；Zheng et al.，2018；许强 等，2008）通过物理模型试验，探讨了岸坡坡度、物质组成、水位变动及波浪作用等因素对岸坡塌岸的影响。但这些研究主要考虑了水动力作用对岸坡渗流场的控制，忽视了波浪侵蚀对塌岸的影响。实际上，岸坡土体受波浪和库水位的侵蚀作用形成浪蚀龛后，更容易导致塌岸发生（陈洪凯 等，2014）。近年来，库岸侵蚀引发塌岸引起了国内外有关学者的关注，有关的研究主要集中在模型试验和数值模拟两个方面（Zhao et al.，2020；Patsinghasanee et al.，2017）。在此基础上，有的学者开始尝试采用河流动力学和土力学理论建立数值模型来描述侵蚀-塌岸演化过程

（Trenhaile，2009；Julian et al.，2006），再应用土力学中的极限平衡理论进行岸坡稳定性评价（王延贵 等，2005）。水库岸坡的塌岸演化过程不仅涉及波浪渐进侵蚀导致的岸坡形态变化，还涉及库水位涨落导致的岩土力学参数劣化，如何统筹考虑这两个因素，并将二者有机结合，将是揭示库岸侵蚀引发塌岸的力学机制，进而对侵蚀-塌岸演化进程进行动态预测的关键所在。

塌岸诱发滑坡变形甚至失稳破坏，其过程十分缓慢，因此，目前国内外对塌岸诱发滑坡的关注还不够。早在三峡水库蓄水之初，已有学者注意到滑坡发生塌岸后将对滑坡的整体稳定性产生影响（唐辉明，2003），初步认识到库岸再造对滑坡稳定性的影响效果会因塌岸部位与滑坡阻滑段之间相对位置关系的不同而有显著差异（张奇华 等，2002）。然而目前还没有合理、有效的方法对这种影响进行定量计算。有的研究考虑采用塌岸计算图解法预测最终塌岸范围，然后采用极限平衡法（王建锋 等，2003）或者有限元法（肖长波 等，2018）来计算确定不同坡面形态条件下滑坡稳定性。显然，目前这些数值方法并没有考虑这种侵蚀-塌岸的动态变化过程，同时塌岸对滑坡的影响并非仅仅只有滑坡前缘形态的变化，塌岸产生的卸荷作用导致的岩土体力学参数衰减及其对滑坡应力状态的影响也是不容忽视的。因此，侵蚀-塌岸演化过程及其对滑坡应力状态及力学参数衰减的影响，以及塌岸形态动态变化及塌岸卸荷对滑坡稳定性的影响，都是需要研究的重要课题。

1.3　本书主要研究内容

（1）基于滑坡滑带土饱和蠕变试验，构建修正的 Mesri 蠕变模型和 Burgers 蠕变模型；将改进的 Burgers 蠕变模型推导到三维有限差分形式，利用 FLAC3D 软件二次开发功能，基于 C++编写修正的 Burgers 蠕变模型程序，并检验程序编写的正确性，然后采用修正的 Burgers 蠕变模型对滑坡进行流变分析，并比较弹塑性强度折减法与黏弹塑性强度折减法在滑坡计算时的差异。

（2）在非饱和滑带土三轴蠕变试验及数据处理分析基础上，基于元件模型理论和非饱和土力学原理，推导建立适用于非饱和土的非线性 Burgers 蠕变模型；研究基于该模型的数值计算方法和求解策略，编制相应有限元计算程序；运用建立的非饱和 Burgers 蠕变模型及相应的数值方法对三峡库区树坪滑坡在库水位变动作用下的变形过程进行数值模拟，并与实际监测结果进行对比分析。

（3）在对典型滑坡监测资料、库水位及地下水位资料进行分析基础上，利用自主研发的渗流与蠕变耦合试验仪及改进后的岩土动态系统（geotechnical dynamic system，GDS）高级加载模块，开展渗流对蠕变影响、变形对渗流影响及渗流与蠕变耦合试验研究，揭示库水作用下滑坡土体渗流与蠕变耦合作用力学过程，以及分析渗流与蠕变耦合机理。

（4）基于元件基本理论，建立适用于滑坡土体修正的 Burgers 蠕变模型，根据试验数据求解得到修正 Burgers 模型参数。基于渗流、黏弹性模型求解方程等基本理论，推导出渗流场方程、渗流作用下蠕变应力场基本方程及耦合动态关系表达式，得到渗流与蠕变耦合数学模型。建立离散连续性方程有限元形式和蠕变平衡方程有限元形式，得到渗流与蠕变耦合求解的总体控制有限元方程，并采用 MATLAB 软件编写相关的有限元程序。对三峡库区白家包滑坡进行数值计算，采用 MATLAB 软件编制耦合与不耦合效应下不同时刻的渗流场与位移场变化规律，计算结果与实际监测资料进行对比，验证有限元程序的合理性。

（5）在非饱和滑带土体积蠕变试验基础上，根据滑带土在次固结阶段各应力状态下的体积蠕变规律构建包含基质吸力的非饱和黏性体应变方程；以非饱和黏性体应变方程和Alonso（1990）提出的非饱和弹塑性模型为基础，基于塑性势理论、过应力理论和能量理论建立考虑蠕变效应的非饱和黏弹塑性模型；基于考虑蠕变的非饱和黏弹塑性模型、非饱和渗流连续性方程和考虑变形影响的非饱和相对渗透性函数，推导非饱和渗流与蠕变耦合模型，利用ABAQUS二次开发平台构建非饱和渗流与蠕变耦合数值方法；结合滑坡现场监测位移，采用PSO-LSTM模型对非饱和渗流与蠕变耦合模型主要参数进行动态反演，根据动态反演的参数及数值模拟对滑坡时效变形进行预测。

（6）基于非饱和土松弛试验获得非饱和土体在不同基质吸力下的松弛曲线，分析非饱和土的松弛特征，建立反映基质吸力影响的非饱和土松弛模型。通过模型曲线和试验曲线的对比分析，二者符合得较好，说明所建立的非饱和松弛模型基本能反映滑带土的松弛特性。

（7）采用野外调查、室内试验、模型试验及数值模拟等综合手段，对库岸滑坡前缘侵蚀-塌岸及其对滑坡时效变形的影响开展系列研究。查明三峡库区滑坡前缘侵蚀-塌岸基本特征及侵蚀-塌岸类型；开展水流冲刷作用下岸坡土体的起动力学机制研究，建立岸坡土体临界起动流速方程；考虑波浪对岸坡土体的冲刷作用，开展波浪侵蚀力学机制研究，提出考虑波浪侵蚀作用的土质岸坡塌岸预测方法；基于滑坡渗流场计算结果及前缘侵蚀-塌岸范围，采用有限元程序的生死单元技术实现塌岸效果模拟，建立考虑波浪侵蚀作用的滑坡稳定性分析方法。

第2章 滑坡土体饱和蠕变特性及其数值模拟

流变现象是岩土材料的重要力学特性之一。滑坡变形随时间变化具有明显的时效性，说明研究滑坡问题时还需要考虑岩土材料的蠕变特性（Kaczmarek et al.，2017）。蠕变是影响滑坡变形及稳定性的重要因素，对滑坡进行长期稳定性评价及预测滑坡变形趋势研究，都有必要考虑岩土体的蠕变效应。基于此，本章以某典型滑坡滑带土为研究对象，开展饱和三轴蠕变试验，探索滑带土的蠕变规律，建立相应的蠕变模型。以 FLAC3D 软件作为二次开发平台，构建基于自建蠕变模型的滑坡长期变形及稳定性数值分析方法。

2.1 滑坡土体饱和蠕变试验

开展滑坡土体饱和蠕变试验，探索土体在饱和条件下的蠕变规律，为构建滑坡蠕变模型提供理论依据。本节介绍试验装置、试验土样及试验方法，通过蠕变试验结果分析蠕变规律。

2.1.1 试验装置

三轴蠕变试验的难点在于如何保持加载的稳定，以保证应力恒定。一般来说，由气压控制的围压系统，围压能够保持稳定。轴向应力加载采用最为常规的重力加载（砝码加载），此法能够永久保持轴向压力的恒定，如果忽略试样横截面积随加载过程和时间推移而产生的微小变化，则可以保证轴向应力的恒定。试验采用饱和三轴蠕变仪，如图 2-1-1 所示。

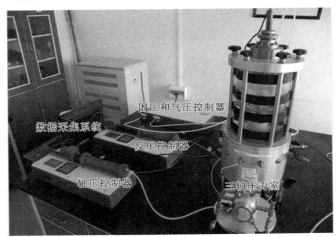

图 2-1-1 饱和三轴蠕变仪

2.1.2　试验土样

试验采用清江水布垭坝后左岸古树包滑坡滑带土，为了配合滑坡体的应力-变形的数值模拟和蠕变试验的需要，进行滑带土的物理力学性质试验，包括颗粒大小分析试验、比重试验、界限含水量试验、直接剪切试验和反复剪切试验，试验基本参数见表 2-1-1，该滑带土属低液限黏土。

表 2-1-1　古树包滑坡滑带土的物理力学性质指标

参数	值	参数	值
天然含水量/%	13.9	塑限/%	16.4
容重/（kN/m³）	2.21	塑限指数/%	15.8
比重	2.78	黏聚力/kPa	20
液限/%	32.2	内摩擦角/（°）	16

2.1.3　试验方法

试验方法采用分别加载法，这与现阶段广泛接受的分级加载法有所区别。分别加载法从理论上说是最符合蠕变试验所要求的条件，而且能够直接得到滑带土蠕变的全过程曲线。但是真正做到严格的分别加载是不容易的，一方面要保证上述的许多条件完全相同很困难；另一方面，若一簇流变曲线包含几种应力水平就要求有几个流变试验，因此想要得到几组流变曲线就要同时完成以上试验数目几倍的试验，然而实际中很难有这么多的仪器可供同时使用。为了寻求更合理的试验曲线，避免分级加载需要用包尔茨曼叠加原理叠加所带来的误差，最重要的是分级加载对非线性较强的土体不适用，考虑这些问题选择分别加载方式，尽量克服一些比较困难的条件，争取做到试验条件尽量一致。利用实验室 6 台常规流变仪，耗时一年半完成该试验。

2.1.4　试验方案

固结不排水剪切蠕变试验，试验分为 4 组，围压分别为 100 kPa、200 kPa、300 kPa 和 400 kPa。试验过程和步骤如下。

（1）试样制备。制备含水量相当于液限土膏固结至 50 kPa 压力水平时对应的含水量土样。

（2）固结。试样在三轴流变仪中进行分级固结，加载比取 1，试验过程中要记录排水体积随时间的变化，以便计算固结完成时土样的密度和含水量等。

（3）施加偏应力。采用一次加载法施加偏应力 q，在每一种固结压力水平下可施加 6 种不同大小的偏应力。若常规固结不排水剪切强为 τ_{cu}，则可采用 6 种不同的偏应力：$0.3\tau_{cu}$，$0.5\tau_{cu}$，$0.6\tau_{cu}$，$0.7\tau_{cu}$，$0.8\tau_{cu}$，$0.9\tau_{cu}$。

（4）变形及孔隙水压力观测。施加偏应力阶段，观测时间可设定为：1 min 以内采样间隔为 5 s；1～10 min 以内采样间隔为 30 s；10～60 min 以内采样间隔为 5 min；1～24 h 以内采样间隔为 60 min；24 h 以内采样间隔为 4 h；对于偏应力水平为 $0.7\tau_{cu}$、$0.8\tau_{cu}$、$0.9\tau_{cu}$ 的试验，1 h 以后的采样间隔应适当加密。蠕变观测的总时间为 7～15 d。

2.1.5 试验结果及分析

根据饱和三轴流变试验原始数据计算出古树包滑坡滑带土流变试验的应力-应变-时间关系曲线，见图 2-1-2（等时曲线）和图 2-1-3（蠕变曲线）。等时曲线只给出了时间 t 分别为 1 min、1 h、1 d 和 10 d 的应力-应变关系。

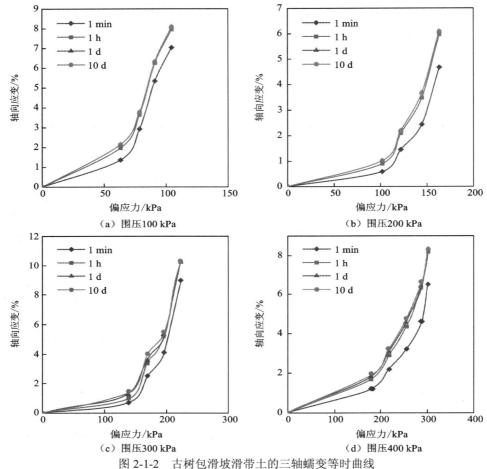

图 2-1-2　古树包滑坡滑带土的三轴蠕变等时曲线

从图 2-1-2 的等时曲线和图 2-1-3 的蠕变曲线可以获得如下规律。

（1）古树包滑坡滑带土具有一定的流变性质。

（2）在低应力水平下，其蠕变特性为衰减蠕变，只有在较高应力水平（接近于破坏荷载）下出现了稳定流动阶段，应变速率趋于常数，应变无限发展，当然也有可能是试验时间不足够长所致。

（3）等时曲线与蠕变曲线具有较好的相似性，可用相同的应力函数和时间函数来模拟不同偏应力水平下的应力-应变关系和应变-时间关系。

（4）随着偏应力的提高，蠕变应变及初始应变量都相应提高。由等时曲线可以看出，应力-应变关系具有明显的非线性（Kirkby，1967）。

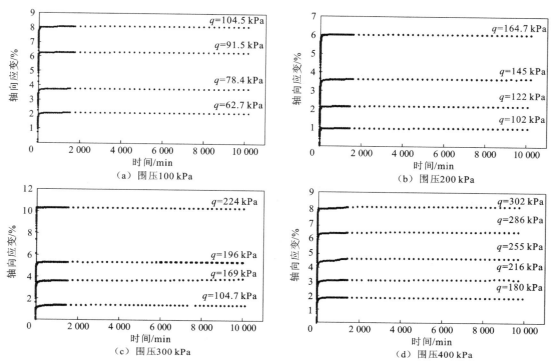

图 2-1-3　古树包滑坡滑带土的三轴蠕变曲线

2.2　滑坡滑带土饱和蠕变模型

从形式上看，蠕变模型大体上可分为三类：经验模型、元件模型和黏弹塑性模型。

经验模型（Mesri et al.，1977）一般采用简单的数学表达式来描述土的蠕变性质，通常是在岩土蠕变试验的基础上，根据试验数据建立岩土的应力、应变（或应变速率）与时间的函数关系式，对不同的土及不同的条件，用不同的经验模型。

元件模型（Makris et al.，1991）是从基本力学概念与理论出发，运用数学力学分析方法，用模型元件（牛顿黏性体、胡克弹性体、圣维南塑性体）的组合来模拟土的流变行为。元件模型中较著名的有麦克斯韦（Maxwell）体、开尔文（Kelvin）体、宾汉姆（Bingham）体，以及由上述若干个元件体和基本元件组合而成的广义模型，如广义开尔文模型、广义马克斯威尔模型、伯格斯（Burgers）模型、西原模型等。通过这类模型或模型组合形成的复合流变模型可以不同程度地模拟岩土变形与时间有关的性质。

黏弹塑性模型（姚仰平 等，2018）是在经典塑性理论基础上发展起来的。在此类模型中，普遍认为塑性势和蠕变势是一致的。由于采用了势函数，此类模型可以描述土的三维蠕变性质。目前，黏弹塑性模型主要有两种，分别为过应力（overstress）理论模型和非稳态流动面（non-stationary flow surface）模型。这两种模型应变的拆分形式相同，将总应变拆分为弹性和黏塑性应变，其中弹性应变增量由胡克定律求得，而黏塑性应变增量由流动法则求得，但两种模型黏塑性应变求解方法不同。过应力模型是通过应力函数来求解，非稳态流动面模型则是通过应变函数来求解。

本节在 2.1 节饱和蠕变试验结果基础上，构建了古树包滑坡滑带土饱和蠕变经验模型和元件模型。

2.2.1　饱和土蠕变经验模型

1. Singh-Mitchell 蠕变模型

1）模型构建

经验模型采用的是 Sing-Mitchell 三参数应力-应变-时间函数（Singh et al.，1969）。根据等时曲线和蠕变曲线的相似性，可将应力-应变率-时间关系分为独立的应力-应变率和应变率-时间关系来表示，有：

$$\dot{\varepsilon} = f_1(\sigma)f_2(t) \tag{2-2-1}$$

式中：$\dot{\varepsilon}$ 为应变率；σ 为应力；$f_1(\sigma)$ 和 $f_2(t)$ 分别为应力和时间的函数。

应力-应变率关系可取指数函数、幂函数等，应变-时间关系可取幂次函数、对数函数、分数-线性函数和指数函数等。

Singh-Mitchell 在总结了常应力单级加载、排水与不排水、三轴剪切试验数据的基础上，认为应力-应变率关系采用指数函数、应变-时间关系采用幂函数能够很好地反映土的蠕变特性。下面从应变率-应力-时间的关系式推导其应力-应变-时间关系，其应变率-应力-时间的关系为

$$\dot{\varepsilon} = A_{\mathrm{r}} \exp(\alpha D_{\mathrm{r}})(t_{\mathrm{r}}/t)^m \tag{2-2-2}$$

式中：t_{r} 为参考时间；t 为试样受荷时间，或称延迟时间；$D_{\mathrm{r}} = (\sigma_1 - \sigma_3)/(\sigma_1 - \sigma_3)_{\mathrm{f}}$ 为偏应力水平，破坏偏应力 $(\sigma_1 - \sigma_3)_{\mathrm{f}}$ 可由常规三轴排水压缩试验求得；A_{r} 为在单位时间 t_{r}、偏应力水平为 0 时的应变速率；m 为 $\ln\dot{\varepsilon}$-$\ln t$ 关系图中直线的斜率；α 为应变速率对数与剪应力水平关系图中线性段的斜率。

式（2-2-2）即著名的 Singh-Mitchell 方程，它有三个参数 α、A_{r} 和 m。一般来说，它可以正确模拟应力水平 $D_{\mathrm{r}} = 20\% \sim 80\%$ 内的应力-应变-时间关系。

对式（2-2-2）进行积分可得到应变。在 $m \neq 1$，即应变-时间关系为非线性（几乎对于所有材料，此条件成立）时，有

$$\varepsilon = \varepsilon_i + A_{\mathrm{r}} t_{\mathrm{r}} \exp(\alpha D_{\mathrm{r}})(t^{1-m} - t_i^{1-m})/(1-m) \tag{2-2-3}$$

式中：ε_i 为 t_i 时刻的应变。

将 t_i 时刻的应变减去蠕变应变，可得初始应变 ε_0 为

$$\varepsilon_0 = \varepsilon_i - A_{\mathrm{r}} t_{\mathrm{r}} \exp(\alpha D_{\mathrm{r}})(t_i/t_{\mathrm{r}})^{1-m}/(1-m) \tag{2-2-4}$$

取 t_{r} 为 1 min，将式（2-2-4）代入式（2-2-3），可得

$$\varepsilon_0 = \varepsilon_i - A_{\mathrm{r}} t_{\mathrm{r}} \exp(\alpha D_{\mathrm{r}})(t_i/t_{\mathrm{r}})^{1-m}/(1-m) \tag{2-2-5}$$

取 $t_i = t_{\mathrm{r}}$ 和 $\varepsilon_i = \varepsilon_{\mathrm{r}}$，有

$$\varepsilon_0 = \varepsilon_{\mathrm{r}} - A_{\mathrm{r}} t_{\mathrm{r}} \exp(\alpha D_{\mathrm{r}})/(1-m) \tag{2-2-6}$$

式中：ε_{r} 为 t_{r} 时刻的应变。

假设式（2-2-5）中的 $B = A_{\mathrm{r}} t_{\mathrm{r}}/(1-m), \beta = \alpha, \lambda = 1-m$，则式（2-2-6）变为

$$\varepsilon = B \exp(\beta D_{\mathrm{r}})(t/t_{\mathrm{r}})^{\lambda} + \varepsilon_0 \tag{2-2-7}$$

为了用 Singh-Mitchell 方程定义应变，需要确定 B, β, λ 和 ε_0。一般情况下，ε_0 不是一个

常量，它随剪应力的变化而变化，Singh-Mitchell 没有对变量 ε_0 进行讨论，一些文献中将 $\varepsilon_0 = 0$ 进行讨论。然而经过验证本试验所用土样不能取 $\varepsilon_0 = 0$，因此，若 ε_1 为单位时间 $t = 1$ 时的应变，并且如果 $t_r = 1$，则由式（2-2-4）可知：

$$\varepsilon_0 = \varepsilon_1 - A \exp(\alpha D_r)/(1-m) = \varepsilon_1 - B \exp(\alpha D_r)$$

对于不同的偏应力，有不同的 ε_0，且其值为一较小值，为了便于书写流变方程，经与各种文献中的方程进行比较，仅在绘制模型曲线时将其加入，在方程中没有列出，特此说明。具体的 ε_0 取值见表 2-2-1。

表 2-2-1　不同围压和偏应力下的 ε_0

100 kPa		200 kPa		300 kPa		400 kPa	
D_r	ε_0	D_r	ε_0	D_r	ε_0	D_r	ε_0
0.485 0	−0.113 2	0.497 0	−0.052 8	0.500 0	−0.121 5	0.504 0	−0.042 4
0.607 0	0.182 5	0.594 0	0.187 0	0.601 0	0.550 6	0.604 0	0.017 8
0.708 0	0.655 6	0.706 0	−0.096 0	0.697 0	−0.115 1	0.713 0	−0.139 1
0.809 0	−0.856 0	0.802 0	−0.088 4	0.796 0	−0.626 1	0.800 0	−0.336 5
—						0.845 0	0.392 7

由式（2-2-7）可以看出，当应力水平 $D_r = 0$ 时，有 $\varepsilon_r = B \neq 0$，这一点与土的性质是不相符的，这也可能是 Singh-Mitchell 方程应力-应变-时间关系无法正确描述材料在低应力水平下蠕变特性的原因。

2）模型参数求解

对于试验结果的分析，采用 $t_r = 10$ min 作为参考时间，将其表示为 t_1（当 $t_r = 1$ min 时，$\log \varepsilon$-$\log t$ 曲线呈直线的趋势不是很好）。$\log \varepsilon$-$\log t$ 关系图见图 2-2-1。本次蠕变试验的具体参数见表 2-2-2。据蠕变曲线的相似性，λ 取平均值 $\bar{\lambda}$，R^2 为拟合直线的相关系数。

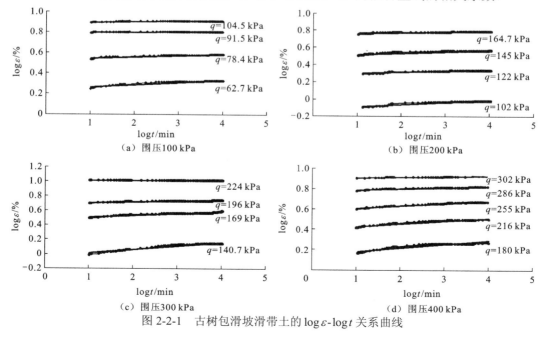

图 2-2-1　古树包滑坡滑带土的 $\log \varepsilon$-$\log t$ 关系曲线

表 2-2-2　各围压下不同应力水平状态的参数

围压/kPa		λ					$\bar{\lambda}$
100	D_r	0.485	0.607	0.708	0.809		
	λ	0.021 1	0.012 1	0.003 3	0.005 1		0.010 4
	R^2	0.864 5	0.838 0	0.925 1	0.877 7		
200	D_r	0.497	0.594	0.706	0.802		
	λ	0.023	0.011 7	0.016 3	0.008 5		0.014 9
	R^2	0.881 9	0.815	0.892 4	0.799 6		
300	D_r	0.500	0.601	0.697	0.796		
	λ	0.046 8	0.024 7	0.009 6	0.000 5		0.020 4
	R^2	0.904 3	0.931 2	0.884 9	0.669 9		
400	D_r	0.504	0.604	0.713	0.800	0.845	
	λ	0.035 6	0.028	0.023	0.010 6	0.006 3	0.020 7
	R^2	0.866 7	0.923 5	0.956 5	0.923 3	0.907 0	

当 $t = t_r$ 时，式（2-2-7）可以写为

$$\varepsilon_r = B \exp(\beta D_r) \tag{2-2-8}$$

或

$$\ln \varepsilon_r = \beta D_r + \ln B \tag{2-2-9}$$

这样，根据式（2-2-8）和式（2-2-9），参数 β 和 B 的值可以直接从 t_r（$t_r = 10$ min）时的 $\ln \varepsilon_r$-D_r 关系曲线（图 2-2-2）中求得，参数 β 和 B 的值见表 2-2-3。

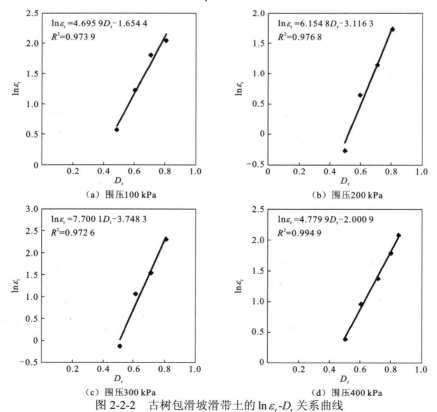

图 2-2-2　古树包滑坡滑带土的 $\ln \varepsilon_r$-D_r 关系曲线

表 2-2-3　各围压下的 B 及 β

围压 100 kPa		围压 200 kPa		围压 300 kPa		围压 400 kPa	
β	B	β	B	β	B	β	B
4.695 9	0.191 2	6.154 8	0.044 3	7.700 1	0.023 6	4.779 9	0.135 2

3）模型验证

为验证该模型的合理性，将表 2-2-2 和表 2-2-3 中的数据代入式（2-2-7），得到古树包滑坡滑带土在围压 $\sigma_3 = 100\ \text{kPa}$ ，$\sigma_3 = 200\ \text{kPa}$ ，$\sigma_3 = 300\ \text{kPa}$ 和 $\sigma_3 = 400\ \text{kPa}$ 下的 Singh-Mitchell 应力-应变-时间关系分别为

$$\varepsilon = 0.191\,2\exp(4.695\,9D_r)(t/10)^{0.010\,4} \tag{2-2-10}$$

$$\varepsilon = 0.044\,3\exp(6.154\,8D_r)(t/10)^{0.014\,9} \tag{2-2-11}$$

$$\varepsilon = 0.023\,6\exp(7.700\,1D_r)(t/10)^{0.020\,4} \tag{2-2-12}$$

$$\varepsilon = 0.135\,2\exp(4.779\,9D_r)(t/10)^{0.020\,7} \tag{2-2-13}$$

模型计算曲线见图 2-2-3。通过与试验数据的比较，可知二者的趋势还是基本一致的。从本次试验可以看出，该 Singh-Mitchell 蠕变模型在应力水平 D_r 为 20%～80% 都可以较好地反映古树包滑坡滑带土的蠕变特性。但是在应力水平 D_r 较大时才出现差异，模型计算曲线在蠕变早期比试验曲线要小或相差不大，随着蠕变时间的延长，其应变量比试验曲线有所抬高。在稳定蠕变阶段，由 Singh-Mitchell 蠕变方程得出的蠕变应变速率比实际试验得出的蠕变应变速率要大。

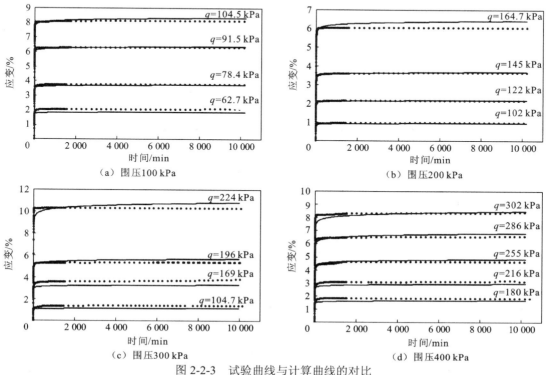

图 2-2-3　试验曲线与计算曲线的对比

2. Mesri 蠕变模型

1）模型构建

1981 年，Mesri 等（1997）通过对重塑土和原状土的单级加载与多级加载不排水三轴剪切蠕变试验数据的整理，并基于 Kondner 双曲线应力-应变关系和 Singh-Mitchell 应变-时间关系，提出了著名的 Mesri 应力-应变-时间关系。

与应力-应变率-时间关系相同，基于等时曲线和蠕变曲线相似性假设，并不考虑初始变形，应力-应变-时间关系可以记为

$$\varepsilon = f_1(\sigma) f_2(t) \tag{2-2-14}$$

Mesri 也选用幂函数表示应变-时间关系，即

$$\varepsilon = \varepsilon_r (t/t_r)^n \tag{2-2-15}$$

式中：ε_r 为 $t = t_r$ 时的应变。对于试验结果的分析，采用 $t_r = 10$ min 作为参考时间；n 为材料参数。

通过室内试验数据知，$\log\varepsilon$-$\log t$ 关系一般为直线，n 为斜率，本次蠕变试验的具体参数见表 2-2-3 及图 2-2-1。其中 n 与表中的 λ 相同，其平均值 $\bar{n}$ 与 $\bar{\lambda}$ 相同。

应力-应变关系可以为指数关系，双曲线关系和幂函数关系。Kondner 建议采用双曲线型应力-应变方程来模拟土体在常速率轴向变形条件下的应力-应变特性，该方程也可描述蠕变试验中的应力-应变关系，即

$$\sigma_1 - \sigma_3 = \varepsilon/(a + b\varepsilon) \tag{2-2-16}$$

式中：$1/b$ 为最大主应力差；$1/\alpha$ 为初始切线模量；考虑本次试验为排水蠕变试验，以 E_d 表示。

由于 $(\sigma_1 - \sigma_3)_{\text{ult}}$ 在轴向应变无穷大时才达到，而实际工程采用的破坏应力 $(\sigma_1 - \sigma_3)_f$ 在有限的应变 ε_f 下就达到了，为了使应力-应变曲线经过破坏点 $[\varepsilon_f, (\sigma_1 - \sigma_3)_f]$，定义破坏比为 $R_f = (\sigma_1 - \sigma_3)_f / (\sigma_1 - \sigma_3)_{\text{ult}}$；且定义应力水平为 $D = (\sigma_1 - \sigma_3)/(\sigma_1 - \sigma_3)_f$；则有

$$\varepsilon = \frac{(\sigma_1 - \sigma_3)_f}{E_d} \times \frac{D}{1 - R_f D} \tag{2-2-17}$$

式中：E_d 为土体弹性模量。

将式（2-2-16）代入式（2-2-14）中，得到 Mesri 蠕变模型方程：

$$\varepsilon = \left[\frac{(\sigma_1 - \sigma_3)_f}{E_d}\right] \times \frac{D_r}{1 - (R_f)_r D_r} \left(\frac{t}{t_r}\right)^n \tag{2-2-18}$$

2）模型参数求解

当 $t = t_r$ 时，式（2-2-17）可写为

$$\frac{\varepsilon_r}{D_r} = \left[\frac{(\sigma_1 - \sigma_3)_f}{E_d}\right]_r + (R_f)_r \varepsilon_r \tag{2-2-19}$$

可见，$[(\sigma_1 - \sigma_3)_f/E_d]_r$ 和 $(R_f)_r$ 的值可直接从一定时刻 t_r 下的 ε_r/D_r-ε_r 关系（图 2-2-4）中获得。这样，此 Mesri 蠕变模型的三个参数 $[(\sigma_1 - \sigma_3)_f/E_d]_r$，$(R_f)_r$ 和 n 均已知。

该模型参数较少，便于整理试验数据和进行计算。本次蠕变试验采用 $t_r = 10$ min 作为参考时间并将此时的应变作为初始蠕应变，得出 Mesri 蠕变模型 ε_r/D_r-ε_r 关系见式（2-2-4），参

数见表 2-2-4。通过 ε_r/D_r-ε_r 良好的线性关系知，此双曲线应力-应变关系可适用于此滑带土。

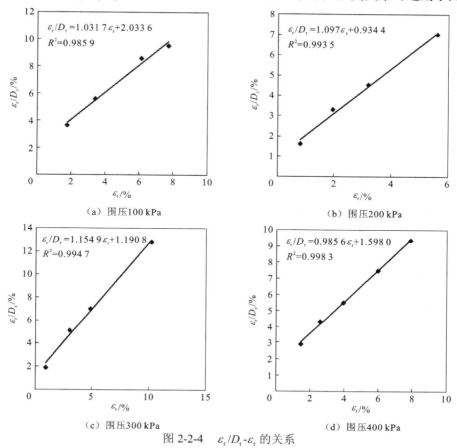

(a) 围压100 kPa　　　　　　　　　　（b）围压200 kPa

(c) 围压300 kPa　　　　　　　　　　（d）围压400 kPa

图 2-2-4　ε_r/D_r-ε_r 的关系

表 2-2-4　Mesri 模型参数

围压/kPa	$(\sigma_1-\sigma_3)_f$/kPa	$[(\sigma_1-\sigma_3)_f/E_d]_r$	$(R_f)_r$
100	129.18	0.020 3	1.031 7
200	205.28	0.009 3	1.097 0
300	281.38	0.011 9	1.154 9
400	357.48	0.016 0	0.985 6

3）模型验证

为验证该模型的合理性，将表 2-2-3 和表 2-2-5 中的数据代入式（2-2-18），得到古树包滑坡滑带土分别在围压 σ_3 为 100 kPa、200 kPa、300 kPa 和 400 kPa 下的 Mesri 应力-应变-时间关系式如下：

$$\varepsilon = 0.020\,3 \times \frac{D_r}{1-1.031\,7D_r} \times (t/10)^{0.010\,4} \qquad (2\text{-}2\text{-}20)$$

$$\varepsilon = 0.009\,3 \times \frac{D_r}{1-1.097\,0D_r} \times (t/10)^{0.014\,9} \qquad (2\text{-}2\text{-}21)$$

$$\varepsilon = 0.0119 \times \frac{D_r}{1 - 1.154\,9D_r} \times (t/10)^{0.020\,4} \tag{2-2-22}$$

$$\varepsilon = 0.016\,0 \times \frac{D_r}{1 - 0.985\,6D_r} \times (t/10)^{0.020\,7} \tag{2-2-23}$$

由式（2-2-19）～式（2-2-22），模型计算曲线见图 2-2-5，通过与试验曲线的比较，可知二者的基本趋势还是一致的，只是在应力水平 D_r 较大时 Mesri 蠕变模型才出现差异。其模型曲线在蠕变早期比试验曲线要小，随着蠕变时间的延长，其应变量比试验曲线有所抬高。在稳定蠕变阶段，由 Mesri 蠕变模型得出的蠕变应变速率要比实际试验得出的蠕变应变速率偏大。

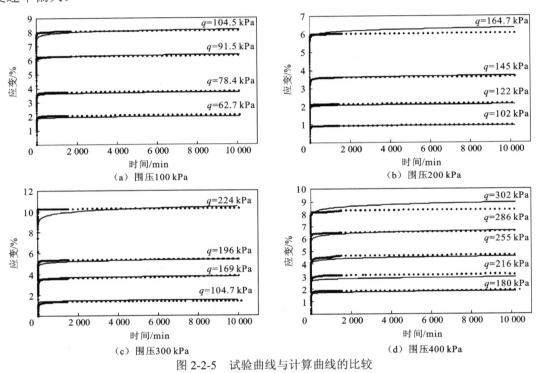

图 2-2-5　试验曲线与计算曲线的比较

3. 修正的 Mesri 蠕变模型

1）模型构建

在偏应力水平一定时，并假定时间 t 的单位为分钟，即 $t_r = 1\,\mathrm{min}$，由式（2-2-17）得

$$\varepsilon = At^n \tag{2-2-24}$$

式中：$A = [(\sigma_1 - \sigma_3)_f/E_d]_r D_r/(1-(R_f)_r D_r)$ 为常数。可知，轴向应变是时间的幂函数，其大小与时间 t 和 n 值有关。

如果不考虑应力水平，在一般的文献中，都认为 n 为常数。然而，蠕变分为衰减的和非衰减的蠕变，前者变形以减速发展，速度最后趋于零，变形值趋于某一与荷载有关的常数，非衰减蠕变包括衰减的、稳定流动的和急剧流动的三个阶段（Schreyer et al., 1986）。在式（2-2-19）中，假定 $t > 1$，当 $n = 0$ 时，ε 为常数，即没有蠕变应变；当 $0 < n < 1$ 时，蠕变总是以一定的速率发展，并在时间无限大时最终趋向于稳定，从理论上说为稳定流动阶段；

当 $n \geqslant 1$ 时，蠕变应变无限增长，最后趋于破坏，当 n 较大时，出现急剧流动阶段。

另外，由图 2-2-5 中试验曲线与模型曲线的拟合对比表明，Mesri 应力-应变-时间关系不能同时在蠕变的衰减阶段（第 1 阶段）、匀速阶段（第 2 阶段）和最终稳定阶段（第 3 阶段）与试验曲线准确拟合。值得注意的是，蠕变模型应能综合反映上述蠕变备阶段、急剧流动阶段的流变特性。

鉴于此，采用分段拟合的思想，将蠕变的不同阶段区分为 3 个阶段，分别取不同的 n 值，以期更好地反映蠕变的各个阶段。

修正的 Mesri 应力-应变-时间关系的表达式如下：

$$\varepsilon = \begin{cases} \left[\dfrac{(\sigma_1 - \sigma_3)_f}{E_d} \right]_r \dfrac{D_r}{1 - (R_f)_r} t^{n_1}, & 0 \leqslant t < t_1 \\[3mm] \left[\dfrac{(\sigma_1 - \sigma_3)_f}{E_d} \right]_r \dfrac{D_r}{1 - (R_f)_r D_r} t^{n_1} \left(\dfrac{t}{t_1} \right)^{n_2}, & t_1 \leqslant t < t_2 \\[3mm] \left[\dfrac{(\sigma_1 - \sigma_3)_f}{E_d} \right]_r \dfrac{D_r}{1 - (R_f)_r D_r} t^{n_1} \left(\dfrac{t_2}{t_1} \right)^{n_2} \left(\dfrac{t}{t_2} \right)^{n_3}, & t_2 \leqslant t \end{cases} \quad (2\text{-}2\text{-}25)$$

式中：n_1、n_2 和 n_3 分别表示第 1 阶段、第 2 阶段和第 3 阶段 $\log\varepsilon$-$\log t$ 关系曲线的斜率，t_1 和 t_2 分别表示第 1 阶段和第 2 阶段末的时间。

2）模型参数求解

因为式（2-2-25）模拟的是蠕变全过程曲线，修正的 Mesri 蠕变模型的参数 $[(\sigma_1 - \sigma_3)_f / E_d]_r$ 和 $(R_f)_r$ 应从 $t = 1\,\text{min}$ 时 ε_r / D_r-ε_r 的关系（图 2-2-6）中取得，获得蠕变模型参数值（表 2-2-5）。

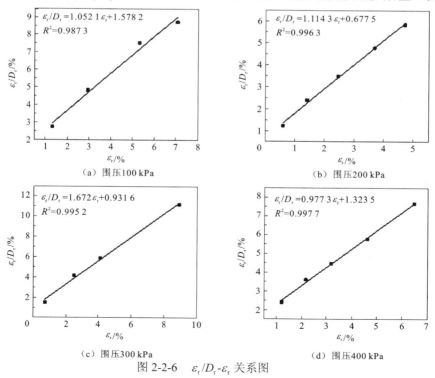

图 2-2-6　ε_r / D_r-ε_r 关系图

表 2-2-5 修正的 Mesri 蠕变模型参数

围压/kPa	$(\sigma_1 - \sigma_3)_f$/kPa	$[(\sigma_1 - \sigma_3)_f/E_d]_r$	$(R_f)_r$
100	129.18	0.015 8	1.052 1
200	205.28	0.006 8	1.114 3
300	281.38	0.009 3	1.167 2
400	357.48	0.013 2	0.977 3

各围压和应力水平下 n_1、n_2、n_3 的值和 t_1、t_2 的值可根据 $\log\varepsilon\text{-}\log t$ 曲线拟合获得，$\log\varepsilon\text{-}\log t$ 曲线见图 2-2-7，模型参数 n_1、n_2、n_3 的值和 t_1、t_2 的值如表 2-2-6 所示。

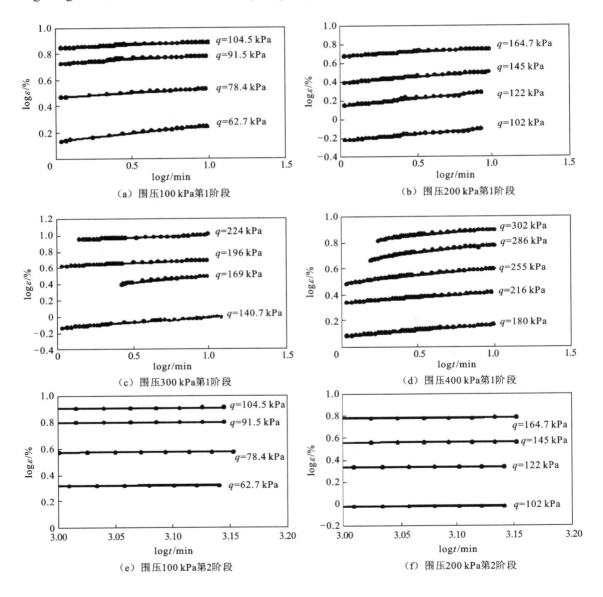

(a) 围压100 kPa第1阶段　　　　　(b) 围压200 kPa第1阶段

(c) 围压300 kPa第1阶段　　　　　(d) 围压400 kPa第1阶段

(e) 围压100 kPa第2阶段　　　　　(f) 围压200 kPa第2阶段

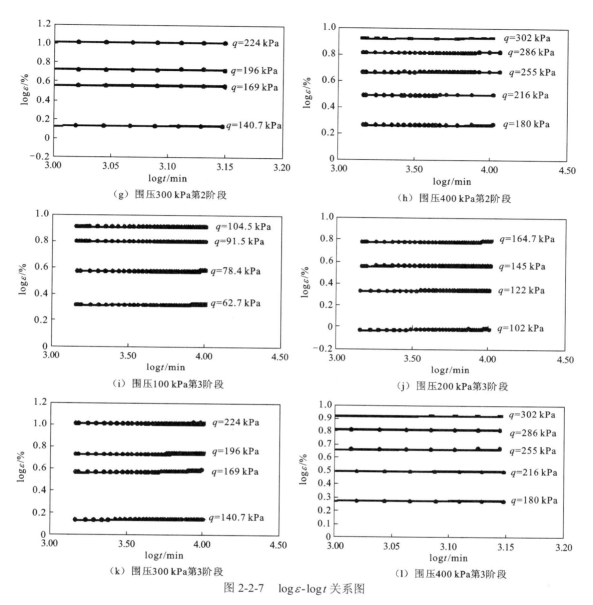

图 2-2-7　$\log \varepsilon$-$\log t$ 关系图

表 2-2-6　修正的 Mesri 蠕变模型分段参数

围压/kPa		应力水平 D_r 和对应的 n 值				$\overline{n}$
	D_r	0.485	0.607	0.708	0.809	
100 kPa	n_1	10	10	10	10	0.070 1
	t_1/min	0.118 6	0.061 9	0.058 8	0.041 2	
	n_2	1 440	1 440	1 440	1 440	0.037 2
	t_2/min	0.030 7	0.017 1	0.003 4	0.006 7	
	n_3	10 080	10 080	10 080	10 080	0.003 9
	t_3/min	0.005 9	0.004 4	0.003 6	0.001 5	

围压/kPa		应力水平 D_r 和对应的 n 值					$\bar{n}$
200 kPa	D_r	0.497	0.594	0.706	0.802		
	n_1	10	10	10	10		0.116 4
	t_1/min	0.123 4	0.145 1	0.117 6	0.079 3		
	n_2	1 440	1 440	1 440	1 440		0.021 0
	t_2/min	0.031 8	0.016 8	0.022 6	0.012 8		
	n_3	10 080	10 080	10 080	10 080		0.006 8
	t_3/min	0.013 7	0.004 1	0.007 1	0.002 2		
300 kPa	D_r	0.500	0.601	0.697	0.796		
	n_1	10	10	10	10		0.105 6
	t_1/min	0.133 7	0.157 8	0.074	0.056 9		
	n_2	1 440	1 440	1 440	1 440		0.028 0
	t_2/min	0.068 1	0.029 1	0.014	0.000 7		
	n_3	10 080	10 080	10 080	10 080		0.010 2
	t_3/min	0.003 4	0.029 6	0.007 4	0.000 2		
400 kPa	D_r	0.504	0.604	0.713	0.800	0.845	
	n_1	10	10	10	10	10	0.100 9
	t_1/min	0.085	0.080 8	0.110 7	0.128 5	0.099 3	
	n_2	1 440	1 440	1 440	1 440	1 440	0.025 7
	t_2/min	0.048 1	0.034 8	0.027	0.012 7	0.005 7	
	n_3	10 080	10 080	10 080	10 080	10 080	0.005 6
	t_3/min	0.003 7	0.007 3	0.005 3	0.007 3	0.004 5	

可见，修正 Mesri 应力-应变-时间关系式可描述蠕变的各个阶段。此点是对 Mesri 应力-应变-时间关系的一大改进。当 $n_1 = n_2 = n_3$ 时，式（2-2-24）即退化为式（2-2-17），可见，Mesri 应力-应变-时间关系是修正 Mesri 应力-应变-时间关系的一个特例。

3）模型验证

为验证该模型的合理性，将表 2-2-5 和表 2-2-6 中的数据代入式（2-2-24），得到在围压 σ_3 为 100 kPa、200 kPa、300 kPa 和 400 kPa 时的修正的 Mesri 应力-应变-时间关系式如下。

（1）$\sigma_3 = 100\ \text{kPa}$，有

$$\varepsilon = \begin{cases} 0.015\,8\dfrac{D_r}{1-1.052\,1D_r} \times t^{0.070\,1}, & 0 \leqslant t < 10 \\[2mm] 0.015\,8\dfrac{D_r}{1-1.052\,1D_r} \times 10^{0.070\,1} \times \left(\dfrac{t}{10}\right)^{0.037\,2}, & 10 \leqslant t < 1\,440 \\[2mm] 0.015\,8\dfrac{D_r}{1-1.052\,1D_r} \times 10^{0.070\,1} \times \left(\dfrac{1\,440}{10}\right)^{0.037\,2}\left(\dfrac{t}{1\,440}\right)^{0.003\,9}, & 1\,440 \leqslant t < 10\,080 \end{cases} \quad (2\text{-}2\text{-}26)$$

（2） $\sigma_3 = 200\,\text{kPa}$，有

$$\varepsilon = \begin{cases} 0.006\,8\dfrac{D_r}{1-1.143D_r}\times t^{0.116\,4}, & 0 \leqslant t < 10 \\[3mm] 0.006\,8\dfrac{D_r}{1-1.143D_r}\times 10^{0.116\,4}\times\left(\dfrac{t}{10}\right)^{0.021\,0}, & 10 \leqslant t < 1\,440 \\[3mm] 0.006\,8\dfrac{D_r}{1-1.143D_r}\times 10^{0.116\,4}\times\left(\dfrac{1\,440}{10}\right)^{0.021\,0}\left(\dfrac{t}{1\,440}\right)^{0.006\,8}, & 1\,440 \leqslant t < 10\,080 \end{cases} \tag{2-2-27}$$

（3） $\sigma_3 = 300\,\text{kPa}$，有

$$\varepsilon = \begin{cases} 0.009\,3\dfrac{D_r}{1-1.167\,2D_r}\times t^{0.105\,6}, & 0 \leqslant t < 10 \\[3mm] 0.009\,3\dfrac{D_r}{1-1.167\,2D_r}\times 10^{0.105\,6}\times\left(\dfrac{t}{10}\right)^{0.028\,0}, & 10 \leqslant t < 1\,440 \\[3mm] 0.009\,3\dfrac{D_r}{1-1.167\,2D_r}\times 10^{0.105\,6}\times\left(\dfrac{1\,440}{10}\right)^{0.028\,0}\left(\dfrac{t}{1\,440}\right)^{0.010\,2}, & 1\,440 \leqslant t < 10\,080 \end{cases} \tag{2-2-28}$$

（4） $\sigma_3 = 400\,\text{kPa}$，有

$$\varepsilon = \begin{cases} 0.013\,2\dfrac{D_r}{1-0.977\,3D_r}\times t^{0.100\,9}, & 0 \leqslant t < 10 \\[3mm] 0.013\,2\dfrac{D_r}{1-0.977\,3D_r}\times 10^{0.100\,9}\times\left(\dfrac{t}{10}\right)^{0.025\,7}, & 10 \leqslant t < 1\,440 \\[3mm] 0.013\,2\dfrac{D_r}{1-0.977\,3D_r}\times 10^{0.100\,9}\times\left(\dfrac{1\,440}{10}\right)^{0.025\,7}\left(\dfrac{t}{1\,440}\right)^{0.005\,6}, & 1\,440 \leqslant t < 10\,080 \end{cases} \tag{2-2-29}$$

将式（2-2-25）～式（2-2-28）取一定的时间变量,计算得出修正 Mesri 模型曲线见图 2-2-8,可见，修正的 Mesri 蠕变模型在各阶段都能很好地拟合试验曲线,可较好地反映滑带土蠕变的稳定增长阶段。

2.2.2　饱和土元件蠕变模型

元件模型由于组合模型概念简单直观，能较全面地反映出流变介质的多种流变特性，如蠕变、应力松弛、弹性后效及滞后效应等，在岩土工程领域已经得到了广泛的应用。实际情况下，土体处在三维应力状态，若采用一维应力状态下的蠕变计算公式确定土体的应力和应变并不严密。

为导出由一维推广到三维应力状态下的蠕变方程，采用如下基本假定。

（1）假设土体为理想黏弹性体，在静水应力作用下土体体积变形在受力瞬间完成，且不随时间产生体积变化。

（2）假定土体蠕变主要是偏应力作用下其形状随时间的变化，在蠕变过程中土体的泊松比保持不变。

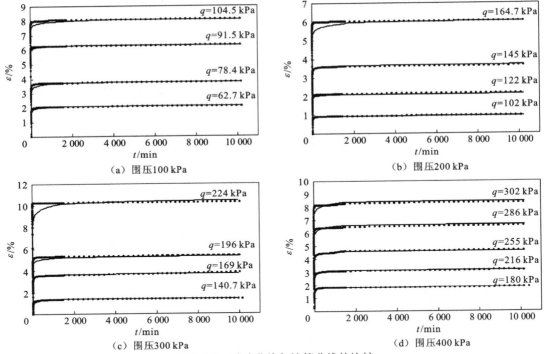

图 2-2-8　试验曲线与计算曲线的比较

　　将一维黏弹性模型推广到三维复杂应力状态下的黏弹性模型。已知物体某点的应力张量为 σ_{ij}，可分解为应力球形张量 $\sigma_m\delta_{ij}$ 和应力偏斜张量 S_{ij}，即有

$$\sigma_{ij} = \sigma_m\delta_{ij} + S_{ij} \tag{2-2-30}$$

其中

$$\sigma_m = \frac{\sigma_{kk}}{3} = \frac{1}{3}(\sigma_{11} + \sigma_{22} + \sigma_{33}) = \frac{1}{3}(\sigma_1 + \sigma_2 + \sigma_3) \tag{2-2-31}$$

$$s_{ij} = \sigma_{ij} - \sigma_m\delta_{ij} = \sigma_{ij} - \frac{\delta_{ij}}{3}(\sigma_1 + \sigma_2 + \sigma_3) \tag{2-2-32}$$

式中：δ_{ij} 为克罗纳克尔符号。

　　对于应变张量也可作同样的分解：

$$\varepsilon_{ij} = \varepsilon_v\delta_{ij} + e_{ij} \tag{2-2-33}$$

其中

$$\varepsilon_v = \frac{\varepsilon_{kk}}{3} = \frac{1}{3}(\varepsilon_{11} + \varepsilon_{22} + \varepsilon_{33}) = \frac{1}{3}(\varepsilon_1 + \varepsilon_2 + \varepsilon_3) \tag{2-2-34}$$

$$e_{ij} = \varepsilon_{ij} - \varepsilon_v\delta_{ij} = \varepsilon_{ij} - \frac{\delta_{ij}}{3}(\varepsilon_1 + \varepsilon_2 + \varepsilon_3) \tag{2-2-35}$$

　　这里假设球应力 σ_m 仅使物体产生体积改变，相应的变形是 ε_v，而剪应力 s_{ij} 仅使物体产生形状改变，相应的变形是正应变张量 e_{ij}，因此对于线弹性的本构方程可以用下式表示：

$$\begin{cases} s_{ij} = 2Ge_{ij} \\ \sigma_m = 3K\varepsilon_v \end{cases} \tag{2-2-36}$$

式中：$\sigma_m = \dfrac{\sigma_{kk}}{3}$；$\varepsilon_v = \dfrac{\varepsilon_{kk}}{3}$；$K$ 为体积模量；G 为物体剪切模量。

已知一维标准线性体的微分状态方程为

$$\sigma + \frac{\eta_1}{E_0 + E_1}\dot{\sigma} = \frac{E_0 E_1}{E_0 + E_1}\varepsilon + \frac{E_0 \eta_1}{E_0 + E_1}\dot{\varepsilon} \qquad (2\text{-}2\text{-}37)$$

式中：η_1 为线性体的黏滞系数。

采用微分算子 D，将上式改写为

$$\left(1 + \frac{\eta_1}{E_0 + E_1}\mathrm{D}\right)\sigma = \left(\frac{E_0 E_1}{E_0 + E_1} + \frac{E_0 \eta_1}{E_0 + E_1}\mathrm{D}\right)\varepsilon \qquad (2\text{-}2\text{-}38)$$

将其应力应变的关系式记为 $P(\mathrm{D})\sigma = Q(\mathrm{D})\varepsilon$，或记 $\sigma = [Q/(\mathrm{D})/P(\mathrm{D})]\varepsilon$，其中：

$$Q(\mathrm{D}) = \frac{E_0 E_1}{E_0 + E_1} + \frac{E_0 \eta_1}{E_0 + E_1}\mathrm{D}, \quad P(\mathrm{D}) = 1 + \frac{\eta_1}{E_0 + E_1}\mathrm{D} \qquad (2\text{-}2\text{-}39)$$

式中：微分算符 $Q(\mathrm{D})$、$P(\mathrm{D})$ 仅仅与黏弹性的材料性质有关。对照上式与线弹性材料的一维应力应变关系 $\sigma = E\varepsilon$ 类似，因而三维应力状态下黏弹性本构方程也应与弹性本构方程相似。把黏弹性体的变形分为畸变和体积变形两部分后，本构方程应类似于式（2-2-35），即有

$$\begin{cases} s_{ij} = 2\dfrac{Q_1(\mathrm{D})}{P_1(\mathrm{D})}e_{ij} \\[3mm] \sigma_m = 3\dfrac{Q_2(\mathrm{D})}{P_2(\mathrm{D})}\varepsilon_v \end{cases} \qquad (2\text{-}2\text{-}40)$$

式中：$Q_1(\mathrm{D})/P_1(\mathrm{D})$ 和 $Q_2(\mathrm{D})/P_2(\mathrm{D})$ 分别为描述三维黏弹性材料畸变特性和体积变形特性的微分算子，分别相当于式（2-2-35）中的 G 和 K，即弹性和黏弹性体的本构方程存在相似性。则有

$$Q_1(\mathrm{D}) = \frac{G_0 G_1}{G_0 + G_1} + \frac{G_0 \eta_1}{G_0 + G_1}\mathrm{D} \qquad (2\text{-}2\text{-}41)$$

$$P_1(\mathrm{D}) = 1 + \frac{\eta_1}{G_0 + G_1} \qquad (2\text{-}2\text{-}42)$$

若材料体积变形为不可压缩，则 $Q_2(\mathrm{D}) = 1$，$P_2(\mathrm{D}) = 0$，这里假设材料体积变形为弹性，则 $Q_2(\mathrm{D}) = K$，$P_2(\mathrm{D}) = 1$。将 $P_1(\mathrm{D})$ 和 $Q_1(\mathrm{D})$ 代入式（2-2-39）得

$$\begin{cases} S_{ij} + \dfrac{\eta_1}{G_0 + G_1}\dot{S}_{ij} = 2\dfrac{G_0 G_1}{G_0 + G_1}e_{ij} + 2\dfrac{G_0 \eta_1}{G_0 + G_1}\dot{e}_{ij} \\[3mm] \sigma_m = 3K\varepsilon_v \end{cases} \qquad (2\text{-}2\text{-}43)$$

比较一维蠕变方程[式（2-2-36）]和三维蠕变方程[式（2-2-42）]，它们之间存在相似性，只需要将一维中相应的符号进行修改。

在三维应力状态下，流变模型很难用形象化的物理元件表达，但三维流变本构方程可以通过一维模型，采用类比的方法直接导出。从一维模型变换到三维模型，只要将相应的符号做以下对调：$\sigma \to S_{ij}, \varepsilon \to e_{ij}, E \to G$。

1. Burgers 蠕变模型

1）模型构建

三轴蠕变试验得出的数据是轴向蠕变应变，而应力状态是三维的，三轴蠕变试验的数据

不能简单地按照单轴试验的蠕变方程拟合，需要将拟合方程变形成三维形式，这样得出的参数才能直接应用于工程实践。

在 FLAC3D 软件内置模型中比较符合滑带土流变特性并可以利用试验数据拟合参数的流变模型只有 Burgers 模型（肖敏敏 等，2023）。为了利用三轴蠕变试验数据确定其三维模型参数，下面首先推导 Burgers 模型三维变形公式。

Burgers 模型是由一个 Maxwell 体和一个 Kelvin 体串联而成。其本构方程为

$$\sigma + \left(\frac{\eta_0 + \eta_1}{E_1} + \frac{\eta_0}{E_0}\right)\dot{\sigma} + \frac{\eta_0\eta_1}{E_0 E_1}\ddot{\sigma} = \beta_0\dot{\varepsilon} + \frac{\eta_0\eta_1}{E_1}\ddot{\varepsilon} \tag{2-2-44}$$

式中：E_0、E_1、η_0、η_1 分别为 Hooke 元件和 Kelvin 体的弹性模量和黏滞系数。

对式（2-2-43）按应变求解，可得到该模型的蠕变方程：

$$\varepsilon = \sigma\left[\frac{1}{E_0} + \frac{t}{\eta_0} + \frac{1}{E_1}(1 - e^{-\frac{E_1}{\eta_1}t})\right] \tag{2-2-45}$$

利用式（2-2-42），Burgers 流变模型的三维形式：

$$\begin{cases} S_{ij} + \left(\dfrac{\eta_0 + \eta_1}{G_1} + \dfrac{\eta_0}{G_0}\right)\dot{S}_{ij} + \dfrac{\eta_0\eta_1}{G_0 G_1}\ddot{S}_{ij} = \eta_0\dot{e}_{ij} + \dfrac{\eta_0\eta_1}{G_1}\ddot{e}_{ij} \\ \sigma_m = 3K\varepsilon_v \end{cases} \tag{2-2-46}$$

对式（2-2-45）按应变求解，可得到 Burgers 模型的三维蠕变方程：

$$\begin{cases} e_{ij} = S_{ij}\left[\dfrac{1}{2G_0} + \dfrac{t}{2\eta_0} + \dfrac{1}{2G_1}(1 - e^{-\frac{G_1}{\eta_1}t})\right] \\ \varepsilon_v = \dfrac{\sigma_m}{3K} \end{cases} \tag{2-2-47}$$

假设在时刻 $t=0$，对试件进行三轴流变试验，施加的轴向应力 σ_1，围压 $\sigma_2 = \sigma_3$，并假定试件的材质均匀、连续且各向同性，则其蠕变应力状态可表示为

$$\begin{cases} \sigma_{11}(t) = \sigma_1, \quad \sigma_{22} = \sigma_{33} = \sigma_3 \\ \sigma_{12} = \sigma_{13} = \sigma_{23} = 0 \end{cases} \tag{2-2-48}$$

式中：下标 1、2 和 3 表示笛卡儿坐标系的三个正交坐标轴，其中坐标轴 1 沿试件轴向，则

$$\begin{cases} \sigma_{kk} = \sigma_1 + 2\sigma_3 \\ S_{11} = \sigma_{11} - \dfrac{1}{3}\sigma_{kk} = \dfrac{2}{3}(\sigma_1 - \sigma_3) \end{cases} \tag{2-2-49}$$

由 $\sigma_m = \dfrac{\sigma_{kk}}{3} = \dfrac{1}{3}(\sigma_{11} + \sigma_{22} + \sigma_{33}) = \dfrac{1}{3}(\sigma_1 + \sigma_2 + \sigma_3)$，利用上述式（2-2-48），可以得到三轴流变试验中的轴向蠕变方程：

$$\varepsilon_1(t) = \varepsilon_{11} = S_{11} + \frac{\sigma_{kk}}{9K} = \frac{\sigma_{II}}{9K} + \frac{\sigma_I}{3G_0} + \frac{\sigma_I}{3\eta_0}t + \frac{\sigma_I}{3G_1}(1 - e^{-\frac{G_1}{\eta_1}t}) \tag{2-2-50}$$

式中：$\sigma_I = \sigma_1 - \sigma_3$，$\sigma_{II} = \sigma_1 + 2\sigma_3$。

2）模型参数求解

对一组已知试验数据进行拟合经常采用最小二乘法，现将其原理进行简要介绍。设 y 是关于自变量 X 和待定参数 $b_1, b_2, \cdots, b_m$ 的形式已知的函数：

$$y = f(X, b_1, b_2, \cdots, b_m) \tag{2-2-51}$$

式中：f 可以是参数 b_i 的最一般形式的非线性函数；X 可以是单个变量，也可以是 p 个变量，即 $X = (x_1, x_2, \cdots, x_p)$，设有一组观测数据为 $\{(X_k, y_k), (k = 1, 2, \cdots, n)\}$，若确定参数使残差平方和 $Q = \sum_{k=1}^{n}[y_k - f(X_k, b_1, b_2, \cdots, b_m)]^2$ 为最小，则 f 即为观测数据的最小二乘曲线拟合，$b_1, b_2, \cdots, b_m$ 为拟合得到的回归系数。

采用最小二乘法回归求得，由于 Burgers 蠕变模型有负指数项，可先求一组初值，利用 Matlab 计算软件的 lsqcurvefit 非线性回归工具进行回归求得模型参数，求初值的方法如下。

令 $A = \dfrac{\sigma_{11}}{9K} + \dfrac{\sigma_1}{3G_0}$，$B = \dfrac{\sigma_1}{3\eta_0}$，$C = \dfrac{\sigma_1}{3G_1}$，$D = \dfrac{G_1}{\eta_1}$，则 Burgers 模型的蠕变方程[式（2-2-49）]可以进一步改写为

$$\varepsilon_1(t) = A + Bt + C(1 - e^{-Dt}) \tag{2-2-52}$$

令 $t = 0$，式（2-2-51）右端等于 A，即可以根据瞬时变形来确定 A，当时间足够大时，式（2-2-51）右端最后一项 $C(1 - e^{-Dt})$ 趋于常数 C，则式（2-2-51）可看作直线方程，直线斜率即为 B。在衰减蠕变阶段，对式（2-2-51）可简化为

$$\varepsilon_1(t) = A + C(1 - e^{-Dt}) \tag{2-2-53}$$

将式（2-2-52）化简得

$$\ln(\varepsilon_1(t) - A - C) = \ln(-C) - Dt \tag{2-2-54}$$

式（2-2-53）在对数坐标系中为一直线方程，A 已确定，D 即为直线的斜率，再将 D 值代入式（2-2-52）即可解出 C。由此可确定一组初值，再在 MATLAB 中利用 lsqcurvefit 非线性回归工具可回归出 A、B、C、D 的稳定解。体积模量 $K = E/3(1-2\mu)$，剪切模量 $G = E/2(1+\mu)$。由于 μ 值的大小对其他参数的影响不大，经过多次试算和数据整理，μ 的值在 0.4 左右，取 $\mu = 0.4$，则有

$$A = \frac{\sigma_2}{9K} + \frac{\sigma_1}{3G_0} = \frac{15\sigma_1 - 12\sigma_3}{14G_0} \tag{2-2-55}$$

按照上述方法求得围压在 100 kPa，200 kPa，300 kPa 下 Burgers 蠕变模型的三维蠕变参数见表 2-2-7～表 2-2-9。

表 2-2-7 Burgers 蠕变模型参数值（$\sigma_3 = 100$ kPa）

参数	偏应力/kPa			
	62.7	78.4	91.5	104.5
G_0/kPa	1.809×10^3	2.908×10^3	1.730×10^3	7.358×10^2
G_1/kPa	2.057×10^3	1.914×10^3	8.371×10^2	7.871×10^2
η_0/（kPa·min）	1.180×10^8	4.248×10^8	1.226×10^8	1.872×10^8
η_1/（kPa·min）	2.404×10^4	2.637×10^4	3.032×10^3	6.335×10^3
K/kPa	8.440×10^3	1.357×10^4	8.074×10^3	3.433×10^3
R^2	0.867 3	0.923 6	0.892 4	0.914 3

表 2-2-8　Burgers 蠕变模型参数值（$\sigma_3 = 200$ kPa）

参数	偏应力/kPa			
	102	122	145	164.7
G_0/kPa	6.279×10^3	4.061×10^3	5.820×10^3	1.804×10^3
G_1/kPa	5.772×10^3	2.964×10^3	1.610×10^3	1.329×10^3
η_0/（kPa·min）	4.031×10^8	2.098×10^8	1.324×10^8	1.130×10^8
η_1/（kPa·min）	2.661×10^5	4.219×10^4	1.626×10^4	6.200×10^3
K/kPa	2.930×10^4	1.895×10^4	2.716×10^4	8.419×10^3
R^2	0.892 3	0.915 3	0.885 7	0.932 1

表 2-2-9　Burgers 蠕变模型参数值（$\sigma_3 = 300$ kPa）

参数	偏应力/kPa			
	104.7	169	196	224
G_0/kPa	7.762×10^3	4.506×10^3	3.992×10^3	2.311×10^3
G_1/kPa	6.894×10^3	4.745×10^3	1.071×10^3	8.188×10^2
η_0/（kPa·min）	4.106×10^8	3.237×10^8	1.849×10^8	1.758×10^8
η_1/（kPa·min）	2.063×10^5	8.870×10^4	2.841×10^3	2.377×10^3
K/kPa	3.622×10^4	2.103×10^4	1.863×10^4	1.079×10^4
R^2	0.906 5	0.912 3	0.901 5	0.928 5

　　FLAC3D 内置 Burgers 蠕变模型三维蠕变参数的拟合结果如表 2-2-7～表 2-2-9 所示，拟合相关系数在 0.9 左右，拟合效果不理想，说明 Burgers 蠕变模型不能很好地反映某滑坡滑带土的流变特性，所以需要根据三轴蠕变试验数据构建一种更加合适的流变模型，本节只对 Burgers 蠕变模型进行改进。

3）模型验证

图 2-2-9　试样计算模型

　　为了验证上述根据三轴蠕变试验数据确定三维蠕变模型参数的方法的正确性，利用拟合参数借助于 FLAC3D 对三轴蠕变试验进行数值模拟，并与试验结果进行对比。

　　建立圆柱形试样模型如图 2-2-9 所示，试样直径为 61.8 mm，高度为 120 mm，长度单位为 mm，时间单位为 min，荷载单位为 kPa，密度单位为 g/mm³，底面约束，上底面受到 39.2 kPa 的偏应力，围压为 100 kPa。

　　理论计算时间 15 000 min，三轴蠕变试验的时间 10 070 min，试验值与理论值比较结果如图 2-2-10 所示。从图中可以看出理论计算与三轴流变试验的蠕变曲线基本吻合，则上述三维蠕变参数拟合的方法合理。

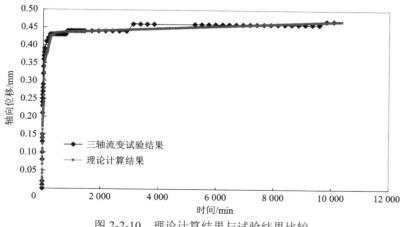

图 2-2-10 理论计算结果与试验结果比较

2. 改进的 Burgers 蠕变模型

FLAC3D 中内置流变模型中只有 Burgers 模型可以用来分析某滑坡的流变问题,而 Burgers 模型三维参数拟合效果不是很理想,本小节在 Burgers 模型的基础上,对其进行适当的改进,得到更适合某滑坡滑带土流变特性的流变模型。

图 2-1-3 所示的蠕变曲线,在轴向应力作用下,都存在瞬时变形,因此,基于线性黏弹塑性模型理论,可以使用一个弹性元件(Hooke 体)来模拟该现象。随着时间的增长,应变速率逐渐减小,接近负指数的形式趋于某一渐近线,这种性质可以用 Kelvin 体来模拟。将弹性元件和 Kelvin 体串联,可以反映蠕变变形的瞬时变形和衰减蠕变阶段。一般当剪切应力大于长期强度时,将出现匀速蠕变,并最终进入加速蠕变阶段而破坏。于是,在上述模型中再串联一个黏性元件(牛顿流体)就可以模拟试样的匀速蠕变阶段。标准线性体模型如图 2-2-11(Burgers 模型去掉一个牛顿黏滞体)和改进的模型如图 2-2-12(Burgers 模型再串联一个开尔文体)。通过对这两种模型的三维流变参数拟合,得出拟合结果并与 Burgers 模型拟合结果进行比较,最后得出滑坡滑带土的最优流变模型。

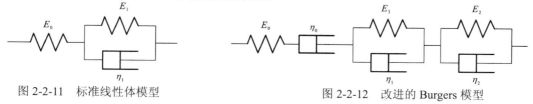

图 2-2-11 标准线性体模型   图 2-2-12 改进的 Burgers 模型

1)模型构建

标准线性体模型是由一个弹性元件和一个 Kelvin 体串联而成,该模型的本构方程见式(2-2-37)。对式(2-2-37)按应变求解,可得到该模型的蠕变方程:

$$\varepsilon(t) = \sigma \left[\frac{1}{E_0} + \frac{1}{E_1} \left(1 - e^{-\frac{E_1}{\eta_1}t} \right) \right] \tag{2-2-56}$$

在三轴蠕变试验中,轴向蠕变方程:

$$\varepsilon_1(t) = \frac{\sigma_{\mathrm{II}}}{9K} + \frac{1}{3G_0} + \frac{1}{3G_1} \left(1 - e^{-\frac{G_1}{\eta_1}t} \right) \tag{2-2-57}$$

修正的 Burgers 蠕变模型是在 Burgers 蠕变模型的基础上再串联一个 Kelvin 体，也称为改进的 Burgers 蠕变模型，如图 2-2-12 所示。其本构方程为

$$p_1\sigma + p_2\dot{\sigma} + p_3\ddot{\sigma} + p_4\dddot{\sigma} = q_1\dot{\varepsilon} + q_2\ddot{\varepsilon} + q_3\dddot{\varepsilon} \tag{2-2-58}$$

式中

$$p_1 = E_1 E_2 \tag{2-2-59}$$

$$q_1 = E_1 E_2 \eta_0 \tag{2-2-60}$$

$$p_2 = \eta_0 E_1 + \eta_2 E_1 + \eta_0 E_2 + \eta_1 E_2 + \frac{E_1 E_2}{E_0} \tag{2-2-61}$$

$$q_2 = E_1 \eta_0 \beta_2 + E_2 \eta_0 \eta_1 \tag{2-2-62}$$

$$p_3 = \eta_0 \eta_1 + \eta_0 \eta_2 + \eta_1 \eta_2 + \frac{\eta_0 \eta_2 E_1}{E_0} + \frac{\eta_0 \eta_1 E_2}{E_0} \tag{2-2-63}$$

$$q_3 = \eta_0 \eta_1 \eta_2 \tag{2-2-64}$$

$$p_4 = \frac{\eta_0 \eta_1 \eta_2}{E_0} \tag{2-2-65}$$

式中：E_0、E_1、E_2、η_0、η_1、η_2 分别为模型中弹性元件和黏滞元件的弹性模量和黏滞系数。

对式（2-2-58）按应变求解，可得到改进的 Burgers 蠕变模型的方程为

$$\varepsilon(t) = \sigma\left[\frac{1}{E_0} + \frac{t}{\eta_0} + \frac{1}{E_1}\left(1 - e^{-\frac{E_1}{\eta_1}t}\right) + \frac{1}{E_2}\left(1 - e^{-\frac{E_2}{\eta_2}t}\right)\right] \tag{2-2-66}$$

在三轴蠕变试验中，轴向蠕变方程：

$$\varepsilon_1(t) = \frac{\sigma_{\mathrm{II}}}{9K} + \frac{\sigma_{\mathrm{I}}}{3G_0} + \frac{\sigma_{\mathrm{I}}}{3\eta_0}t + \frac{\sigma_{\mathrm{I}}}{3G_1}\left(1 - e^{-\frac{G_1}{\eta_1}t}\right) + \frac{\sigma_{\mathrm{I}}}{3G_2}\left(1 - e^{-\frac{G_2}{\eta_2}t}\right) \tag{2-2-67}$$

式中：$\sigma_{\mathrm{I}} = \sigma_1 - \sigma_3$，$\sigma_{\mathrm{II}} = \sigma_1 + 2\sigma_3$；体积模量 $K = \frac{2(1+\mu)}{3(1-2\mu)}G_0$；$\mu$ 为泊松比；G_0、G_1、G_2 和 η_0、η_1、η_2 分别剪切模量和黏滞系数。

两种改进 Burgers 蠕变模型三维参数拟合均采用 2.2.2 小节拟合 Burgers 蠕变模型参数的方法进行拟合。按此方法拟合，得到围压 300 kPa 下标准线性体模型和修正的 Burgers 蠕变模型的参数，并与 2.2.2 小节中 Burgers 蠕变模型的参数拟合效果进行比较，将这三种模型拟合曲线与三轴蠕变试验的蠕变曲线进行对比，如图 2-2-13 所示。各种模型拟合的相关系数和残差见表 2-2-10。

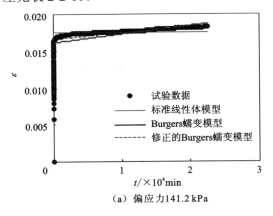

（a）偏应力 141.2 kPa

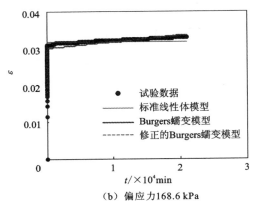

（b）偏应力 168.6 kPa

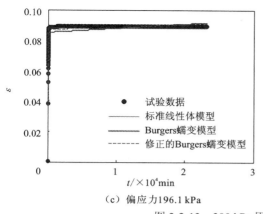

（c）偏应力196.1 kPa

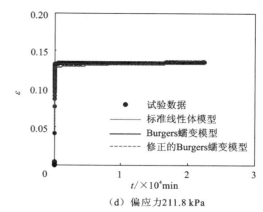

（d）偏应力211.8 kPa

图 2-2-13　300 kPa 围压下蠕变试验与模型曲线

表 2-2-10　三种模型与试验数据的拟合结果

模型	偏应力/kPa				
	86.3	141.2	168.6	196.1	211.8
标准线性体模型	$\rho=0.875\,6$	$\rho=0.886\,2$	$\rho=0.901\,3$	$\rho=0.890\,8$	$\rho=0.890\,1$
	$R=1.89\times10^{-5}$	$R=2.19\times10^{-4}$	$R=7.04\times10^{-4}$	$R=8.50\times10^{-3}$	$R=1.33\times10^{-2}$
Burgers 蠕变模型	$\rho=0.895\,3$	$\rho=0.906\,5$	$\rho=0.912\,3$	$\rho=0.901\,5$	$\rho=0.928\,5$
	$R=7.03\times10^{-6}$	$R=1.78\times10^{-4}$	$R=5.44\times10^{-4}$	$R=7.10\times10^{-3}$	$R=1.04\times10^{-2}$
修正的 Burgers 蠕变模型	$\rho=0.992\,4$	$\rho=0.957\,6$	$\rho=0.976\,5$	$\rho=0.945\,3$	$\rho=0.953\,4$
	$R=6.46\times10^{-6}$	$R=1.72\times10^{-4}$	$R=2.53\times10^{-4}$	$R=3.89\times10^{-3}$	$R=8.62\times10^{-3}$

注：ρ 为相关系数，R 为残差。

从图 2-2-13 和图 2-2-8 中可以看出，三种流变模型拟合曲线和三轴蠕变试验曲线的形状相似，其中改进的 Burgers 蠕变模型的模拟结果与实际试验数据最吻合，拟合效果最好，其次是 Burgers 蠕变模型，而标准线性体模型的拟合效果相对最差。通过上述比较，改进的 Burgers 蠕变模型能很好地反映某滑坡滑带土流变特性，最终选择该模型作为该滑坡滑带土最优模型。

2）模型参数求解

利用拟合 Burgers 蠕变模型三维参数的方法对改进的 Burgers 蠕变黏弹性模型进行三维蠕变参数拟合，结果见表 2-2-11～表 2-2-13 所示。

表 2-2-11　改进的 Burgers 蠕变模型参数值（围压 100 kPa）

参数	偏应力/kPa				
	39.2	62.7	78.4	91.5	106.0
G_0/kPa	1.401×10^{4}	3.152×10^{3}	3.847×10^{3}	1.711×10^{3}	2.339×10^{4}
G_1/kPa	1.282×10^{4}	1.788×10^{3}	3.111×10^{3}	1.574×10^{3}	4.936×10^{3}
G_2/kPa	1.282×10^{4}	3.368×10^{3}	3.066×10^{3}	1.682×10^{3}	3.636×10^{2}
η_0/（kPa·min）	3.396×10^{8}	2.594×10^{8}	6.067×10^{8}	2.667×10^{8}	2.118×10^{8}
η_1/（kPa·min）	7.384×10^{5}	2.982×10^{3}	8.941×10^{4}	3.458×10^{3}	1.554×10^{4}

参数	偏应力/kPa				
	39.2	62.7	78.4	91.5	106.0
$\eta_2/(\text{kPa·min})$	7.384×10^5	1.407×10^5	1.207×10^4	1.569×10^4	1.068×10^3
K/kPa	6.536×10^4	1.471×10^4	1.7953×10^4	7.986×10^3	1.091×10^5
R^2	0.932 8	0.986 0	0.987 8	0.912 2	0.909 9

表 2-2-12 改进 Burgers 蠕变模型参数值（围压 200 kPa）

参数	偏应力/kPa				
	62.7	102.0	122.0	145.0	153.0
G_0/kPa	1.726×10^5	6.882×10^3	6.856×10^3	1.212×10^4	2.141×10^3
G_1/kPa	3.155×10^4	1.014×10^4	3.049×10^3	2.020×10^3	2.387×10^3
G_2/kPa	3.155×10^4	1.014×10^4	5.698×10^3	2.026×10^3	2.002×10^3
$\eta_0/(\text{kPa·min})$	1.054×10^9	4.695×10^8	4.365×10^8	1.808×10^8	2.576×10^8
$\eta_1/(\text{kPa·min})$	9.669×10^6	3.625×10^5	1.234×10^4	7.566×10^3	3.177×10^4
$\eta_2/(\text{kPa·min})$	9.669×10^6	3.625×10^5	3.265×10^5	2.086×10^4	2.894×10^3
K/kPa	8.053×10^5	3.211×10^4	3.199×10^4	5.658×10^4	9.991×10^3
R^2	0.994 0	0.946 2	0.954 0	0.956 4	0.946 9

表 2-2-13 改进 Burgers 蠕变模型参数值（围压 300 kPa）

参数	偏应力/kPa				
	86.3	141.6	168.6	196.1	211.8
G_0/kPa	4.081×10^4	7.301×10^3	5.507×10^3	4.113×10^3	2.466×10^3
G_1/kPa	2.520×10^4	1.403×10^4	7.225×10^3	2.097×10^3	1.582×10^3
G_2/kPa	2.520×10^4	1.403×10^4	6.783×10^3	1.949×10^3	1.521×10^3
$\eta_0/(\text{kPa·min})$	5.364×10^8	5.643×10^8	5.243×10^8	4.211×10^8	2.794×10^8
$\eta_1/(\text{kPa·min})$	4.352×10^6	6.031×10^5	4.042×10^5	1.753×10^4	9.722×10^3
$\eta_2/(\text{kPa·min})$	4.352×10^6	6.0318×10^5	2.420×10^4	1.932×10^3	1.934×10^3
K/kPa	1.904×10^5	3.407×10^4	2.569×10^4	1.919×10^4	1.151×10^4
R^2	0.992 4	0.957 6	0.976 5	0.946 2	0.953 4

2.3 基于滑坡土体饱和蠕变模型的 FLAC3D 二次开发

2.3.1 FLAC3D 基本理论及其流变计算原理

FLAC3D 是美国公司开发的显式有限差分程序,主要适用于地质和岩土工程的力学分析。该程序能较好地模拟材料达到强度极限或屈服极限时发生的破坏或塑性流动的力学行为，特别适用于分析渐进破坏和失稳及模拟大变形（邓朝贤 等，2023）。

1. FLAC3D 基本理论

FLAC3D 程序求解的基本原理是首先给出变量空间导数的差分近似格式，然后给出节点位移和单元应变和应力、节点不平衡力的计算及地下结构单元的工作原理，最后对该方法的稳定性进行研究，给出计算的时步步长。计算中假设单元的力、应力、加速度等物理信息可集中于节点，其在单元内的值可取为各节点值的均值。

1）空间导数的有限差分近似

快速拉格朗日分析采用混合离散方法，将区域离散为常应变六面体单元的集合体，又将每个六面体看作以六面体角点的常应变四面体的集合体，应力、应变、节点不平衡力等变量均在四面体上进行计算，六面体单元的应力、应变取值为其内四面体的体积加权平均。这种方法既避免了常应变六面体单元遇到的位移剪切锁死现象，又使得四面体单元的位移模式可以充分适应一些本构的要求，如不可压缩塑性流动等。

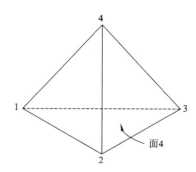

图 2-3-1 四面体单元的面和节点

如图 2-3-1 中的四面体，节点编号为 1~4，第 n 面表示与节点相对的面，设其内一点的速率分量为 v_i，由高斯公式得

$$\int_V v_{i,j} \mathrm{d}V = \int_S v_i n_j \mathrm{d}S \qquad (2\text{-}3\text{-}1)$$

式中：V 为四面体的体积；S 为四面体的外表面；n_j 为外表面的单位法向向量分量。对于常应变单元，v_i 为线性分布，n_j 在每个面上为常量。对式（2-3-1）积分得

$$V v_{i,j} = \sum_{f=1}^{4} \overline{v}_i^{(f)} n_j^{(f)} S^{(f)} \qquad (2\text{-}3\text{-}2)$$

式中：上标(f)表示面 f 的相关变量值；$\overline{v}_i$ 表示 i 速度分量的平均值。若速度呈线性变化，则

$$\overline{v}_i^{(f)} = \frac{1}{3} \sum_{l=1,l \neq f}^{4} \overline{v}_i^{(l)} \qquad (2\text{-}3\text{-}3)$$

式中：上标 l 指节点 l 的值。

将式（2-3-3）代入式（2-3-2），有

$$V v_{i,j} = \frac{1}{3} \sum_{l=1}^{4} \overline{v}_i^l \sum_{f=1,f \neq l}^{4} n_j^{(f)} S^{(f)} \qquad (2\text{-}3\text{-}4)$$

在式（2-3-1）中，若 $v_i = 1$，应用高斯法则可得

$$\sum_{f=1}^{4} n_j^{(f)} S^{(f)} = 0 \qquad (2\text{-}3\text{-}5)$$

所以，将式（2-3-4）两边同除以 V，则有

$$v_{i,j} = \frac{1}{3V} \sum_{l=1}^{4} v_i^l n_j^{(l)} S^{(l)} \qquad (2\text{-}3\text{-}6)$$

应变速率张量的分量形式为

$$\xi_{ij} = -\frac{1}{6V}\sum_{l=1}^{4}(v_i^l n_j^{(l)} + v_j^l n_i^{(l)})S^{(l)} \tag{2-3-7}$$

2）节点运动方程

一定时域内，静力平衡问题可通过以下的平衡方程求解得

$$\sigma_{ij,j} + \rho B_i = 0 \tag{2-3-8}$$

式中：ρ 为介质密度；$B_i = \rho(b_i - \mathrm{d}v_i/\mathrm{d}t)$；$b_i$ 为介质单位质量的体积力。

根据虚功原理，作用于单个四面体上的节点力 f^l（$l=(1,4)$）与四面体应力和等效体力相平衡。引入节点的虚速度 δv^l（它在四面体中产生线性速度场 δv 和常应变速率 $\delta\xi$），则节点力 F^l 和体力 B 产生的外力功功率等于内部应力 σ_{ij} 产生的内力功功率。

外力功功率可表示为

$$E = \sum_{n=1}^{4}\delta v_i^n f_i^n + \int_V \delta v_i B_i \mathrm{d}V \tag{2-3-9}$$

而内力功功率为

$$I = \int_V \xi_{ij}\sigma_{ij}\mathrm{d}V \tag{2-3-10}$$

由式（2-3-7），对常应变速率的四面体有

$$I = -\frac{1}{6}\sum_{l=1}^{4}(\delta v_i^l \sigma_{ij} n_j^l + \delta v_j^l \sigma_{ij} n_i^l)S^{(l)} \tag{2-3-11}$$

应力张量是对称张量，定义矢量 T^l：

$$T_i^l = \sigma_{ij} n_j^l S^{(l)} \tag{2-3-12}$$

则

$$I = -\frac{1}{3}\sum_{l=1}^{4}\delta v_i^l T_i^l \tag{2-3-13}$$

将式（2-3-8）代入式（2-3-9），有

$$E = \sum_{n=1}^{4}\delta v_i^n f_i^n + E^b + E^I \tag{2-3-14}$$

式中：E^b 和 E^I 分别为体力 ρb_i 和惯性力所作的外力功功率。若四面体内体力 ρb_i 为常数，则有

$$E^b = \rho b_i \int_V \delta v_i \mathrm{d}V \tag{2-3-15}$$

$$E^I = -\int_V \rho \delta v_i \frac{\mathrm{d}v_i}{\mathrm{d}t}\mathrm{d}V \tag{2-3-16}$$

根据有限差分近似，速度场在四面体内线性变化。为描述它，引进一个参考坐标系（它的坐标原点则四面体的中心上），则有

$$\delta v_i = \sum_{n=1}^{4}\delta v_i^n N^n \tag{2-3-17}$$

式中：$N^n(n=1,4)$ 为一线性函数，则

$$N^n = c_0^n + c_1^n x_1' + c_2^n x_2' + c_3^n x_3' \tag{2-3-18}$$

式中：$c_0^n, c_1^n, c_2^n, c_3^n \, (n=1,4)$ 为下述方程的解：

$$N^n(x_1'^j, x_2'^j, x_3'^j) = \delta_{nj} \tag{2-3-19}$$

式中：δ_{nj} 为克罗内克尔增量（Kronecker delta）。通过中心点的定义，所有形如 $\int_V x_j' \mathrm{d}V$ 的积分均为 0，将式（2-3-17）、式（2-3-18）代入式（2-3-14）得

$$E^{\mathrm{b}} = \rho b_i \sum_{n=1}^{4} \delta v_i^n c_0^n V \tag{2-3-20}$$

由克雷姆定律，解式（2-3-19）得

$$c_0^n = \frac{1}{4} \tag{2-3-21}$$

将式（2-3-21）代入式（2-3-20），有

$$E^{\mathrm{b}} = \sum_{n=1}^{4} \delta v_i^n \frac{\rho b_{iV}}{4} \tag{2-3-22}$$

同理，将式（2-3-17）代入式（2-3-16）得

$$E^{\mathrm{I}} = -\sum_{n=1}^{4} \delta v_i^n \int_V N^n \frac{\mathrm{d}v_i}{\mathrm{d}t} \mathrm{d}V \tag{2-3-23}$$

将式（2-3-22）和式（2-3-23）代入式（2-3-14）：

$$E = \sum_{n=1}^{4} \delta v_i^n \left(f_i^n + \frac{\rho b_i V}{4} - \int_V N^n \frac{\mathrm{d}v_i}{\mathrm{d}t} \mathrm{d}V \right) \tag{2-3-24}$$

对任何虚速度，外虚功率 E 等于内虚功率 I：

$$-f_i^n = \frac{T_i^n}{3} + \frac{\rho b_i V}{4} - \int_V N^n \frac{\mathrm{d}v_i}{\mathrm{d}t} \mathrm{d}V \tag{2-3-25}$$

在四面体范围内，加速度场空间变化是微小的，则有

$$\int_V \rho N^n \frac{\mathrm{d}v_i}{\mathrm{d}t} \mathrm{d}V = \frac{\rho V}{4} \left(\frac{\mathrm{d}v_i}{\mathrm{d}t} \right)^n \tag{2-3-26}$$

用假想的节点质量 m^n 代替上式中的质量 $\rho V / 4$，则式（2-3-25）可写为

$$-f_i^n = \frac{T_i^n}{3} + \frac{\rho b_i V}{4} - m^n \left(\frac{\mathrm{d}v_i}{\mathrm{d}t} \right)^n \tag{2-3-27}$$

对于等效体系，可以建立平衡状态，要求在每个节点上静态等效载荷之和为零。可以写出全部节点上牛顿定律表达式：

$$F_i^{\langle l \rangle} = M^{\langle l \rangle} \left(\frac{\mathrm{d}v_i}{\mathrm{d}t} \right)^{\langle l \rangle}, \quad l = 1, n_{\mathrm{n}} \tag{2-3-28}$$

式中：n_{n} 为介质中的所有的节点总数，节点质量定义为

$$M^{\langle l \rangle} = [[m]]^{\langle l \rangle} \tag{2-3-29}$$

不平衡力 $[F]^{<l>}$ 定义为

$$F_i^{\langle l \rangle} = \left[\left[\frac{T_i}{3} + \frac{\rho b_i V}{4} \right] \right]^{\langle l \rangle} + P_i^{\langle l \rangle} \tag{2-3-30}$$

当介质达到平衡时，不平衡力等于 0。

3）增量形式的本构方程

快速拉格朗日分析中，假定时间 Δt 内速度为常数，增量形式的本构方程可表示为

$$\Delta \breve{\sigma}_{ij} = H_{ij}^*(\sigma_{ij}, \xi_{ij}\Delta t) \tag{2-3-31}$$

式中：$\Delta\breve{\sigma}_{ij}$ 称为共转（co-rotational）应力增量；H_{ij}^* 为一给定的函数。共转（co-rotational）应力速率张量 $\breve{\sigma}_{ij}$ 等于给定参考系的介质内一点应力的偏导数和以瞬时角速度 Ω 的转动，数学表达式为

$$[\breve{\sigma}]_{ij} = \frac{\mathrm{d}\sigma_{ij}}{\mathrm{d}t} - w_{ij}\sigma_{ij} + \sigma_{ij}w_{kj} \tag{2-3-32}$$

式中：w 为转动速率张量。

利用有限差分方程，可以得到转动速率张量的分量形式：

$$w_{ij} = -\frac{1}{6V}\sum_{l=1}^{4}(v_i^l n_j^{(l)} - v_j^l n_i^{(l)})S^{(l)} \tag{2-3-33}$$

4）时间导数的有限差分近似

由本构方程[式（2-3-31）]和变形速率与节点速率之间的关系[式（2-3-7）]，式（2-3-26）可表示为一般的差分方程：

$$\frac{\mathrm{d}v_i^{\langle l \rangle}}{\mathrm{d}t} = \frac{1}{M^{\langle l \rangle}}F_i^{\langle l \rangle}(t, \{v_i^{\langle 1 \rangle}, v_i^{\langle 2 \rangle}, v_i^{\langle 3 \rangle}, \cdots, v_i^{\langle p \rangle}\}^{\langle l \rangle}, k), \quad l = 1, n_n \tag{2-3-34}$$

式中：$\{\}^{\langle l \rangle}$ 代表在计算过程中全局节点 l 节点速度值的子集[式（2-3-28）]。在时间间隔 Δt 中实际节点的速度假定是线性变化的，式（2-3-34）左边导数用中心有限差分估算为

$$v_i^{\langle l \rangle}\left(t + \frac{\Delta t}{2}\right) = v_i^{\langle l \rangle}\left(t - \frac{\Delta t}{2}\right) + \frac{1}{M^{\langle l \rangle}}F_i^{\langle l \rangle}(t, \{v_i^{\langle 1 \rangle}, v_i^{\langle 2 \rangle}, v_i^{\langle 3 \rangle}, \cdots, v_i^{\langle p \rangle}\}^{\langle l \rangle}, k) \tag{2-3-35}$$

类似地，节点的位置也用中心有限差分进行迭代：

$$x_i^{\langle l \rangle}(t + \Delta t) = x_i^{\langle l \rangle}(t) + \Delta t v_i^{\langle l \rangle}\left(t + \frac{\Delta t}{2}\right) \tag{2-3-36}$$

因此，节点位移也有如下关系：

$$u_i^{\langle l \rangle}(t + \Delta t) = u_i^{\langle l \rangle}(t) + \Delta t v_i^{\langle l \rangle}\left(t + \frac{\Delta t}{2}\right) \tag{2-3-37}$$

2. 阻尼力

为使运动方程获得静态或准静态（非惯性）解，快速拉格朗日分析的静力分析中，在式（2-2-29）中加入非黏性阻尼力。则式（2-3-28）变为

$$F_i^l + l_i^l = M^l\left(\frac{\mathrm{d}v_i}{\mathrm{d}t}\right)^l, \quad l = 1, n \tag{2-3-38}$$

式中：l_i^l 为阻尼力，$l_i^l = -\alpha|F_i^l|\mathrm{sign}(v_i^l)$，$\alpha$ 为阻尼系数，其默认值为 0.8。

$$\mathrm{sign}(y) = \begin{cases} +1, & y > 0 \\ -1, & y < 0 \\ 0 & y = 0 \end{cases} \tag{2-3-39}$$

3. FLAC3D 内置流变模型及流变计算时步

FLAC3D 有 8 种流变模型，分别是：经典黏弹性模型（Maxwell 体）、Burgers 蠕变模型、二分量幂定律、用于研究核废物隔离的蠕变模型、Burgers 蠕变模型和莫尔-库仑模型合成的

Burgers 蠕变黏塑性模型、二分量幂定律和莫尔-库仑模型合成的二分量幂黏塑性模型、WIPP 模型和德鲁克-普拉格（Drucker-Prager）模型合成的 WIPP 蠕变黏塑性模型、岩盐的本构模型。

FLAC3D 模拟计算时，流变模型与其他的本构模型的主要区别在于计算时间。对于流变计算，蠕变时间和蠕变步长都是实际时间，与现实生活中经历的时间是一样的。蠕变问题是与时间有关的变形问题，即恒定应力作用下变形随时间增大的现象。FLAC3D 流变计算时允许用户自己定义蠕变时步，默认情况下时步为零，在这种情况下认为计算时采用线弹性理论。命令 SET creep off 可以用来停止蠕变计算。流变本构方程中利用了蠕变时步，时步的设置对结果有影响。

时步的默认值为零，在此情况下只有 Maxwell 体的弹性部分起作用，模型相当于线弹性模型。FLAC3D 流变计算中应注意下面两个问题。

（1）在 FLAC3D 中，流变计算与弹塑性静力计算的主要区别在于时间概念。流变计算的时间和时步均是真实的，而弹塑性计算中的时步只是为了达到最后的静力平衡人为假设的一个量，没有任何物理意义；

（2）对于与时间相关的蠕变问题，FLAC3D 允许用户自己设置蠕变的时步。如果时步设为零，不管用户选用哪个蠕变模型，计算过程中都会把问题简化成相应的弹性问题或弹塑性问题。同样，如果通过命令 SET creep off 将流变选项关闭，程序同样不计算流变。通过这个命令可以在流变计算之前让模型达到弹塑性的静力平衡，再打开流变开关计算模型的流变效应。在表示蠕变本构定律的方程中要用到时步，所以时步的取值会影响计算结果。

虽然时步 Δt 可以调整，但并不可以任意设置。在流变计算过程中，如果想使力学系统始终保持平衡，由时间引起的应力改变量与应变引起的应力改变量相比不能太大，否则不平衡力过大，惯性效应会影响计算结果。蠕变受应力偏量控制，为了确保数值计算的精度，最大时步不能超过材料的黏滞系数与剪切模量的比值，即

$$\Delta t_{max}^{cr} = \frac{\eta}{G} \tag{2-3-40}$$

在实际计算过程中，最好在开始时将蠕变时步取为比 Δt_{max}^{cr} 小两到三个数量级的数，再通过自动时步调节命令，根据设置的参数自动调节时步，使得在满足精度的条件下尽量缩短计算时间。

2.3.2 基于滑坡土体蠕变模型的 FLAC3D 二次开发

1. 基于 C++ 用户自定义模型开发原理

FLAC3D 采用面向对象的语言 C++编写自定义出本构模型。C++语言的特点是采用面向对象方法，使用类来代表对象进行编程（李岗 等，2023）。与对象有关的信息被封装在类中，这些信息在类的外部是不可见的，与对象的通信通过成员函数操作封装数据来完成。一个新的对象类型可以从基类派生而来，基类的成员函数也可被派生类的同名函数覆盖。这种方式便于程序的模块化设计。FLAC3D 中的所有本构模型都是以动态链接库文件（dll 文件）的形式提供，自定义本构模型也不例外。动态链接库文件必须采用 VC++6.0(SP4)或更高版本编译得到。用 C++编写自定义 FLAC3D 本构模型的过程主要包括：基类、成员函数的定义，模型注册，模型与 FLAC3D 间的数据传递，以及模型状态指示。

1）本构模型基类

基类给出实际本构模型的一个框架，它是源于基类的分类。基类 Constitutive Model 被称为"抽象"类，因为它定义了一些纯"虚拟"的成员函数。这意味着，这种基类不能被实例化，并且任何它的衍生类需要对 Constitutive Model 的每个纯虚拟成员函数进行重载。工具函数的运用（例如 Young Poisson From Bulk Shear）是自显的，它们运用的例子可在提供的模型源文件中找到。FLAC3D 用了其他函数来使用和检查本构模型，用户不必使用或重新定义它们。

2）成员函数

任何导出的本构模型必须提供实际函数以取代 Constitutive Model 中的虚拟成员函数。

const char *Keyword( )：当用户用 MODEL 命令调用它时，返回一个指向字符串数组（本构模型名称）的指针，例如，"Ealastic"在 C++中是一个有效字符串。

const char *Name( )：返回一个指向用于打印输出本构模型名称的字符串数组（例如，PRINT zone 命令的结果）的指针。

const char **Properties( )：返回一个指向模型特性的名称的字符串数组的指针，用空指针表示字符数组的结束。

const char **States( )：返回一个指向状态名称的字符串数组指针，用空指针表示数组结束。这些名称用于打印输出，或者在图上识别用户定义的模型的内部状态。

SetProperty(unsigned ul，const double &dVal)：dVal 的值由 PROP name＝dVal 命令给出，给定的 n 值是由先前命令 Properties( )确定的序列数（从 1 开始）。要求模型对象在其合适的内部存储位置存储给定的值。

double GetProperty(unsigned ul)：对于序列数 n（由 Properties( )命令先期定义，用 $n=1$ 表示第一个特征）的模型特征的一个返回值。

const char *Copy(const ConstitutiveModel *cm)：这个成员函数应首先访问基类 Copy 函数，然后通过 cm 从指定的模型对象中拷贝所有必需的数据。

const char *Initialize(unsigned ulDim, State *ps)：当 FLAC3D 给定 CYCLE 命令或执行大应变校正时，每一个模型对象（即每一格完全区域）使用一次此函数。模型对象可能将其特性或者状态变量初始化，或者什么都不做。

const char *Run(unsigned ulDim, State *ps)：在 FLAC3D 的计算区域扫描每一个循环，每一个子域都要用此函数。模型必须从应变增量更新应力张量。对于每一个被处理的子域，结构 ps 包括当前的应力分量和计算得到的应变增量分量。

const char *SaveRestore(ModelSaveObject *mso)：当使用 SAVE 或者 RESTORE 命令时，也调用此函数。模型对象将先调用基类的 SaveReatore( )函数。SaveReatore 使模型可以保存和恢复每个对象的数据部分。

3）模型注册

每个用户编写的本构模型都拥有自己的名称、特性名称及状态指示器。FLAC3D 可以通过调用适当的成员函数来确定这些信息。当模型对象的静态全局函数调用用户自定义本构模型的构造函数时，FLAC3D 就对其进行注册。当 FLAC3D 启动或动态链接库（dynamic link library，DLL）被载入时对象被构造。变量 bRegister 的值为 true 时，基类构造函数就会对新模型进行"注册"，并将其添加到模型的列表中。

4）循环时模型信息与 FLAC3D 间的传递

FLAC3D 和用户所写的模型间最重要的联系是成员函数 Run(unsigned ulDim，State *ps)。一个 State 结构用来传递模型信息，State 的组成部分如下。

unsigned char bySubZone：当前运行的子域的序顺序号，从 0 开始，此信息可以用作正确测算积累的子域数。

unsigned char byOverlay：当前运行的子域总数，包括所有重叠的子域。

unsigned longmstate：模型状态指示器标记，此标记的特定位对应于 State( )原函数中的名称。

double dSubZoneVolume：当前子域的体积。

double dZoneVolume：当前全域的体积。

Stensor stnE：输入本构模型的应变增量张量。

Stensor stnS Stress tensor：输入本构模型的当前应力张量，同时模型必须返回更新的张量。

double dTimeStep：时步（只用于输入）。

bool bCreep：如果蠕变计算模式正在进行，其值为真。

5）模型状态指示

FLAC3D 中的单元是由四面体子单元所组成，每一个四面体有记录其当前状态的成员变量。该成员变量共有 16 位，能够代表最多 15 种不同的状态。对于自定义本构模型，用户可以命名一种状态并为其分配特定的位。

6）自定义模型编写过程

用 C++语言编写的模型编译成 DLL 文件，它可以在任何需要的时候载入。从而实现模型的数值仿真计算，使得模型既具有良好的通用性和可推广性，又缩短了程序开发周期。因此选择 FLAC3D 作为数值计算的工具，利用其统一数据管理（unified data management，UDM）接口进行二次开发，将所建立的本构模型嵌入 FLAC3D 计算软件。在 C++中，主要有头文件（h 文件）和 C++源文件（cpp）两种文件类型，头文件作为一种包含功能函数、数据接口声明的载体文件，用于保存程序的声明(declaration)，是用户应用程序和函数库之间的桥梁和纽带。而源文件（cpp）用于保存程序的实现(implementation)代码。先在 VC++6.0 环境中建立一个工程（project）文件 jdCM2k.dsw，工程文件中包含了空的头文件和源文件。FLAC3D 的本构模型需要用到如下所示的一些头文件和源文件。

（1）AXES.H：指定一个特定的轴系统。

（2）CONMODEL.H：用于本构模型通信的工作结构。

（3）CONTABLE.H：定义常规本构模型的 TABLE 界面。

（4）STENSOR.H：对称张量存储。

将编写好的头文件 userCM2k.h 和源文件 userCM2k.cpp 导入到工程文件（dsw）中，通过编译（compile）和链接（link），形成了修正的 Burgers 蠕变模型的动态链接库文 userM2k.dll，将其复制到 FLAC3D 的安装目录下，程序的调试是编程过程中不可缺少的重要步骤，尤其是对于数值计算，需要实时监控计算流程和各种变量，以防出现死循环或结果严重失真的现象。在 VC++中可设置将 FLAC3D 中的 exe 文件路径加入程序的调试范围中，并将自定义的 FLAC3D 的 dll 文件加入附加动态链接库(Additional DLLs)中，然后在.cpp 文件里的 Initialize() 或 Run()函数中设置断点，进行调试。使用自定义模型时，首先在命令流中使用命令 CONFIG cppudm 对 FLAC3D 进行配置，使其能接收动态链接库文件，然后通过 MODEL load 命令将自定义本构模型（即动态链接库文件）加载到 FLAC3D 中，这样，FLAC3D 就可以识别出新的模型名称。同样，在恢复（命令：RESTORE）一个使用自定义模型的文件时，也必须使用 CONFIG cppudm 命令和 MODEL load 命令。

2. 基于改进的 Burgers 蠕变模型的 FLAC3D 二次开发

1）改进的 Burgers 蠕变黏弹性模型的有限差分形式

改进的 Burgers 蠕变黏弹性模型由两个 Kelvin 体和一个 Maxwell 体串联组成，组合模型构造如图 2-3-2 所示。图中 E_1、E_2 表示 Kelvin 体弹性模量；β_1、β_2 表示 Kelvin 体黏滞系数；E_3、β_3 分别表示 Maxwell 体弹性模量和黏滞系数；σ 为串联体的总应力；σ_1、σ_2 为 Kelvin 体中黏滞体的应力。

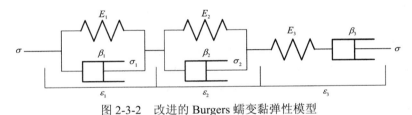

图 2-3-2　改进的 Burgers 蠕变黏弹性模型

Kelvin 体应变速率表示为

$$\dot{\varepsilon}_1 = \frac{\sigma_1}{\beta_1} \tag{2-3-41}$$

Kelvin 体中黏滞体应力表示为

$$\sigma_1 = \sigma - E_1\varepsilon_1 \tag{2-3-42}$$

由式（2-3-41）和式（2-3-42）得

$$\dot{\varepsilon}_1 = \frac{\sigma - E_1\varepsilon_1}{\beta_1} \tag{2-3-43}$$

将式（2-3-43）变形得

$$\frac{\varepsilon_1^N - \varepsilon_1^o}{\Delta t} = \frac{\bar{\sigma} - E_1\bar{\varepsilon}_1}{\beta_1} = \frac{\sigma^N + \sigma^o - E_1(\varepsilon_1^N + \varepsilon_1^o)}{2\beta_1} \tag{2-3-44}$$

由式（2-3-44）得

$$\varepsilon_1^N = \varepsilon_1^o + \{\sigma^N + \sigma^o - E_1(\varepsilon_1^N + \varepsilon_1^o)\}\frac{\Delta t}{2\beta_1} \tag{2-3-45}$$

同理，得

$$\varepsilon_2^N = \varepsilon_2^o + \{\sigma^N + \sigma^o - E_2(\varepsilon_2^N + \varepsilon_2^o)\}\frac{\Delta t}{2\beta_2} \tag{2-3-46}$$

对于 Maxwell 体可表示为

$$\dot{\varepsilon}_3 = \dot{\varepsilon}_m = \frac{\dot{\sigma}}{E_3} + \frac{\bar{\sigma}}{\beta_3} \tag{2-3-47}$$

将式（2-3-47）变形得

$$\varepsilon_m^N = \varepsilon_m^o + \frac{\sigma^N - \sigma^o}{E_3} + \frac{\sigma^N + \sigma^o}{2\beta_3}\Delta t \tag{2-3-48}$$

总应变增量为

$$\Delta\varepsilon = \varepsilon^N - \varepsilon^o = (\varepsilon_1^N - \varepsilon_1^o) + (\varepsilon_2^N - \varepsilon_2^o) + (\varepsilon_3^N - \varepsilon_3^o) \tag{2-3-49}$$

由式（2-3-45）得

$$\left(1 + \frac{E_1\Delta t}{2\beta_1}\right)\varepsilon_1^N = \left(1 - \frac{E_1\Delta t}{2\beta_1}\right)\varepsilon_1^o + (\sigma^N + \sigma^o)\frac{\Delta t}{2\beta_1} \tag{2-3-50}$$

将式（2-3-50）化简得

$$\varepsilon_1^N = \frac{1}{A}\left\{B\varepsilon_1^o + (\sigma^N + \sigma^o)\frac{\Delta t}{2\beta_1}\right\} \tag{2-3-51}$$

同理，得

$$\left(1 + \frac{E_2\Delta t}{2\beta_2}\right)\varepsilon_2^N = \left(1 - \frac{E_2\Delta t}{2\beta_2}\right)\varepsilon_2^o + (\sigma^N + \sigma^o)\frac{\Delta t}{2\beta_2} \tag{2-3-52}$$

将式（2-3-52）化简得

$$\varepsilon_2^N = \frac{1}{C}\left\{D\varepsilon_2^o + (\sigma^N + \sigma^o)\frac{\Delta t}{2\beta_2}\right\} \tag{2-3-53}$$

利用式（2-3-45）、式（2-3-46）、式（2-3-48）和式（2-3-49）得

$$\sigma^N = \frac{1}{X}\left\{\varepsilon^N - \varepsilon^o + Y\sigma^o - \left(\frac{B}{A} - 1\right)\varepsilon_1^o - \left(\frac{D}{C} - 1\right)\varepsilon_2^o\right\} \tag{2-3-54}$$

综合上述得改进的 Burgers 蠕变黏弹性模型的有限差分形式：

$$\begin{cases} \varepsilon_1^N = \dfrac{1}{A}\left\{B\varepsilon_2^o + (\sigma^N + \sigma^o)\dfrac{\Delta t}{2\beta_2}\right\} \\[3mm] \varepsilon_2^N = \dfrac{1}{C}\left\{D\varepsilon_2^o + (\sigma^N + \sigma^o)\dfrac{\Delta t}{2\beta_2}\right\} \\[3mm] \sigma^N = \dfrac{1}{X}\left\{\varepsilon^N - \varepsilon^o + Y\sigma^o - \left(\dfrac{B}{A} - 1\right)\varepsilon_1^o - \left(\dfrac{D}{C} - 1\right)\varepsilon_2^o\right\} \end{cases} \tag{2-3-55}$$

式中

$$A = 1 + \frac{E_1\Delta t}{2\beta_1}, \quad B = 1 - \frac{E_1\Delta t}{2\beta_1}, \quad C = 1 + \frac{E_2\Delta t}{2\beta_2}, \quad D = 1 - \frac{E_2\Delta t}{2\beta_2} \tag{2-3-56}$$

$$X = \frac{1}{A}\frac{\Delta t}{2\beta_1} + \frac{1}{C}\frac{\Delta t}{2\beta_2} + \frac{1}{E_3} + \frac{\Delta t}{2\beta_3} \tag{2-3-57}$$

$$Y = \frac{1}{E_3} - \frac{1}{A}\frac{\Delta t}{2\beta_1} - \frac{1}{C}\frac{\Delta t}{2\beta_2} - \frac{\Delta t}{2\beta_3} \tag{2-3-58}$$

按照由一维流变模型推导到三维流变模型的方法，可得到三维的有限差分形式如下：

$$\begin{cases} e_{ij}^{1N} = \dfrac{1}{a}\left\{ be_{ij}^{1o} + (S_{ij}^{N} + S_{ij}^{o})\dfrac{\Delta t}{4\eta_1} \right\} \\[2mm] e_{ij}^{2N} = \dfrac{1}{c}\left\{ de_{ij}^{2o} + (S_{ij}^{N} + S_{ij}^{o})\dfrac{\Delta t}{4\eta_2} \right\} \\[2mm] S_{ij}^{N} = \dfrac{1}{x}\left\{ \Delta e_{ij} + yS_{ij}^{o} - \left(\dfrac{b}{a}-1\right)e_{ij}^{1o} - \left(\dfrac{d}{c}-1\right)e_{ij}^{2o} \right\} \\[2mm] \Delta\sigma_m = K\Delta\varepsilon_{kk} \\[2mm] \sigma_{ij}^{N} = S_{ij}^{N} + \left(\dfrac{1}{3}\sigma_{kk}^{N} + \Delta\sigma_m\right)\delta_{ij} \end{cases} \tag{2-3-59}$$

式中

$$\Delta e_{ij} = \Delta\varepsilon_{ij} - \frac{1}{3}\Delta\varepsilon_{ij}\delta_{ij} \tag{2-3-60}$$

$$S_{ij} = \sigma_{ij} - \frac{1}{3}\sigma_{ij}\delta_{ij} \tag{2-3-61}$$

$$a = 1 + \frac{G_1\Delta t}{2\eta_1} \tag{2-3-62}$$

$$b = 1 - \frac{G_1\Delta t}{2\eta_1} \tag{2-3-63}$$

$$c = 1 + \frac{G_2\Delta t}{2\eta_2} \tag{2-3-64}$$

$$d = 1 - \frac{G_2\Delta t}{2\eta_2} \tag{2-3-65}$$

$$x = \frac{1}{a}\frac{\Delta t}{4\eta_1} + \frac{1}{c}\frac{\Delta t}{4\eta_2} + \frac{1}{2G_3} + \frac{\Delta t}{4\eta_3} \tag{2-3-66}$$

$$y = \frac{1}{2G_3} - \frac{1}{a}\frac{\Delta t}{4\eta_1} - \frac{1}{c}\frac{\Delta t}{4\eta_2} - \frac{\Delta t}{4\eta_3} \tag{2-3-67}$$

2）改进的 Burgers 蠕变黏弹塑性模型的有限差分形式

改进的 Burgers 蠕变黏弹性模型并没有考虑土体的塑性变形，只是认为土体是黏弹性的。结合改进的 Burgers 蠕变黏弹性模型和莫尔-库仑模型，将两种模型同时考虑在流变方程中，这样可以考虑岩土体黏弹塑性特性。这个模型是在改进的 Burgers 蠕变黏弹性模型的基础上考虑土体塑性特性建立起来的一种模型，本部分的符号约定同 5.2 节中的约定。黏弹性部分本构定律和改进的 Burgers 蠕变黏弹性一致，塑性部分本构定律和莫尔-库仑模型一致。

黏弹性部分表示如下：

$$\begin{cases} e_{ij}^{1N} = \dfrac{1}{a}\left\{be_{ij}^{1o} + (S_{ij}^{N} + S_{ij}^{o})\dfrac{\Delta t}{4\eta_1}\right\} \\[3mm] e_{ij}^{2N} = \dfrac{1}{c}\left\{de_{ij}^{2o} + (S_{ij}^{N} + S_{ij}^{o})\dfrac{\Delta t}{4\eta_2}\right\} \\[3mm] S_{ij}^{N} = \dfrac{1}{x}\left\{\Delta e_{ij} - \Delta e_{ij}^{p} + yS_{ij}^{o} - \left(\dfrac{b}{a}-1\right)e_{ij}^{1o} - \left(\dfrac{d}{c}-1\right)e_{ij}^{2o}\right\} \\[3mm] \Delta\sigma_m = K(\Delta\varepsilon_{kk} - \Delta\varepsilon_{kk}^{p}) \\[3mm] \sigma_{ij}^{N} = S_{ij}^{N} + \left(\dfrac{1}{3}\sigma_{kk}^{N} + \Delta\sigma_m\right)\delta_{ij} \end{cases} \tag{2-3-68}$$

则莫尔-库仑应变率表示为

$$\begin{cases} \dot{e}_{ij}^{p} = \lambda * \dfrac{\partial g}{\partial\sigma_{ij}} - \dfrac{1}{3}\dot{e}_{vol}^{p}\delta_{ij} \\[3mm] \dot{e}_{vol}^{p} = \lambda * \left[\dfrac{\partial g}{\partial\sigma_{11}} + \dfrac{\partial g}{\partial\sigma_{22}} + \dfrac{\partial g}{\partial\sigma_{33}}\right] \end{cases} \tag{2-3-69}$$

莫尔-库仑屈服迹线由剪切和张拉准则合成。屈服准则为 $f = 0$，在主轴上公式为

剪切屈服：

$$f = \sigma_1 - \sigma_3 N_\varphi + 2C\sqrt{N_\varphi} \tag{2-3-70}$$

张拉屈服：

$$f = \sigma^{t} - \sigma_3 \tag{2-3-71}$$

式中：C、φ 分别为材料的黏聚力和摩擦角；$N_\varphi = (1 - \sin\varphi)(1 + \sin\varphi)$；$\sigma^{t}$ 为张拉强度；σ_1 和 σ_3 分别为最小和最大主应力（压应力为负）。

势函数 g 有如下形式。

剪切破坏：

$$g = \sigma_1 - \sigma_3 N_\psi \tag{2-3-72}$$

张拉破坏：

$$g = -\sigma_3 \tag{2-3-73}$$

式中：ψ 为材料剪胀角，$N_\psi = (1 + \sin\psi)(1 - \sin\psi)$；$\lambda$ 为一个仅在塑性流动阶段非零的参数，它通过应用屈服条件 $f = 0$ 而确定。

在 FLAC3D 中模型的数值实现过程中，采取黏弹性增量形式，新的试算应力分量由式（2-3-68）确定。根据试算应力计算主应力分量并分类，并求出屈服函数。如果 $f \geqslant 0$，认为试算应力是新的应力，如果 $f < 0$，认为发生塑性流动，计算塑性应变增量并且试算应力的值在赋予新应力前，必须由塑性应变增量加以校正，试算应力的校正方法如下。

用偏量分量的定义：

$$\begin{cases} \sigma_1^{N} = \hat{\sigma}_1^{N} - [\alpha_1\Delta\varepsilon_1^{p} + \alpha_2(\Delta\varepsilon_2^{p} + \Delta\varepsilon_3^{p})] \\[2mm] \sigma_2^{N} = \hat{\sigma}_2^{N} - [\alpha_1\Delta\varepsilon_2^{p} + \alpha_2(\Delta\varepsilon_1^{p} + \Delta\varepsilon_3^{p})] \\[2mm] \sigma_3^{N} = \hat{\sigma}_3^{N} - [\alpha_1\Delta\varepsilon_3^{p} + \alpha_2(\Delta\varepsilon_1^{p} + \Delta\varepsilon_2^{p})] \end{cases} \tag{2-3-74}$$

式中：$\alpha_1 = K + \dfrac{2}{3x}$，$\alpha_1 = K - \dfrac{1}{3x}$。

除了 α_1 和 α_2 的定义以外，这些表达式与莫尔-库仑模型得出的表达式相似。塑性公式可能沿着相似的轨迹发生。这样一来，对于剪切屈服，可以得到：

$$\begin{cases} \sigma_1^N = \hat{\sigma}_1^N - \lambda(\alpha_1 - \alpha_2 N_\varphi) \\ \sigma_2^N = \hat{\sigma}_2^N - \lambda\alpha_2(1 - N_\varphi) \\ \sigma_3^N = \hat{\sigma}_3^N - \lambda(\alpha_2 - \alpha_1 N_\varphi) \end{cases} \tag{2-3-75}$$

式中：$\lambda = \dfrac{\hat{\sigma}_1^N - \hat{\sigma}_3^N N_\varphi + 2C\sqrt{N_\varphi}}{(\alpha_1 - \alpha_2 N_\varphi) - (\alpha_2 - \alpha_1 N_\varphi)N_\varphi}$

对于张拉屈服：

$$\begin{cases} \sigma_1^N = \hat{\sigma}_1^N + \lambda\alpha_2 \\ \sigma_2^N = \hat{\sigma}_2^N + \lambda\alpha_2 \\ \sigma_3^N = \hat{\sigma}_3^N + \lambda\alpha_1 \end{cases} \tag{2-3-76}$$

式中：$\lambda = \dfrac{\sigma^t - \hat{\sigma}_3^N}{\alpha_1}$。

3）基于改进的 Burgers 蠕变黏弹塑性模型程序编写

由于改进的 Burgers 蠕变黏弹塑性模型是改进的 Burgers 蠕变黏弹性模型和莫尔-库仑模型的综合。本节只叙述改进的 Burgers 蠕变黏弹塑性模型的编写过程，对改进的 Burgers 蠕变黏弹性模型的编写过程不作说明。基于改进的 Burgers 蠕变黏弹塑性模型的有限差分形式的推导，图 2-3-3 给出了改进的 Burgers 蠕变黏弹塑性模型二次开发的程序流程图。改进的 Burgers 蠕变黏弹塑性模型在 C++语言中的实现框架如下所示。

```
#ifndef __UserCM2k_H
#define __UserCM2k_H


#ifndef __CONMODEL_H
#include "conmodel.h"
#endif
class UserCM2kModel : public ConstitutiveModel {
  public:
//User must give a number greater than 100 to avoid conflict with inbuilt models.
enum ModelNum { mnUserCM2kModel = 130 };
// Creators
    EXPORT UserCM2kModel(bool bRegister=true);
// Use keyword to load model into FLAC/FLAC3D
    virtual const char *Keyword(void) const { return("UserCM2k"); }
// Expanded name for printing purposes
    virtual const char *Name(void) const { return("User-CM2k-Creep"); }
    virtual const char **Properties(void) const;
    virtual const char **States(void) const;
    virtual double GetProperty(unsigned ul) const;
```

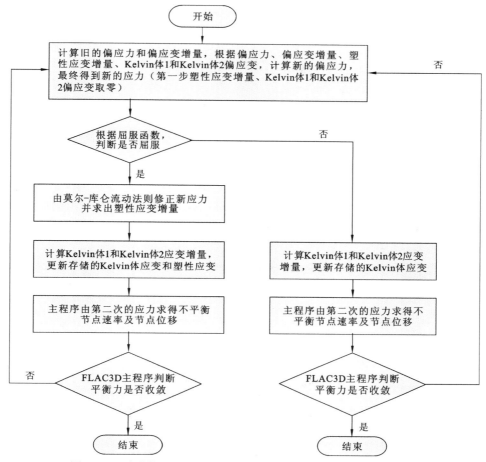

图 2-3-3　改进的 Burgers 蠕变黏弹塑性模型二次开发的程序流程图

```
    virtual ConstitutiveModel *Clone(void) const { return(new UserCM2kModel()); }
    virtual double ConfinedModulus(void) const { return(dBulk + d4d3 * ((dK1shear
> dK2shear ? dK1shear:dK2shear) > dMshear ? (dK1shear > dK2shear ? dK1shear: dK2shear):
dMshear)); }
    virtual double ShearModulus(void) const { return(dMshear); }
    virtual double BulkModulus(void) const { return(dBulk); }
    virtual double SafetyFactor(void) const { return(10.0); }
  //version control..
    virtual unsigned Version(void) const { return(1); }
  // Manipulators
    virtual void SetProperty(unsigned ul,const double &dVal);
    virtual const char *Copy(const ConstitutiveModel *cm);
  // initialize and run
    virtual const char *Initialize(unsigned ulDim,State *ps);
    virtual const char *Run(unsigned ulDim,State *ps);
  // save restore
    virtual const char *SaveRestore(ModelSaveObject *mso);
  // properties and utility members
```

```
private:
    double dK1shear,dK2shear,dMshear, dK1viscosity,dK2viscosity,dMviscosity;
double dCohesion, dFriction, dDilation, dTension, dBulk;
double dAccshearE, dAcctensE, dMnphi, dMnpsi,dMcsnp ;
double dMekd1[6],dMekd2[6];
};
```

4）模型验证

为了检验自定义模型编写的正确性。模型参数选择围压 300 kPa，轴向偏应力 168.6 kPa 条件下的试验数据拟合的结果。改进的 Burgers 蠕变模型的理论计算结果与试验值的对比如图 2-3-4、图 2-3-5 所示，理论值与试验值非常吻合，表明自定义改进的 Burgers 蠕变黏弹性模型和改进的 Burgers 蠕变黏弹塑性模型编写正确合理。

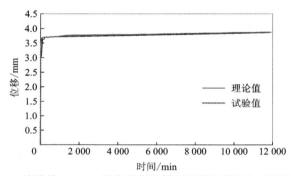

图 2-3-4　改进的 Burgers 蠕变黏弹性模型理论计算值与试验值对比 1

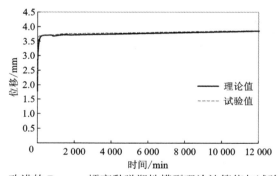

图 2-3-5　改进的 Burgers 蠕变黏弹塑性模型理论计算值与试验值对比 2

2.4　基于 FLAC3D 二次开发的滑坡长期稳定性评价方法与应用

利用 FLAC3D 中自定义改进的 Burgers 蠕变黏弹塑性模型，分析某滑坡的流变特性，对其变形发展趋势及长期稳定性进行预测，并与不考虑流变特性的弹塑性模型的计算结果进行对比。

2.4.1 弹塑性强度折减法

所谓强度折减，就是在理想弹塑性有限差分计算中将边坡岩土体抗剪强度参数（黏聚力和内摩擦角）逐渐降低直到其达到极限破坏状态为止，此时程序可以自动根据其弹塑性数值计算结果得到边坡的破坏滑动面，同时得到边坡的强度储备安全系数 f，滑动面为一塑性应变剪切带，在塑性应变和位移突变的地方（张宁晓 等，2023）。

强度折减稳定系数表示为

$$f = \frac{\tau}{\tau'} \tag{2-4-1}$$

式中：τ 为岩土体的初始抗剪强度；τ' 为折减后使坡体达到极限状态时的抗剪强度。

有限差分强度折减法采用莫尔-库仑强度屈服准则，对于莫尔-库仑强度准则其强度折减过程如下：

$$\tau' = \frac{\tau}{f} = \frac{c + \sigma \tan \varphi}{f} = \frac{c}{f} + \sigma \frac{\tan \varphi}{f} = c' + \sigma \tan \varphi' \tag{2-4-2}$$

则

$$c' = \frac{c}{f}, \quad \tan \varphi' = \frac{\tan \varphi}{f} \tag{2-4-3}$$

有限差分强度折减法是将 c、φ 的值可按照式（2-4-3）折减，强度折减的形式与边坡稳定分析的传统极限平衡条分法稳定系数定义形式是一致的。只是传统边坡稳定分析的极限平衡方法事先要假定一个滑动面，根据力（矩）的平衡来计算稳定系数，将稳定系数定义为滑动面的抗滑力（矩）与下滑力（矩）之比。

将编写的改进的 Burgers 蠕变黏弹塑性模型的程序嵌入 FLAC3D 中，采用弹塑性强度折减法对某一滑坡的稳定性进行计算，滑坡计算模型共划分 1 680 个节点，811 个单元，沿滑坡方向是 x 轴，沿高度方向是 y 轴，沿 z 轴方向取单位厚度，滑坡沿 x 方向 950 m，沿 y 方向 450 m，计算网格如图 2-4-1 所示。

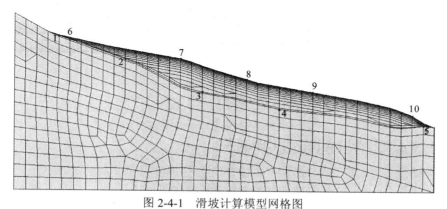

图 2-4-1　滑坡计算模型网格图

在流变计算时滑体、滑带、滑床采用改进的 Burgers 蠕变黏弹塑性模型，材料计算参数根据某滑坡的三轴蠕变试验数据拟合参数经过类比和试算得到，如表 2-4-1 所示。

表 2-4-1　改进的 Burgers 蠕变黏弹塑性模型参数表

参数	滑体	滑带	滑床	参数	滑体	滑带	滑床
G_0/kPa	$1.66×10^5$	$9.22×10^3$	$1.66×10^7$	c/kPa	25	22	580
G_1/kPa	$8.72×10^4$	$4.85×10^3$	$8.72×10^6$	φ/(°)	18	14	32
G_2/kPa	$7.67×10^4$	$4.26×10^3$	$7.67×10^6$	ψ/(°)	28	20	40
η_0/(kPa·min)	$6.06×10^9$	$3.37×10^8$	$6.06×10^{11}$	σ_t/kPa	0	0	3 500
η_1/(kPa·min)	$3.06×10^6$	$1.70×10^5$	$3.06×10^8$	γ/(kN/m³)	22	22	25
η_2/(kPa·min)	$3.27×10^6$	$1.82×10^5$	$3.27×10^8$	K/kPa	$7.75×10^5$	$4.30×10^4$	$7.75×10^7$

注: G_0 为 Maxwell 体剪切模量; G_1 为 Kelvin 体剪切模量; G_2 为 Kelvin 体剪切模量; η_0 为 Maxwell 体黏滞系数; η_1、η_2 为 Kelvin 体黏滞系数; K 为弹性体积模量; c 为黏聚力; φ 为内摩擦角; Ψ 为剪胀角; σ_t 为抗拉强度; γ 为容重。

模型边界约束为滑坡前后端侧面固定 x 和 z 方向，垂直于 z 轴的两个侧面固定 x 和 z 方向，这四个面上的节点沿 y 方向可以变形，沿其他方向无变形，模型底面为三个方向固定约束。计算中只考虑自重荷载，流变计算时，先计算滑坡的初始应力状态，然后进行流变计算。利用有限差分强度折减法计算某滑坡的稳定系数是 1.24，计算结果如图 2-4-2 所示。滑坡滑面是沿着剪应变率发生突变的位置，利用强度折减法计算得到的滑动面跟实际滑坡的滑带基本吻合，在滑坡前缘，剪应变率达到最大值，图中显示稳定系数（factor of safety，FoS）为 1.24。

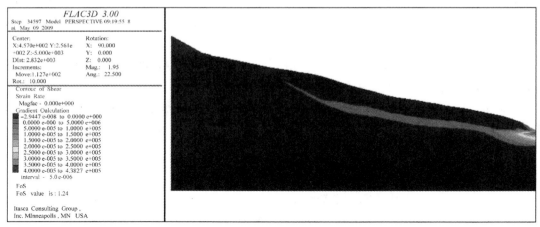

图 2-4-2　弹塑性强度折减法计算结果

2.4.2　考虑流变特性的强度折减法

前人在弹塑性强度折减法的计算原理、滑面的确定、失稳判据、提高计算精等方面都取得了大量成果，并广泛运用于工程实践。下面借鉴有限差分强度折减法的基本原理，探讨在流变计算中基于强度折减法确定滑坡稳定系数的方法（王军 等，2012）。

将改进 Burgers 黏弹塑性模型中黏聚力 c 和内摩擦角 φ 做相应的折减，得到每种折减系数下滑带上 5 个关键点（图 2-4-1）的蠕变曲线如图 2-4-3～图 2-4-10 所示。根据蠕变曲线经历的阶段确定滑坡是否失稳，对于经历衰减蠕变阶段和等速蠕变阶段的，根据等速蠕变阶段的变形速率大小判定滑坡是否失稳，而由于不同的滑坡，破坏的临界变形速率很难统一，该滑坡的临界破坏变形速率也不清楚，本章节中未采用此方法确定滑坡是否失稳。本章节根据滑带上关键点未经历衰减蠕变阶段，直接经历等速蠕变或者加速蠕变阶段来判定滑坡是否失稳。

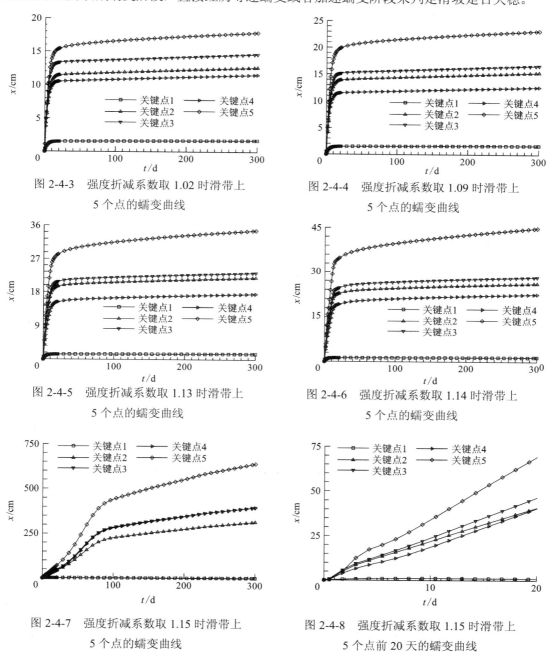

图 2-4-3 强度折减系数取 1.02 时滑带上
5 个点的蠕变曲线

图 2-4-4 强度折减系数取 1.09 时滑带上
5 个点的蠕变曲线

图 2-4-5 强度折减系数取 1.13 时滑带上
5 个点的蠕变曲线

图 2-4-6 强度折减系数取 1.14 时滑带上
5 个点的蠕变曲线

图 2-4-7 强度折减系数取 1.15 时滑带上
5 个点的蠕变曲线

图 2-4-8 强度折减系数取 1.15 时滑带上
5 个点前 20 天的蠕变曲线

由图 2-4-3～图 2-4-10 可知，当强度折减系数在 1.02～1.14 时，滑带上 5 个关键点的蠕变曲线类似于滑坡滑带土三轴蠕变试验的蠕变曲线。当折减系数取 1.15 和 1.16 时，滑带上关键点的蠕变曲线无衰减蠕变阶段。

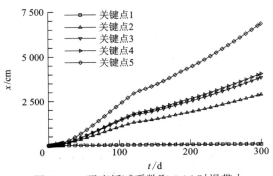

图 2-4-9 强度折减系数取 1.16 时滑带上
5 个点的蠕变曲线

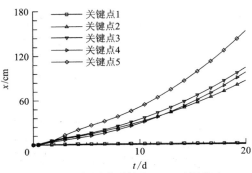

图 2-4-10 强度折减系数取 1.16 时滑带上
5 个点前 20 天的蠕变曲线

不同的折减系数下，最大位移与最大变形速率如表 2-4-2 所示，最大位移和最大变形速率都发生在关键点 5。当折减系数取 1.15 时，蠕变曲线无衰减蠕变阶段，前 20 天是等速蠕变曲线，变形速率达到 34.8 mm/d，是稳定蠕变时的几百倍，第 20 天，最大水平向位移是 695.1 mm，第 300 天，最大水平向位移达到 6 500 mm，滑坡已经破坏。当折减系数取 1.16 时，前 20 天是加速蠕变阶段，最大变形速率达到 275.2 mm/d，滑坡明显已经破坏。折减系数取 1.14 时，滑坡是稳定的，处于临界平衡状态。

表 2-4-2 不同折减系数下最大黏弹塑性位移与最大变形速率表

折减系数	蠕变曲线	最大水平向位移/mm		最大水平向位移/mm	最大变形速率/（mm/d）
		第 20 天	第 300 天		
1.02	衰减、等速蠕变	154.2	179.0	110.0	0.089
1.09	衰减、等速蠕变	199.2	231.8	138.6	0.116
1.13	衰减、等速蠕变	281.9	347.0	175.5	0.232
1.14	衰减、等速蠕变	347.7	449.0	226.4	0.362
1.15	等速蠕变	695.1	6 500.0	276.1	34.800
1.16	加速蠕变	1522.9	67 800.0	319.5	275.200

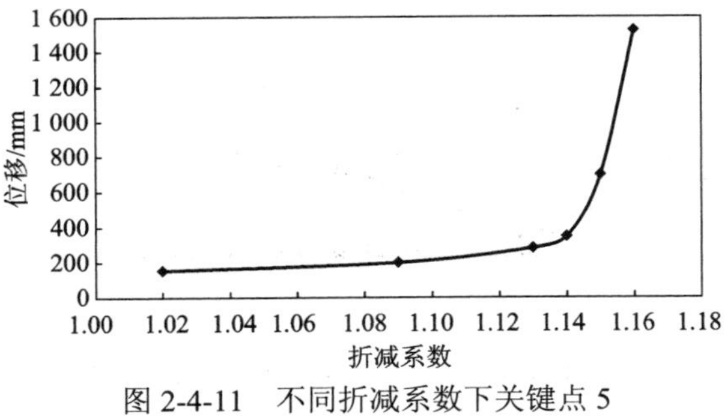

图 2-4-11 不同折减系数下关键点 5
第 300 天水平向位移

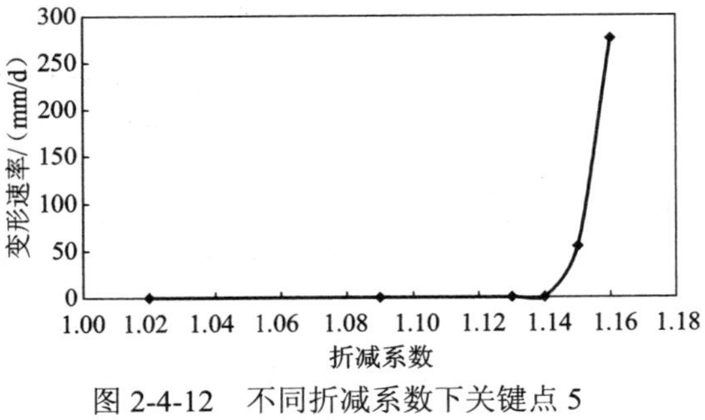

图 2-4-12 不同折减系数下关键点 5
第 300 天水平向变形速率

选取滑带上发生最大水平向位移的关键点 5 的水平向位移及变形速率作为研究对象，研究位移与变形速率随折减系数的变化规律，如图 2-4-11、图 2-4-12 所示，折减系数 1.14 是位移和变形速率发生突变的拐点，综合上述，该滑坡在考虑流变特性时的稳定系数是 1.14。

第**3**章 滑坡土体非饱和蠕变特性及其数值模拟

在降雨入渗及库水位变动的情况下，由于滑坡体内的地下水渗流场不断发生变化，滑坡土体经常在饱和与非饱和状态之间转化，滑坡土体的强度和变形不仅涉及土的饱和状态，更多情况下也涉及土的非饱和状态。同时，大量实例表明，降雨或水库蓄水导致滑坡稳定性降低、变形增大或失稳破坏并不是立即发生的，滑坡变形大都经历了一个时间过程，即滑坡变形具有蠕滑性质，其变形破坏具有时间效应，是关于时间的函数。因此，可以说绝大多数滑坡的失稳过程实质为非饱和蠕变过程。

3.1 非饱和蠕变特性

3.1.1 滑坡土体非饱和剪切蠕变试验

常规三轴蠕变试验是研究土蠕变特性的主要试验手段，也是构建岩土流变本构模型的基础，著名的经验模型如 Singh-Mitchell 蠕变模型（Singh et al.，1969）和 Mesri 蠕变模型（Mesri et al.，1977）就是在总结常规三轴蠕变试验结果的基础上提出的。然而，上述蠕变试验仪器和试验方法均不能控制基质吸力，因而不能定量反映水对滑坡蠕滑特性的影响。非饱和土与饱和土的根本区别在于其增加了新的应力状态变量-基质吸力，非饱和土一切力学性质均与其有关，而基质吸力对土的力学性质的作用实质是反映了水的作用（Lai et al.，2014）。因此，本小节以三峡库区千将坪滑坡滑带土为研究对象，采用自主研发的非饱和土三轴蠕变仪，开展能够控制基质吸力的非饱和土三轴蠕变试验，以期定量研究水对滑坡蠕滑变形的影响，同时为非饱和土蠕变模型构建提供试验数据。

1. 试验装置

试验装置采用自主研发及江苏省溧阳市生产的 FSR-6 型非饱和土三轴蠕变仪（图 3-1-1），该仪器是基于非饱和土三轴仪及常规土三轴蠕变仪的基本原理研发而成，将常规三轴蠕变仪的加载系统和非饱和土三轴仪的施加气压系统有机结合在同一个试验系统中，设计成既可施加恒定剪切应力又可施加恒定气压的非饱和土三轴仪，仪器由①围压控制系统、②基质吸力控制系统、③孔隙水压力控制系统、④轴压系统、⑤压力室、⑥量测及数据采集系统等组成。

其中轴压系统及围压控制系统与常规蠕变三轴仪相同，而基质吸力及孔隙水压力控制系统则与非饱和土三轴仪相同，主要作用是能够同时控制试样中的孔隙气压和孔隙水压，其技术原理是在试样底部安置一块高进气值陶土板，陶土板的作用是允许试样中水通过而气体不能通过，从而达到同时控制孔隙气压和孔隙水压的目的。该仪器技术指标为：试样尺寸 ϕ 6.18 cm×12 cm，周围压力 $\sigma_3=0\sim600$ kPa，孔隙水压力 $U_w=-30\sim600$ kPa，孔隙气压力 $U_a=0\sim600$ kPa，轴向力 $F=6$ kN，轴向变形 $\Delta L=0\sim25$ mm，试样外测体积变化 $\Delta V=0\sim50$ cm³。

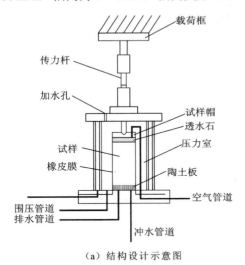

（a）结构设计示意图

（b）已研制的双联式非饱和土蠕变仪

图 3-1-1　非饱和土三轴蠕变仪

2. 试验土样

由于滑带土取样非常困难，不易存放和运输，而且很难加工成标准圆柱试件，本次三轴试验采用了重塑样进行试验。试验用土取自千将坪滑坡滑带顺层部分的黄色软塑状土，土样取回后风干碾散，将碾细的土样过筛，筛孔直径为 2 mm。参考《土工试验规程》（YS/T 5225—2016），对土样进行了基本物理力学性质试验，结果见表 3-1-1。该滑坡滑带土的类型为高液限黏土。

表 3-1-1　千将坪滑坡滑带土常规物理力学性质指标

参数	值	参数	值
比重 G_s	2.71	液限 w_L /%	40.5
含水率 w /%	19	塑限 w_P /%	17
密度 ρ /(g/cm³)	2.02	黏聚力 c/kPa	9.34
干密度 ρ_d /(g/cm³)	1.70	内摩擦角 φ/（°）	18
孔隙比 e	0.59		

3. 试验方法

非饱和三轴蠕变试验采用分级加载方式，试验中轴向应力加载采用重力加载，该方法可保证轴向压力恒定，如忽略试样的横截面积随加载过程和时间推移而产生的微小变化，则可以保证轴向应力的恒定。首先计算试样非饱和土峰值强度，施加的最大荷载应控制在峰值强度以内,一般可达到峰值强度的 80%~90%。然后确定蠕变试验加载级数,即分几级施加,一般取 $n=5\sim8$ 级,则每级应力水平的增量为 q_f/n,其中 q_f 为在一定净围压和一定基质吸力下的峰值强度。

试样尺寸为 61.8 mm×120 mm(直径×高)。考虑到滑带土长期受剪,排水剪切能更真实地模拟其排水条件,故试验采用了排水剪。固结排水稳定标准同非饱和三轴剪切试验,蠕变稳定标准规定为:试验过程中观察土样在 1 天内轴向变形量小于 0.01 mm,则进入下一级应力水平的试验。非饱和三轴蠕变试验的步骤如下。

1)试验前准备工作

(1)饱和陶土板:非饱和土三轴试验中为了测出土样的基质吸力,需要用到高进气值陶土板。饱和陶土板表面收缩膜能够阻止气体进入孔隙水压力量测系统中,从而能顺利测量孔隙水压。因此,在试验之前需饱和陶土板。参考 Fredlund 的方法,在不装试样的情况下,将压力室的外罩装好并在压力室内充满水,用围压控制器向压力室内施加试验过程中可能施加的最大围压(600 kPa),然后将排水阀门关闭。在该压力下持续约 1 h,在此期间,板中的滞留空气溶解于水中,然后打开阀门,排水管中的水压力瞬时减小至零,陶土板中的水在压力差作用下流入排水管,先前溶解于水中的空气又被释放出来形成气泡聚集于塑料管中。保持阀门开启,直至气泡被完全排出后再次关闭阀门,重复上述步骤约 10 次后,可使陶土板达到饱和。

(2)饱和试样:试样在真空泵内加负 1 个大气压进行抽气饱和,使孔隙内的空气完全排出,土样为两相饱和土,基质吸力为 0。

2)吸力平衡及固结

将饱和土样装入压力室,对压力室冲水,清零排水量管及孔压读数。根据试验方案(表 3-1-2),首先分级施加一定气压,并同时施加一定围压,为防止橡皮膜胀破,保持 $\sigma_3 - u_a \geq 5\text{ kPa}$。分级加压方案为:25 kPa、50 kPa、100 kPa、200 kPa、300 kPa、400 kPa、600 kPa,当在某一级吸力下排水稳定后,即施加下一级吸力和围压,如此反复,直到设定的吸力目标值,此过程即为吸力平衡过程。然后保持气压不变,施加一定围压对试样进行固结,每级吸力下固结时间至少 7 d。

3)蠕变加载

当固结基本完成后,旋转试样顶部的传力杆至接触试样顶部的试样帽,设置好轴向位移传感器并清零读数。采用分级施加恒定轴向荷载法,由于刚开始进行蠕变试验时,峰值强度计算错误,导致净围压为 100 kPa 的前三个试样加载到第 4 级即破坏,结果只获得了 3 级蠕变曲线,加载级数 $n=3$。其他几组试样中拟取 $n=5$,由于试样本身的变异性及试验误差,实际 n 值分别为 4、5、6,则每级偏应力增量分别为 $q_f/4$,$q_f/5$ 和 $q_f/6$。根据非饱和三轴剪切试验得到的抗剪强度参数可求出不同净围压、不同吸力下的峰值强度 q_f,见表 3-1-2。需要指出的是,由于分级加载后土样强度有所提高,荷载施加到非饱和土三轴强度后试样仍未破坏,此时需进一步增加荷载增量,直至试样破坏,实际破坏时对应的荷载确定为土样最终破坏偏应力 q_f',见表 3-1-2。

表 3-1-2 非饱和蠕变试验方案

试验编号	σ_3 /kPa	u_a /kPa	σ_3' /kPa	q_f' /kPa	q /kPa
1-1	100	50	50	118	25.5，56.1，76.5，96.8
1-2	150	100	50	155	31.9，71.9，103.8，131.8
1-3	200	150	50	182	38.3，76.5，114.8，143.8
1-4	250	200	50	250	53.3，115.0，159.9，195.0
2-1	150	50	100	182	51.0，102.0，155.0
2-2	200	100	100	211	62.0，125.0，183.0
2-3	250	150	100	236	71.0，141.0，212.0
2-4	300	200	100	340	54.9，109.8，149.0，188.2，227.4，266.6
2-5	350	250	100	350	39.2，90.2，141.2，191.2
2-6	400	300	100	370	62.7，125.0，188.0，250.0，314.0
3-1	200	50	150	210	50.0，100.8，134.6，168.0
3-2	250	100	150	240	64.4，120.0，147.7，168.0，187.2
3-3	300	150	150	283	58.9，117.7，176.6，229.2
3-4	400	250	150	351	70.5，147.4，228.2，282.1
3-5	450	300	150	385	78.3，161.7，234.9，304.2
4-1	250	50	200	261	31.4，70.6，101.9，141.1，180.3
4-2	300	100	200	350	51.0，111.0，171.0，216.0，261.0
4-3	350	150	200	370	65.0，128.0，191.0，266.0，305.0
4-4	400	200	200	380	70.6，129.4，188.2，247.0，305.8
4-5	450	250	200	420	78.4，156.8，215.6，286.2
5-1	350	50	200	400	58.8，117.6，176.4，235.2
5-2	400	100	300	390	58.8，176.4，254.8，305.8
5-3	450	150	300	450	84.3，201.9，280.3，364.6
5-4	500	200	300	450	78.4，188.2，278.3，368.5
5-5	550	250	300	480	90.2，180.3，270.5，360.6

蠕变试验加载初期变形较快，随后变形逐渐趋缓，为充分反映这种变形特点，数据采集时间间隔采用下列方式：1 min 以内采样间隔为 6 s；1～10 min 以内采样间隔为 30 s；10 min～1 h 内采样间隔为 10 min；1～24 h 以内采样间隔为 60 min；24 h 以内采样间隔为 2 h。

4. 试验方案

为定量研究不同净围压和不同基质吸力对滑坡土体蠕变变形的影响，本次试验中控制净围压为分别为 100 kPa、200 kPa、300 kPa，基质吸力分别为 50 kPa、100 kPa、150 kPa、200 kPa、250 kPa、300 kPa，具体试验方案见表 3-1-2。

3.1.2 滑坡土体非饱和剪切蠕变试验结果及分析

1. 蠕变曲线

根据试验方案表 3-1-2，不同围压及不同基质吸力下的分级加载蠕变过程曲线如图 3-1-2～图 3-1-26 所示。

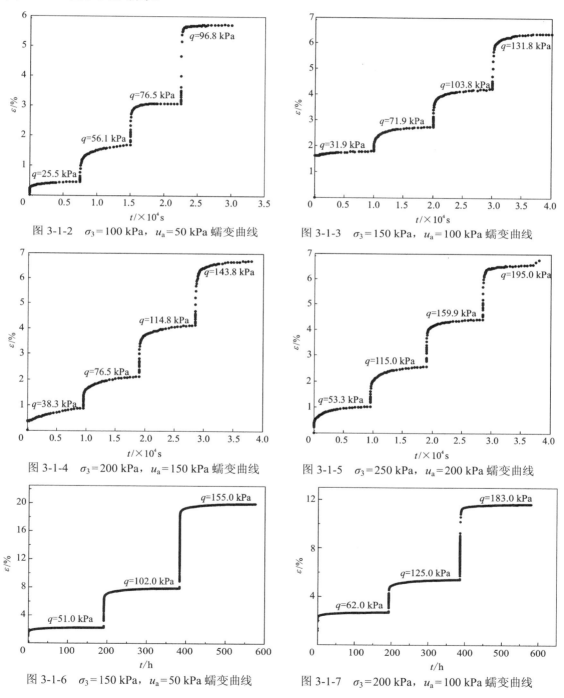

图 3-1-2 $\sigma_3 = 100$ kPa，$u_a = 50$ kPa 蠕变曲线

图 3-1-3 $\sigma_3 = 150$ kPa，$u_a = 100$ kPa 蠕变曲线

图 3-1-4 $\sigma_3 = 200$ kPa，$u_a = 150$ kPa 蠕变曲线

图 3-1-5 $\sigma_3 = 250$ kPa，$u_a = 200$ kPa 蠕变曲线

图 3-1-6 $\sigma_3 = 150$ kPa，$u_a = 50$ kPa 蠕变曲线

图 3-1-7 $\sigma_3 = 200$ kPa，$u_a = 100$ kPa 蠕变曲线

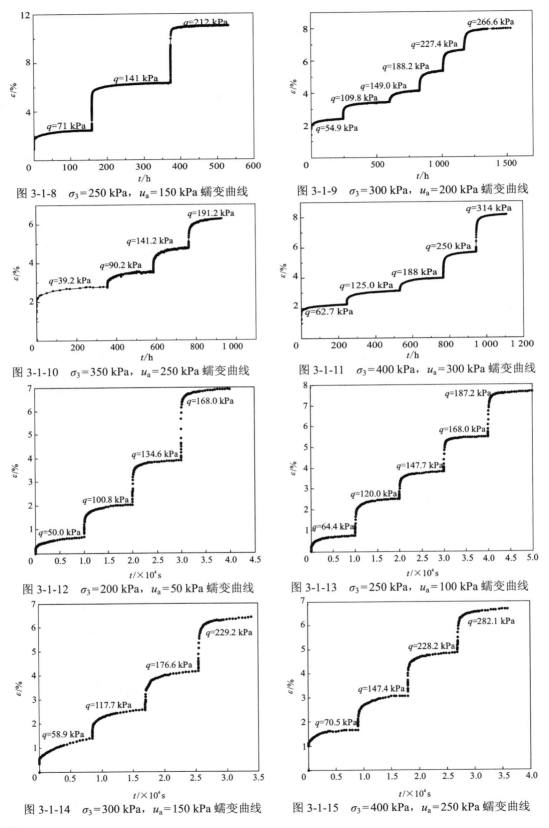

图 3-1-8　$\sigma_3 = 250$ kPa，$u_a = 150$ kPa 蠕变曲线

图 3-1-9　$\sigma_3 = 300$ kPa，$u_a = 200$ kPa 蠕变曲线

图 3-1-10　$\sigma_3 = 350$ kPa，$u_a = 250$ kPa 蠕变曲线

图 3-1-11　$\sigma_3 = 400$ kPa，$u_a = 300$ kPa 蠕变曲线

图 3-1-12　$\sigma_3 = 200$ kPa，$u_a = 50$ kPa 蠕变曲线

图 3-1-13　$\sigma_3 = 250$ kPa，$u_a = 100$ kPa 蠕变曲线

图 3-1-14　$\sigma_3 = 300$ kPa，$u_a = 150$ kPa 蠕变曲线

图 3-1-15　$\sigma_3 = 400$ kPa，$u_a = 250$ kPa 蠕变曲线

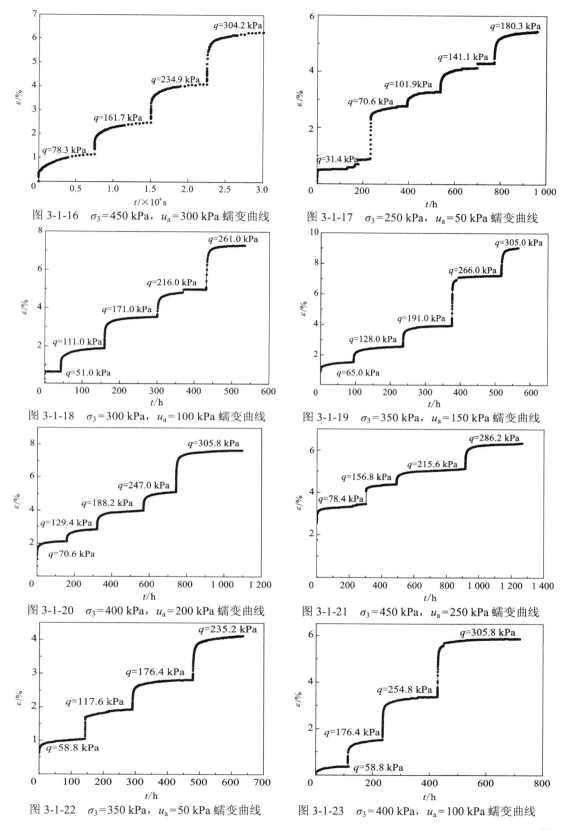

图 3-1-16　$\sigma_3 = 450$ kPa，$u_a = 300$ kPa 蠕变曲线

图 3-1-17　$\sigma_3 = 250$ kPa，$u_a = 50$ kPa 蠕变曲线

图 3-1-18　$\sigma_3 = 300$ kPa，$u_a = 100$ kPa 蠕变曲线

图 3-1-19　$\sigma_3 = 350$ kPa，$u_a = 150$ kPa 蠕变曲线

图 3-1-20　$\sigma_3 = 400$ kPa，$u_a = 200$ kPa 蠕变曲线

图 3-1-21　$\sigma_3 = 450$ kPa，$u_a = 250$ kPa 蠕变曲线

图 3-1-22　$\sigma_3 = 350$ kPa，$u_a = 50$ kPa 蠕变曲线

图 3-1-23　$\sigma_3 = 400$ kPa，$u_a = 100$ kPa 蠕变曲线

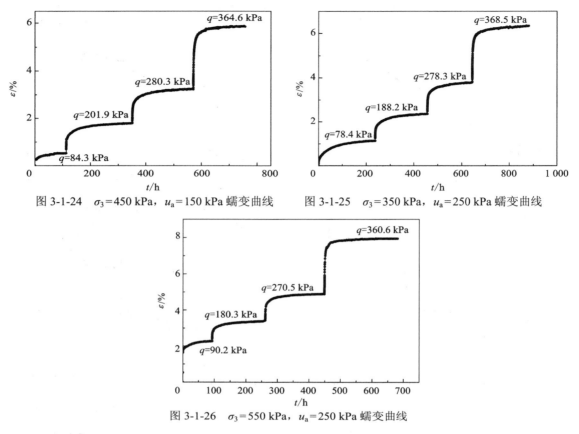

图 3-1-24　$\sigma_3 = 450$ kPa，$u_a = 150$ kPa 蠕变曲线　　　图 3-1-25　$\sigma_3 = 350$ kPa，$u_a = 250$ kPa 蠕变曲线

图 3-1-26　$\sigma_3 = 550$ kPa，$u_a = 250$ kPa 蠕变曲线

　　由于试验采用分级加载法，为了得到各应力水平下的蠕变曲线，可利用在理论分析和试验数据处理中都具有广泛运用的 Boltzmann 叠加原理对原始实验数据进行处理，从而极大地减少蠕变试验工作量，使试验研究方法更易推广。

　　图 3-1-27～图 3-1-51 为采用 Boltzmann 叠加原理处理后得到的该滑带土在不同净围压、不同基质吸力及应力水平下的蠕变曲线，图中 X 轴为时间，Y 轴表示轴向应力水平，Z 轴表示相对应变，XZ 面上曲线为各级轴向压力水平下蠕变应变在 XZ 面上的投影。

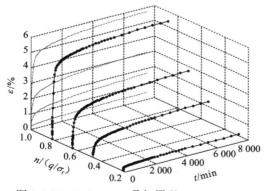

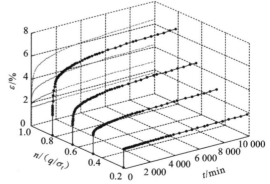

图 3-1-27　Boltzmann 叠加原理 $\sigma_3 = 100$ kPa，　　　图 3-1-28　Boltzmann 叠加原理 $\sigma_3 = 150$ kPa，

　　　　　$u_a = 50$ kPa 蠕变曲线　　　　　　　　　　　　　　　$u_a = 100$ kPa 蠕变曲线

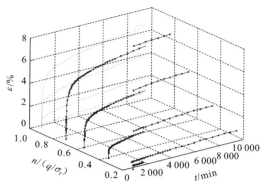

图 3-1-29　Boltzmann 叠加原理 $\sigma_3 = 200$ kPa，
$u_a = 150$ kPa 蠕变曲线

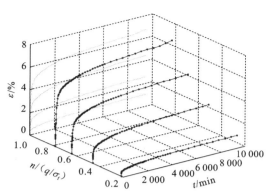

图 3-1-30　Boltzmann 叠加原理 $\sigma_3 = 250$ kPa，
$u_a = 200$ kPa 蠕变曲线

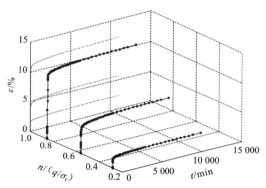

图 3-1-31　Boltzmann 叠加原理 $\sigma_3 = 150$ kPa，
$u_a = 50$ kPa 蠕变曲线

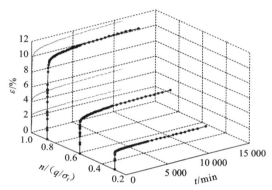

图 3-1-32　Boltzmann 叠加原理 $\sigma_3 = 200$ kPa，
$u_a = 100$ kPa 蠕变曲线

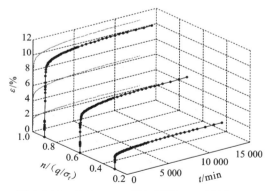

图 3-1-33　Boltzmann 叠加原理 $\sigma_3 = 250$ kPa，
$u_a = 150$ kPa 蠕变曲线

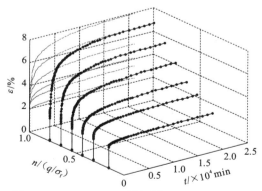

图 3-1-34　Boltzmann 叠加原理 $\sigma_3 = 300$ kPa，
$u_a = 200$ kPa 蠕变曲线

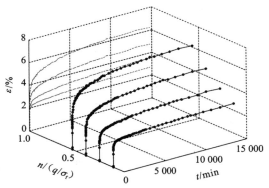

图 3-1-35　Boltzmann 叠加原理 $\sigma_3 = 350$ kPa，
$u_a = 250$ kPa 蠕变曲线

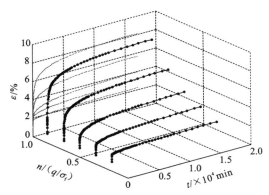

图 3-1-36　Boltzmann 叠加原理 $\sigma_3 = 400$ kPa，
$u_a = 300$ kPa 蠕变曲线

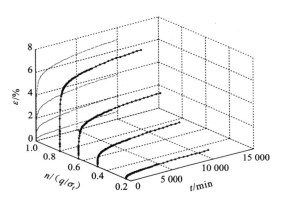

图 3-1-37　Boltzmann 叠加原理 $\sigma_3 = 200$ kPa，
$u_a = 50$ kPa 蠕变曲线

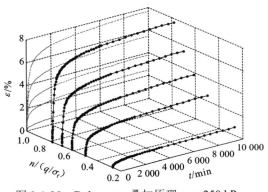

图 3-1-38　Boltzmann 叠加原理 $\sigma_3 = 250$ kPa，
$u_a = 100$ kPa 蠕变曲线

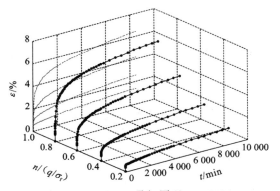

图 3-1-39　Boltzmann 叠加原理 $\sigma_3 = 300$ kPa，
$u_a = 150$ kPa 蠕变曲线

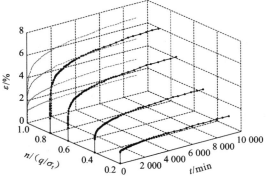

图 3-1-40　Boltzmann 叠加原理 $\sigma_3 = 400$ kPa，
$u_a = 250$ kPa 蠕变曲线

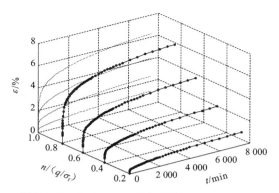

图 3-1-41　Boltzmann 叠加原理 $\sigma_3 = 450$ kPa，
$u_a = 300$ kPa 蠕变曲线

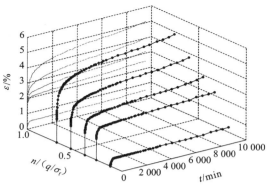

图 3-1-42　Boltzmann 叠加原理 $\sigma_3 = 250$ kPa，
$u_a = 50$ kPa 蠕变曲线

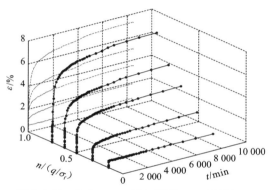

图 3-1-43　Boltzmann 叠加原理 $\sigma_3 = 300$ kPa，
$u_a = 100$ kPa 蠕变曲线

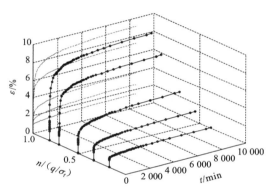

图 3-1-44　Boltzmann 叠加原理 $\sigma_3 = 350$ kPa，
$u_a = 150$ kPa 蠕变曲线

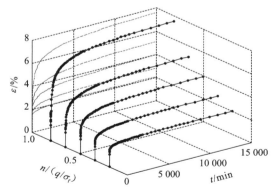

图 3-1-45　Boltzmann 叠加原理 $\sigma_3 = 400$ kPa，
$u_a = 200$ kPa 蠕变曲线

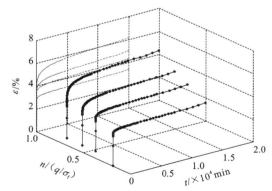

图 3-1-46　Boltzmann 叠加原理 $\sigma_3 = 450$ kPa，
$u_a = 250$ kPa 蠕变曲线

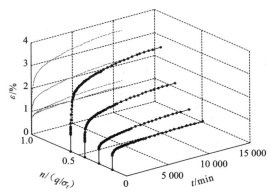

图 3-1-47　Boltzmann 叠加原理 $\sigma_3 = 350$ kPa，
$u_a = 50$ kPa 蠕变曲线

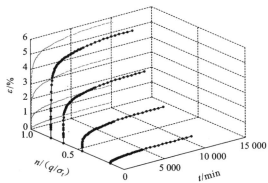

图 3-1-48　Boltzmann 叠加原理 $\sigma_3 = 400$ kPa，
$u_a = 100$ kPa 蠕变曲线

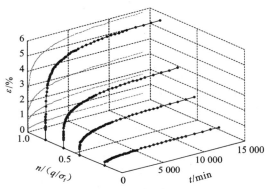

图 3-1-49　Boltzmann 叠加原理 $\sigma_3 = 450$ kPa，
$u_a = 150$ kPa 蠕变曲线

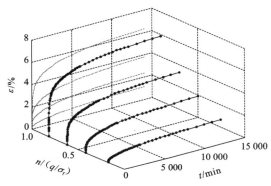

图 3-1-50　Boltzmann 叠加原理 $\sigma_3 = 350$ kPa，
$u_a = 250$ kPa 蠕变曲线

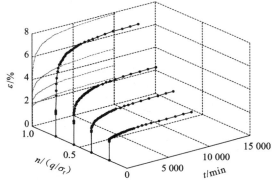

图 3-1-51　Boltzmann 叠加原理 $\sigma_3 = 550$ kPa，
$u_a = 250$ kPa 蠕变曲线

从上图中可以看出各级围压、基质吸力条件下各级轴向应力水平的蠕变规律。

（1）蠕变过程主要包括瞬时变形阶段、衰减变形和等速变形阶段，因土样为高塑性滑带土，塑性变形大。在试验范围内，未出现加速蠕变阶段。

（2）各阶段蠕变量随着轴向应力水平的增大而显著增大。

2. 蠕变插值曲面

由于蠕变试验周期较长，各级围压、基质吸力条件下的轴向应力水平蠕变数据有限，为分析相同应力水平条件，不同围压及基质吸力时的蠕变规律，在轴向应力水平方向采用线性插值，从而得到各级围压、基质吸力条件下的蠕变插值曲面。如图 3-1-52～图 3-1-76 所示。

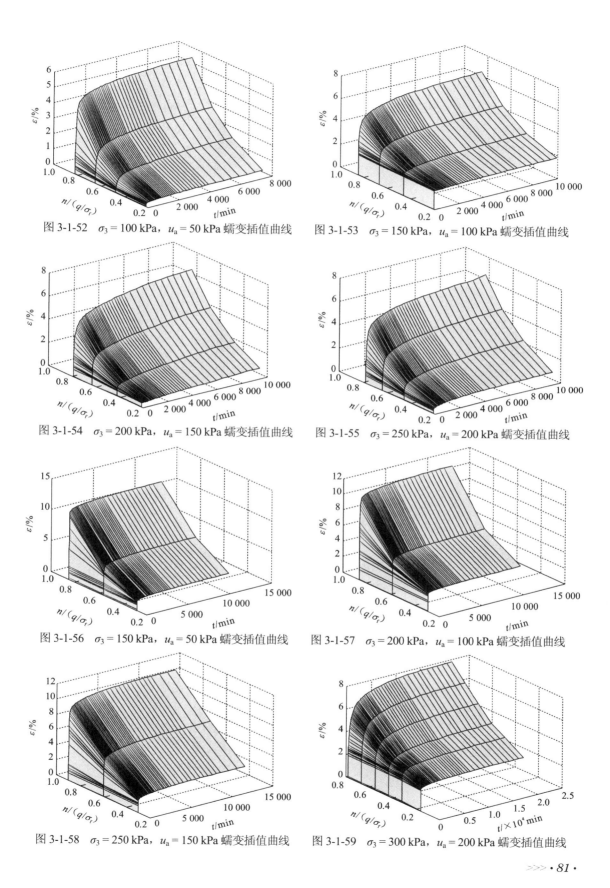

图 3-1-52　$\sigma_3 = 100$ kPa，$u_a = 50$ kPa 蠕变插值曲线

图 3-1-53　$\sigma_3 = 150$ kPa，$u_a = 100$ kPa 蠕变插值曲线

图 3-1-54　$\sigma_3 = 200$ kPa，$u_a = 150$ kPa 蠕变插值曲线

图 3-1-55　$\sigma_3 = 250$ kPa，$u_a = 200$ kPa 蠕变插值曲线

图 3-1-56　$\sigma_3 = 150$ kPa，$u_a = 50$ kPa 蠕变插值曲线

图 3-1-57　$\sigma_3 = 200$ kPa，$u_a = 100$ kPa 蠕变插值曲线

图 3-1-58　$\sigma_3 = 250$ kPa，$u_a = 150$ kPa 蠕变插值曲线

图 3-1-59　$\sigma_3 = 300$ kPa，$u_a = 200$ kPa 蠕变插值曲线

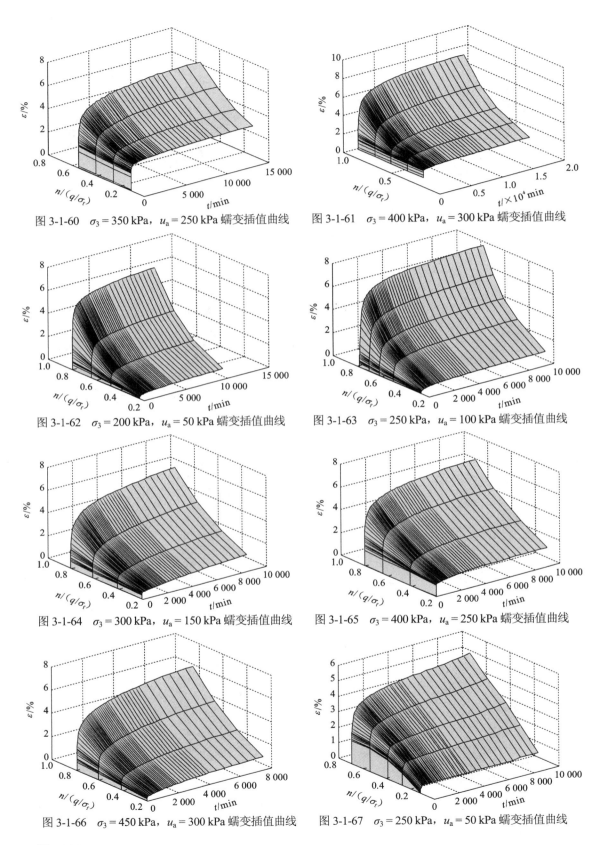

图 3-1-60　$\sigma_3 = 350$ kPa，$u_a = 250$ kPa 蠕变插值曲线

图 3-1-61　$\sigma_3 = 400$ kPa，$u_a = 300$ kPa 蠕变插值曲线

图 3-1-62　$\sigma_3 = 200$ kPa，$u_a = 50$ kPa 蠕变插值曲线

图 3-1-63　$\sigma_3 = 250$ kPa，$u_a = 100$ kPa 蠕变插值曲线

图 3-1-64　$\sigma_3 = 300$ kPa，$u_a = 150$ kPa 蠕变插值曲线

图 3-1-65　$\sigma_3 = 400$ kPa，$u_a = 250$ kPa 蠕变插值曲线

图 3-1-66　$\sigma_3 = 450$ kPa，$u_a = 300$ kPa 蠕变插值曲线

图 3-1-67　$\sigma_3 = 250$ kPa，$u_a = 50$ kPa 蠕变插值曲线

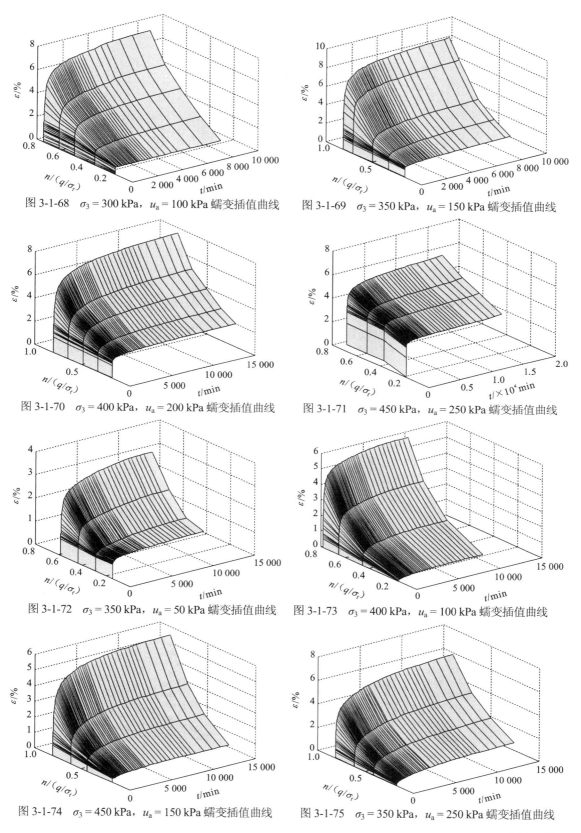

图 3-1-68　$\sigma_3 = 300$ kPa，$u_a = 100$ kPa 蠕变插值曲线　　　　图 3-1-69　$\sigma_3 = 350$ kPa，$u_a = 150$ kPa 蠕变插值曲线

图 3-1-70　$\sigma_3 = 400$ kPa，$u_a = 200$ kPa 蠕变插值曲线　　　　图 3-1-71　$\sigma_3 = 450$ kPa，$u_a = 250$ kPa 蠕变插值曲线

图 3-1-72　$\sigma_3 = 350$ kPa，$u_a = 50$ kPa 蠕变插值曲线　　　　图 3-1-73　$\sigma_3 = 400$ kPa，$u_a = 100$ kPa 蠕变插值曲线

图 3-1-74　$\sigma_3 = 450$ kPa，$u_a = 150$ kPa 蠕变插值曲线　　　　图 3-1-75　$\sigma_3 = 350$ kPa，$u_a = 250$ kPa 蠕变插值曲线

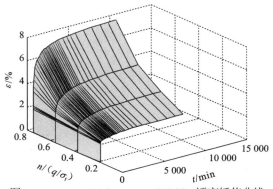

图 3-1-76 $\sigma_3 = 550$ kPa， $u_a = 250$ kPa 蠕变插值曲线

从以上蠕变插值曲面图中可以看出各级围压、基质吸力下轴向应力水平连续变化情况，有了以上插值曲面，通过任意切面就可得到各级围压、基质吸力下，任意轴向应力水平的蠕变曲线，从而为蠕变规律分析提供数据支持。

3. 蠕变等时曲线

从以上蠕变插值曲面图中可以看出，若将曲面在 YZ 面上投影（任意切面），则可得到任意时刻应力-应变关系曲线，即蠕变等时曲线。以净围压为 100 kPa 时为例，绘制 $t = 60$ min、500 min、1 000 min、1 500 min、3 000 min、5 000 min、10 000 min 时的蠕变等时曲线，如图 3-1-77～图 3-1-82 所示。

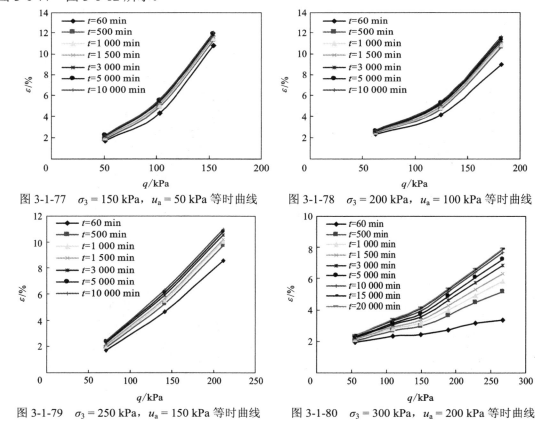

图 3-1-77 $\sigma_3 = 150$ kPa， $u_a = 50$ kPa 等时曲线

图 3-1-78 $\sigma_3 = 200$ kPa， $u_a = 100$ kPa 等时曲线

图 3-1-79 $\sigma_3 = 250$ kPa， $u_a = 150$ kPa 等时曲线

图 3-1-80 $\sigma_3 = 300$ kPa， $u_a = 200$ kPa 等时曲线

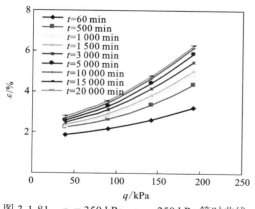
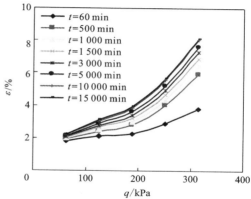

图 3-1-81　$\sigma_3 = 350\,kPa$，$u_a = 250\,kPa$ 等时曲线　　　图 3-1-82　$\sigma_3 = 400\,kPa$，$u_a = 300\,kPa$ 等时曲线

从上述应力-应变等时曲线上可以得出以下结论。

（1）等时曲线具有良好的相似性，说明可以采用相同的应力函数和时间函数来模拟不同偏应力水平下的应力-应变关系。

（2）随着时间的增长，应力-应变等时曲线逐步上移，在相同的偏应力水平下，应变随之增加，并且应力应变等时曲线并非直线，说明该滑带土的蠕变过程应力-应变关系表现出明显的非线性特征。因此，若采用传统的线性黏弹塑性元件模型来建立蠕变本构模型，需要进行相应改进。

4. 相同轴向应力水平下等时曲线

为了比较相同轴向应力水平时，不同净围压下的蠕变规律，从以上各组净围压下的蠕变插值曲面中分别取出轴向应力水平 $n = 0.2, 0.4, 0.6, 0.8$ 时的蠕变曲线，如图 3-1-83～图 3-1-86 所示。

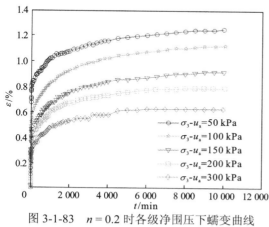
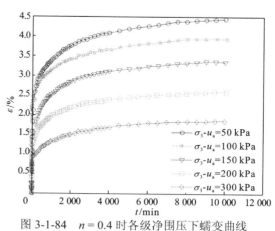

图 3-1-83　$n = 0.2$ 时各级净围压下蠕变曲线　　　图 3-1-84　$n = 0.4$ 时各级净围压下蠕变曲线

从以上图中可以看出：在相同轴向应力水平下，蠕变变形随着净围压增大而减小，即净围压越大，蠕变变形量越小，说明净围压是影响土体蠕变变形的一个非常重要的变量。又因为在其他外荷载不变的情况下，总应力不变，净围压的增大是由基质吸力的增大引起的，说明了基质吸力对蠕变的影响。

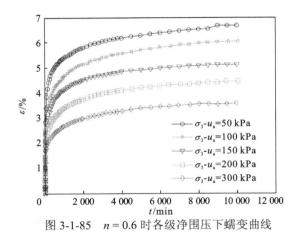
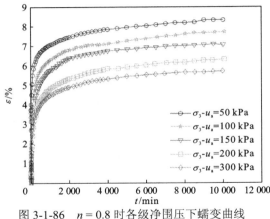

图 3-1-85　$n = 0.6$ 时各级净围压下蠕变曲线　　　图 3-1-86　$n = 0.8$ 时各级净围压下蠕变曲线

3.2　滑坡土体非饱和蠕变模型

3.2.1　非饱和经验蠕变模型

1. 模型构建

本小节以饱和 Singh-Mitchell 经验模型为基础来构建非饱和经验蠕变模型。2.2.1 小节介绍了 Singh-Mitchell 蠕变模型的构建过程，Singh-Mitchell 蠕变模型的应力–应变–时间关系式为

$$\varepsilon(t) = B \exp(\beta D_r)\left(\frac{t}{t_1}\right)^\lambda \tag{3-2-1}$$

或

$$\ln \varepsilon = \ln B + \beta D_r + \lambda(\ln t - \ln t_1) \tag{3-2-2}$$

式中：$B = \dfrac{At_1}{1-m}$；$\beta = \alpha$；$\lambda = 1 - m$。

从式（3-2-1）看出，Singh-Mitchell 蠕变模型只有三个参数 B、β 和 λ，形式简单，因而具有广泛的实用性。

从蠕变曲线图 3-1-2～图 3-1-26 可以看出，非饱和土蠕变曲线与饱和土蠕变曲线具有相似性，为此借鉴饱和蠕变经验模型 Singh-Mitchell 蠕变模型的建模思想，尝试建立非饱和土的蠕变模型（杨超 等，2015）。由非饱和蠕变试验结果可知，在相同净围压 σ_3' 及相同应力水平 D_r 条件下，基质吸力增大导致蠕变应变减小，为将基质吸力作为一种新的应力变量反映在非饱和土蠕变模型中，特地提出一种新的应力水平，定义新应力水平如下：

$$D_R = \frac{P_a}{u_a} D_r \tag{3-2-3}$$

式中：P_a 为大气压力，$1 P_a = 101.33$ kPa。定义 β_{D_R} 为新应力水平下的模型参数，则有 $\beta = \beta_{D_R} \dfrac{P_a}{u_a}$。则非饱和 Singh-Mitchell 蠕变模型可表示为

$$\varepsilon = B \exp\left(\beta_{D_R} \frac{P_a}{u_a} D_r\right)(t/t_1)^\lambda \tag{3-2-4}$$

两边取对数得

$$\ln \varepsilon = \ln B + \beta_{D_R} D_R + \lambda(\ln t - \ln t_1) \tag{3-2-5}$$

从式（3-2-4）中可以看出，当 $u_a = P_a$，即土样为饱和土体时，$D_R = D_r$，$\beta_{D_R} = \beta$，式（3-2-4）平滑过渡到饱和土 Singh-Mitchell 蠕变模型，也即式（3-2-1）。

2. 参数求解

以图 3-1-10 中 $\sigma_3 = 350\,\text{kPa}$，$u_a = 250\,\text{kPa}$ 的蠕变曲线为例分析非饱和土蠕变模型的建立过程。试验结果分析时取 $t_1 = 60\,\text{min}$ 作为参考时间（因 60 min 之前 $\ln t\text{-}\ln\varepsilon$ 线性关系不明显），并将此时的应变作为初始蠕变应变，绘制 $\ln t\text{-}\ln\varepsilon$ 曲线，如图 3-2-1 所示，可以看出不同 D_R 状态下 $\ln t\text{-}\ln\varepsilon$ 是一组平行直线，其斜率为 λ，图中各拟合直线的斜率随偏差应力水平 D_R 变化不大，且线性相关系数均大于 0.98，表明 $\ln t\text{-}\ln\varepsilon$ 近似线性关系。根据拟合结果，得出不同偏应力水平下的 λ 值，见表 3-2-1，取其平均值 $\overline{\lambda}$ 作为模型参数。

表 3-2-1　滑带土 λ 值

q/kPa	D_R/kPa	λ	R^2	$\overline{\lambda}$
39.2	0.032 26	0.064 55	0.985 4	
90.2	0.074 30	0.092 81	0.993 8	
141.0	0.116 06	0.111 98	0.993 7	0.097 4
191.0	0.157 25	0.120 18	0.988 3	

Singh-Mitchell 蠕变模型视等时曲线 $D_R\text{-}\ln\varepsilon$ 为直线。根据图 3-1-10 不同应力水平下的 $\varepsilon\text{-}t$ 曲线可做出任意时刻的 $D_R\text{-}\ln\varepsilon$ 等时曲线，如图 3-2-2 所示，进行线性拟合，斜率为 β，截距为 $\ln B + \lambda(\ln t - \ln t_1)$，将 λ 值和对应时刻 t 代入即可求出 B。Singh-Mitchell 假定模型参数不依赖于时间和应力水平，故取表中各参数的平均值作为模型参数，见表 3-2-2。

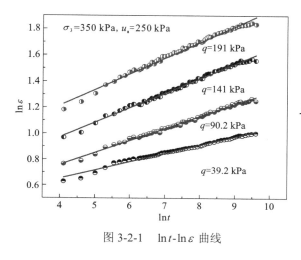

图 3-2-1　$\ln t\text{-}\ln\varepsilon$ 曲线

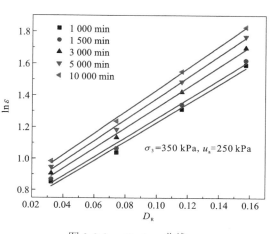

图 3-2-2　$D_R\text{-}\ln\varepsilon$ 曲线

表 3-2-2　滑带土 B 和 β_{D_R} 值

t/min	β_{D_R}	B	R^2	$\overline{\beta}_{D_R}$	$\overline{B}$
1 000	5.969 9	1.427 6	0.987 2		
1 500	6.059 4	1.396 2	0.989 8		
3 000	6.383 1	1.352 5	0.995 8	6.373 2	1.358 4
5 000	6.641 1	1.328 1	0.996 2		
10 000	6.812 5	1.287 8	0.997 4		

将表 3-2-1 和表 3-2-2 的参数平均值代入式（3-2-4）得到千将坪滑坡滑带土在 $\sigma_3' = 100\,\text{kPa}$，$u_a = 250\,\text{kPa}$ 时非饱和 Singh-Mitchell 蠕变模型表达式为

$$\varepsilon = 1.358\,4\exp\left(6.373\,2\frac{P_a}{u_a}D_r\right)(t/t_1)^{0.097\,4} \tag{3-2-6}$$

采用上述同样的方法，根据 3.1.2 小节的蠕变曲线绘制 $\ln t$-$\ln\varepsilon$ 曲线，根据曲线斜率确定参数 λ 值；根据 3.1.2 小节的等时曲线 D_R-$\ln\varepsilon$ 的斜率和截距确定参数 B 及 β。由此可获得不同净围压和基质吸力下的非饱和蠕变模型参数值，见表 3-2-3，将表 3-2-3 中参数代入式（3-2-4）中即可得本次蠕变试验曲线在不同净围压、不同基质吸力下的非饱和土 Singh-Mitchell 蠕变模型。

表 3-2-3　非饱和土 Singh-Mitchell 蠕变模型参数值

σ_3' / kPa	u_a / kPa	λ	β_{D_R}	B
100	50	0.046 5	4.543 3	0.757 5
	100	0.038 0	5.076 2	1.025 7
	150	0.061 9	6.426 1	0.860 9
	200	0.101 5	5.377 9	1.076 9
	250	0.097 4	6.373 2	1.358 4
	300	0.093 5	7.220 5	0.997 7
200	50	0.088 5	2.374 2	1.040 4
	100	0.119 9	6.216 8	0.418 5
	150	0.099 8	6.967 8	0.588 2
	200	0.082 8	5.735 0	0.990 3
	250	0.062 2	3.874 4	2.243 9
300	50	0.126 2	5.209 0	0.243 5
	100	0.167 9	9.011 0	0.081 8
	150	0.157 9	9.723 2	0.123 7
	200	0.232 3	8.908 8	0.188 9
	250	0.096 95	7.400 3	0.968 1

3.2.2 修正的非饱和经验蠕变模型

1. 模型构建

非饱和 Singh-Mitchell 蠕变模型认为模型参数只与土的种类相关，与土的应力状态及时间无关。但从表 3-2-1 和表 3-2-2 中的数据发现模型参数 λ、β、B 并非与时间及应力无关，而是随时间和应力水平具有一定的变化规律。从修正模型参数的角度建立修正模型，下面进行详细分析。

1）参数 λ 与应力之间关系

表 3-2-1 中的数据表明 λ 非常明显地依赖于应力水平 D_R。图 3-2-3 是 λ 与 D_R 关系曲线。进行线性拟合，相关系数 $R^2 = 0.921$，说明二者具有较好的线性关系。

2）参数 B 及 β 与时间之间关系

表 3-2-2 显示参数 B 及 β 随时间变化的规律非常明显，图 3-2-4 和图 3-2-5 分别为参数 B 及 β 随时间变化图。利用对数函数进行拟合，相关系数均大于 0.95，说明 B-$\ln t$ 和 β-$\ln t$ 线性关系显著。

以上分析结果表明，Singh-Mitchell 蠕变模型的三个参数 λ、β、B 与时间和应力具有显著的相关性，模型中应变-时间幂函数关系以及应力-应变指数函数关系只是一

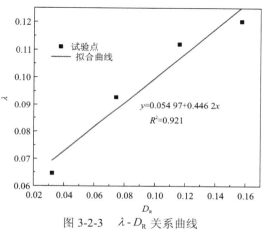

图 3-2-3 λ-D_R 关系曲线

种近似简化，当模型参数较强地依赖于时间和应力时，模型并不能准确描述土样的应力应变时间关系。其他净围压及基质吸力下的 Singh-Mitchell 蠕变模型参数也具有相似规律，此处未一一列出。

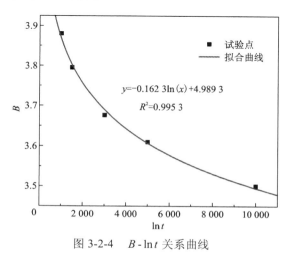

图 3-2-4 B-$\ln t$ 关系曲线

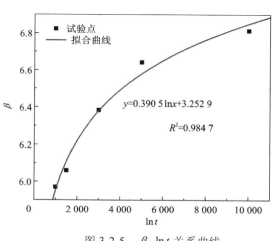

图 3-2-5 β-$\ln t$ 关系曲线

因此，为了更准确地描述土样的应力应变时间关系，拟对已建立的非饱和土 Singh-Mitchell 蠕变模型进行修正，即将参数 λ 与应力关系，β、B 与时间关系反映到模型中，建立考虑时间及应力影响（更符合实际情况）的非饱和土 Singh-Mitchell 蠕变模型。

3）修正的非饱和 Singh-Mitchell 蠕变模型

由于参数 B 与 D_R-$\ln\varepsilon$ 关系曲线的截距 R 及参数 λ 有关，故此处将研究 R 与时间关系，λ 与应力关系，β 与时间关系。

设 $R = a\ln t + b$，$\beta = c\ln t + d$，$\lambda = eD_R + f$，其中 a、b 分别为 R-$\ln t$ 曲线的斜率和截距；c、d 分别为 β-$\ln t$ 曲线的斜率和截距；e、f 分别为 λ-D_R 曲线的斜率和截距。通过截距 R 及参数 λ 求出参数 B 与时间及应力的函数关系，然后将上述参数 λ、β、B 与时间和应力的函数关系代入非饱和土 Singh-Mitchell 蠕变模型式（3-2-4）中，通过分析和整理得

$$\varepsilon = \exp(A\ln t D_R + B\ln t + CD_R + D)\left(\frac{t}{t_1}\right)^{ED_R + F} \qquad (3\text{-}2\text{-}7)$$

式中：$A = c - e$，$B = a - f$，$C = e\ln t_1 + d$，$D = b + f\ln t_1$，$E = e$，$F = f$。

2. 参数求解

式（3-2-7）中共有 6 个参数 A、B、C、D、E、F，其值分别由另外 6 个参数 a、b、c、d、e、f 决定。利用 MATLAB 计算软件的 lsqcurvefit 非线性回归工具进行回归求得模型参数。通过对不同净围压，不同基质吸力下参数的 R-$\ln t$，β-$\ln t$，λ-D_R 曲线进行拟合，得出不同应力条件下的参数 a、b、c、d、e、f 的值，继而求得参数 A、B、C、D、E、F 的值，将其作为回归计算的初值。再根据参数初值获得最终求解出的值见表 3-2-4。

表 3-2-4　模型参数值

围压/kPa	基质吸力/kPa	A	B	C	D	E	F
	50	0.005	−0.024	4.786 5	−0.427 9	−0.064 4	0.134 4
	100	−0.025	−0.004 9	5.117 3	−0.039 8	0.043 0	0.066 3
	150	0.000 9	−0.022 7	7.039 4	−0.297 7	−0.066	0.135 4
100	200	−0.166 7	0.019 5	4.495 3	0.251 6	0.501 2	0.030 0
	250	−0.060 4	−0.006 3	5.055 6	0.459 6	0.461 7	0.070 5
	300	−0.158 3	0.011 6	7.084 8	0.077 5	0.450 4	0.037 2
	50	−0.043 1	0.008 1	1.737 1	0.257 8	0.257 3	0.013 1
	100	−3.809 6	0.252 2	21.862 9	−2.034 7	3.789 9	−0.092 8
200	150	−0.455 6	0.043 9	9.185 9	−0.864 0	0.365 6	0.097 2
	200	0.029 5	−0.105	5.326 7	0.320 1	0.460 3	0.096 4
	250	−0.015 1	−0.005 6	2.863 1	0.942 9	0.288 9	0.019 4

围压/kPa	吸力/kPa	A	B	C	D	E	F
	50	-0.193 1	0.055 1	6.581 1	-1.774 4	0.037 4	0.108 0
	100	0.146 0	-0.105 8	10.005 3	-2.502 7	-0.516 8	0.374 0
300	150	-0.097 2	-0.022 2	11.154 1	-2.177 5	-0.188 5	0.228 6
	200	-0.190 3	0.042 8	12.540 1	-2.345 1	-0.808 0	0.351 4
	250	-0.289 5	-0.070 6	8.799 5	0.323 5	0.655 0	0.109 0

3. 模型验证

为验证该模型的合理性，代入相应的应力水平及时间，将模型曲线与试验值绘制在一起，见图 3-2-6～图 3-2-9。经对比可见 Singh-Mitchell 蠕变模型较好地描述了土体初始阶段的快速衰减蠕变及其后的稳定蠕变，曲线与试验值基本吻合。只是在应力水平 D_r 较大时才出现差异，模型计算曲线在蠕变早期比试验曲线要小，随着蠕变时间的延长，其应变量比试验曲线有所抬高，这在其他关于饱和土蠕变试验研究的文献中也有提及，可能是因为模型中幂次应变-时间关系不是一个衰减函数，而蠕变曲线则具有明显的衰减特征。具体原因还有待进一步研究。

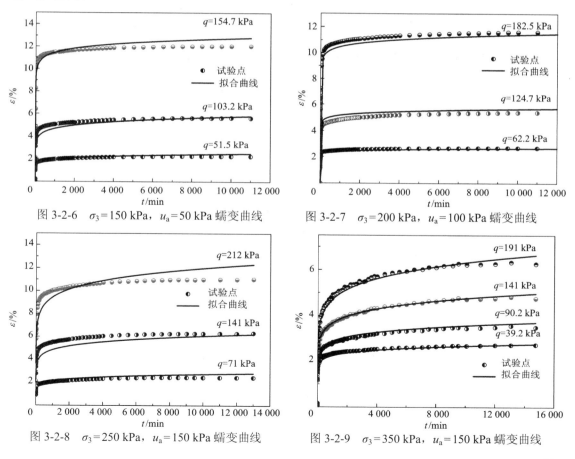

图 3-2-6　$\sigma_3 = 150$ kPa，$u_a = 50$ kPa 蠕变曲线

图 3-2-7　$\sigma_3 = 200$ kPa，$u_a = 100$ kPa 蠕变曲线

图 3-2-8　$\sigma_3 = 250$ kPa，$u_a = 150$ kPa 蠕变曲线

图 3-2-9　$\sigma_3 = 350$ kPa，$u_a = 150$ kPa 蠕变曲线

3.2.3 修正的非饱和元件蠕变模型

考虑元件蠕变模型相较于经验蠕变模型能够更好地研究材料的应力-应变关系随时间的变化规律（安文静 等，2022），故在 3.1.2 小节试验结果的基础上，选取元件模型中的 Burgers 蠕变模型为基本模型，并基于元件模型相关理论和非饱和土力学原理以及相关假设，推导出了适用于非饱和土的扩展的伯格蠕变模型的三维形式。

2.2.2 小节构建了修正的 Burgers 蠕变模型（饱和）为

$$\varepsilon(t) = \sigma\left[\frac{1}{E_0} + \frac{t}{\eta_0} + \frac{1}{E_1}\left(1 - e^{-\frac{E_1}{\eta_1}t}\right) + \frac{1}{E_2}\left(1 - e^{-\frac{E_2}{\eta_2}t}\right)\right]$$

元件理论中的元件都是一维的，为了便于实际工程应用，可采用类似于弹性理论中将一维胡克定律推广到三维的方法，将元件模型推广到三维，但需要以下假定。

（1）材料的体积变形在受力瞬时完成，且体积变形为弹性，不随时间发生变化。

（2）只有偏应力张量引起蠕变，球应力张量作用下的材料不发生蠕变。

（3）蠕变过程中，泊松比不随时间发生变化。

在常规三轴蠕变流变试验中，根据其受力状态，轴向应力为 σ_1，围压 $\sigma_2 = \sigma_3$，按以上假定条件推广到三维方程为

$$\varepsilon_{ij} = \frac{2\sigma_{\mathrm{II}}}{9K} + \frac{\sigma_1}{3G_0} + \frac{\sigma_1}{3\eta_0}t + \frac{\sigma_1}{3G_1}\left(1 - e^{-\frac{G_1}{\eta_1}t}\right) + \frac{\sigma_1}{3G_2}\left(1 - e^{-\frac{G_2}{\eta_2}t}\right) \qquad (3\text{-}2\text{-}8)$$

1. 非饱和 Burgers 元件蠕变模型

一点的应力状态 s_{ij} 可分解为偏应力张量 s''_{ij} 和球应力张量 s'_{ij} 的和，如下式所示为

$$\begin{cases} s_{ij} = s'_{ij} + s''_{ij} \\ s'_{ij} = \sigma_m\delta_{ij} = \frac{1}{3}\sigma_{kk}\delta_{ij} \quad (k = 1, 2, 3) \\ s''_{ij} = s_{ij} - \sigma_m\delta_{ij} \end{cases} \qquad (3\text{-}2\text{-}9)$$

式中：σ_m 为平均应力，$\sigma_m = (\sigma_1 + \sigma_2 + \sigma_3)/3$。

同时，在剪切应力状态下，其应力状态可采用三个主应力 σ_1、σ_2、σ_3 来表示如下：

$$\begin{cases} s_{ij} = s'_{ij} + s''_{ij} = \begin{bmatrix} \sigma_1 & \tau_{12} & \tau_{13} \\ \tau_{21} & \sigma_2 & \tau_{23} \\ \tau_{31} & \tau_{32} & \sigma_3 \end{bmatrix}, \\ s'_{ij} = \sigma_m\delta_{ij} = \frac{1}{3}(\sigma_1 + \sigma_2 + \sigma_3)\delta_{ij}, \qquad \delta_{ij} = \begin{bmatrix} 1 & 0 & 0 \\ 0 & 1 & 0 \\ 0 & 0 & 1 \end{bmatrix} \\ s''_{ij} = s_{ij} - \sigma_m\delta_{ij} = \begin{bmatrix} \sigma_1 - \sigma_m & \tau_{12} & \tau_{13} \\ \tau_{21} & \sigma_2 - \sigma_m & \tau_{23} \\ \tau_{31} & \tau_{32} & \sigma_3 - \sigma_m \end{bmatrix}, \end{cases} \qquad (3\text{-}2\text{-}10)$$

Fredlund 等（1993）学者认为孔隙气压张量 u_a 应该被添加用于描述出非饱和土中一点的应力状态，即双应力变量：基质吸力张量和净应力张量。

其中基质吸力张量表示如下：

$$s = (u_a - u_w) \qquad (3\text{-}2\text{-}11)$$

式中：s 为基质吸力；u_a 为孔隙气压力；u_w 为孔隙水压力。

净应力张量表示如下：

$$\begin{cases} s_{ij} = s'_{ij} + s''_{ij} = \begin{bmatrix} \sigma_1 - u_a & \tau_{12} & \tau_{13} \\ \tau_{21} & \sigma_2 - u_a & \tau_{23} \\ \tau_{31} & \tau_{32} & \sigma_3 - u_a \end{bmatrix} \\[4mm] s'_{ij} = \sigma_m \delta_{ij} = \left[\dfrac{1}{3}(\sigma_1 + \sigma_2 + \sigma_3) - u_a \right] \delta_{ij} \\[4mm] s''_{ij} = s_{ij} - \sigma_m \delta_{ij} = \begin{bmatrix} \sigma_1 - \sigma_m & \tau_{12} & \tau_{13} \\ \tau_{21} & \sigma_2 - \sigma_m & \tau_{23} \\ \tau_{31} & \tau_{32} & \sigma_3 - \sigma_m \end{bmatrix} \end{cases} \qquad (3\text{-}2\text{-}12)$$

根据式（3-2-12），将式（3-2-8）可改写为非饱和土 Burgers 蠕变模型的方程为

$$\varepsilon_{ij} = \frac{S''_{ij}}{3K} + \frac{S'_{ij}}{3G_0} + \frac{S'_{ij}}{3\eta_0} t + \frac{S'_{ij}}{3G_1} \left(1 - e^{-\frac{G_1}{\eta_1} t} \right) + \frac{S'_{ij}}{3G_2} \left(1 - e^{-\frac{G_2}{\eta_2} t} \right) \qquad (3\text{-}2\text{-}13)$$

2. 修正的非饱和 Burgers 元件蠕变模型

1）模型构建

由于 Burgers 蠕变模型为线性黏弹性模型，其应力-应变关系为线性，但是从本次蠕变试验数据可以看出，其应力-应变关系表现出明显非线性特征，因此为了将以上模型进一步拓展为非线性黏弹性模型，可借鉴经验蠕变模型中常用以描述应力-应变关系的双曲线函数对上述模型进行改进。

双曲线型应力-应变方程最早由 Kondner（1963）提出，用来模拟土体在常速率轴向变形条件下的应力-应变特性，该等轴双曲线可以写为

$$\sigma_1 - \sigma_3 = \frac{\varepsilon}{a + b\varepsilon} \qquad (3\text{-}2\text{-}14)$$

由式（3-2-14）可以得出初始切线模量 E_u 为

$$E_u = \frac{\mathrm{d}(\sigma_1 - \sigma_3)}{\mathrm{d}\varepsilon} \bigg|_{\varepsilon=0} = \frac{1}{a} \qquad (3\text{-}2\text{-}15)$$

其最终主应力差 $(\sigma_1 - \sigma_3)_{\mathrm{ult}}$ 为

$$(\sigma_1 - \sigma_3)_{\mathrm{ult}} = \lim_{\varepsilon \to \infty} \frac{\varepsilon}{a + b\varepsilon} = \frac{1}{b} \qquad (3\text{-}2\text{-}16)$$

可以看出，当应变为无穷大时，双曲线型应力-应变曲线才能达到最大主应力差 $(\sigma_1 - \sigma_3)_{\mathrm{ult}}$，然而，所观测到的土体实际破坏剪应力 $(\sigma_1 - \sigma_3)_f$ 往往在有限应变 ε_f 状态下即可达到。为了使双曲线通过所观测到的破坏点 $[\varepsilon_f, (\sigma_1 - \sigma_3)_f]$，特引入破坏比 R_f：

$$R_f = \frac{(\sigma_1 - \sigma_3)_f}{(\sigma_1 - \sigma_3)_{\mathrm{ult}}} = \frac{(\sigma_1 - \sigma_3)_f}{1/b} \qquad (3\text{-}2\text{-}17)$$

将式（3-2-14）～式（3-2-16）代入式（3-2-14）得

$$\varepsilon = \frac{2}{\dfrac{E_{\mathrm{u}}}{\tau_{\mathrm{f}}}} \frac{\overline{D}}{1 - R_{\mathrm{f}}\overline{D}} \tag{3-2-18}$$

式中：$\tau_{\mathrm{f}} = \dfrac{1}{2}(\sigma_1 - \sigma_3)_{\mathrm{f}}$ 为土体不排水抗剪强度；$\overline{D}_1$ 为一个归一化的剪切应力，$\overline{D}_1 = \dfrac{\sigma_1 - \sigma_3}{(\sigma_1 - \sigma_3)_{\mathrm{f}}}$，

其中 $(\sigma_1 - \sigma_3)_{\mathrm{f}}$ 可用剪切破坏强度代替，从剪切试验中获取，若采用莫尔-库伦抗剪强度准则可表示为

$$\tau_{\mathrm{f}} = \sigma_1 - \sigma_3 = \frac{2}{1 - \sin\varphi}(c\cos\varphi + \sigma_3\sin\varphi) \tag{3-2-19}$$

式中：c 为黏聚力；φ 为内摩擦角。

在非饱和土中，基于 Fredlund 等（1993）学者提出的非饱和抗剪强度理论，其抗剪强度净应力和吸力 $u_{\mathrm{a}} - u_{\mathrm{w}}$ 作为应力变量可表示为

$$\tau_{\mathrm{f}} = c' + (\sigma - u_{\mathrm{a}})\tan\varphi' + (u_{\mathrm{a}} - u_{\mathrm{w}})\tan\varphi^{\mathrm{b}} \tag{3-2-20}$$

式中：φ^{b} 为随吸力 $u_{\mathrm{a}} - u_{\mathrm{w}}$ 变量变化的摩擦角。

将上述双曲线型应力应变关系引入非饱和 Burgers 蠕变模型中，即为修正的非饱和 Burgers 蠕变模型形式如下：

$$\varepsilon_{ij} = \frac{S''_{ij}}{3K} + \frac{2}{\dfrac{E_{\mathrm{u}}}{\tau_{\mathrm{f}}}} \frac{\overline{D}}{1 - R_{\mathrm{f}}\overline{D}} \left[\frac{1}{3G_0} + \frac{1}{3\eta_0}t + \frac{1}{3G_1}\left(1 - e^{-\frac{G_1}{\eta_1}t}\right) + \frac{1}{3G_2}\left(1 - e^{-\frac{G_2}{\eta_2}t}\right) \right] \tag{3-2-21}$$

式中：$\overline{D} = \dfrac{S'_{ij}}{\tau_{\mathrm{f}}}$；$\tau_{\mathrm{f}} = c' + (\sigma - u_{\mathrm{a}})\tan\varphi' + (u_{\mathrm{a}} - u_{\mathrm{w}})\tan\varphi^{\mathrm{b}}$。

2）参数求解

（1）应力应变双曲线函数的求解方法。

由于应力-应变函数关系式（3-2-16）中的参数都有具体的物理意义，其参数在式（3-2-20）中单独求取。具体步骤如下。

式（3-2-17）可变换如下：

$$\varepsilon[1 - (R_{\mathrm{f}})\overline{D}] = \frac{2}{E_{\mathrm{u}}/S_{\mathrm{u}}}\overline{D} \tag{3-2-22}$$

$$\varepsilon = \frac{2}{E_{\mathrm{u}}/S_{\mathrm{u}}}\overline{D} + (R_{\mathrm{f}})\varepsilon\overline{D} \tag{3-2-23}$$

$$\frac{\varepsilon}{\overline{D}} = \frac{2}{E_{\mathrm{u}}/S_{\mathrm{u}}} + (R_{\mathrm{f}})\varepsilon \tag{3-2-24}$$

从式（3-2-24）中可以看出 $\dfrac{\varepsilon}{D}$ 与 ε 呈线性关系，所以，$2/(E_{\mathrm{u}}/S_{\mathrm{u}})$ 和 R_{f} 的值可以直接从

某一时刻的 $\dfrac{\varepsilon}{D} - \varepsilon$ 直线关系图中获取，其中 R_{f} 为斜率，$2/(E_{\mathrm{u}}/S_{\mathrm{u}})$ 为截距。

（2）修正的 Burgers 蠕变模型的求解方法。

由于修正的 Burgers 蠕变模型中含有负指数项，其参数一般需要采用非线性最小二乘法进行回归求得，但是在利用非线性最小二乘法进行回归时，常常会得到不同的结果，即参数

存在多组不同的匹配。在本节中，所建模型的参数都具有较明确的物理含义，因此可根据其物理意义及蠕变曲线特征先求一组接近实际值的初值，然后利用非线性回归算法进行回归求得模型参数，以避免回归过程中参数的跳跃。修正的 Burgers 蠕变模型参数初值的求解方法如下。

令 $a = \dfrac{2}{E_u/\tau_f}\dfrac{\overline{D}}{1-R_f\overline{D}}$，其值已从上述应力-应变双曲线函数参数的求解方法中求得，这里可看作常数来处理。再令：

$$A = \frac{S_{ij}''}{3K} + a\frac{1}{3G_H} \qquad\qquad (3\text{-}2\text{-}25)$$

$$B = \frac{1}{3\eta_0}, \quad C = \frac{1}{3G_1}, \quad D = \frac{G_1}{\eta_1} \qquad\qquad (3\text{-}2\text{-}26)$$

$$E = \frac{1}{3G_2}, \quad F = \frac{G_2}{\eta_2} \qquad\qquad (3\text{-}2\text{-}27)$$

式中：G_H 为水平面上的剪切模量。

则修正的非饱和 Burgers 蠕变模型蠕变方程（3-2-20）可以进一步改写为

$$\varepsilon_{ij} = A + a[Bt + C(1-e^{-Dt}) + E(1-e^{-Ft})] \qquad\qquad (3\text{-}2\text{-}28)$$

令 $t=0$，式（3-2-28）右端等于 A，即可以根据瞬时变形来确定 A，当时间足够大时，式（3-2-28）右端后两项 $a[C(1-e^{-Dt}) + E(1-e^{-Ft})]$ 趋于常数 $a(C+E)$，则式（3-2-28）可看作直线方程，直线斜率即为 aB。选定初值时可近似假定 $C=E$，$D=F$，即可把式（3-2-28）右端后两项 $a[C(1-e^{-Dt}) + E(1-e^{-Ft})]$ 看作 $2aC(1-e^{-Dt})$，在减速蠕变阶段，式（3-2-28）可简化为

$$\varepsilon_{ij} = A + 2aC(1-e^{-Dt}) \qquad\qquad (3\text{-}2\text{-}29)$$

将式（3-2-29）中常数移至等式左边，等式两边取对数，即

$$\ln(\varepsilon_{ij} - A - 2aC) = \ln(-2aC) - Dt \qquad\qquad (3\text{-}2\text{-}30)$$

式（3-2-30）在对数坐标系中也为一直线方程，A 已确定，D 即为直线的斜率，再将 D 值代入式（3-2-30）即可解出 C。由此可确定一组初值，再在 MATLAB 中利用 lsqcurvefit 非线性回归工具可回归出 A、B、C、D、E、F 的稳定解。由于 μ 值的大小对其他参数的影响很小，根据经验 μ 值取 0.4。

（3）参数求解。

为了说明模型参数求解过程及检验模型的拟合效果，从净围压为 50 kPa、100 kPa、150 kPa、200 kPa、300 kPa 下各选取一组试验数据，按上述参数求解方法求解模型的所有参数。具体选取的数据分别为 σ_3=250 kPa、u_a=200 kPa；σ_3=300 kPa、u_a=200 kPa；σ_3=250 kPa、u_a=100 kPa；σ_3=400 kPa、u_a=200 kPa；σ_3=450 kPa、u_a=150 kPa 时共 5 组。

首先按照上述参数求解方法，求解应力应变双曲线函数的参数。根据经验选取 1 d 时的蠕变数据，绘制 $\dfrac{\varepsilon}{D_1}$-ε 关系曲线，如图 3-2-10 所示，从图中可以看出两者具有明显的线性相关性，相关系数接近 1，说明用双曲线型应力-应变模型描述该滑坡滑带土的应力-应变关系是合适的，对照式（3-2-23）可以确定出各组净围压下的 $\dfrac{2}{E_u/S_u}$，E_u/S_u 和 R_f 值，如表 3-2-5 所示。

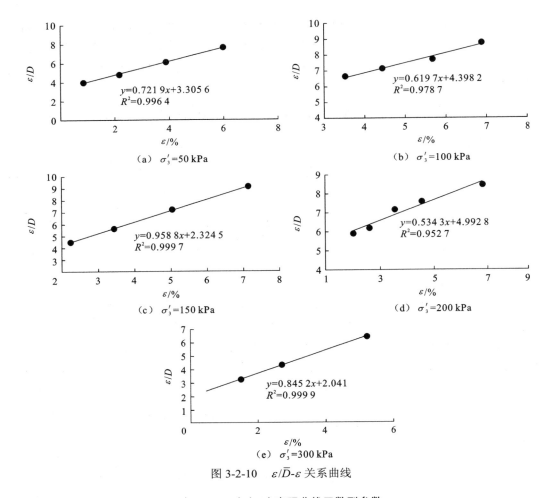

图 3-2-10　$\varepsilon/\overline{D}$-ε 关系曲线

表 3-2-5　应力-应变双曲线函数型参数

σ_3'/kPa	$(\sigma_1 - \sigma_3)_f$/kPa	$\dfrac{2}{E_u/S_u}$	$\dfrac{E_u}{S_u}$	R_f
50	250	0.033 06	60.496 1	0.721 9
100	340	0.043 98	45.475 2	0.619 7
150	240	0.023 25	86.021 5	0.958 8
200	380	0.049 93	40.056 1	0.534 3
300	450	0.020 41	97.991 2	0.845 2
平均值	332	0.034 13	66.008 0	0.736 0

　　然后，把以上求得的应力-应变双曲线函数的参数代入式（3-2-28）按上述方法求取参数初值，再利用非线性最小二乘法回归，即可得到模型所有参数。仍以此为例，求解各组净围压下蠕变模型的参数，结果如表 3-2-6 所示。

表 3-2-6　各组围压下模型参数及相关系数

σ_3'/kPa	q	G_H	G_1	G_2	η_1	η_2	η_3	R^2
50	0.2	$2.222\,2\times10^9$	0.886 1	0.327 7	$1.348\,6\times10^4$	$7.194\,6\times10^2$	0.110 1	0.986 5
	0.4	$3.115\,5\times10^9$	0.367 9	0.271 7	$6.979\,3\times10^3$	$6.353\,2\times10^2$	0.697 0	0.964 2
	0.6	$3.333\,3\times10^9$	0.609 1	0.342 1	$7.127\,6\times10^3$	$5.595\,8\times10^2$	0.682 7	0.987 8
	0.8	$3.888\,9\times10^9$	1.043 4	0.426 5	$1.230\,8\times10^4$	$3.144\,4\times10^2$	1.810 5	0.983 6
平均值		$3.140\,0\times10^9$	0.726 6	0.342 0	$9.975\,2\times10^3$	$5.572\,0\times10^2$	0.825 1	—
100	0.2	$4.088\,9\times10^9$	0.778 7	0.697 1	$1.406\,2\times10^4$	$5.287\,7\times10^2$	0.255 1	0.991 2
	0.4	$4.844\,4\times10^9$	0.718 5	0.343 8	$1.174\,2\times10^4$	$4.869\,3\times10^2$	0.179 4	0.989 1
	0.6	$7.133\,8\times10^8$	0.700 1	0.519 5	$8.369\,6\times10^3$	$3.025\,4\times10^2$	0.339 8	0.995 7
	0.8	$6.355\,6\times10^8$	1.220 3	0.530 8	$1.390\,3\times10^4$	$1.213\,9\times10^2$	0.341 5	0.984 3
平均值		$2.570\,6\times10^9$	0.854 4	0.522 8	$1.201\,9\times10^4$	$3.599\,1\times10^2$	0.278 9	—
150	0.2	$5.533\,3\times10^9$	0.445 5	0.685 2	$7.924\,6\times10^3$	$2.090\,6\times10^2$	0.197 6	0.986 0
	0.4	$6.066\,7\times10^8$	0.890 4	0.310 1	$1.034\,0\times10^4$	$3.697\,9\times10^2$	0.214 8	0.999 3
	0.6	$6.600\,0\times10^8$	0.920 9	0.394 9	$1.658\,8\times10^4$	$4.665\,1\times10^2$	0.259 0	0.998 9
	0.8	$2.488\,0\times10^9$	0.847 4	0.267 6	$9.327\,6\times10^3$	$1.045\,6\times10^2$	0.250 1	0.997 3
平均值		$2.322\,0\times10^9$	0.776 1	0.776 05	$1.104\,5\times10^4$	$2.874\,8\times10^2$	0.230 4	—
200	0.2	$7.511\,1\times10^8$	0.948 9	1.448 3	$1.379\,8\times10^4$	$5.069\,8\times10^2$	0.619 8	0.991 6
	0.4	$8.355\,6\times10^8$	0.767 7	0.861 7	$1.302\,7\times10^4$	$3.510\,0\times10^2$	0.422 6	0.989 6
	0.6	$6.216\,2\times10^9$	1.061 0	0.694 5	$1.613\,1\times10^4$	$2.398\,6\times10^2$	0.530 5	0.989 4
	0.8	$1.004\,4\times10^9$	1.004 6	0.606 6	$1.781\,7\times10^4$	$2.027\,8\times10^2$	0.559 2	0.995 0
平均值		$2.201\,8\times10^9$	0.945 6	0.902 8	$1.519\,3\times10^4$	$3.251\,6\times10^2$	0.533 0	—
300	0.2	$1.100\,0\times10^9$	1.614 1	0.595 3	$1.589\,8\times10^4$	$5.386\,2\times10^2$	0.322 1	0.985 7
	0.4	$1.200\,0\times10^9$	0.564 1	0.532 3	$1.302\,7\times10^4$	$4.526\,1\times10^2$	0.187 5	0.984 7
	0.6	$1.300\,0\times10^9$	0.581 6	0.595 6	$1.613\,1\times10^4$	$2.636\,2\times10^2$	0.214 9	0.983 1
	0.8	$1.400\,0\times10^9$	1.164 5	0.542 6	$1.781\,7\times10^4$	$1.540\,8\times10^2$	0.119 5	0.988 0
平均值		$1.250\,0\times10^9$	0.981 2	0.981 075	$1.571\,8\times10^4$	$3.522\,3\times10^2$	0.211 0	—

3）参数与净围压的关系

从表 3-2-6 中还可以看出，各级净围压下，不同偏应力的蠕变模型参数在数量级上保持稳定，为了进一步寻求模型参数与净围压之间的关系，将各级净围压下，不同偏应力的蠕变参数取平均值，绘制各级净围压下各个参数的平均值与净围压之间的关系曲线，如图 3-2-11～图 3-2-14 所示。

从式（3-2-24）中可以看出，黏弹性变形的极限值取决于 G_1/η_2 和 G_2/η_3 的值，因此分别将 G_{11}/η_2 和 G_{12}/η_3 作为整体变量，与净围压的关系曲线如图 3-2-15、图 3-2-16 所示。

从图 3-2-11～图 3-2-16 中可以看出，蠕变参数 G_H、G_1、G_2、η_1，以及 G_1/η_2、G_2/η_3 的值与净围压之间存在较明显的线性相关，用线性方程 $Y = ax + b$ 进行拟合，其方程系数及相关系数如图 3-2-11～图 3-2-16 所示。

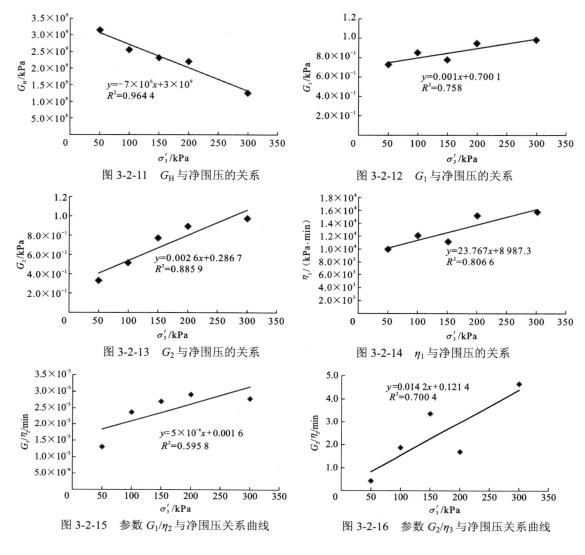

图 3-2-11　G_H 与净围压的关系

图 3-2-12　G_1 与净围压的关系

图 3-2-13　G_2 与净围压的关系

图 3-2-14　η_1 与净围压的关系

图 3-2-15　参数 G_1/η_2 与净围压关系曲线

图 3-2-16　参数 G_2/η_3 与净围压关系曲线

4）模型进一步修正及验证

考虑模型参数与净围压之间的线性相关性，可将其线性函数关系代入原模型，对模型进行进一步的改进，改进后的模型如下：

$$
\begin{cases}
\varepsilon_{ij}=\dfrac{S_{ij}''}{3K}+\dfrac{2}{E_u/\tau_f}\dfrac{\bar{D}}{1-R_f\bar{D}}\left[\dfrac{1}{3G_0}+\dfrac{1}{3\eta_0}+\dfrac{1}{3G_1}(1-e^{G_1 t/\eta_1})+\dfrac{1}{3G_2}(1-e^{G_2 t/\eta_2})\right]\\[3mm]
\bar{D}=\dfrac{S_{ij}'}{\tau_f},\quad \tau_f=c'+(\sigma-u_a)\tan\varphi'+(u_a-u_w)\tan\varphi^{b}\\[3mm]
K'=\dfrac{2(1+\mu)}{3(1-2\mu)}G',\quad G_0'=a_{G_0}\sigma_3'+G_0^{0},\quad G_1'=a_{G_1}\sigma_3'+G_1^{0},\quad G_2'=a_{G_2}\sigma_3'+G_2^{0}\\[3mm]
\eta_0'=a_{\eta_1}\sigma_3'+\eta_0^{0},\quad \dfrac{G_1'}{\eta_1'}=a_{G_1/\eta_1}\sigma_3'+\left(\dfrac{G_1}{\eta_1}\right)^{0},\quad \dfrac{G_2'}{\eta_2'}=a_{G_2/\eta_2}\sigma_3'+\left(\dfrac{G_2}{\eta_2}\right)^{0}\\[3mm]
\sigma_3'=\sigma_3-s=\sigma_3-u_a
\end{cases}
\tag{3-2-31}
$$

式中：参数 a_{G_1}、a_{G_1}、a_{G_1}、a_{G_1/η_1}、a_{G_2/η_2}、$G_0^{\,0}$、$G_1^{\,0}$、$G_2^{\,0}$、$\eta_0^{\,0}$、$\left(\dfrac{G_1}{\eta_1}\right)^0$、$\left(\dfrac{G_2}{\eta_2}\right)^0$ 分别为原蠕变模型参数与净围压之间线性关系系数。

为了进一步验证改进后的非饱和 Burgers 蠕变模型，选取另外一组试验数据与模型预测值进行比较。该组试验数据为 $\sigma_3' = 200\text{ kPa}$，$\sigma_3 = 400\text{ kPa}$，$u_a = 200\text{ kPa}$，偏应力水平分别为 0.18、0.35、0.50、0.65、0.80。因为试验所用土样为同一批土样，忽略制样差异，模型参数则可采用上述参数。绘制模拟曲线与试验曲线，如图 3-2-17 所示。

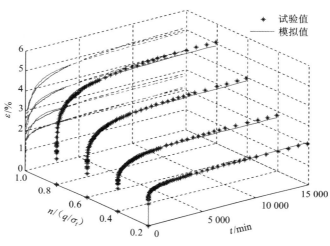

图 3-2-17　蠕变试验值与模拟值对比

从图 3-2-17 中可以看出，蠕变试验曲线与模型模拟值虽然不完全吻合，但是趋势基本一致，因此说明，本节所建立的非饱和蠕变模型合理有效，基本反映了非饱和土样蠕变的主要特征。

3.3　滑坡土体非饱和蠕变元件模型数值模拟

开展滑坡非饱和滑带土的试验研究和蠕变特性的理论分析，了解其蠕变规律，但是仅了解其规律不是目的，更重要的是要将蠕变规律应用于工程实践中，一方面检验模型的可靠性，另一方面对实际工程在各种工况下进行评价分析，以辅助工程设计和施工（罗振东 等，2002）。

3.2 节根据非饱和滑带土的试验数据进行了分析，并建立了非饱和蠕变模型，本节主要介绍基于修正的非饱和 Burgers 元件蠕变模型的有限元数值分析方法与程序设计及验证。

3.3.1　非饱和渗流与蠕变模型有限元方程

1. 非饱和渗流有限元方程及求解

1）非饱和渗流方程

根据达西（Darcy）定律和质量守恒定律，对于二维问题非饱和土壤水运动的基本方程

如下:

$$\frac{\partial \theta}{\partial t} = \frac{\partial}{\partial x}\left[K_x(\theta)\frac{\partial \phi}{\partial x}\right] + \frac{\partial}{\partial y}\left[K_y(\theta)\frac{\partial \phi}{\partial y}\right] \tag{3-3-1}$$

式中: θ 为体积含水量; ϕ 为总水势(总水头), $\phi = y + h$, y 为重力势(位置势), h 为基质势; K_x, K_y 为 x, y 方向的渗透系数。

由于非饱和土的渗透系数 K 可以是基质吸力(负压水头)的函数,因此式(3-3-1)的左端可以改写为

$$\frac{\partial \theta}{\partial t} = \frac{\partial \theta}{\partial h}\frac{\partial h}{\partial t} \tag{3-3-2}$$

由土-水特征曲线(含水量和基质吸力的函数),即 θ-$(u_a - u_w)$ 可知:

$$\frac{\partial \theta}{\partial (u_a - u_w)} = \frac{\partial \theta}{\rho_w g \partial h} \tag{3-3-3}$$

式中: ρ_w 为水的密度; g 为重力加速度。

一般的,可令 $\dfrac{\partial \theta}{\partial (u_a - u_w)} = m_2^w$,故有,$\dfrac{\partial \theta}{\partial h} = \rho_w g m_2^w = C$,其中 C 为容水度。又因 $\phi = y + h$,

故 $\dfrac{\partial \phi}{\partial t} = \dfrac{\partial (y + h)}{\partial t} = \dfrac{\partial h}{\partial t}$,因此式(3-3-1)可写为

$$C\frac{\partial h}{\partial t} = C\frac{\partial \phi}{\partial t} = \frac{\partial}{\partial x}\left[K_x(h)\frac{\partial \phi}{\partial x}\right] + \frac{\partial}{\partial y}\left[K_y(h)\frac{\partial \phi}{\partial y}\right] \tag{3-3-4}$$

其边界及初始条件为

$$\begin{cases} \phi|_{s1} = \phi_b(x, y, t), & \text{在}S_1\text{上} \\ k_x\dfrac{\partial \phi}{\partial x}\cos(n, x) + k_y\dfrac{\partial \phi}{\partial y}\cos(n, y) = q, & \text{在}S_2\text{上} \end{cases} \tag{3-3-5}$$

式中: n 为边界外法线方向;边界 S_1 称为水头边界; S_2 称为流量边界。

初始条件:

$$\phi|_{t=0} = \phi_0(x, y) \tag{3-3-6}$$

2)非饱和渗流有限元方程及求解

数值求解过程中,需要将以上方程在空间和时间域进行适当的离散。非饱和渗流方程的空间离散化采用 Garlerkin 有限单元法。其时间域离散采用一维差分方法,其将时间域 $0 \sim T$ 划分为 M 个时间步长,在每个时间步长中假设变量随时间线性变化,例如,总水头 ϕ 可假设为关于时间的线性函数,可表示为

$$\phi = N_1\phi^{t_k} + N_2\phi^{t_k + \Delta t} \tag{3-3-7}$$

式中: $N_1 = 1 - \eta$, $N_2 = \eta$, $\eta = (t - t_k)/\Delta t$, t 为时间, Δt 为时间步长。当 $\Delta t = 0$、$\Delta t = 0.5$、$\Delta t = 1$ 分别对应着三种标准差分方法:前差分法(Euler 差分法)、中心差分法(Crank-Nicholson 差分法)和后差分法。

按照以上离散方案,将计算区域离散为多个单元,任一单元的势函数可近似表示为

$$\phi = \sum N_i(x, y)\phi_i \tag{3-3-8}$$

式中: $N_i(x, y)$ 为单元的插值形函数; ϕ_i 为节点势或节点水头。

取其变分 $\delta\phi = \sum N_i(x, y)\delta\phi_i$,式(3-3-7)等价于下面的线性方程组:

$$\iiint_e \left(k_x \frac{\partial N_i}{\partial x} \phi_j \frac{\partial N_j}{\partial x} + k_y \frac{\partial N_i}{\partial y} \phi_j \frac{\partial N_j}{\partial y} \right) \mathrm{d}V^{(e)} + \iiint_e C N_i N_j \frac{\partial \phi_j}{\partial t} - \iint_s N_i q \mathrm{d}s = 0 \qquad (3\text{-}3\text{-}9)$$

上式可记为矩阵形式：

$$\boldsymbol{D}^{(e)}\boldsymbol{\phi}_j + \boldsymbol{S}^{(e)} \frac{\partial \boldsymbol{\phi}_j}{\partial t} = \boldsymbol{F}^{(e)} \qquad (3\text{-}3\text{-}10)$$

式中：$\boldsymbol{D}^{(e)}$ 的元素可表示为

$$d_{ij} = \iiint_e \boldsymbol{B}_i^{\mathrm{T}} k \boldsymbol{B}_j \mathrm{d}\boldsymbol{\Omega}^{(e)} \qquad (3\text{-}3\text{-}11)$$

式中：$\boldsymbol{B}_i^{\mathrm{T}} = \dfrac{\partial \boldsymbol{N}_i}{\partial x}, \dfrac{\partial \boldsymbol{N}_i}{\partial y}$；$k = \begin{bmatrix} k_{xx} & k_{xy} \\ k_{yx} & k_{yy} \end{bmatrix}$，当坐标轴方向与渗透主轴方向一致时，除 k_{xx}、k_{yy} 不为 0 外，其他均为 0。

矩阵 $\boldsymbol{S}^{(e)}$ 的元素可表示为

$$s_{ij} = \iiint_e C N_i N_j \mathrm{d}\boldsymbol{\Omega}^{(e)} \qquad (3\text{-}3\text{-}12)$$

$\boldsymbol{F}^{(e)}$ 为节点流量向量，表示为

$$f_i = \iint_s N_i q \mathrm{d}s \qquad (3\text{-}3\text{-}13)$$

对式（3-3-10）推广到整个求解域，将各个单元矩阵叠加后可得整个求解域的有限元方程：

$$\boldsymbol{D}\boldsymbol{\phi} + \boldsymbol{S} \frac{\partial \boldsymbol{\phi}}{\partial t} = \boldsymbol{F} \qquad (3\text{-}3\text{-}14)$$

式中：$\boldsymbol{\phi}$ 为节点势列向量，$\partial \boldsymbol{\phi} / \partial t$ 为节点势对时间的导数的列向量；矩阵 $\boldsymbol{D}$、$\boldsymbol{S}$，向量 $\boldsymbol{F}$ 分别由相应的单元矩阵叠加而得。

由上述有限单元方程可编制相应的计算程序，程序流程如图 3-3-1 所示。图中 t_0 为计算开始时刻，t_n 为计算终止时刻，ϕ_0 为初始水头，$\mathrm{d}t$ 为时间间隔。

2. 非饱和土蠕变模型的有限元方程及求解

1）非饱和蠕变平衡方程

根据本节所建立的蠕变模型，总应变可由弹性应变和黏性应变组成：

$$\boldsymbol{\varepsilon} = \boldsymbol{\varepsilon}_{\mathrm{e}} + \boldsymbol{\varepsilon}_{\mathrm{v}} \qquad (3\text{-}3\text{-}15)$$

式中：$\boldsymbol{\varepsilon}_{\mathrm{e}}$ 为弹性应变；$\boldsymbol{\varepsilon}_{\mathrm{v}}$ 为黏性应变。

几何方程：

$$\boldsymbol{\varepsilon} = \boldsymbol{B}\boldsymbol{\delta}^{(e)} \qquad (3\text{-}3\text{-}16)$$

物理方程：

$$\boldsymbol{\sigma} = \boldsymbol{D}\boldsymbol{\varepsilon}_{\mathrm{e}} = \boldsymbol{D}(\boldsymbol{\varepsilon} - \boldsymbol{\varepsilon}_{\mathrm{v}}) \qquad (3\text{-}3\text{-}17)$$

式中：$\boldsymbol{D}$ 为弹性矩阵。

可得单元节点力为

$$\begin{aligned} \boldsymbol{F}^{(e)} &= \int_v \boldsymbol{B}^{\mathrm{T}} \boldsymbol{D} (\boldsymbol{\varepsilon} - \boldsymbol{\varepsilon}_{\mathrm{v}}) \mathrm{d}v \\ \boldsymbol{F}^{(e)} &= \int_v \boldsymbol{B}^{\mathrm{T}} \boldsymbol{D} (\boldsymbol{B}\boldsymbol{\delta}^{(e)} - \boldsymbol{\varepsilon}_{\mathrm{v}}) \mathrm{d}v \\ \boldsymbol{F}^{(e)} &= \int_v \boldsymbol{B}^{\mathrm{T}} \boldsymbol{D} \boldsymbol{B} \mathrm{d}v \boldsymbol{\delta}^{(e)} - \int_v \boldsymbol{B}^{\mathrm{T}} \boldsymbol{D} \boldsymbol{\varepsilon}_{\mathrm{v}} \mathrm{d}v \\ \boldsymbol{F}^{(e)} &= \boldsymbol{K}^{(e)} \boldsymbol{\delta}^{(e)} - \boldsymbol{F}_{\mathrm{v}}^{(e)} \end{aligned} \qquad (3\text{-}3\text{-}18)$$

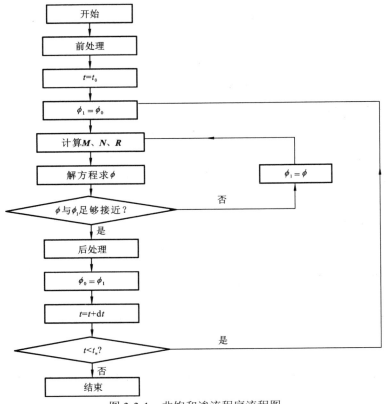

图 3-3-1 非饱和渗流程序流程图

则单元平衡方程为

$$K^{(e)}\delta^{(e)} = F^{(e)} + F_v^{(e)} \tag{3-3-19}$$

将各个单元的平衡方程式集合成了总体平衡方程，得到下式：

$$K\delta = F + F_v \tag{3-3-20}$$

式中：K 为整体刚度矩阵；F 为节点所受到的等效节点力；F_v 为黏性应变引起的等效节点力；其分别为

$$K = \sum_e \int_v B^T D_e B dv \tag{3-3-21}$$

$$F = \sum_e \int_v N^T P dv \tag{3-3-22}$$

$$F_v = \sum_e \int_v B^T D \varepsilon_v dv \tag{3-3-23}$$

式中：ε_v 由蠕变模型计算得出。

2）非饱和蠕变有限元方程求解

将非饱和蠕变变形分解为两部分，一部分是弹性变形，一部分是黏性变形。其中，在施加荷载的瞬间，黏性变形尚未发展，只有弹性变形，于是，整个土体在施加荷载瞬间的位移平衡方程为

$$K\delta = F \tag{3-3-24}$$

式中：F 的值不随时间变化，将上式计算得到的加载瞬时的位移场 δ_0 代入几何方程：

$$\boldsymbol{\varepsilon}_0 = \boldsymbol{B}\boldsymbol{\delta}_0 \qquad\qquad (3\text{-}3\text{-}25)$$

可求得初始应变场 $\boldsymbol{\varepsilon}_0$，再将求得的初始应变场 $\boldsymbol{\varepsilon}_0$ 代入物理方程：

$$\boldsymbol{\sigma}_0 = \boldsymbol{D}\boldsymbol{\varepsilon}_0 \qquad\qquad (3\text{-}3\text{-}26)$$

根据式（3-3-26）可求得初始应力场 $\boldsymbol{\sigma}_0$。

3.3.2　非饱和渗流与蠕变耦合计算有限元程序

1. 程序功能

本程序为二维的四节点平面等参单元有限元计算程序，采用 Fortran 90 编写。程序从功能上主要分为三个部分：前处理部分、计算部分和后处理部分（王翔南 等，2019）。

1）前处理部分

前处理部分主要有以下功能。

（1）可以从标准图形文件 DXF 中提取绘制的单元节点等网格信息。

（2）可以自动读取 ANSYS 软件剖分网格后输出的单元及节点信息文件。

（3）可以根据计算域的材料分区读取材料信息，包括所有的计算参数、初始条件、边界荷载等控制条件。

2）计算部分

计算部分是本程序的核心内容，主要功能如下。

（1）计算饱和-非饱和渗流，可以考虑库水变动及降雨工况。

（2）计算土体的初始弹性位移、应力应变场。

（3）计算非饱和土体的黏弹性位移、应力应变场，模拟其蠕变变形。

3）后处理部分

本程序的后处理部分主要采用 Tecplot 软件，Tecplot 软件是由美国 Tecplot 公司推出的功能强大的数据分析和可视化处理软件，它提供了丰富的绘图格式。采用 Tecplot 软件做后处理时，只需要在程序中按照 Tecplot 软件识别的文件格式输出计算结果，然后在 Tecplot 软件直接打开输出的文件，从而方便地输出各类云图、等值线图等图片。

2. 主要子程序及说明

本程序主要包括以下子程序：INPUT 子程序、UNSATURATED_SEEPAGE 子程序、CREEP 子程序、SOLVE 子程序和 OUTPUT 子程序。

（1）INPUT 子程序：主要读取单元、节点、参数、渗流初始条件、边界条件及控制信息，为计算处理好所有的计算参数。

（2）UNSATURATED_SEEPAGE 子程序：为计算土体的非饱和渗流过程的主程序，计算出各个时间步的各节点的水头、负孔隙水压力及渗透力。

（3）CREEP 子程序：为蠕变计算的主程序，调用非饱和渗流的计算结果，计算出各个时间步的位移场及应力应变场。

（4）SOLVE 子程序：主要用于求解组装后的线性方程组，本程序采用共轭梯度法。由于在本程序中非饱和渗流计算需要在各个时步进行多次迭代，求解各时间步位移场时也需要依次求解，调用频率较高，其计算效率及正确性直接决定着本程序的总体效率和正确性。

（5）OUTPUT 子程序：主要输出程序的计算结果，具体为在每时间步计算完毕后将计算结果如总水头、孔隙水压力、位移场、应力应变场按照 Tecplot 软件的文本格式输出相关信息，以便用 Tecplot 软件打开，进行后处理。

3. 程序验证

为了验证本程序的正确性和可靠性，本小节分别选用具有试验数据的非饱和渗流算例及非饱和三轴蠕变实验进行计算，以检验有限元程序的正确性。

非饱和渗流的验证算例采用赤井浩一等（1977）做的模型试验。试验模型为 315 cm×23 cm×33 cm（长×宽×高）的均质沙槽。沙槽中介质的饱和渗透系数为 0.33 cm/s，体积含水率 θ 与负孔隙水压力高度 h 的关系及体积含水率 θ 与非饱和相对渗透系数 k_r 的关系如表 3-3-1 所示。

表 3-3-1 土体 h-θ-k_r 数据

h/cm	θ	k_r	h/cm	θ	k_r	h/cm	θ	k_r
0	0.30	1.00	−20	0.216	0.225	−40	0.085	0.012
−5	0.289	0.975	−25	0.174	0.075	−50	0.067	0.00
−10	0.274	0.937	−30	0.133	0.037	−100	0.03	0.00
−15	0.245	0.525	−35	0.100	0.025			

现选取一种工况的试验结果与计算结果比较，即左右两端初始水位都在离槽底 10 cm 处，左端水位瞬时上升至离槽底 30 cm 处。由于本程序为二维，取模型长-高截面为计算截面，剖分四边形网格图如图 3-3-2 所示，共计节点 768 个，单元 693 个。

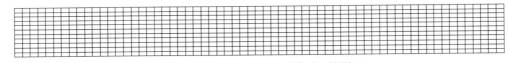

图 3-3-2 沙槽试验计算模型网格图

按照上述计算工况进行计算，分别绘制时间为 30 s、60 s、120 s、240 s、300 s、600 s、4 800 s 时的孔隙水压力云图及水位线如图 3-3-3 和图 3-3-4 所示。计算结果与试验结果基本一致，说明本程序具有足够的正确性和可靠性。

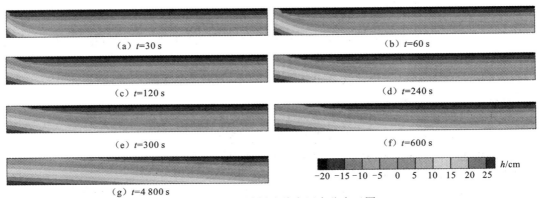

（a）t=30 s   （b）t=60 s

（c）t=120 s   （d）t=240 s

（e）t=300 s   （f）t=600 s

h/cm
−20 −15 −10 −5 0 5 10 15 20 25

（g）t=4 800 s

图 3-3-3 不同时刻孔隙水压力分布云图

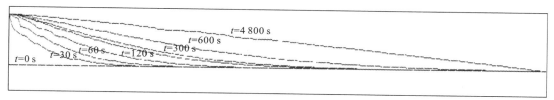

（a）计算结果

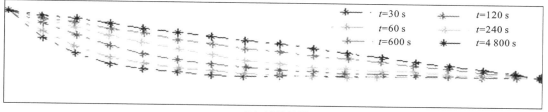

（b）试验结果

图 3-3-4　不同时刻水位线分布

3.4　工程应用实例

3.4.1　滑坡计算模型

1. 计算模型

以 1.1.1 小节所述树坪滑坡为例进行应用计算。选择变形较大的 1#滑体轴向剖面为计算截面，计算模型后边界直至滑坡后缘 460 m 高程处，前边界取至 54 m 高程处。对计算截面进行四节点矩形单元网格剖分，共剖分 3 855 个单元，4 010 个节点，如图 3-4-1 所示。模型中的左右边界条件为水平约束，底部约束条件为双向约束。地层自上而下分别为滑体（上部以粉质黏土为主，下部碎石含量较多）、滑带和基岩。

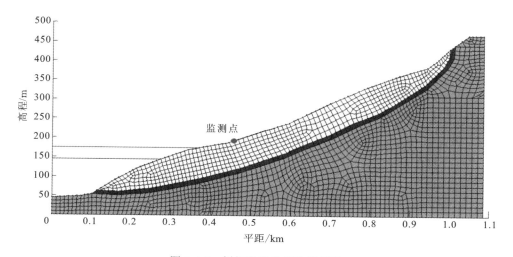

图 3-4-1　树坪滑坡数值计算模型

2. 计算参数

按照本章所建立的非饱和蠕变模型对树坪滑坡的长期蠕变变形进行数值模拟,需要非饱和渗流参数及非饱和蠕变模型参数,参数数目较多,若一一通过试验测定或通过参数反演则工作量巨大,本节主要分析滑坡长期变形趋势,参数主要通过以往资料进行工程类比及根据经验值多次试算来确定。树坪所在的三峡库区存在大量涉水型滑坡,根据附近泄滩滑坡及千将坪滑坡等相关资料,确定的滑体、滑带及滑床基岩的非饱和渗流参数如表 3-4-1 所示。滑体、滑带和滑床基岩的土水特征曲线及渗透性函数分别如图 3-4-2～图 3-4-4 所示。滑体、滑带及滑床基岩的非饱和蠕变模型参数如表 3-4-2 所示。

表 3-4-1　滑坡饱和渗流参数

材料号	位置	饱和渗透系数/（m/d）
1	滑体	4.0
2	滑带	0.003
3	滑床基岩	0.000 216

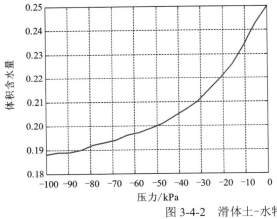
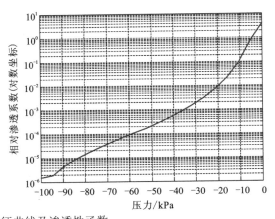

图 3-4-2　滑体土-水特征曲线及渗透性函数

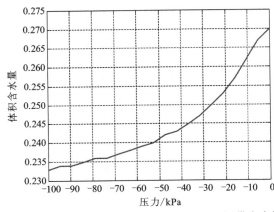
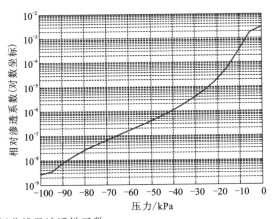

图 3-4-3　滑带土水特征曲线及渗透性函数

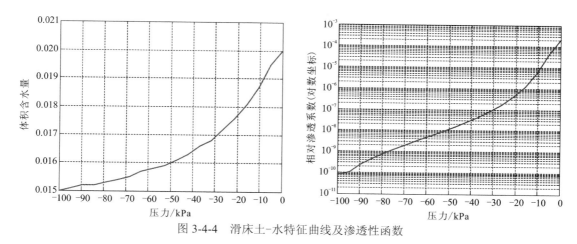

图 3-4-4　滑床土-水特征曲线及渗透性函数

表 3-4-2　滑坡非饱和蠕变模型参数

参数	滑体	滑带	滑床
E_u / S_u	80	66	90
R_f	0.8	0.736	0.9
μ	0.3	0.4	0.2
a_{G_H}	-7.0×10^6	-7.0×10^6	-7.0×10^6
a_{G_1}	0.001	0.001	0.001
a_{G_2}	0.002 6	0.002 6	0.002 6
a_{η_1}	23.767	23.767	23.767
a_{G_{11}/η_2}	-5.0×10^6	-5.0×10^6	-5.0×10^6
a_{G_2/η_3}	0.014 2	0.0142	0.0142
G_H^0	2.0×10^9	3.0×10^9	3.0×10^{12}
G_1^0	7.0	0.7001	70
G_2^0	2.867	0.286 7	28.67
η_1^0	$8.987\ 3 \times 10^4$	$8.987\ 3 \times 10^3$	8.987×10^5
$(G_1'/\eta_2')^0$	0.016	0.001 6	0.16
$(G_2'/\eta_3')^0$	1.214	0.121 4	12.14

3. 计算工况

树坪滑坡外荷载主要有自重荷载、因三峡库区库水位升降及降雨入渗而产生的动水压力，由于每年降雨情况具有较大的随机性和离散性，暂不考虑降雨工况，计算工况主要考虑库水位的变动情况。由于每年库水调度情况大致相近，计算工况选取一年时间内库水位实际调度周期（2010 年 6 月 15 日～2011 年 6 月 15 日），如图 3-4-5 所示。为了计算方便，忽略库区水位小范围的波动，对库水位的变动进行线性简化，即库水位开始在 145 m 左右稳定一段时间，然后从 145 m 上升至 160 m，然后从 160 m 降至 145 m，再从 145 m 上升至 175 m，然后稳定大约 75 天，再从 175 m 降至 145 m。

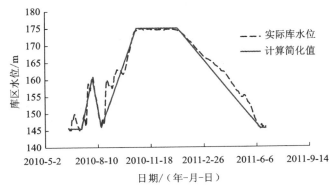

图 3-4-5　三峡库区水位 2010 年 6 月 15 日～2011 年 6 月 15 日变动

4. 边界条件及初始值

滑坡渗流边界假设底部为不透水边界，滑坡前缘与后缘给定水头边界，坡面为透水边界。计算应力-应变场时，假定滑床基岩底部边界上节点水平及竖向位移约束为 0，前后两侧节点水平位移为 0。

滑坡渗流场初始值采用库水位稳定在 145 m 时的渗流场，初始应力应变场则采用在自重应力及初始渗流场作用时计算所得的应力应变。

3.4.2　基于非饱和等时模型的树坪滑坡长期变形数值模拟

1. 初始时刻渗流场和位移场分布

初始时刻选取 2010 年 6 月 15 日，库水位稳定在 145 m，通过非饱和渗流程序计算可得到初始渗流场，其孔隙水压力分布云图如图 3-4-6 所示。其中孔隙水压力单位为 kPa。

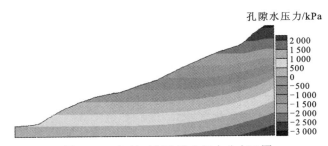

图 3-4-6　初始时刻孔隙水压力分布云图

初始应力主要有自重应力及初始渗透压力，通过程序计算可得到其 X、Y 方向初始位移分布云图如图 3-4-7 所示，其中位移单位为分米。

2. 不同时刻渗流场和位移场分布

计算时为了使得非饱和渗流计算与蠕变计算同步，时间步长取为 1 d，为了分析不同时刻渗流场，分别输出 $t=1$ d，30 d，60 d，120 d，240 d，360 d 时的孔隙水压力如图 3-4-8 所示。

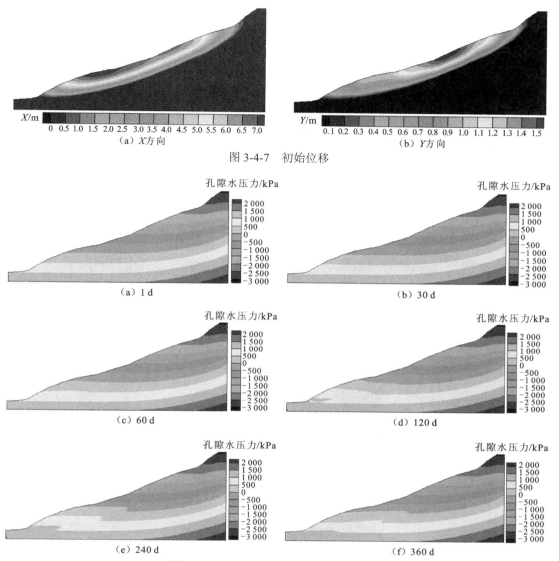

（a）X方向   （b）Y方向

图 3-4-7　初始位移

（a）1 d   （b）30 d

（c）60 d   （d）120 d

（e）240 d   （f）360 d

图 3-4-8　不同时刻孔隙水压力分布云图

从图 3-4-9 渗流场云图中可以看出，不同时刻的渗流场的变化主要集中于 145～175 m，而其他部位变化不是特别大，主要是因为库水位主要在 145～175 m 波动，对滑体上部影响较为有限。

图 3-4-10 不同时刻位移云图分别为 $t=30$ d、60 d、120 d、240 d、360 d 时的 X、Y 方向位移分布云图。

从图 3-4-10 中可以看出，滑坡的变形主要集中在滑体部位，随着时间的推移，X、Y 方向的位移都逐渐增大，X 方向最大位移从初始时刻的 0.7 m 左右增大至 1.2 m 左右，Y 方向位移从初始时刻的 0.15 m 左右增大至 0.35 m 左右。

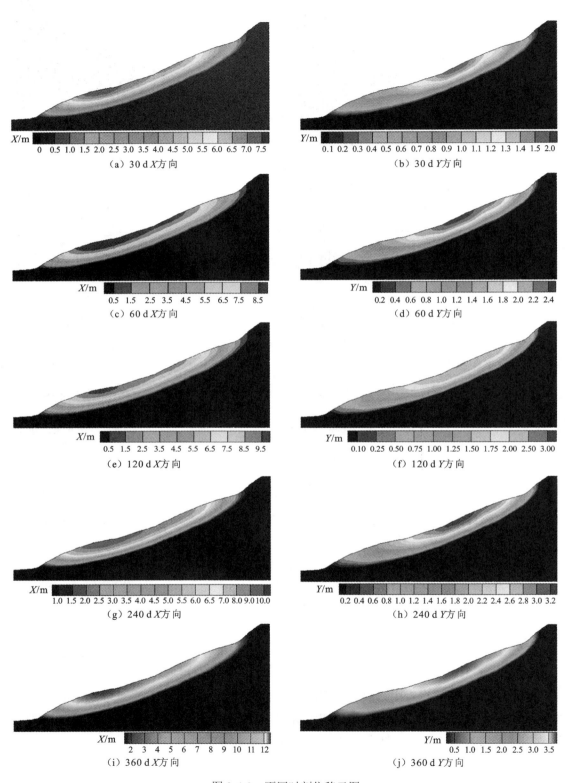

(a) 30 d X方向　　　　　　　(b) 30 d Y方向

(c) 60 d X方向　　　　　　　(d) 60 d Y方向

(e) 120 d X方向　　　　　　　(f) 120 d Y方向

(g) 240 d X方向　　　　　　　(h) 240 d Y方向

(i) 360 d X方向　　　　　　　(j) 360 d Y方向

图 3-4-9　不同时刻位移云图

3. 数值计算结果与位移监测资料对比分析

为了验证计算结果，选取主滑截面上具有监测资料的点（图 3-4-6），将变形计算结果与实际监测资料进行趋势对比（便于对比，变形值都选取净变形量，即实际变形值与初始时刻的变形值的差），如图 3-4-10 所示。

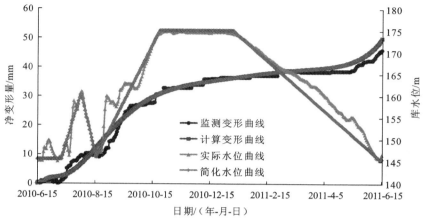

图 3-4-10　变形计算结果与实际监测结果趋势对比图

从图 3-4-10 中可以看出，监测值出现一些波动，而计算值比较平滑，是因为监测采用的是多点位移伸缩计，所测得数据在局部存在一定波动误差。计算结果与实际变形的监测值尽管在数值的绝对大小上存在一定差异，但是变形趋势比较接近，即一年时间里，变形逐渐增大，且随着库水位的升降划分为三个阶段：一是随着库水位的上升，变形量逐渐增大；二是库水位保持在 175 m 左右时，蠕变变形逐渐进入衰减阶段；三是库水位下降时，蠕变变形又逐渐增大，且蠕变增大幅度要比上升时大。这个过程与库水位的变动存在一定的滞后性，这可能是在库水位的迅速升降过程中，滑坡体内渗流场的改变存在滞后性。

第 **4** 章 滑坡土体饱和渗流与蠕变耦合特性及其数值模拟

　　库水位变化引起地下水渗流场变化，滑坡土体中渗透力随之改变，从而会对滑坡土体蠕变产生影响；同时，蠕变又会改变滑坡土体的孔隙比，从而对渗透性产生影响，这就是渗流与蠕变的耦合效应。传统的滑坡变形分析中并未考虑渗流与蠕变耦合效应，也忽略了土体的蠕变效应，仅仅基于渗流及弹塑性应力-应变数值模拟计算得到的滑坡变形与滑坡实际变形监测结果总是存在差异，特别是对黏性土滑坡而言，这种蠕变效应往往非常明显。因此，开展渗流与蠕变耦合特性试验，建立渗流与蠕变耦合模型，基于渗流与蠕变耦合模型对水库滑坡变形破坏演化过程进行分析和预测，符合库水作用下滑坡土体的实际力学过程。

4.1　渗流与蠕变耦合效应

4.1.1　渗流对蠕变的影响

　　鉴于渗流与蠕变耦合力学过程的复杂性及前人对此研究的匮乏性，本章先从渗流对变形的影响作用着手，首先开展总围压、净围压不变条件下固定水头的渗流试验，以及不同类型土样的固定水头渗流试验研究，揭示渗流对土样变形的影响规律及作用机理、渗流对不同类型土样变形的影响作用规律，为渗流与蠕变耦合过程的规律分析及机理研究提供较为可靠的理论基础和数据支撑。

1. 试验概况

1）试验装置

　　试验仪器采用自主研发，且由南京土壤仪器厂生产的 SRS-1 型三联渗流与蠕变耦合三轴试验仪，如图 4-1-1 所示。该仪器是在自主研发由江苏省溧阳市生产的 FSR-6 型非饱和土三轴蠕变仪及自主研发生产的非饱和渗透试验仪的基础上研发而成。

　　该试验仪器（图 4-1-1）将三轴蠕变仪的加载及测量系统和非饱和渗透试验仪的渗流供水系统及渗流量测量系统有机结合在同一个试验系统中。其优点在于既能测得试验过程中土样的体积变化，又可测量渗透系数的渗流与蠕变耦合三轴试验仪。可用于测定在一定的周围压力、主应力、渗透水压力作用下的渗流与蠕变特性，进行渗流与蠕变相互作用下的变形机理研究。仪器由压力控制系统（包括围压控制系统、轴压加载系统、渗透水压控制系统）、三轴

图 4-1-1 三联渗流与蠕变耦合三轴试验仪

压力室、量测系统（包括孔压、体变、轴向应变和渗流量测量系统）及数据采集系统等几部分组成，结构示意图见图 4-1-2。

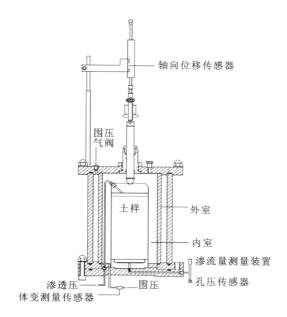

图 4-1-2 渗流与蠕变耦合三轴试验仪结构示意图

　　围压控制系统采用水气交换结构，压力数字显示，精密调压阀调节压力，可以测量围压作用下土体的外体积变化。提供两种不同精度要求的水气交换装置（图 4-1-3），分别为精度较低（量管较粗、量程较大）的水气交换装置和精度较高（量管较细、量程较小）的水气交换装置。量管与压力室的水连通，通过精密调压阀控制空压机所提供的气压来压量管的水，再通过水把压力传递给试样，最大可施加周围压力 0.75 MPa。另外设有参照管，通过差压传感器测量量管内水体积的变化即为压力室内水体积的变化。压力室采用双层，外室连通同等

图 4-1-3　三联渗流与蠕变耦合三轴试验仪围压控制系统水气交换结构

气压，可认为内压力室玻璃壁绝对刚性，不允许发生变形，同时忽略水的胀缩性，那么压力室中水的体积变化即反映了试样的体积变化。

轴压控制系统采用 1∶24 杠杆加荷方式（图 4-1-1），通过砝码施加恒定轴向压力，具有调节杠杆平衡装置，调节范围 40 mm，最大可施加轴向荷载为 10 kN。

渗透水压控制系统采用水气交换结构，压力数字显示，精密调压阀调节气压力，利用隔离膜水气交换器（图 4-1-4）提供渗透水压力。通过精密调压阀控制空压机所提供的气压隔离膜，隔离膜把压力传递给隔离膜外的水，即为渗透水压。最大可施加渗透压力为 0.75 MPa。

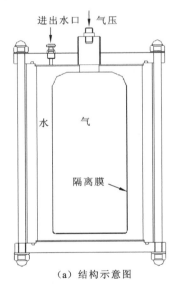

（a）结构示意图

（b）实物图

图 4-1-4　隔离膜水气交换器结构示意图及实物图

量测系统（包括孔隙水压力、体积应变、轴向应变和渗流量量测系统）孔隙水压力传感器与试样底部水通道连通，故孔隙水压传感器测得的水压即为试样底部的孔隙水压力。轴向变形（磁致伸缩式位移传感器）量程 $\Delta L = 0 \sim 25$ mm、土体外体积变化量（高压差压传感器）量程：$\Delta V = 0 \sim 100$ mL、渗透流量（差压传感器）量程：$\Delta V = 0 \sim 50$ mL。数据采集系统 16 个传感器通道，测量精度为 1%。

2）试验土样

试验所用土样取自三峡库区某滑坡，由于原状土样不易存放和运输，而且很难加工成标准圆柱试件，本次试验采用重塑样。土样取回后风干碾散，将碾细的土样过筛孔直径为 2 mm 的筛子。参考《土工试验规程》（YS/T 5225—2016），对土样进行了基本物理力学性质试验，结果见表 4-1-1。

表 4-1-1　某滑坡土体常规物理力学性质指标

指标	粉质黏土（4#）	指标	粉质黏土（4#）
比重 G_s	2.739	液限 w_L /%	43.86
干密度 ρ_d /(g/cm)^3	1.460	塑限 w_P /%	26.98
孔隙比 e	0.908	塑性指数 I_P /%	16.88

联合使用筛析法及密度计法对试验用土进行颗粒分析试验，结果见图 4-1-5。由图 4-1-5 可知，土样粒径在 1 mm 以下的含量接近 95%，小于 0.075 mm 的含量约为 82%，因此，土样细粒成分较多。

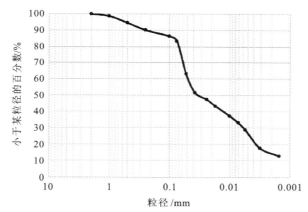

图 4-1-5　粉质黏土（4#）土样的粒径累积曲线

土颗粒组成特性常以土的级配指标表示，不均匀系数为

$$C_u = \frac{d_{60}}{d_{10}} = \frac{0.048\,7}{0.000\,9} = 54.11 \tag{4-1-1}$$

曲率系数：

$$C_c = \frac{d_{30}^2}{d_{10}d_{60}} = \frac{0.006^2}{0.048\,7 \times 0.000\,9} = 0.82 \tag{4-1-2}$$

式中：d_{10}、d_{30}、d_{60} 分别表示在粒径分布曲线上粒径累积质量分别占总质量 10%、30% 和 60% 的粒径。

根据《土的工程分类标准》（GB/T 50145—2021），本试验用土属于粉质黏土。

3）试验方法

（1）制样：采用单向分层击实法。土样取回后风干碾散，将碾细的土样过筛孔直径为 2 mm 的筛子。将土样配成含水率 15% 的湿土状，用带有击实板的击锤将制样所需土样在击实筒内分层击实，分层层数为 5 层，每层土样质量相等，且每层接触面刨毛。再将土样装入饱和器内，采用真空饱和方法饱和土样（抽真空饱和至少 24 h）。

（2）装样：装样前，先排除试验仪器各连接管内的气泡，然后将试样套上橡皮膜放在压力室内的底座上并绑扎牢固，并迅速地向压力室内装满水。试验开始时，先施加 20 kPa 的围压预压试样，使橡皮膜与试样接触好。

（3）排水固结：参照试验方案逐级施加围压进行排水固结。固结排水稳定标准规定为 2 h 固结排水量小于 0.1 mL。

（4）渗流：待试样固结稳定后，施加渗透水压，观察渗流过程中土样的体积变形规律。

考虑渗透水压施加初期，试样变形较快，随后变形逐渐趋缓，为充分反映这种变形特点，数据采集时间间隔借鉴蠕变试验，采取先小后逐渐增大的策略，具体时间间隔方式如下：1 min 以内采样间隔为 6 s；1～10 min 以内采样间隔为 30 s；10～60 min 以内采样间隔为 10 min；1～24 h 以内采样间隔为 60 min；24 h 以内采样间隔为 2 h。

2. 总围压不变条件下固定水头渗流试验

1）试验方案

本试验为研究渗透作用对土样变形的影响规律，试验设计的总体方案为：逐级施加围压至 150 kPa 下固结完成，再施加 100 kPa 的渗透水压。固结排水稳定标准规定为：2 h 固结排水量小于 0.1 mL，渗流对变形影响的稳定标准规定为：试验过程中观察土样的体积变形量趋于稳定。

2）试验结果及分析

总围压不变条件下固定水头渗流试验过程中，土样的体积应变和孔隙比随时间的变化规律，如图 4-1-6 和图 4-1-7 所示。其中，孔隙比 e 由下式计算所得

$$e = \frac{V_{vt}}{V_s} = \frac{V_{v0} - \Delta V}{V_s} \tag{4-1-3}$$

式中：V_{vt} 为 Δt 时间间隔内的土孔隙体积；V_s 为土样的颗粒体积；V_{v0} 为土样的初始孔隙体积；ΔV 为 Δt 时间间隔内的体积变形；Δt 为时间间隔。

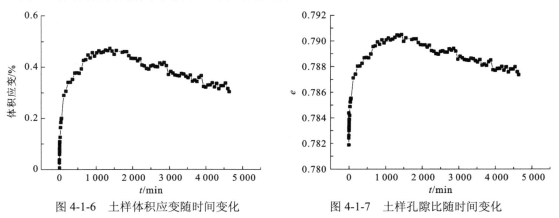

图 4-1-6　土样体积应变随时间变化　　　图 4-1-7　土样孔隙比随时间变化

从图 4-1-6 和图 4-1-7 可以看到在 100 kPa 渗透压作用下，土样的变形和孔隙比 e 随时间 t 的变化规律较一致且具有同步性。土样的体积变形（孔隙比 e）可以分为快速膨胀回弹、稳定和缓慢压密三个阶段。

（1）膨胀回弹阶段。在施加渗透压初期，土样的体积变形（孔隙比）随着时间快速增大，在 1 500 min 时达到峰值。土样排水固结稳定后对土样进行渗流，在土样中施加一定水头后，开始阶段试样内部会产生超孔隙水压力，根据太沙基有效应力原理可知，所施加围压一定即总应力不变，而孔隙水压力增大，从而使得有效围压减小，围压卸荷导致土样的体积产生回弹变形。

（2）稳定阶段。在 1 500~2 000 min 土样进入短暂的稳定期。该阶段土样体积变形（孔隙比）基本保持稳定，随着超孔隙水压力的消散，有效应力引起的回弹效应与渗流作用达到平衡，宏观上暂时未见明显变形迹象，土样的变形暂趋稳定。

（3）压密阶段。在 2 000 min 以后土样的体积变形进入了持续缓慢减小阶段，土样体积开始缓慢减小，原因可能是超孔隙水压力的消散完毕，有效应力减小产生的回弹变形趋于稳定，此时土样主要受渗流力的影响，在渗流力的作用下，土样逐渐被压缩，但由于渗流的作用较小，故土样呈缓慢减小状态。

由此可知，在施加渗透压初期膨胀回弹阶段，土样的体积变形既有渗流作用下土体内孔隙水压力的梯形分布引起的土体的净围压（有效应力）的减小引起的回弹变形，又有渗流作用过程中的渗流力对土体作用产生的压缩变形，由于渗流力的压缩作用较小，远小于有效应力减小引起的回弹变形，故在宏观上表现出来的就是施加渗透压初期，土体的体积变形呈快速增大状态。鉴于渗流作用中土体内复杂的力学作用特性，为了研究其各自作用过程的力学特性，还需分开探讨渗流作用中渗流力和有效应力变化对土体的变形影响作用。

3. 净围压不变条件下固定水头渗流试验

由于渗流力是作用在土颗粒骨架上的一种体积力，所以它对土体所产生的是有效应力作用，故渗流力会对土体的变形和稳定性产生影响。4.1.1 小节渗流试验结果显示，渗流作用引起土样变形的过程中，既包括渗流作用下土体内孔隙水压力的梯形分布引起的土体的净围压（有效应力）减小引起的体变，又有渗流作用过程中的渗流力对土体作用产生的变形。鉴于渗流作用中土体内复杂的力学作用特性，为了研究其各自作用过程的力学机理，需分开探讨渗流作用中渗流力和有效应力变化对土体的变形影响作用。本小节开展在保证土体净围压（即平均有效应力）不变的前提下，施加不同的渗透水压（渗流力）作用的渗流试验。进行渗流力作用下土体的变形规律研究及作用机理分析。

1）试验方案

开展两组不同初始孔隙比的渗流试验，初始孔隙比分别为 0.876 和 0.887，施加一定围压和渗透压，使两组试样的平均有效应力均为 150 kPa，在净围压不变的条件下开展固定水头渗流试验，试验方案如表 4-1-2 所示。

表 4-1-2　试验方案

粉质黏土	孔隙比 e	试验阶段	围压 σ_3 /kPa	渗透压 P /kPa	平均有效应力/kPa
1 组	0.876	固结阶段	150	0	150
		渗流阶段	200	100	
2 组	0.887	固结阶段	150	0	150
		渗流阶段	180	60	

2）试验结果及分析

按照表 4-1-2 的试验方案，得到土样在净围压不变条件下固定渗透压 100 kPa 和 60 kPa 作用下的土样轴向应变、体积应变和孔隙比随时间的变化规律，如图 4-1-8 和图 4-1-9 所示。

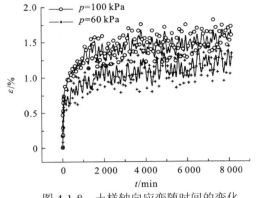

图 4-1-8　土样轴向应变随时间的变化　　　图 4-1-9　土样体积应变随时间的变化

由于土样的轴向变形较小，加之伸缩式位移传感器本身的不稳定性和精度限制，故所测得的试验数据波动较大（图 4-1-8），但变形趋势仍很明显，从图 4-1-8 可知，在渗透水压作用下，土样产生沿轴向被压缩变形，且变形速率由大变小，未产生回弹现象。该渗流过程中净围压不变，仅增加了竖向渗流压力，使得土样仅产生压缩变形。

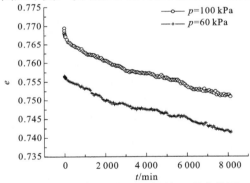

图 4-1-10　土样孔隙比 e 随时间 t 的变化图

随着施加渗透水压时间的增加，轴向变形呈现先短暂快速增大后缓慢增大然后趋于稳定，而且渗透水压越大，轴向应变越大。从图 4-1-9 和图 4-1-10 可以看到土样的变形和孔隙比 e 随时间 t 的变化规律较一致且具有同步性。不同的渗透水压作用下，土样的体积变形存在一定的差异，但是变化规律较一致。土样的体积变形和孔隙比 e 在施加渗透压初期变化速率较大，但增大速率随时间逐渐减小，而后经过很长一段时间的小速率稳定减小阶段。试

验进行了 6 d，未见明显减缓趋势。两组试验结果的差值，即为 40 kPa 渗透压作用产生的应变。虽然产生的应变较小，但作用周期长，这是不容忽略的。由于时间问题，试验周期未持续到土样变形趋稳阶段，所以土样变形量还是在累加，故渗流力对土样产生的变形值得引起关注。

渗流力是作用在土体骨架上的力，对土体所产生的是有效应力作用，因此渗流力会对土体变形和稳定性产生影响。这一试验再次证实了渗流过程中渗流力对土样变形的影响虽然较小但也不容忽略。

4.1.2　蠕变对渗流的影响

1. 试验目的

为了研究土体变形对渗流的影响，传统的做法是制作不同孔隙比的土样分别进行渗流试

验，即可得到不同孔隙比对应的渗透系数。此传统做法所得到的孔隙比与渗透系数的关系方程不能很真实准确地反映土体孔隙比与渗透系数的影响关系，原因如下：①多组土样在制作过程中不可避免地存在一定的差异性和不均匀性；②忽略了渗流过程中的流固耦合作用，在实际的渗流过程中，由于土体内的渗流力作用及有效应力变化，导致土体变形，土样的孔隙比发生变化，进而土体的渗透系数也随之改变。传统试验所测得的渗透系数并不对应于土样的初始孔隙比，获得的孔隙比与渗透系数的关系方程与真实的土体力学作用存在一定的差异，不能真实准确地反映土体变形对渗流影响作用。

本试验拟进行不同固结应力作用下土样的变形对渗透系数影响的试验研究，首先施加不同的围压对土样进行排水固结，待固结稳定后，再施加对应的渗透水压进行渗流测试，测量土样渗流变形稳定后的孔隙比和对应的渗透系数。另外，为了尽量减少和避免土样因制作带来的差异性和均匀性，本试验设计在同一土样上逐级施加固结围压和渗透水压。

2. 试验土样

试验土样采用 4.1.1 小节的粉质黏土，初始孔隙比为 0.833，其他物理参数值如表 4-1-1 所示。

3. 试验方案

本试验为研究不同应力作用下土样的变形对渗透系数的影响，试验设计的总体思路为：首先施加不同的围压对土样进行排水固结，待固结稳定即试样变形稳定后，再施加对应的渗透水压进行渗流，就可测得土样变形稳定后的渗透系数。具体试验方案详见表 4-1-3。试验装置同样采用由南京土壤仪器厂生产的 SRS-1 型三联渗流与蠕变耦合三轴试验仪。

表 4-1-3　试验方案

土样	初始孔隙比	围压 σ_3 /kPa	渗透压 P /kPa
粉质黏土	0.833	50	40
		100	90
		150	140
		200	190
		250	240

4. 试验结果及分析

按照表 4-1-3 的试验方案，得到围压分别为 50 kPa、100 kPa、150 kPa、200 kPa、250 kPa，以及对应的渗透压分别为 40 kPa、90 kPa、140 kPa、190 kPa、240 kPa 时土样孔隙比随时间的变化规律，如图 4-1-11 所示。土样孔隙比 e 和渗透系数 k 的关系曲线见图 4-1-12。

从图 4-1-11 可以看到土样孔隙比随时间的增加而逐渐增大，施加渗透压初期孔隙比变化较快，但变化速率随时间逐渐减小，最后趋于平缓。这是因为土样排水固结稳定后对土样进行渗流，渗流时土样中孔隙水压力增大，根据太沙基有效应力原理可知，所施加围压一定即总应力不变，而孔隙水压力增大，此时土颗粒间的有效应力变小，土骨架产生一定量的回弹，这导致土样孔隙比变大。

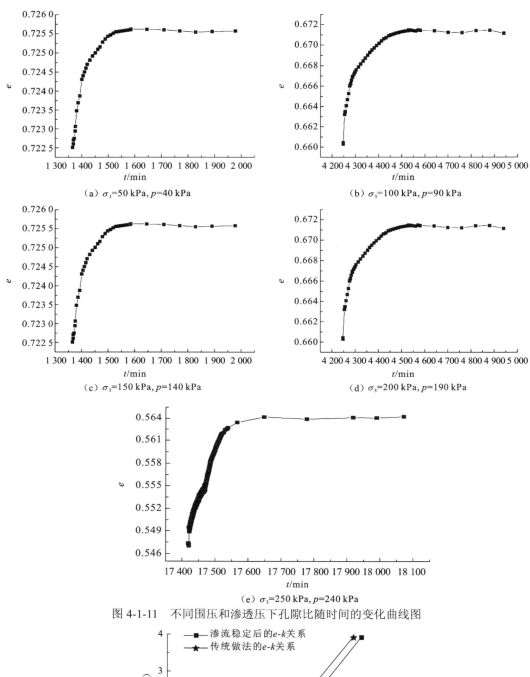

（a）σ_3=50 kPa, p=40 kPa

（b）σ_3=100 kPa, p=90 kPa

（c）σ_3=150 kPa, p=140 kPa

（d）σ_3=200 kPa, p=190 kPa

（e）σ_3=250 kPa, p=240 kPa

图 4-1-11　不同围压和渗透压下孔隙比随时间的变化曲线图

渗流稳定后的e-k关系
传统做法的e-k关系

图 4-1-12　土样的 e-k 关系曲线

试验得到土样孔隙比 e 和渗透系数 k 的关系见表 4-1-4，关系曲线见图 4-1-12。由试验现象可知，岩土体渗流过程孔隙比是变化的，因此按照传统做法得到的孔隙比与渗透系数关系是不够精确的。

表 4-1-4　土样孔隙比和渗透系数的关系

试验	围压 σ_3 /kPa	渗透压 P /kPa	初始孔隙比 e_0	渗流稳定后孔隙比 e	渗透系数 k/（$\times 10^{-7}$ cm/s）
1 级	50	40	0.722 51	0.730 014	3.935 19
2 级	100	90	0.660 4	0.670 007	1.851 85
3 级	150	140	0.616 47	0.629 992	0.810 19
4 级	200	190	0.572 01	0.590 002	0.462 96
5 级	250	240	0.547 28	0.559 989	0.231 48

4.1.3　渗流与蠕变耦合效应

库水位变动作用下滑坡的变形或失稳过程是由渗流与蠕变的耦合作用造成的，其力学作用过程十分复杂。本章利用改进的高精度 GDS 仪器开展渗流与蠕变耦合试验研究，揭示渗流与蠕变耦合特性并分析其耦合机理。

1. 试验概况

1）试验装置

英国产 GDS 三轴仪主要由压力控制器（轴压控制器、反压控制器、围压控制器和气压控制器）、三轴压力室、孔压和体变量测系统、数据采集系统等部分组成，实物图同图 2-1-1。由于该系统采用了当今先进的机械制造工艺和自动控制技术，具有控制、量测精度高的优点，试验过程及试验数据由计算机通过专用 GDSLAB 软件实现自动控制和采集。将其进行改进设计，以完成高精度控制和量测的渗流与蠕变耦合试验，从而可以更为科学严谨地进行渗流与蠕变耦合作用的力学特性研究及分析。

改进设计的总体思路为：基于自主研发生产的非饱和渗透试验仪的基本原理，将 GDS 三轴仪设计成既能测得试验过程中土样的体积变化又可测量渗透系数的渗流与蠕变耦合三轴试验仪，可用于测定在一定的周围压力、渗透水压力作用下的渗流与蠕变特性。

改造后的渗流与蠕变耦合三轴试验仪（图 4-1-13）主要是由渗透水压控制器、围压控制器、三轴压力室、孔压和体变量测系统、渗流量量测系统、数据采集系统等部分组成。围压控制器、三轴压力室、孔压和体变量测系统部分未作改动。

渗透水压控制器是由原来的轴压控制器改装，由细塑料管和试样帽连接，能够用来测量和控制样品所需的目标渗透水压。渗透水压控制器压力量测的精度为 0.1 kPa。渗透水压控制器内的水体积变化量即为渗流进水量，其精度为 1 mm^3。渗流量量测系统是由原来的反压控制器改装，通过细塑料管和试样底座连通，当试样和底座充分接触时，这个时候试样中的水和渗流量量测系统的水是连通的，因而控制器内的水体积变化量即为渗流出水量，其精度为 1 mm^3。为了实现该改装方案，另外设计制作了配套的底座和试样帽，如图 4-1-14 所示。

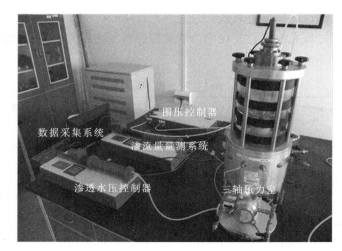

图 4-1-13 渗流与蠕变耦合三轴试验仪实物图

（a）底座

（b）试样帽

图 4-1-14 设计制作的底座和试样帽部件

2）试验土样

试验土样采用 4.1.1 小节的粉质黏土，初始孔隙比为 0.92，其他物理参数值如表 4-1-1 所示。

2. 试验方案

试验的总体设计方案为：逐级施加围压至 100 kPa 下固结完成，再施加 90 kPa 渗透水压，直至试样变形和渗透系数变化稳定。固结排水稳定标准规定为：2 h 固结排水量小于 0.1 mL。

3. 试验方法

试验方法及操作步骤如下。

（1）制样。考虑用单向分层击实法制得的土样存在一定程度的不均匀性，而本章渗流与蠕变耦合试验要求精度较高，故试验所用土样采用削土法进行制作。土样取回后风干碾散，将碾细的土样过筛孔直径为 2 mm 的筛子。按照试验方案用蒸馏水配制一定含水量的重塑土样，放置保湿缸中静置 24 h 以上，然后将土样揉成土膏状，手工制作成试样的大概尺寸后用削土盘将试样制成标准尺寸（直径 50 mm，高 100 mm）。再将土样装入饱和器内，采用真空饱和方法饱和土样（抽真空饱和至少 2 h）。

（2）装样。装样前，先排除试验仪器各连接管内的气泡，然后将试样套上橡皮膜放在压力室内的底座上并绑扎牢固，并迅速向压力室内装水。试验开始时，先施加 20 kPa 的围压预压试样，使橡皮膜与试样接触好。

（3）排水固结。参照试验方案逐级施加 50 kPa、100 kPa 的围压进行排水固结。固结排水稳定标准规定为：2 h 固结排水量小于 0.1 mL。

（4）渗流与蠕变耦合。待试样固结稳定后，施加 90 kPa 的渗透水压进行渗流与蠕变耦合试验，观察土样的体积变形量和渗透系数的变化，直至土样体积变形和渗透系数稳定不变，即为渗流与蠕变耦合试验结束。

4. 试验结果及分析

进行 90 kPa 渗透压作用下的渗流与蠕变耦合试验，总历时 25 d，渗流与蠕变耦合阶段历时 14 d。得到土样体积应变 ε、孔隙比 e、渗透系数 k 随时间 t 的变化规律，见图 4-1-15～图 4-1-17，同时得出渗流与蠕变耦合过程中土样孔隙比 e 和渗透系数 k 的关系曲线见图 4-1-18，土样的 e-k-t 关系曲线见图 4-1-19。

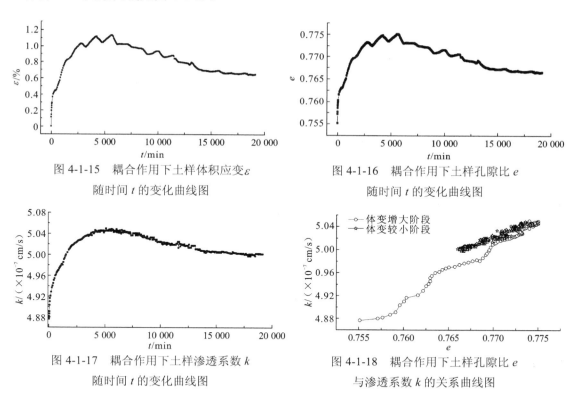

图 4-1-15　耦合作用下土样体积应变 ε
随时间 t 的变化曲线图

图 4-1-16　耦合作用下土样孔隙比 e
随时间 t 的变化曲线图

图 4-1-17　耦合作用下土样渗透系数 k
随时间 t 的变化曲线图

图 4-1-18　耦合作用下土样孔隙比 e
与渗透系数 k 的关系曲线图

由图 4-1-15～图 4-1-19 可以看出土样的体变，孔隙比 e 及渗透系数 k 随时间 t 的变化规律较一致，土样的孔隙比 e 与体变的变化规律完全吻合，主要经历了三个阶段：施加渗透压耦合初期的快速增大阶段；变形或变化达到顶峰暂趋稳定后的缓慢减小阶段；变形或变化缓慢趋于稳定阶段。

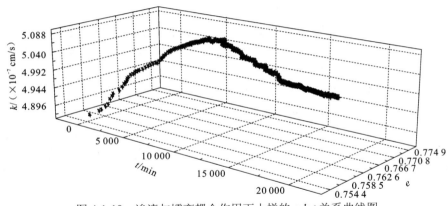

图 4-1-19　渗流与蠕变耦合作用下土样的 e-k-t 关系曲线图

　　由图 4-1-15 可以看出，在渗流与蠕变耦合作用过程中，施加渗透压耦合初期土样的体变先快速增大，且初期增大速率相对较快，随着时间增加体变增大速率逐渐减小，至 2 560 min 出现一个小峰值。在达到峰值的过程中，土样变形经历了三个相对较小的波动，不影响土样的整体变形趋势，而后期土样体变进入缓慢减小阶段，且减小速率随时间在逐渐减小，最后趋于稳定。这是因为土样排水固结稳定后对土样进行渗流与蠕变耦合试验，渗流时土样中孔隙水压力增大，根据太沙基有效应力原理可知，所施加围压一定即总应力不变，而孔隙水压力增大，此时土颗粒间的有效应力将变小，土体将产生一定量的回弹变形，这将导致土样的体积增大，即出现图 4-1-15 中的耦合初期的快速增大阶段。而后土样的体变进入暂稳阶段，此时可能是有效应力减小引起的回弹效应与渗流力作用达到平衡，宏观上暂时未见明显变形。而在土样的体变缓慢减小阶段，主要由土样有效应力减小引起的回弹变形作用已趋于稳定，此时只剩下渗流力的影响，土样体应变的缓慢减小主要是由渗流作用中的渗流场产生的渗流力引起的。由图 4-1-15 可见渗流力作用远小于土样有效应力减小引起的土样回弹变形，故在渗流与蠕变耦合初期，土样在宏观上主要表现出有效应力减小引起的回弹变形，而在土样回弹变形趋于稳定后才呈现出渗流力的微小作用，即为变形达到顶峰暂趋稳定后的缓慢减小阶段。

　　由图 4-1-17 可以看出，在渗流与蠕变耦合作用过程中，土样的渗透系数 k 随时间 t 的变化规律同上，也经历了三个变化阶段。所不同的是土样的渗透系数 k 在增大趋稳达到顶峰过程中并没有小幅度波动现象。

　　由图 4-1-18 可以看出，土样的孔隙比 e 与渗透系数 k 的关系曲线图在增大阶段和减小阶段基本重合，存在微小的差别，但是差别不大。这种现象可能与土的微观结构有关，值得进一步研究探讨。

4.1.4　渗流与蠕变耦合机理

　　渗流与蠕变耦合试验持续了 14 天，在渗流作用下土体的变形具有时间效应，即渗流作用下土体有蠕变效应存在，而饱和土体中的蠕变即为土体孔隙比 e 的变化，鉴于土样孔隙比 e 的变化直接与土样的渗透系数 k 相关，土体的渗透系数也因此发生变化，从而对渗流产生影响，这就是渗流与蠕变的耦合效应（图 4-1-20）。

　　下面将分别从渗流对蠕变的影响和变形对渗流的影响两个方面来分析渗流与蠕变的耦合作用机理。

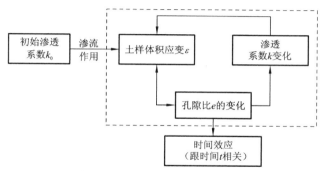

图 4-1-20　渗流与蠕变作用示意图

1. 渗流对蠕变的作用分析

水既可以改变土体的力学性能又可以作为土体中压力的组成部分。在研究渗流与变形相互影响作用的基础上，结合本章渗流与蠕变耦合试验，主要从土体的微观结构、有效应力原理、渗流力作用这三个方面来探讨渗流对土体蠕变变形的作用。

1）微观结构

土体中每个颗粒都处于内力和外力的共同作用下。内力作用包括土颗粒内部作用和土粒之间的相互作用，它影响着土体的物理化学性质。水与土颗粒间的相互作用主要是水土的物理化学作用，包括化学键连接、分子键作用、库仑力和离子静电力作用。

（1）化学键连接。黏土矿物表面通常是由一层羟基或一层氧组成从而较容易产生氢键连接。化学键的影响很小，不超过 0.5～3.5 Å，但键能很大，高达 84～840 kJ/mol，这种力是近作用力。化学键的连接作用直接决定了土颗粒本身的强度。

（2）分子键作用。又叫范德瓦耳斯力，其影响范围比化学键大得多，在 5 Å 以上，而键能则比化学键小 1～2 个数量级，为 2～21 kJ/mol，大小与分子间距离的 6 次方成反比。范德瓦耳斯力既存在于土颗粒内部的分子间，也存在于土颗粒之间。

（3）库仑力。由土粒表面的电荷引起，又分为排斥力和吸引力，符合库仑定律。两颗粒带同性电荷时为排斥力，异性电荷时为吸引力，作用大小与距离平方成正比。黏土矿物颗粒一般为扁平状（或纤维状），与水作用后扁平状颗粒的表面带负电荷，但颗粒的（断裂）边缘局部带有正电荷。而饱和状态的砂性土颗粒表面不带电荷，所以其内部没有库仑力。

（4）离子静电力。由双电层效应产生的短程吸附力，是以两颗粒接近到能够形成公共的结合水膜为前提的，又称为水胶连结。饱和状态的砂性土由于土颗粒表面不带电荷，所以内部没有离子静电力，这种作用力也主要存在于黏性土中。离子静电力的作用远大于范德瓦耳斯力，所以表现在宏观上就是饱和状态的砂土没有黏聚力。

2）有效应力原理

通过土粒接触点传递的粒间作用力，称为土中有效应力 σ'，它是控制土的体积变形和强度变化的土中应力。通过土中孔隙传递的应力称为孔隙应力，饱和土中即为孔隙水压力。孔隙水压力是指饱和土孔隙中由孔隙水来承担或传递的应力，用 u 表示，方向始终垂直于作用面，土体中任意一点的孔隙水压力在各个方向是相等的，其值等于该点的测压管水柱高度 h_w

与水的容重 γ_w 的乘积，即为 $u = \gamma_w h_w$。土中某点的有效应力与孔隙压力之和即为总应力 σ。此即太沙基（Terzaghi）有效应力原理： $\sigma = \sigma' + u$

在渗流与蠕变耦合作用过程中，由于渗流将在土中产生渗流（动水）力，使得土体内部产生超孔隙水压力，根据太沙基有效应力原理可知，所施加围压一定即总应力 σ 不变，而孔隙水压力 u 增大，此时土颗粒间的有效应力 σ' 将变小，围压卸荷导致土样的体积产生回弹变形，与试验所得的结果较为一致。随着超孔隙水压力的消散，土样体积的回弹变形渐趋平缓。

3）渗流力作用

渗流力，也即孔隙动水压力，是指水在土孔隙中渗流时，渗透水流施于单位土体内土粒上的拖曳力，其大小等于单位土体内水流所受的阻力，与水力梯度成正比，方向与渗流方向一致，用 j 表示，即 $j = f_s = i\gamma_w$。渗流力图示如图 4-1-21 和图 4-1-22 所示。渗流力计算图解见图 4-1-23。

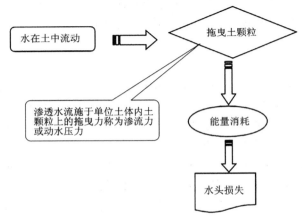

图 4-1-21　渗流力的产生示意图

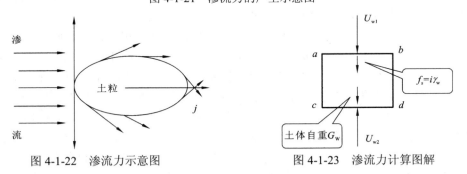

图 4-1-22　渗流力示意图　　　　图 4-1-23　渗流力计算图解

由图 4-1-15 可以看出，土样的体积应变在增大到峰值暂趋稳定后即进入缓慢减小阶段，说明渗流作用过程中，土样的变形还有渗流力的作用。由此可知，在渗流初期的体积增大阶段，土样的体积应变既有渗流作用下土体内孔隙水压力的梯形分布引起的土体的净围压（有效应力）减小引起的体积应变，又有渗流作用过程中的渗流力对土体作用产生的变形。而后期的体变缓慢减小阶段即为渗流力的作用。

由于渗流力是作用在土体骨架上的力，所以它对土体所产生的是有效应力作用，故渗流力会对土体应变和稳定性产生影响。由试验结果再次证实了渗流过程中渗流力对土样变形的影响虽然较小但也是不容忽略的。在第 3 章的净围压不变条件下不同的渗透水压作用的渗流试验中，土样的变形量存在一定的差异，但是变化规律较一致，两组试验变形量的差值，即为 40 kPa 渗透压作用产生的变形。虽然较小，但作用周期长，是不容忽略的，由于时间问题，试验周期未持续到土样变形趋稳阶段，所以土样变形量还是在累加，故渗流力对土样产生的变形值得引起关注。

2.变形对渗流的作用分析

渗透系数 k 是体现土体渗透性能的一个最基本的指标，许多学者主要运用渗透试验和固结反演等方法（采用渗透试验）对其进行探讨与研究，发现渗透系数与其孔隙比、应力、土体级配、介质类型等土体基本性质参数有关。颗粒越小，土粒孔隙就越小，渗透系数就越小。对同一种土而言，渗透系数与其孔隙比 e 有关，孔隙越大，透水性越好，渗透系数 k 越大。

1）传统的经验 *e-k* 关系模型

在对渗透系数和作用力间关系的研究中，诸多因素复杂作用，各自都会产生不同的结论，很难得到一致的结论。但土体孔隙比作为一个宏观的指标，表示土体受力后的孔隙与颗粒的重新分布，相对于作用力，能够更好、更直观地反映土体受到其他影响因素后的状态。故关于渗透系数与孔隙比的讨论研究，有了相对一致的结论，并得出被广大国内外学者接受的经验方程。

Kozeny 和 Carman 提出了半理论半经验公式（KC 方程）：

$$k = \frac{n^3}{5(1-n)^2}\left(\frac{D_{\text{eff}}}{6}\right)^2 \tag{4-1-4}$$

式中：D_{eff} 为土体的平均有效粒径；n 为孔隙率。

Taylor（1948）考虑了渗透系数与孔隙比的关系，提出 Taylor 方程：

$$k = c\frac{e^m}{1+e} \tag{4-1-5}$$

式中：m 为与 k 和 e 相关的参数，对一般软土取 $m=5$；c 为与土体性质相关的参数，如土体的液限、塑限及表面积等。

同年，Taylor 又将渗透系数与孔隙比的关系引入了对数坐标（$\log k$-e）中，并认为对于同一种土，其曲线斜率是呈直线形的，即为

$$\log k = \frac{e-e_0}{C_k}\log k_0 \tag{4-1-6}$$

$$C_k = \frac{2.3}{\dfrac{m}{e_0}-\dfrac{1}{1+e_0}} \tag{4-1-7}$$

式中：m 为经验指数的参数；C_k 为 Taylor 方程 $\Delta\log k$-Δe 曲线的斜率。

Leroureil 和 Tavenas 也对其进行了相关的试验验证，收集整理了大量的数据来验证 Taylor 的观点，并在对数坐标上求得其斜率为 $0.5e_0$，即得到 Taylor(L, T)方程：$C_k = 0.5e_0$（其中 Taylor(L, T)表示是由 Taylor、Leroureil、Tavenas 共同验证的公式）。

Mesri 等在研究软黏土的渗透系数与孔隙比的关系时，考虑了土体的活性，得到 Mesri 方程：

$$k = 6.54 \times 10^{-11} \left(\frac{e/C_{\mathrm{F}}}{A_{\mathrm{c}} + 1} \right)^4 \tag{4-1-8}$$

式中：C_{F} 为土体的黏粒含量；A_{c} 为土体的活性系数。总结归纳如表 4-1-5 所示。

表 4-1-5　渗透系数与孔隙比的经验关系模型

方程	提出者	提出时间	经验关系模型	适用土体
KC 方程	Kozeny 和 Carman	1927 年、1938 年、1956 年	$k = \dfrac{n^3}{5(1-n)^2} \left(\dfrac{D_{\mathrm{eff}}}{6} \right)^2$	多孔材料
Taylor 方程	Taylor	1948 年	$k = c\dfrac{e^m}{1+e}$	砂、黏土
Taylor（L, T）	Taylor	1948 年	$\log k = \dfrac{e - e_0}{C_k} \log k_0$	软土
Mesri 方程	Mesri	1987 年	$k = 6.54 \times 10^{-11} \left(\dfrac{e/C_{\mathrm{F}}}{A_{\mathrm{c}} + 1} \right)^4$	软黏土

2）基于试验提出的 *e-k* 关系模型

在渗流对变形影响的研究中，除渗流作用对土样变形的影响规律外，同时还得到了试验过程中土样的渗透系数 k 与体积应变（即孔隙比 e）的关系曲线，以及与其时间 t 相关的关系曲线，见图 4-1-24～图 4-1-26。由于渗流作用下土体的变形量减小，得到的孔隙比 e 变化也微小，拟合效果不好。

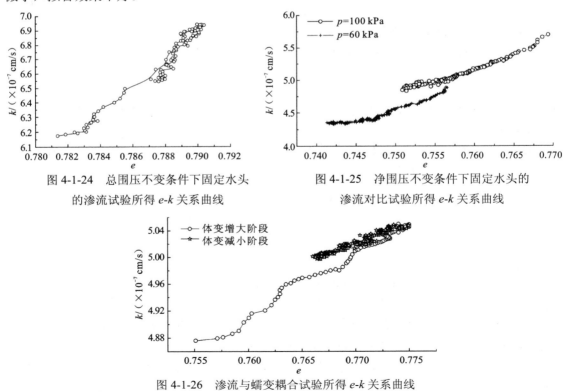

图 4-1-24　总围压不变条件下固定水头
的渗流试验所得 *e-k* 关系曲线

图 4-1-25　净围压不变条件下固定水头的
渗流对比试验所得 *e-k* 关系曲线

图 4-1-26　渗流与蠕变耦合试验所得 *e-k* 关系曲线

此处整理出渗流对变形影响试验研究及渗流与蠕变耦合实验研究中的部分代表性的数据点，数据见表4-1-6。

表4-1-6　试验测得渗透系数与孔隙比的关系

试验	数据点	孔隙比 e	渗透系数 k/（×10⁻⁷ cm/s）
总围压不变条件下固定水头的渗流试验	1	0.784 4	6.174 65
	2	0.790 4	6.935 42
	3	0.787 4	6.548 02
净围压不变条件下固定水头的渗流对比试验	1-1	0.756 4	4.884 00
	1-2	0.741 6	4.340 94
	2-1	0.769 4	5.702 41
	2-2	0.750 9	4.804 461
渗流与蠕变耦合试验	1	0.755 1	4.876 00
	2	0.773 0	5.098 11
	3	0.765 9	5.001 10

在不同应力作用下土样的变形对渗透系数影响的试验研究中，分别施加不同的围压对土样进行排水固结，待固结稳定后，再施加对应的渗透水压进行渗流，得到土样渗流变形稳定后的孔隙比和对应的渗透系数，见表4-1-7。

表4-1-7　试验测得渗透系数 k 与孔隙比 e 的关系

试验	围压 σ_3 /kPa	渗透压 p /kPa	渗流稳定后孔隙比 e	渗透系数 k/（×10⁻⁷ cm/s）
1级	50	40	0.730 014	3.935 19
2级	100	90	0.670 007	1.851 85
3级	150	140	0.629 992	0.810 19
4级	200	190	0.590 002	0.462 96
5级	250	240	0.559 989	0.231 48

整理表4-1-6和表4-1-7数据绘制得到粉质黏土的 e-k 关系曲线，见图4-1-27。选用1stOpt软件将试验整理所得孔隙比 e 及其对应的渗透系数 k 关系，拟合分析得到的该土样的孔隙比-渗透系数经验关系模型，结果发现Taylor方程拟合结果效果较好（图4-1-28）。

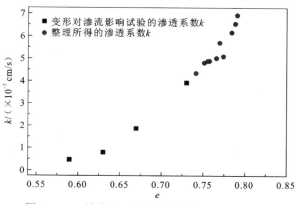

图4-1-27　综合整理得粉质黏土的 e-k 关系曲线

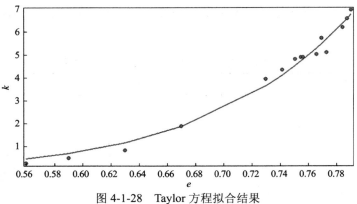

图 4-1-28　Taylor 方程拟合结果

拟合得到的对应于该试验用土的 Taylor 方程为

$$k = 84.396\,1 \times \frac{e^{8.255\,1}}{1+e} \qquad (4\text{-}1\text{-}9)$$

其中，相关系数 $R = 0.993\,101\,477\,172\,89$，相关系数之平方 $R^2 = 0.986\,250\,543\,962\,976$，决定系数 $D_C = 0.985\,431\,375\,818\,659$。

另外考虑工程应用的简单实用性需求，故将 Taylor 方程简化为 $k = c \times e^m$，进行拟合，结果如图 4-1-29 所示。拟合得到简化的 Taylor 方程为

$$k = 42.689\,5 \times e^{7.832\,7} \qquad (4\text{-}1\text{-}10)$$

相关系数 $R = 0.993\,059\,918\,338\,006$，相关系数之平方 $R^2 = 0.986\,168\,001\,409\,486$，决定系数 $D_C = 0.985\,324\,500\,292\,61$。

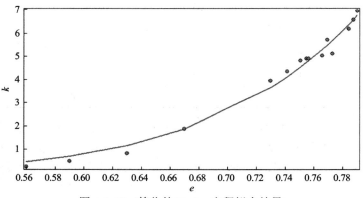

图 4-1-29　简化的 Taylor 方程拟合结果

可以看出，拟合度、相关性较简化前的 Taylor 方程差别不大，但是关系模型却更为简单，具有较好的工程实用性。

在传统的滑坡稳定分析研究中，大多数研究者应用数学推导建立相应的渗流分析数值模拟方法、应力-应变分析数值模拟方法，对库水位变动条件下滑坡体地下水渗流场、应力场、位移场及稳定性进行了计算分析和评价。这方面的研究虽然较为活跃，但也存在不足之处：或是在滑坡稳定性分析中未考虑岩土体应力-应变关系及滑坡变形过程；或是在渗流场与应力场耦合分析中只考虑了渗流对应力应变的影响，而忽略了变形对渗流的影响，更没有考虑土体的黏性变形（即蠕变）。

渗流与蠕变耦合试验研究成果表明，在耦合作用中土体变形的渗透系数都是随时间动态变化的，即为渗流与蠕变长期耦合作用。故在进行水库滑坡的稳定分析及预测预报时，应考虑库水对滑坡土体的渗流与蠕变耦合效应。多数研究进行稳定性分析时，在常规有限元边坡稳定性分析计算中，土体的渗透系数 k 值的设置并未考虑渗流与蠕变耦合效应中渗透系数随时间的长期动态变化，需要对常规有限元边坡稳定性分析计算软件进行二次开发，将库水对土体作用过程中的渗流与蠕变耦合效应纳入考虑。

4.2　渗流与蠕变耦合模型

在进行流固耦合分析时，由于土体是一个复杂饱和多孔介质（张帮鑫，2022；董必昌 等，2021；吴勇 等，2019；陆培毅 等，2018），需要做如下假设。

（1）流体不可压缩、单向饱和等温渗流；

（2）土体的变形在一段时间内属于小变形；

（3）土体变形计算过程中保持泊松比 μ 不变；

（4）土体为均质各向同性，多孔黏弹性结构；

（5）土体为饱和多孔介质结构，由土体骨架和流体两部分所组成，土体颗粒骨架不可压缩，土体孔隙可压缩；

（6）在进行耦合数值模拟计算时，在同一个时间步内，通过耦合循环迭代，保证渗透系数、孔隙率、位移的误差小于 0.001。

4.2.1　渗流基本控制方程

在建立土体渗流与蠕变耦合分析的渗流场方程时，将土体分为土体骨架和流体两部分组成，分别建立土体骨架力学特征的质量守恒方程和流体的质量守恒方程，然后根据它们在土体中所占据的体积，将两者质量守恒方法相叠加，最后给出土体的连续性方程（国金琦，2022；何玲丽 等，2022；任欢，2017）。土体的连续性方程要根据土体骨架质量守恒方程、流体质量守恒方程及流体达西定律来建立。

土体是可变的饱和多孔结构，由土体骨架和流体组成，流体在土体中发生渗透，不仅流体有渗透速度，土体骨架也有运动速度，所以质点的运动速度为

$$v_{\mathrm{f}} = v_{\mathrm{r}} + v_{\mathrm{s}} \tag{4-2-1}$$

式中：v_{f} 为流体的运动速度；v_{s} 为土体骨架颗粒运动速度；v_{r} 为流体相对于土体骨架颗粒的渗透速度。

1. 达西定律

土体为饱和多孔结构，流体充满整个土体空间，要考虑流体运动中土体骨架受到的阻力，受到阻力作用方向与渗流运动方向相反。以流速 v_x、v_y、v_z 做相对于土体骨架的渗流运动。鉴于流体的运动速度很小，可以不考虑流体运动的惯性力，因此选取土体微元体进行力学特性分析，土体微元如图 4-2-1 所示。

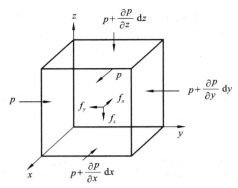

图 4-2-1 流体运动的土体微元

根据水力学原理，得到渗流阻力为

$$f = \rho_f g i = \rho_f g \frac{v}{k} \qquad (4\text{-}2\text{-}2)$$

式中：$f = (f_x, f_y, f_z)$ 为土流体运动中土体骨架受到的阻力；ρ_f 为流体的密度；g 为重力加速度；i 为水力梯度；k 为渗透系数；$v = (v_x, v_y, v_z)$ 为流体的运动速度。

由 x、y、z 方向的力学平衡条件可以建立方程，得到流体运动速度。即由 $\sum F_x = 0$ 得

$$\left[p - \left(p + \frac{\partial p}{\partial x} \right) \right] \mathrm{d}y\mathrm{d}z - f_x \mathrm{d}x\mathrm{d}y\mathrm{d}z = 0 \qquad (4\text{-}2\text{-}3)$$

即

$$\frac{\partial p}{\partial x} + f_x \mathrm{d}x = 0 \Rightarrow \frac{\partial p}{\partial x} + \rho_f g \frac{v_x}{k_x} = 0 \qquad (4\text{-}2\text{-}4)$$

根据式（4-2-4）可得

$$v_x = -\frac{k_x}{\rho_f g} \frac{\partial p}{\partial x} \qquad (4\text{-}2\text{-}5)$$

同理，忽略重力影响可得到达西（Darcy）定律为

$$v = -\frac{k}{\rho_f g} \nabla p = -\frac{k}{\mu_f} \nabla p = -\frac{k}{\mu_f} p_{,i} \quad (i = x, y, z) \qquad (4\text{-}2\text{-}6)$$

式中：μ_f 为流体的运动黏度。

考虑重力影响得

$$v_x = -\frac{k_x}{\rho_f g} \frac{\partial p}{\partial x}, \quad v_y = -\frac{k_y}{\rho_f g} \frac{\partial p}{\partial y}, \quad v_z = -\frac{k_z}{\rho_f g} \left(\frac{\partial p}{\partial z} - \rho_f g \right) \qquad (4\text{-}2\text{-}7)$$

式中：P 为土体微元体上的孔隙压力；$\rho_f g$ 为重力引起的体力。

因此，可以得到考虑重力影响的运动方程：

$$v_i = -\frac{k_i}{\rho_f g} \nabla p_i = -\frac{k_i}{\mu_f} \nabla (p_i - \rho_f g) \qquad (4\text{-}2\text{-}8)$$

式中：微分算子 $\nabla = \dfrac{\partial}{\partial x} + \dfrac{\partial}{\partial y} + \dfrac{\partial}{\partial z}$。

2. 土体质量守恒方程

饱和土是由土体骨架和流体两部分所组成，由于土体颗粒压缩性和流体的压缩性比较

小，相对于土体的变形，可以完全忽略。根据物体质量守恒定律，当一种物体是由其他的小物体组合而成，物体的总质量等于其他小物体质量之和，由小物体的质量守恒方程相加得其总物体质量守恒方程。在同种条件下，土体质量等于土体骨架质量和流体质量相加之和，即将土体骨架质量守恒方程和流体质量守恒方程相加，加上运动方程，得到土体连续性方程。

1）流体质量守恒方程

取任意含孔隙土体微元体 $\Delta V = \mathrm{d}x\mathrm{d}y\mathrm{d}z$，设土体的孔隙率 n 在饱和状态下，流入微元体的质量与流出微元体的质量之差等于微元体流体的储存量。因此，流体的质量守恒方程可以用以下表达式：

$$\Delta Q_{流入} - \Delta Q_{流出} = \Delta Q_{储存} \tag{4-2-9}$$

在 $\mathrm{d}t$ 时间内，x 方向流入与流出微元体的质量之差为

$$\Delta m_x = \rho_\mathrm{f} v_x n \mathrm{d}y\mathrm{d}z\mathrm{d}t - \left[\rho_\mathrm{f} v_x n + \frac{\partial(\rho_\mathrm{f} v_x n)}{\partial x}\mathrm{d}x\right]\mathrm{d}y\mathrm{d}z\mathrm{d}t = -\frac{\partial(\rho_\mathrm{f} v_x n)}{\partial x}\mathrm{d}x\mathrm{d}y\mathrm{d}z\mathrm{d}t \tag{4-2-10}$$

式中：n 为孔隙体积与土体体积的比。

同理，在 $\mathrm{d}t$ 时间内，y、z 方向流入与流出微元体的质量之差分别为

$$\Delta m_y = -\frac{\partial(\rho_\mathrm{f} v_y n)}{\partial y}\mathrm{d}x\mathrm{d}y\mathrm{d}z\mathrm{d}t, \quad \Delta m_z = -\frac{\partial(\rho_\mathrm{f} v_z n)}{\partial z}\mathrm{d}x\mathrm{d}y\mathrm{d}z\mathrm{d}t \tag{4-2-11}$$

因此，在 $\mathrm{d}t$ 时间内，流入与流出微元体的总质量之差为

$$\Delta Q_{流入-流出} = \Delta m_x + \Delta m_y + \Delta m_z = -\left[\frac{\partial(\rho_\mathrm{f} v_x n)}{\partial x} + \frac{\partial(\rho_\mathrm{f} v_y n)}{\partial y} + \frac{\partial(\rho_\mathrm{f} v_z n)}{\partial z}\right]\mathrm{d}x\mathrm{d}y\mathrm{d}z\mathrm{d}t \tag{4-2-12}$$

而在 $\mathrm{d}t$ 时间内，微元体质量变化量为

$$\Delta Q_{储存} = \frac{\partial(\rho_\mathrm{f} n)}{\partial t}\mathrm{d}x\mathrm{d}y\mathrm{d}z\mathrm{d}t \tag{4-2-13}$$

因此，根据式（4-2-12）和式（4-2-13）可以得

$$\Delta Q_{流入-流出} = \Delta Q_{储存} \Rightarrow -\left[\frac{\partial(\rho_\mathrm{f} v_x n)}{\partial x} + \frac{\partial(\rho_\mathrm{f} v_y n)}{\partial y} + \frac{\partial(\rho_\mathrm{f} v_z n)}{\partial z}\right]\mathrm{d}x\mathrm{d}y\mathrm{d}z\mathrm{d}t = \frac{\partial(\rho_\mathrm{f} n)}{\partial t}\mathrm{d}x\mathrm{d}y\mathrm{d}z\mathrm{d}t \tag{4-2-14}$$

将式（4-2-14）化简可得

$$-\left[\frac{\partial(\rho_\mathrm{f} v_x n)}{\partial x} + \frac{\partial(\rho_\mathrm{f} v_y n)}{\partial y} + \frac{\partial(\rho_\mathrm{f} v_z n)}{\partial z}\right] = \frac{\partial(\rho_\mathrm{f} n)}{\partial t}$$

$$\frac{\partial(\rho_\mathrm{f} n)}{\partial t} + \nabla(\rho_\mathrm{f} v_\mathrm{f} n) = 0 \tag{4-2-15}$$

式中：v_x, v_y, v_z 为沿着 x, y, z 方向的流速；v_f 为流体的速度。由于 $v_\mathrm{f} = v_\mathrm{r} + v_\mathrm{s}$，则达西定律中的渗流速度为 $v = nv_\mathrm{r}$。

将式（4-2-15）展开可得

$$n\frac{\partial(\rho_\mathrm{f})}{\partial t} + \rho_\mathrm{f}\frac{\partial(n)}{\partial t} + \nabla(\rho_\mathrm{f} v_\mathrm{r} n) + \nabla(\rho_\mathrm{f} v_\mathrm{s} n) = 0 \tag{4-2-16}$$

2）土体质量守恒方程

为了得到土体骨架质量方程，依据建立流体质量守恒方程的方法和步骤，采用同样的过程，得到土体骨架质量守恒方程为

$$\frac{\partial[\rho_s(1-n)]}{\partial t} + \nabla[\rho_s(1-n)v_s] = 0 \tag{4-2-17}$$

式中：ρ_s 为土体骨架密度。

将上式展开化简，可以得到

$$(1-n)\frac{\partial \rho_s}{\partial t} - \rho_s \frac{\partial n}{\partial t} + \rho_s(1-n)\nabla v_s = 0 \tag{4-2-18}$$

在恒温及外界相同条件下，土体骨架质量守恒方程和流体质量守恒方程相加，可以得到土体质量守恒方程为

$$\begin{cases} n\dfrac{\partial(\rho_f)}{\partial t} + \rho_f \dfrac{\partial(n)}{\partial t} + \nabla(\rho_f v_r n) + \nabla(\rho_f v_s n) = 0 \\[2mm] (1-n)\dfrac{\partial \rho_s}{\partial t} - \rho_s \dfrac{\partial n}{\partial t} + \rho_s(1-n)\nabla v_s = 0 \end{cases} \tag{4-2-19}$$

将上述土体质量守恒方程进行相加，去掉相同项，化简得到如下表达式：

$$n\nabla \cdot v_r + \nabla \cdot v_s + \frac{1-n}{\rho_s}\frac{\partial \rho_s}{\partial t} + \frac{n}{\rho_f}\frac{\partial \rho_f}{\partial t} = 0 \tag{4-2-20}$$

由式（4-2-1），渗流速率为

$$v = nv_r \tag{4-2-21}$$

$$\nabla \cdot v_s = \frac{\partial}{\partial t}\left(\frac{\partial u}{\partial x} + \frac{\partial v}{\partial y} + \frac{\partial w}{\partial z}\right) = \frac{\partial \varepsilon_v}{\partial t} \tag{4-2-22}$$

$$n\nabla \cdot v_r = \nabla \cdot v = -\frac{k}{\mu_f}\nabla \cdot \nabla p = -\frac{1}{\mu_f}\left(k_x \frac{\partial^2 p}{\partial x^2} + k_y \frac{\partial^2 p}{\partial y^2} + k_z \frac{\partial^2 p}{\partial z^2}\right) = -\frac{k_i}{\mu_f}p_{,ii} \quad (i=x,y,z) \tag{4-2-23}$$

式中：ε_v 为体积应变，$\varepsilon_v = \varepsilon_x + \varepsilon_y + \varepsilon_z$；$p_{,ii} = \left(\dfrac{\partial^2 p}{\partial x^2} + \dfrac{\partial^2 p}{\partial y^2} + \dfrac{\partial^2 p}{\partial z^2}\right)$。

根据前面，忽略土体颗粒压缩性和流体的压缩性，土体颗粒的密度和流体的密度变化可以忽略不计。

将式（4-2-21）～式（4-2-23）代入土体质量方程（4-2-20）中，可以化简得

$$\frac{\partial \varepsilon_v}{\partial t} = \frac{k_i}{\mu_f}p_{,ii} \tag{4-2-24}$$

即

$$\frac{\partial}{\partial t}\left(\frac{\partial u}{\partial x} + \frac{\partial v}{\partial y} + \frac{\partial w}{\partial z}\right) = \frac{1}{\mu_f}\left(k_x \frac{\partial^2 p}{\partial x^2} + k_y \frac{\partial^2 p}{\partial y^2} + k_z \frac{\partial^2 p}{\partial z^2}\right) \tag{4-2-25}$$

3. 土体渗流场边界条件

土体渗流的边界有以下两种情况。

（1）Dirichlet 边界条件：也就是孔隙水压力边界条件，已知初始状态土体渗流边界 Γ_1 上的孔隙水压力分布，即

$$p|_{\Gamma_1} = p_1 \tag{4-2-26}$$

这类边界条件也称为初始边界条件，即当 $t=0$ 时土体渗流内孔隙水压力的分布。

（2）Neumann 边界条件：也就是渗流速度边界条件，已知土体渗流区域边界上渗流速度，即

$$\frac{k}{\mu_f} \frac{\partial p}{\partial n}\bigg|_{\Gamma_1} = q \qquad (4\text{-}2\text{-}27)$$

4.2.2 饱和黏弹性蠕变应力场方程

平衡方程、几何方程、弹性本构方程及相应的边界条件、初始条件构成微分方程组，为应力场的基本方程及边界条件，是一个静态平衡。但是在实际工程中，岩土体变形是一个长期缓慢的过程，与时间有关，而蠕变过程是一个应变随时间变化的过程，因此要得到位移、应变、应力随时间变化的规律，就需要渗流作用下蠕变应力场方程。

1. Laplace 积分变换基本原理

Laplace 积分变换可以将偏微分方程转换为常微分方程，通过将微分方程中不同阶积分算子，转换到同一代数域上进行计算，使得求解过程变得简化。

Laplace 积分变换公式为

$$L\{f(t);s\} = \int_0^\infty e^{-st} f(t)\mathrm{d}t = F(s) \qquad (4\text{-}2\text{-}28)$$

Laplace 积分变换方程要满足以下要求：① $f(t)$ 在 $t \geqslant 0$ 的区间上分段连续；②当 $t \to \infty$ 时，$f(t)$ 的增长建议不超过某一指数函数，即 $|f(t)| \leqslant Me^{kt}$（M、k 为实常数）；③ $f(t)$ 在 Laplace 积分变换时，积分是绝对一致收敛。

Laplace 积分变换具有可加性，n 阶导数的 Laplace 积分变换、n 阶积分的 Laplace 积分变换如下。

n 阶导数的 Laplace 积分变换：

$$L\{f(t)^n;s\} = s^n F(s) - \sum_{k=0}^{n-1} s^{n-k-1} f^{(k)}(0) \qquad (4\text{-}2\text{-}29)$$

n 阶积分的 Laplace 积分变换：

$$L\left\{ \int_0^t \int_0^t \cdots \int_0^t f(t)\mathrm{d}t; s \right\} = \frac{F(s)}{s^n} \qquad (4\text{-}2\text{-}30)$$

对 Laplace 积分变换方程进行逆变换可得

$$f(t) = L^{-1}\{F(s);s\} = \frac{1}{2\pi\mathrm{i}} \int_{r-\infty}^{r+\infty} e^{st} F(s)\mathrm{d}s, \ t > 0 \qquad (4\text{-}2\text{-}31)$$

2. 扩展 Burgers 模型的 Laplace 积分变换

1）黏弹性模型中 Laplace 积分变换方法

对黏弹性土体进行求解分析，是一个动态变化过程，在土体蠕变缓慢变形过程中，位移、应变随时间变化；而土体平衡方程和几何方程是一个静态方程，不考虑时间效应。土体蠕变的本构方程与平衡方程及几何方程构成微分方程组，加上相应的初始状态和边界条件，可以对微分方程联立求解，采用 Laplace 积分变换方法进行数值求解，Laplace 积分变换可以将偏微分方程转换为常微分方程，可以得到土体位移、应变随时间的关系。

Laplace 积分变换方法是求解黏弹性问题中的一个重要方法，Laplace 积分变换方法可以得到与静弹性力学相对应的弹性系数，采用对应性原理，将弹性系数代入平衡方程，化成常微分方程进行数值求解，换言之，也就是借助静弹性力学的理论，采用数学方法，求解黏弹性问题。

黏弹性模型的本构关系均是含有 σ 和 ε 的微分方程，一维状态下，均质各向同性介质的本构关系表达式为

$$P(D)\sigma = Q(D)\varepsilon \qquad (4\text{-}2\text{-}32)$$

式中

$$\begin{cases} P(D) = p_0 + p_1\dfrac{\partial}{\partial t} + p_2\dfrac{\partial^2}{\partial t^2} + \cdots + p_n\dfrac{\partial^n}{\partial t^n} \\[2mm] Q(D) = q_0 + q_1\dfrac{\partial}{\partial t} + q_2\dfrac{\partial^2}{\partial t^2} + \cdots + q_n\dfrac{\partial^n}{\partial t^n} \end{cases} \qquad (4\text{-}2\text{-}33)$$

对式（4-2-33）Laplace 积分变换为

$$P(s)\sigma = Q(s)\varepsilon \qquad (4\text{-}2\text{-}34)$$

Laplace 积分变换后的黏弹性方程，在形式上与弹性静力学方程完全相同，$E(s)$ 来代替应力场方程中的弹性系数，则

$$E(s) = \frac{Q(s)}{P(s)} \qquad (4\text{-}2\text{-}35)$$

然后将所得结果进行 Laplace 积分逆变换。三维的情况可从一维情况类比推理得到，将一点的应力张量可以分解为偏张量和球张量，对应的应变可以分解为偏应变和球应变。

球应力张量：

$$\sigma_m = \frac{1}{3}(\sigma_1 + \sigma_2 + \sigma_3) = \frac{1}{3}\sigma_{KK} \qquad (4\text{-}2\text{-}36)$$

偏应力张量：

$$S_{ij} = \sigma_{ij} - \delta_{ij}\sigma_m = \sigma_{ij} - \frac{1}{3}\delta_{ij}\sigma_{KK} \qquad (4\text{-}2\text{-}37)$$

则有

$$\sigma_{ij} = S_{ij} + \delta_{ij}\sigma_m \qquad (4\text{-}2\text{-}38)$$

一般认为，球应力张量 σ_m 只能改变物体的体积，而不能改变形状，偏应力张量 S_{ij} 只能改变物体的形状，而不改变体积。因此，将应变张量也可以分解为球应变张量 ε_m 和偏应变张量 e_{ij}：

$$\varepsilon_m = \frac{1}{3}(\varepsilon_1 + \varepsilon_2 + \varepsilon_3) = \frac{1}{3}\varepsilon_{KK} \qquad (4\text{-}2\text{-}39)$$

$$e_{ij} = \varepsilon_{ij} - \delta_{ij}\varepsilon_m = \varepsilon_{ij} - \frac{1}{3}\delta_{ij}\varepsilon_{KK} \qquad (4\text{-}2\text{-}40)$$

则有

$$\varepsilon_{ij} = e_{ij} + \delta_{ij}\varepsilon_m \qquad (4\text{-}2\text{-}41)$$

根据黏弹性理论，将一维推广到三维形式，可以得到在三维状态下黏弹性本构方程可表示为

$$\begin{cases} P(D)S_{rs} = 2Q(D)e_{rs} \\ \sigma_{rr} = 3K\varepsilon_{rr} \end{cases} \qquad (4\text{-}2\text{-}42)$$

式中：S_{rs} 为应力偏量，r、s 为 x、y、z 之间置换；e_{rs} 为应变偏量，r、s 为 x、y、z 之间置换；K 为体积应变。

对式（4-2-42）进行 Laplace 积分变换为

$$\begin{cases} \bar{P}(s)\bar{S}_{rs} = 2\bar{Q}(s)\bar{e}_{rs} \\ \bar{\sigma}_{rr} = 3\bar{K}\bar{\varepsilon}_{rr} \end{cases} \tag{4-2-43}$$

式中：s 为变换参数；$\bar{P}(s) = \sum_{i=0}^{n} p_i s^i$；$\bar{Q}(s) = \sum_{i=0}^{n} q_i s^i$。

Laplace 积分变换后的黏弹性方程，在形式上与弹性静力学方程完全相同，用 $G(s)$ 来代替应力场方程中的弹性系数，则有

$$\bar{G}(s) = \frac{Q(s)}{P(s)} \tag{4-2-44}$$

将上式进行 Laplace 积分逆变换，可以得到在该边界条件下的黏弹性问题解。

2）改进的 Burgers 蠕变模型的 Laplace 积分变换

将式（2-2-59）～式（2-2-65）代入式（2-2-58），得到改进的 Burgers 蠕变模型的本构方程为

$$\sigma + \left(\frac{\eta_0 + \eta_2}{E_3} + \frac{\eta_0 + \eta_1}{E_2} + \frac{\eta_0}{E_1 E_2 E_3} \right)\dot{\sigma} + \left(\frac{\eta_0\eta_1 + \eta_0\eta_2 + \eta_1\eta_2}{E_2 E_3} + \frac{\eta_0\eta_2}{E_1 E_3} + \frac{\eta_0\eta_1}{E_1 E_2} \right)\ddot{\sigma} + \frac{\eta_0\eta_1\eta_2}{E_1 E_2 E_3}\dddot{\sigma}$$
$$= \eta_0\dot{\varepsilon} + \left(\frac{\eta_1\eta_2}{E_3} + \frac{\eta_0\eta_1}{E_2} \right)\ddot{\varepsilon} + \frac{\eta_0\eta_1\eta_2}{E_2 E_3}\dddot{\varepsilon} \tag{4-2-45}$$

$$\begin{cases} P(D) = 1 + \left(\dfrac{\eta_0 + \eta_1}{E_3} + \dfrac{\eta_0 + \eta_1}{E_2} + \dfrac{\eta_0}{E_1 E_2 E_3} \right)D \\ \qquad + \left(\dfrac{\eta_0\eta_1 + \eta_0\eta_2 + \eta_1\eta_2}{E_2 E_3} + \dfrac{\eta_0\eta_2}{E_1 E_3} + \dfrac{\eta_1\eta_2}{E_1 E_2} \right)D^2 + \dfrac{\eta_0\eta_1\eta_2}{E_1 E_2 E_3}D^3 \\ Q(D) = \eta_0 D + \left(\dfrac{\eta_0\eta_2}{E_3} + \dfrac{\eta_0\eta_1}{E_2} \right)D^2 + \dfrac{\eta_0\eta_1\eta_2}{E_2 E_3}D^3 \end{cases} \tag{4-2-46}$$

对式（4-2-46）进行 Laplace 积分变换，在满足初始条件和边界条件下，可得

$$\begin{cases} P(s) = 1 + \left(\dfrac{\eta_0 + \eta_2}{E_3} + \dfrac{\eta_0 + \eta_1}{E_2} + \dfrac{\eta_0}{E_1 E_2 E_3} \right)s \\ \qquad + \left(\dfrac{\eta_0\eta_1 + \eta_0\eta_2 + \eta_1\eta_2}{E_2 E_3} + \dfrac{\eta_0\eta_2}{E_1 E_3} + \dfrac{\eta_0\eta_1}{E_1 E_2} \right)s^2 + \dfrac{\eta_0\eta_1\eta_2}{E_1 E_2 E_3}s^3 \\ Q(s) = \eta_0 s + \left(\dfrac{\eta_0\eta_2}{E_3} + \dfrac{\eta_0\eta_1}{E_2} \right)s^2 + \dfrac{\eta_0\eta_1\eta_2}{E_2 E_3}s^3 \end{cases} \tag{4-2-47}$$

用 $\bar{E}(s)$ 来代替弹性方程中的弹性系数，则有

$$\bar{E}(s) = \frac{Q(s)}{P(s)}$$

$$= \frac{\eta_0 s + \left(\dfrac{\eta_0\eta_2}{E_3} + \dfrac{\eta_0\eta_1}{E_2} \right)s^2 + \dfrac{\eta_0\eta_1\eta_2}{E_2 E_3}s^3}{1 + \left(\dfrac{\eta_0 + \eta_2}{E_3} + \dfrac{\eta_0 + \eta_1}{E_2} + \dfrac{1}{E_1 E_2 E_3} \right)s + \left(\dfrac{\eta_0\eta_1 + \eta_0\eta_2 + \eta_0\eta_2}{E_2 E_3} + \dfrac{\eta_0\eta_2}{E_1 E_3} + \dfrac{\eta_0\eta_1}{E_1 E_2} \right)s^2 + \dfrac{\eta_0\eta_1\eta_2}{E_1 E_2 E_3}s^3}$$

$$\tag{4-2-48}$$

对上式进行 Laplace 积分逆变换，可以得到改进的 Burgers 蠕变模型 Laplace 解 $E(t)$：

$$E(t) = \frac{E_1}{1 + \dfrac{\eta_0}{E_1}t + \dfrac{E_1}{E_2}\left[1 - \exp\left(-\dfrac{E_2}{\eta_1}t\right)\right] + \dfrac{E_1}{E_3}\left[1 - \exp\left(-\dfrac{E_3}{\eta_2}t\right)\right]} \qquad (4\text{-}2\text{-}49)$$

3. 饱和黏弹性蠕变应力场方程

平衡方程、几何方程、弹性本构方程及相应的边界条件、初始条件构成微分方程组，为应力场的基本方程及边界条件，是一个静态平衡。但是在实际工程中，岩土体变形是一个长期缓慢的过程，与时间有关，而蠕变过程是一个应变随时间变化的过程，因此要得到位移、应变、应力随时间变化的规律，就需要渗流作用下蠕变应力场方程。

1）渗流场对应力场的影响

渗流场对应力场的影响是通过渗流给土体施加力从而产生土体的变形。渗流水头差对土体的作用力可以分为两种：一种是静水压力；另一种是动水压力，是一种体积力。土体在静水压力和动水压力作用下，应力场和位移场发生变化。

静水压力表达式：

$$p = \gamma(H - z) \qquad (4\text{-}2\text{-}50)$$

动水压力表达式：

$$f = \gamma J \qquad (4\text{-}2\text{-}51)$$

式中：P 为静水压力；f 为动水压力；H 为水头高度；γ 为水的容重。

2）蠕变应力场方程

对于饱和土体，有效应力表示为

$$\sigma_{ij}' = \sigma_{ij} - p \qquad (4\text{-}2\text{-}52)$$

式中：σ_{ij}' 为有效应力，p 为孔隙水压力。

几何方程为

$$\varepsilon_{ij} = \frac{1}{2}(u_{i,j} + u_{j,i}) \qquad (4\text{-}2\text{-}53)$$

弹性本构方程为

$$\sigma_{ij} = 2G\varepsilon_{ij} + \delta_{ij}\lambda\varepsilon_{v} \qquad (4\text{-}2\text{-}54)$$

$$\lambda = \frac{E\mu}{(1+\mu)(1-2\mu)}, \quad G = \frac{E}{2(1+\mu)} \qquad (4\text{-}2\text{-}55)$$

式中：E 为弹性模量；μ 为泊松比。

平衡方程为

$$\sigma_{ij,j} + f_i = 0 \qquad (4\text{-}2\text{-}56)$$

式中：f_i 和 u_i 是沿着 i 方向的体积应力和位移量。

将（4-2-52）～式（4-2-55）代入式（4-2-56）可以得到平衡方程：

$$\begin{cases} \dfrac{G}{1-2\mu}\left(\dfrac{\partial^2 u}{\partial x^2}+\dfrac{\partial^2 v}{\partial x\partial y}+\dfrac{\partial^2 w}{\partial x\partial z}\right)+G\left(\dfrac{\partial^2 u}{\partial x^2}+\dfrac{\partial^2 v}{\partial^2 y}+\dfrac{\partial^2 w}{\partial^2 z}\right)+\dfrac{\partial p}{\partial x}+f_x=0 \\[4mm] \dfrac{G}{1-2\mu}\left(\dfrac{\partial^2 u}{\partial x\partial y}+\dfrac{\partial^2 v}{\partial^2 y}+\dfrac{\partial^2 w}{\partial y\partial z}\right)+G\left(\dfrac{\partial^2 u}{\partial x^2}+\dfrac{\partial^2 v}{\partial^2 y}+\dfrac{\partial^2 w}{\partial^2 z}\right)+\dfrac{\partial p}{\partial y}+f_y=0 \\[4mm] \dfrac{G}{1-2\mu}\left(\dfrac{\partial^2 u}{\partial x\partial z}+\dfrac{\partial^2 v}{\partial y\partial z}+\dfrac{\partial^2 w}{\partial^2 z}\right)+G\left(\dfrac{\partial^2 u}{\partial x^2}+\dfrac{\partial^2 v}{\partial^2 y}+\dfrac{\partial^2 w}{\partial^2 z}\right)+\dfrac{\partial p}{\partial z}+f_z=0 \end{cases} \tag{4-2-57}$$

土体弹性本构方程是一个与时间 t 无关的方程，而蠕变模型与时间 t 相关，由 Laplace 积分变换方法可以求解黏弹性问题的解转化为静弹性问题求解，然后根据对应性原理，用 $E(t)$ 代替 E，求解黏弹性模型。

根据前述 Laplace 积分变换方法，可以得到 $E(t)$ 的表达式见式（4-2-49），用 $E(t)$ 代替 E，代入式（4-2-55）可得

$$\lambda(t)=\dfrac{E(t)\mu}{(1+\mu)(1-2\mu)}, \quad G(t)=\dfrac{E(t)}{2(1+\mu)} \tag{4-2-58}$$

将式（4-2-58）和式（4-2-49）代入式（4-2-57）可以得到蠕变应力场方程：

$$\begin{cases} \dfrac{G(t)}{1-2\mu}\left(\dfrac{\partial^2 u}{\partial x^2}+\dfrac{\partial^2 v}{\partial x\partial y}+\dfrac{\partial^2 w}{\partial x\partial z}\right)+G(t)\left(\dfrac{\partial^2 u}{\partial x^2}+\dfrac{\partial^2 v}{\partial^2 y}+\dfrac{\partial^2 w}{\partial^2 z}\right)+\dfrac{\partial p}{\partial x}+f_x=0 \\[4mm] \dfrac{G(t)}{1-2\mu}\left(\dfrac{\partial^2 u}{\partial x\partial y}+\dfrac{\partial^2 v}{\partial^2 y}+\dfrac{\partial^2 w}{\partial y\partial z}\right)+G(t)\left(\dfrac{\partial^2 u}{\partial x^2}+\dfrac{\partial^2 v}{\partial^2 y}+\dfrac{\partial^2 w}{\partial^2 z}\right)+\dfrac{\partial p}{\partial y}+f_y=0 \\[4mm] \dfrac{G(t)}{1-2\mu}\left(\dfrac{\partial^2 u}{\partial x\partial z}+\dfrac{\partial^2 v}{\partial y\partial z}+\dfrac{\partial^2 w}{\partial^2 z}\right)+G(t)\left(\dfrac{\partial^2 u}{\partial x^2}+\dfrac{\partial^2 v}{\partial^2 y}+\dfrac{\partial^2 w}{\partial^2 z}\right)+\dfrac{\partial p}{\partial z}+f_z=0 \end{cases} \tag{4-2-59}$$

式中：

$$G(t)=\dfrac{E(t)}{2(1+\mu)} \tag{4-2-60}$$

$$E(t)=\dfrac{E_1}{1+\dfrac{\eta_0}{E_1}t+\dfrac{E_1}{E_2}\left[1-\exp\left(-\dfrac{E_2}{\eta_1}t\right)\right]+\dfrac{E_1}{E_3}\left[1-\exp\left(-\dfrac{E_3}{\eta_2}t\right)\right]}$$

3）边界条件

初始条件：

$$p\big|_{t=0}=p_0 \tag{4-2-61}$$

位移边界条件：

$$u\big|_{\text{边界}}=\bar{u} \tag{4-2-62}$$

有效应力表示的边界条件：

$$\sigma'_{ij}\cdot n_j\big|_{\text{边界}}=T_i \tag{4-2-63}$$

4.2.3 渗流与蠕变耦合模型

建立渗流与蠕变耦合模型，是研究渗流与蠕变耦合问题的重要部分；前面已经建立了渗流场方程、渗流作用下蠕变应力场方程，而建立两者之间的耦合关系方程，需要通过耦合桥

梁方程将渗流场方程、渗流作用下蠕变应力场方程联合起来，得到渗流与蠕变耦合数学模型（肖秀丽，2011）。

1. 孔隙率与渗透系数的耦合关系

建立渗流与蠕变耦合关系方程，土体发生变形，土体中孔隙体积也会发生变化，孔隙率和渗透系数也随之发生变化。土体孔隙率，是孔隙体积 V_v 与土体体积 V 之比：

$$n = \frac{V_\mathrm{v}}{V} \tag{4-2-64}$$

式中：土体体积为 V，即 $V = V_\mathrm{v} + V_\mathrm{s}$，$V_\mathrm{s}$ 为土体固体颗粒体积；体积应变为 ε_v，即 $\varepsilon_\mathrm{v} = \dfrac{\Delta V}{V} = \varepsilon_x + \varepsilon_y + \varepsilon_z$。

在恒温条件下，孔隙率由初始状态 n_0 变为现在状态 n，土中孔隙体积由最初状态 $V_{\mathrm{v}0}$ 变为现在状态 V_v，变化量为 ΔV_v；土体固体颗粒体积由最初状态 $V_{\mathrm{s}0}$ 变为现在状态 V_s，变化量为 ΔV_s；土体体积由最初状态 V_0 变为现在状态 V，变化量为 ΔV。根据孔隙率的定义，有

$$\begin{aligned} n &= \frac{V_\mathrm{v}}{V} = \frac{V_{\mathrm{v}0} + \Delta V_\mathrm{v}}{V + \Delta V} = 1 - \frac{V_{\mathrm{s}0} + \Delta V_\mathrm{s}}{V + \Delta V} \\ &= 1 - \frac{V_{\mathrm{s}0}(1 + \Delta V_\mathrm{s}/V_{\mathrm{s}0})}{V(1 + \Delta V/V)} \\ &= 1 - (1 - n_0)\frac{1 + \Delta V_\mathrm{s}/V_{\mathrm{s}0}}{1 + \varepsilon_\mathrm{v}} \end{aligned} \tag{4-2-65}$$

由于在土力学中，土体颗粒压缩性和流体的压缩性比较小，相对于土体的变形，则可以完全忽略。忽略土体颗粒的压缩变形，那么土体体积应变是由土体孔隙体积变形引起的，那么令 $\Delta V_\mathrm{s} = 0$，得到土体孔隙率表达式：

$$n = 1 - (1 - n_0)\frac{1}{1 + \varepsilon_\mathrm{v}} = \frac{n_0 + \varepsilon_\mathrm{v}}{1 + \varepsilon_\mathrm{v}} \tag{4-2-66}$$

为了进一步揭示在渗流与蠕变耦合过程中的耦合效应，土体渗透系数和孔隙率之间是一个动态变化过程，那么就需要建立渗透系数与孔隙率的动态方程（k-n 方程）。已有很多学者对此进行了大量的研究，得到了土体渗透系数和孔隙率的方程，又由于三峡库区滑坡土体大部分为粉质黏土或黏土，因此选取 Riverra 等（1990）提出了渗透系数随孔隙率变化的经验公式，即

$$k = k_0 \left[\frac{n(1 - n_0)}{n_0(1 - n)} \right]^3 \tag{4-2-67}$$

2. 渗流与蠕变耦合数学模型

在 4.2.1 小节和 4.2.2 小节分别建立了渗流场方程和蠕变作用下应力场方程，联立两者耦合动态关系，得到渗流与蠕变耦合数学模型。联立渗流作用下蠕变应力场基本方程、渗流场方程及 k-n 动态关系表达式，可以得到渗流与蠕变两场耦合方程组，加上相应条件及初始条件，就可对渗流与蠕变耦合方程组联立求解。渗流与蠕变耦合数学模型如下：

$$\begin{cases} \dfrac{G(t)}{1-2\mu}\left(\dfrac{\partial^2 u}{\partial x^2}+\dfrac{\partial^2 v}{\partial x\partial y}+\dfrac{\partial^2 w}{\partial x\partial z}\right)+G(t)\left(\dfrac{\partial^2 u}{\partial x^2}+\dfrac{\partial^2 v}{\partial^2 y}+\dfrac{\partial^2 w}{\partial^2 z}\right)+\dfrac{\partial p}{\partial x}+f_x=0 \\[2mm] \dfrac{G(t)}{1-2\mu}\left(\dfrac{\partial^2 u}{\partial x\partial y}+\dfrac{\partial^2 v}{\partial^2 y}+\dfrac{\partial^2 w}{\partial y\partial z}\right)+G(t)\left(\dfrac{\partial^2 u}{\partial x^2}+\dfrac{\partial^2 v}{\partial^2 y}+\dfrac{\partial^2 w}{\partial^2 z}\right)+\dfrac{\partial p}{\partial y}+f_y=0 \\[2mm] \dfrac{G(t)}{1-2\mu}\left(\dfrac{\partial^2 u}{\partial x\partial z}+\dfrac{\partial^2 v}{\partial y\partial z}+\dfrac{\partial^2 w}{\partial^2 z}\right)+G(t)\left(\dfrac{\partial^2 u}{\partial x^2}+\dfrac{\partial^2 v}{\partial^2 y}+\dfrac{\partial^2 w}{\partial^2 z}\right)+\dfrac{\partial p}{\partial z}+f_z=0 \\[2mm] \dfrac{\partial \varepsilon_{\mathrm{v}}}{\partial t}=\dfrac{k_i}{\mu_f}p_{,ii}; G(t)=\dfrac{E(t)}{2(1+\mu)} \\[2mm] n=\dfrac{n_0+\varepsilon_{\mathrm{v}}}{1+\varepsilon_{\mathrm{v}}}; k=k_0\left[\dfrac{n(1-n_0)}{n_0(1-n)}\right]^3 \end{cases} \quad (4\text{-}2\text{-}68)$$

边界条件为

$$\begin{cases} u\big|_{\text{边界}}=\overline{u} \\[2mm] \sigma_{ij}'\cdot n_j\big|_{\text{边界}}=T_i \\[2mm] p\big|_{\Gamma_1}=p_1 \\[2mm] \dfrac{k}{u_f}\dfrac{\partial p}{\partial n}\bigg|_{\Gamma_1}=q \end{cases} \quad (4\text{-}2\text{-}69)$$

4.3 渗流与蠕变耦合有限元方程及其数值算法

4.3.1 渗流与蠕变耦合有限元方程

1. 考虑蠕变的应力场有限元方程

弹性问题与黏弹性问题的有限元基本方程，在土体小变形情况下，两者区别在于土体本构方程，其平衡微分方程、几何方程、物理方程均是大致相同的。因此，只要在弹性问题有限元分析的基本方程中引入土体黏弹性本构方程，就可以方便地建立蠕变应力场有限元方程。

1）考虑蠕变的平衡方程

有限元思路大致是将土体区域划分为若干相互连接、不重叠的单元。在每个单元内，将位移节点作为插值，以位移节点作为未知量，采用位移型有限单元法列基本方程。

（1）单元节点的位移向量。

单元节点的位移向量 δ^e 可以表示为

$$\delta^e=[u_1,v_1,w_1;u_2,v_2,w_3;\cdots;u_m,v_m,w_m] \quad (4\text{-}3\text{-}1)$$

式中：u_m,v_m,w_m 为单元体 e 的 m 节点沿着 x、y、z 方向的三个位移分量。

（2）单元体内位移向量。

单元体内位移向量可以表示为

$$u = \begin{Bmatrix} u(x,y) \\ v(x,y) \\ w(x,y) \end{Bmatrix} = N\delta^e = \begin{bmatrix} N_1 \\ N_2 \\ \vdots \\ N_m \end{bmatrix} \delta^e \qquad (4\text{-}3\text{-}2)$$

式中：N 为插值函数矩阵，可表示为

$$N = \begin{bmatrix} N_1 \\ N_2 \\ \vdots \\ N_m \end{bmatrix}, \quad N_m(x_j, y_j, z_j) = \delta_{xyz} = \begin{cases} 1, & m = j \\ 0, & m \neq j \end{cases} \qquad (4\text{-}3\text{-}3)$$

（3）单元应变向量。

根据几何方程，可以得到单元体应变向量见式（3-3-16）。

（4）单元体应力向量。

根据弹性本构方程，可以得到单元体应力向量为

$$\sigma = D\varepsilon = DB\delta^e \qquad (4\text{-}3\text{-}4)$$

式中：D 为弹性矩阵。

（5）虚功原理。

土体结构发生虚位移，单元体节点的虚位移 δ^*，那么对应的虚应变为 ε^*，那么根据虚功原理可以有

$$\iiint_V \delta^{*T} N^T f \mathrm{d}v + \iint_A \delta^{*T} N^T \bar{f} \mathrm{d}A = \iiint_V \varepsilon^{*T} \sigma \mathrm{d}V \qquad (4\text{-}3\text{-}5)$$

式中：V 为单元体体积；A 为单元体面力作用的面积。

式（4-3-5）中第一项积分 $\iiint_V \delta^{*T} N^T f \mathrm{d}v$ 为 f 在虚位移上面所做的功；第二项积分 $\iint_A \delta^{*T} N^T \bar{f} \mathrm{d}A$ 为 $\bar{f}$ 在虚位移上面所做的功。式（4-3-5）可以简化为

$$\delta^{*T} F^e = \delta^{*T} \left(\iiint_V B^T DB \mathrm{d}V \right) \delta^e = \delta^{*T} k^e \delta^e \qquad (4\text{-}3\text{-}6)$$

由于 δ^* 的任意性，可以写成

$$F^e = k^e \delta^e \qquad (4\text{-}3\text{-}7)$$

式中：F^e 为单元体的载荷向量；k^e 为单元体的刚度矩阵。

设土体被剖分成 n 单元，则土体的总应变能等于各单元体应变能之和，总外力虚功等于单元体外力虚功之和，那么根据虚功原理方程有

$$\sum_e (\delta^{*T} F^e) = \sum_e (\delta^{*T} k^e \delta^e) \qquad (4\text{-}3\text{-}8)$$

将式（4-3-8）整理可以得到总刚度方程：

$$KU = R \qquad (4\text{-}3\text{-}9)$$

式中：U 为总位移向量，$U = [u_1, v_1, w_1; u_2, v_2, w_3; \cdots; u_m, v_m, w_m]$；$K$ 为总刚度矩阵，是由各单元的刚度矩阵组合而成；R 为总卸载向量，由各单元的卸载向量组合而成。

（6）平衡方程。

应力场中的平衡方程表达式为

$$\sigma_{ij,j} + f_i = 0 \qquad (4\text{-}3\text{-}10)$$

将式（4-3-10）写成矩阵的表达式为

$$\partial^{\mathrm{T}}\boldsymbol{\sigma} + \boldsymbol{f} = 0 \qquad (4\text{-}3\text{-}11)$$

根据土体有效应力原理有

$$\sigma'_{ij} = \sigma_{ij} - \delta_{ij} p \Rightarrow \sigma_{ij} = \sigma'_{ij} + \delta_{ij} p = D_{ijkl}\varepsilon^e_{kl} + \delta_{ij} p \qquad (4\text{-}3\text{-}12)$$

写成矩阵的表达式为

$$\boldsymbol{\sigma} = \boldsymbol{D}\boldsymbol{\varepsilon}^e + \boldsymbol{M}p \qquad (4\text{-}3\text{-}13)$$

在蠕变过程中，总应变、黏弹性应变关系如下：

$$\boldsymbol{\varepsilon}^e = \boldsymbol{\varepsilon} - \boldsymbol{\varepsilon}^{\mathrm{ve}} \qquad (4\text{-}3\text{-}14)$$

则有

$$\boldsymbol{\sigma} = \boldsymbol{D}\boldsymbol{\varepsilon}^e + \boldsymbol{M}p = \boldsymbol{D}\boldsymbol{\varepsilon} - \boldsymbol{D}\boldsymbol{\varepsilon}^{\mathrm{ve}} + \boldsymbol{M}p \qquad (4\text{-}3\text{-}15)$$

综上可得考虑蠕变的平衡方程的基本格式为

$$\partial^{\mathrm{T}}[\boldsymbol{D}\boldsymbol{\varepsilon} - \boldsymbol{D}\boldsymbol{\varepsilon}^{\mathrm{ve}} + \boldsymbol{M}p] + \boldsymbol{f} = 0 \qquad (4\text{-}3\text{-}16)$$

式中：$\boldsymbol{\sigma}$ 为 t 时刻土体内总应力；$\boldsymbol{\varepsilon}^e$ 为 t 时刻土体内弹性应变；∂ 为算子矩阵；$\boldsymbol{D}$ 为弹性矩阵；$\boldsymbol{M} = \{111000\}^{\mathrm{T}}$；$\boldsymbol{\varepsilon}$ 为 t 时刻土体内总应变；$\boldsymbol{\varepsilon}^{\mathrm{ve}}$ 为 t 时刻土体内黏弹性应变。

2）考虑蠕变的应力场有限元方程

根据弹性理论，应力增量表达式在 Δt_n 时间内可写为

$$\Delta\boldsymbol{\sigma}_n = \boldsymbol{D}\Delta\boldsymbol{\varepsilon}^e_n \qquad (4\text{-}3\text{-}17)$$

式中：$\Delta\boldsymbol{\sigma}_n$ 为 Δt_n 时间内土体应力增量；$\Delta\boldsymbol{\varepsilon}^e_n$ 为 Δt_n 时间内土体弹性应变增量。根据岩土体的黏弹性理论有

$$\Delta\boldsymbol{\varepsilon}^e_n = \Delta\boldsymbol{\varepsilon}_n - \Delta\boldsymbol{\varepsilon}^{\mathrm{ve}}_n \qquad (4\text{-}3\text{-}18)$$

式中：$\Delta\boldsymbol{\varepsilon}_n$ 为 Δt_n 时间内土体任一点的总应变；$\Delta\boldsymbol{\varepsilon}^{\mathrm{ve}}$ 为 Δt_n 时间内土体任一点的黏弹性应变。根据上式，得到土体增量本构关系增量形式为

$$\Delta\boldsymbol{\sigma}_n = \boldsymbol{D}\Delta\boldsymbol{\varepsilon}_n - \Delta\boldsymbol{\varepsilon}^{\mathrm{ve}}_n \qquad (4\text{-}3\text{-}19)$$

根据虚功原理可导出任意时刻的增量平衡方程为

$$\sum \int_v \boldsymbol{B}^{\mathrm{T}}_n \Delta\boldsymbol{\sigma}_n \mathrm{d}v - \Delta\boldsymbol{R}_n = 0 \qquad (4\text{-}3\text{-}20)$$

式中：$\boldsymbol{B}$ 为 Δt_n 时刻内的几何矩阵；$\Delta\boldsymbol{R}_n$ 为 Δt_n 时刻内外载荷增量向量。

所以可得土体黏弹性方程的矩阵形式：

$$\boldsymbol{K}\Delta\boldsymbol{\sigma}_n = \Delta\boldsymbol{R}_n + \Delta\boldsymbol{f}^{\mathrm{ve}}_n \qquad (4\text{-}3\text{-}21)$$

式中：$\boldsymbol{K}$ 为总体刚度矩阵，$\boldsymbol{K} = \sum \int_v \boldsymbol{B}^{\mathrm{T}}_n \boldsymbol{D}\boldsymbol{B}_n \mathrm{d}v$；$\Delta\boldsymbol{U}_n$ 为总体位移增量向量，有

$$\Delta\boldsymbol{U}_n = \sum \int_v \boldsymbol{B}^{\mathrm{T}}_n \boldsymbol{D}\Delta\boldsymbol{\varepsilon}^{\mathrm{ve}}_n \mathrm{d}v$$

$\Delta\boldsymbol{f}^{\mathrm{ve}}_n$ 为黏弹性应变增量引起的附加力。

综上可得，黏弹性土体蠕变方程为

$$\begin{cases} \Delta\boldsymbol{\sigma}_n = \boldsymbol{D}\Delta\boldsymbol{\varepsilon}_n - \Delta\boldsymbol{\varepsilon}^{\mathrm{ve}}_n \\ \boldsymbol{K}\Delta\boldsymbol{U}_n = \Delta\boldsymbol{R}_n + \Delta\boldsymbol{f}^{\mathrm{ve}}_n \end{cases} \qquad (4\text{-}3\text{-}22)$$

采用时间积分的格式，得到黏弹性应变增量 $\Delta\boldsymbol{\varepsilon}^{\mathrm{ve}}_n$ 为

$$\Delta\boldsymbol{\varepsilon}^{\mathrm{ve}}_n = \Delta t_n[(1 - \Theta)\dot{\boldsymbol{\varepsilon}}^{\mathrm{ve}}_{n-1} + \Theta\dot{\boldsymbol{\varepsilon}}^{\mathrm{ve}}_n] \qquad (4\text{-}3\text{-}23)$$

式中：$\dot{\boldsymbol{\varepsilon}}_{n-1}^{\mathrm{ve}}$ 为 t_{n-1} 时刻的黏弹性应变率；$\dot{\boldsymbol{\varepsilon}}^{\mathrm{ve}}$ 为 $t_n = t_{n-1} + \Delta t$ 时刻的黏弹性应变率。

Θ 为时间积分因子，当 $\Theta = 0$ 时为全隐式法，当 $\Theta = 1/2$ 时为隐式梯形法或半隐式法，其中后两种方法有无条件稳定的特点。有限元分析可采用一般积分法，计算中可根据需要选择 Θ 值，以获取不同时间积分法的解答。

例如，修正的 Burgers 蠕变模型，表达式如下：

$$\varepsilon(t) = \frac{\sigma}{E_0} + \frac{\sigma}{\eta_0}t + \frac{\sigma}{E_1}\left[1 - \exp\left(-\frac{E_1}{\eta_1}t\right)\right] + \frac{\sigma}{E_2}\left[1 - \exp\left(-\frac{E_2}{\eta_2}t\right)\right] \quad （4\text{-}3\text{-}24）$$

对于修正的 Burgers 蠕变模型土体，黏弹性应变率为

$$\dot{\boldsymbol{\varepsilon}}^{\mathrm{ve}} = \frac{1}{\eta_1}\boldsymbol{C}_0\boldsymbol{\sigma} - \frac{E_2}{\eta_2}\boldsymbol{\varepsilon}^{\mathrm{ve}} - \frac{E_3}{\eta_3}\boldsymbol{\varepsilon}^{\mathrm{ve}} \quad （4\text{-}3\text{-}25）$$

若不考虑土体蠕变过程中泊松比 μ 的改变，那么 $\boldsymbol{C}_0$ 为土体单元弹性逆矩阵，则有

$$\boldsymbol{C}_0 = \begin{bmatrix} 1-\mu^2 & -\mu(1-\mu) & 0 \\ 0 & 1-\mu^2 & 0 \\ 0 & 0 & 2(1+\mu) \end{bmatrix} \quad （4\text{-}3\text{-}26）$$

可以根据上述公式计算出 $\Delta \boldsymbol{f}_n^{\mathrm{ve}}$，可以得到平衡方程的基本格式，见式（4-3-16）。

那么单元体平衡方程有限元方程为

$$\boldsymbol{k}_{uu}\Delta\boldsymbol{\delta}^{\mathrm{e}} + \boldsymbol{k}_{up}\Delta\boldsymbol{p}^{\mathrm{e}} = \Delta\boldsymbol{f}^{\mathrm{vee}} + \Delta\boldsymbol{R}_u^{\mathrm{e}} \quad （4\text{-}3\text{-}27）$$

式中：

$$\boldsymbol{k}_{uu} = \int_{\Omega} \boldsymbol{B}^{\mathrm{T}}\boldsymbol{D}\boldsymbol{B}\mathrm{d}\Omega \quad （4\text{-}3\text{-}28）$$

$$\boldsymbol{k}_{up} = \int_{\Omega} \boldsymbol{B}^{\mathrm{T}}\boldsymbol{M}\bar{\boldsymbol{N}}\mathrm{d}\Omega \quad （4\text{-}3\text{-}29）$$

$$\Delta\boldsymbol{f}^{\mathrm{vee}} = \int_{\Omega} \boldsymbol{B}^{\mathrm{T}}\boldsymbol{D}\Delta\boldsymbol{\varepsilon}^{\mathrm{ve}}\mathrm{d}\Omega \quad （4\text{-}3\text{-}30）$$

$$\Delta\boldsymbol{R}_u^{\mathrm{e}} = \int_{\Omega} \boldsymbol{N}^{\mathrm{T}}\Delta\bar{\boldsymbol{F}}\mathrm{d}s + \int_{\Omega} \boldsymbol{N}^{\mathrm{T}}\Delta\boldsymbol{f}\mathrm{d}\Omega \quad （4\text{-}3\text{-}31）$$

因此，可以得到整体平衡有限元方程为

$$\boldsymbol{K}_{uu}\boldsymbol{U} + \boldsymbol{K}_{up}\boldsymbol{P} = \Delta\boldsymbol{R}_u \quad （4\text{-}3\text{-}32）$$

式中：

$$\boldsymbol{K}_{uu} = \sum \boldsymbol{k}_{uu} \quad （4\text{-}3\text{-}33）$$

$$\boldsymbol{K}_{up} = \sum \boldsymbol{k}_{up} \quad （4\text{-}3\text{-}34）$$

$$\Delta\boldsymbol{R}_u = \sum (\Delta\boldsymbol{f}^{\mathrm{vee}} + \Delta\boldsymbol{R}_u^{\mathrm{e}}) \quad （4\text{-}3\text{-}35）$$

2. 渗流场有限元方程

由 4.2.1 小节渗流场数学公式的推导，可以得到质量守恒方程为

$$\frac{\partial \varepsilon_{\mathrm{v}}}{\partial t} = \frac{k_i}{\mu_f}p_{ii} \quad （4\text{-}3\text{-}36）$$

当不考虑流体源时，式（4-3-36）变为

$$\dot{\varepsilon}_{ii} = \frac{k_i}{\mu_f}p_{ii} \quad （4\text{-}3\text{-}37）$$

将上式连续性方程用有限元矩阵形式表示：

$$\boldsymbol{M}^{\mathrm{T}}\partial\dot{\boldsymbol{V}} = \boldsymbol{M}^{\mathrm{T}}\partial\boldsymbol{k}\partial^{\mathrm{T}}\boldsymbol{M}p \qquad (4\text{-}3\text{-}38)$$

式中：$\boldsymbol{\varepsilon} = \partial\boldsymbol{V}$，$\boldsymbol{V} = \{u \;\; v \;\; w\}^{\mathrm{T}}$。

土体渗流边界条件求解有两种情况。

（1）水压或者流势边界条件，在给定某边界上水压力或水头差的条件下，则该水压表达式为

$$p = p_1 \qquad (4\text{-}3\text{-}39)$$

（2）流速或者流量边界条件，当法向流速 $v_n = 0$，则该类流量边界表达式为

$$lv_x + mv_y + nv_z = 0 \qquad (4\text{-}3\text{-}40)$$

将式（4-3-40）代入达西定律可得

$$\frac{k_x}{\mu_{\mathrm{f}}}l\frac{\partial p}{\partial x} + \frac{k_y}{\mu_{\mathrm{f}}}l\frac{\partial p}{\partial y} + \frac{k_z}{\mu_{\mathrm{f}}}l\frac{\partial p}{\partial z} = -v_n \qquad (4\text{-}3\text{-}41)$$

式中：v_n 为边界流体源矢量，可写成矩阵形式。

$$\bar{\boldsymbol{L}}^{\mathrm{T}}\boldsymbol{v} = v_n \qquad (4\text{-}3\text{-}42)$$

式中：$\bar{\boldsymbol{L}}^{\mathrm{T}} = \{l \;\; m \;\; n\}$ 为方向余弦。将其代入达西定律的矩阵形式为

$$-\bar{\boldsymbol{L}}^{\mathrm{T}}\boldsymbol{k}\partial^{\mathrm{T}}\boldsymbol{M}p = v_n \qquad (4\text{-}3\text{-}43)$$

式中：

$$\boldsymbol{k} = \frac{1}{\mu_{\mathrm{f}}}\begin{bmatrix} k_x & 0 & 0 \\ 0 & k_x & 0 \\ 0 & 0 & k_x \end{bmatrix} \qquad (4\text{-}3\text{-}44)$$

根据 4.3.1 小节平衡方程有限元求解过程，选用伽辽金法，得到土体单元体连续性方程的残值方程为

$$\int_{\Omega}\boldsymbol{N}^{\mathrm{T}}(\boldsymbol{M}^{\mathrm{T}}\partial\boldsymbol{k}\partial^{\mathrm{T}}\boldsymbol{M}\tilde{p} - \boldsymbol{M}\partial\dot{\boldsymbol{V}})\mathrm{d}\Omega = 0 \qquad (4\text{-}3\text{-}45)$$

由分部积分，式（4-3-44）变为

$$\int_{\Omega}\bar{\boldsymbol{B}}^{\mathrm{T}}\boldsymbol{k}\partial^{\mathrm{T}}\boldsymbol{M}\tilde{p}\mathrm{d}\Omega - \int_s\boldsymbol{N}^{\mathrm{T}}\bar{\boldsymbol{L}}^{\mathrm{T}}\boldsymbol{k}\partial^{\mathrm{T}}\boldsymbol{M}\tilde{p}\mathrm{d}s + \int_{\Omega}\boldsymbol{N}^{\mathrm{T}}(\boldsymbol{M}^{\mathrm{T}}\partial\boldsymbol{N}\dot{\boldsymbol{\delta}}^e)\mathrm{d}\Omega = 0 \qquad (4\text{-}3\text{-}46)$$

式中：$\bar{\boldsymbol{B}} = \partial^{\mathrm{T}}\boldsymbol{M}\bar{\boldsymbol{N}} = \begin{bmatrix} \dfrac{\partial}{\partial x} & \dfrac{\partial}{\partial y} & \dfrac{\partial}{\partial z} \end{bmatrix}\bar{\boldsymbol{N}}$，$\boldsymbol{N}$ 为插值矩阵。

根据流量边界条件，选用伽辽金法，消除单元边界残值表达式为

$$\int_s\boldsymbol{N}^{\mathrm{T}}(\bar{\boldsymbol{L}}^{\mathrm{T}}\boldsymbol{k}\partial^{\mathrm{T}}\boldsymbol{M}\tilde{p} + v_n)\mathrm{d}s = 0 \qquad (4\text{-}3\text{-}47)$$

即

$$\int_s\bar{\boldsymbol{N}}^{\mathrm{T}}(\bar{\boldsymbol{L}}^{\mathrm{T}}\boldsymbol{k}\partial^{\mathrm{T}}\boldsymbol{M}\tilde{p})\,\mathrm{d}s = -\int_s\boldsymbol{N}^{\mathrm{T}}v_n\mathrm{d}s \qquad (4\text{-}3\text{-}48)$$

对式（4-3-46）进行化简可得

$$\int_{\Omega}\bar{\boldsymbol{B}}^{\mathrm{T}}\boldsymbol{k}\bar{\boldsymbol{B}}\mathrm{d}\Omega\,p^e + \int_s\bar{\boldsymbol{N}}^{\mathrm{T}}v_n\mathrm{d}s + \int_{\Omega}\bar{\boldsymbol{N}}^{\mathrm{T}}\boldsymbol{M}^{\mathrm{T}}\boldsymbol{B}\mathrm{d}\Omega\dot{\boldsymbol{\delta}}^e = 0 \qquad (4\text{-}3\text{-}49)$$

式（4-3-48）可以简写成

$$\boldsymbol{k}_{up}^{\mathrm{T}} \dot{\boldsymbol{\delta}}^e + \boldsymbol{k}_{pp} \boldsymbol{p}^e = \boldsymbol{R}_p^e \tag{4-3-50}$$

式中：

$$\boldsymbol{k}_{up} = \int_{\Omega} \boldsymbol{B}^{\mathrm{T}} \boldsymbol{M} \bar{\boldsymbol{N}} \mathrm{d}\Omega \tag{4-3-51}$$

$$\boldsymbol{k}_{pp} = \int_{\Omega} \bar{\boldsymbol{B}}^{\mathrm{T}} \boldsymbol{k} \bar{\boldsymbol{B}} \mathrm{d}\Omega \tag{4-3-52}$$

$$\boldsymbol{R}_p^e = - \int_s \bar{\boldsymbol{N}}^{\mathrm{T}} v_n \mathrm{d}s \tag{4-3-53}$$

由于渗流场方程是与时间效应相关的函数，设定 t_n 到 t_{n+1} 时单元体增量表达式与 4.3.1 小节相同，如位移增量、孔隙水压力增量等。而连续性方程含有时间的导数项，采用时间积分的一般格式为

$$\int_{t_n}^{t_{n+1}} \boldsymbol{p}^e \mathrm{d}t \approx \Delta t_n [\theta \boldsymbol{p}_{n+1}^e + (1-\theta) \boldsymbol{p}_n^e] = \Delta t_n [\boldsymbol{p}_n^e + \theta \boldsymbol{p}^e] \tag{4-3-54}$$

对连续性方程两边从 t_n 到 t_{n+1} 时刻积分，简化后得

$$\boldsymbol{k}_{up}^{\mathrm{T}} \Delta \boldsymbol{\delta}^e + \theta \Delta t \boldsymbol{k}_{pp} \Delta \boldsymbol{p}^e = \Delta t (\boldsymbol{R}_p^e + \theta \boldsymbol{R}_p^e - \boldsymbol{k}_{pp} \boldsymbol{p}_n^e) \tag{4-3-55}$$

式中：θ 为时间积分因子，其值域为 0～1。

式（4-3-54）为单元体连续性方程，可以得到整体连续性方程有限元矩阵形式：

$$\boldsymbol{K}_{up}^{\mathrm{T}} \Delta \boldsymbol{U} + \boldsymbol{K}_{pp} \Delta \boldsymbol{P} = \Delta \boldsymbol{R}_p \tag{4-3-56}$$

式中：

$$\boldsymbol{K}_{pp} = \sum (\theta \Delta t \boldsymbol{k}_{pp}) \tag{4-3-57}$$

$$\Delta \boldsymbol{R}_p = \sum \Delta t (\boldsymbol{R}_p^e + \theta \Delta \boldsymbol{R}_p^e - \boldsymbol{k}_{pp} \boldsymbol{p}_n^e) \tag{4-3-58}$$

3. 渗流与蠕变耦合有限元方程

1）时间步长

根据时间步长的经验公式，隐式法或半隐式法是无条件稳定的，但由于时间步长过大，虽然有稳定解，但是解的误差随步长增加而增加。因此，为了保证计算精度，对于时间步长的选取，采用如下计算公式：

$$\Delta t_{n+1}' = k \Delta t_n \tag{4-3-59}$$

$$\Delta t_{n+1}'' = \tau \left[\frac{\bar{\varepsilon}_{n+1}}{\dot{\bar{\varepsilon}}_{n+1}} \right]_{n+1}^{1/2} \tag{4-3-60}$$

$$\Delta t_{n+1} \leqslant \min \{ \Delta t_{n+1}', \Delta t_{n+1}'' \} \tag{4-3-61}$$

式中：倍数因子 k 和时间因子 τ 的取值为 $k=1.5$，$0.1 \leqslant \tau \leqslant 0.15$；$\bar{\varepsilon}_{n+1}$ 为 t_{n+1} 时刻的有效应变；$\dot{\bar{\varepsilon}}_{n+1}$ 为 t_{n+1} 时刻的有效应变率。

2）渗流与蠕变耦合有限元方程

上文推导得到了渗流与蠕变耦合模型的有限元形式，对单元体进行有限元计算，得到单元体平衡方程的增量形式[式（4-3-27）]和连续性方程的增量形式[式（4-3-55）]。进一步得

到整体的平衡方程有限元矩阵形式[式（4-3-32）]、连续性方程有限元矩阵形式[式（4-3-56）]。将式（4-3-32）和式（4-3-56）组合可以简化为

$$\begin{bmatrix} K_{uu} & K_{up} \\ K_{up}^T & K_{pp} \end{bmatrix} \begin{Bmatrix} \Delta U \\ \Delta P \end{Bmatrix} = \begin{Bmatrix} \Delta R_u \\ \Delta R_p \end{Bmatrix} \tag{4-3-62}$$

式（4-3-62）给出的土体渗流与蠕变耦合有限元方程是一个全耦合有限元形式，同时求解孔隙水压力、应力应变等耦合项。再对耦合有限元分析，要使得在每个时步，耦合渗透系数在所有方向上的值相等。

3）总体控制方程有限元计算步骤

根据有限元基本理论方程，建立了渗流与蠕变耦合分析的有限元连续性方程、有限元蠕变应力场方程，再根据两者耦合项动态数学关系，联立求解可以得到渗流与蠕变耦合总体控制方程。为了更好地编写有限元计算程序，渗流与蠕变耦合有限元方程的计算步骤，具体如下。

步骤 1：输入土体材料参数，土体的弹性模量 E、泊松比 μ、渗透系数 k_0、孔隙率 n_0，以及蠕变参数 E_1, E_2, E_3、η_1, η_2, η_3 等。

步骤 2：设置土体渗流场、位移场的边界条件，以及相关的控制信息，设置最长时间步 $t_{\max}$。

步骤 3：$t = 0$ 初始时刻，计算土体连续性方程，初始状态孔隙水压力 p_0、渗流速度 v_0；将渗透压力作用到应力场方程，计算蠕变应力场，初始状态土体位移 u_0、应力 σ_0、应变 ε_0 及孔隙率 n_0。

步骤 4：$t_N = t_{N-1} + \Delta t$ 时刻，库水位下降，水头差产生变化，计算土体连续性方程，孔隙水压力 p_N^0、渗流速度 v_N^0；计算蠕变应力场，土体位移 u_N^0、应力 σ_N^0、应变 ε_N^0 及孔隙率 n_N^0；通过 k-n 动态关系，得到渗透系数 k_N^0。再将渗透系数 k_N^0 代入渗流场方程中，计算孔隙水压力 p_N^1、渗流速度 v_N^1；计算蠕变应力场，土体位移 u_N^1、应力 σ_N^1、应变 ε_N^1 及孔隙率 n_N^1。

步骤 5：若 $|k_N^1 - k_N^0| \leqslant 0.0001$，$|u_N^1 - u_N^0| \leqslant 0.0001$，则表示计算收敛，可以进入下一个时步；若 $|k_N^1 - k_N^0| > 0.0001$，$|u_N^1 - u_N^0| > 0.0001$，则计算不收敛，在 t_N 时步，需要重新进行循环计算。

步骤 6：$t_N = t_{N-1} + \Delta t$ 时刻，计算第 i 步的渗透系数 k_N^i、孔隙水压力 p_N^i、渗流速度 v_N^i，土体位移 u_N^i、应力 σ_N^i、应变 ε_N^i 及孔隙率 n_N^i；若 $|k_N^i - k_N^{i-1}| \leqslant 0.0001$，$|u_N^i - u_N^{i-1}| \leqslant 0.0001$，则表示计算收敛，可以进入下一个时步；否则，需要重复计算步骤 4，直到收敛为止。

步骤 7：当 t_N 时刻计算结束之后，进入 t_{N+1} 时刻计算步骤，重复步骤 4~步骤 6，直到收敛为止。

步骤 8：通过耦合循环迭代，计算到最长时间步 $t_{\max}$，在 t_N 时刻和 t_{N+1} 时刻间，满足 $|k_{N_{N+1}}^i - k_{N_N}^i| \leqslant 0.0001$，$|u_{N_{N+1}}^i - u_{N_N}^i| \leqslant 0.0001$，最后收敛为止，则计算结束。具体计算框架如图 4-3-1 所示。

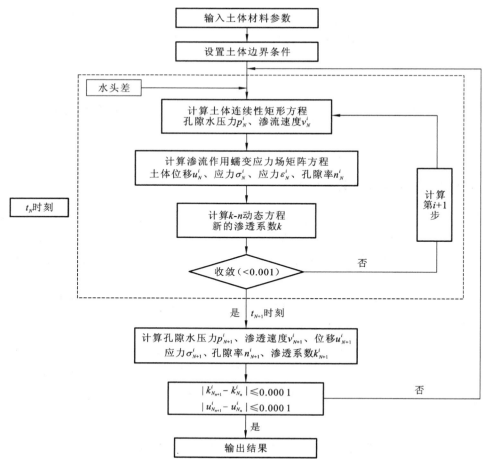

图 4-3-1　渗流与蠕变耦合有限元计算步骤

4.3.2　渗流与蠕变耦合有限元数值算法

1. 程序功能

本小节采用 MATLAB 软件编写二维有限元计算程序，程序在主要的功能上分为三个部分：前处理部分、耦合计算部分、数据后处理部分。

1）前处理部分

采用 MATLAB 软件进行有限元编程，但是不能将 CAD 剖面图信息直接导入 MATLAB 中，因此需要对分析材料进行前处理，包括以下内容。

（1）根据材料基本信息，采用 CAD 绘制的单元节基本信息，并保存为 DXF 格式。

（2）将 DXF 文件导入 ANSYS 软件中，对土体进行网格划分，并输出划分网格后单元及节点坐标信息。

2）耦合计算部分

渗流与蠕变耦合有限元计算部分是编程的核心，主要有以下几个部分。

（1）对初始条件进行赋值并输入相关的计算参数，边界条件进行处理控制；

（2）计算初始状态孔隙水压力、位移和应力应变；

（3）在库水位下降工况下或者渗透压力下，计算每个时步的孔隙水压力、位移、应力应变及孔隙率；

（4）通过不断循环迭代得到不同时刻位移场和渗流场，并对数据进行保留。

3）数据后处理部分

MATLAB 软件相比其他语言软件的优势在于，MATLAB 软件不仅具有很强的数学公式处理能力，还具有很强的绘图命令。在 graph2d 函数库中含有大量图形处理函数，还有一些命令适用于颜色、比例等。采用 MATLAB 软件对计算结果进行编写，输出不同时间的云图和等值线图片。

2. 主要子程序说明

采用 MATLAB 软件编写程序，含有以下 MATLAB 子程序。

1）Initial 程序

读取单元体节点信息，对初始参数赋值，包括：初始渗透系数、初始孔隙率、蠕变参数、泊松比、弹性模量、内摩擦角、黏聚力等。

2）Conditions 程序

输入渗流场、蠕变应力场的边界条件及相关控制信息。在对渗流自由边界进行处理时，计算自由边界单元数据矩阵，求得边界节点的水头流量。

3）Decouples 程序

计算土体渗流与蠕变耦合过程的主程序，计算出各个时间步各节点的水头、孔隙水压力、渗透系数、位移及应力应变，并求解整体在各个时步的位移、孔隙水压力等。

4）Solve 程序

在 Command 命令窗口中输入求解参数及相关命令，得到每个时步的求解结果。

5）Plot 程序

对计算结果进行图形处理，由于滑坡上边界存在不规则情况，而 MATLAB 软件生成的是 $N \times N$ 的矩阵，进行图形边界处理时采用高斯函数，剔除滑坡边界外的矩阵点，得到滑坡位移场云图、孔隙水压力云图。

4.4 工程应用实例

为了进一步验证模型及有限元程序的合理性和正确性，选取三峡库区典型水库型滑坡——白家包滑坡作为计算实例，计算在考虑耦合和不考虑耦合作用下白家包滑坡不同时刻渗流场与位移场，将计算结果与实际监测数据比较分析。

白家包滑坡基本概况已在 1.1.1 小节做了详细介绍，包括滑坡的地理位置与地形条件，以及滑坡典型剖面上各监测点变形随时间的变化规律。

4.4.1　计算模型及参数

1. 计算模型

选取滑坡体的主剖面 I-I 作为计算剖面，该剖面监测资料齐全，变形位移较大，能反映白家包滑坡变形真实情况。斜坡体长 835 m，高 351 m。计算网格模型节点数为 4 008，单元数为 3 958，如图 4-4-1 所示。

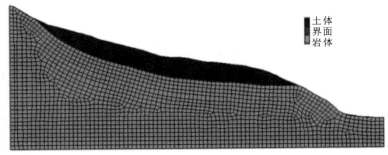

图 4-4-1　计算模型图

2. 计算参数

根据本章建立的渗流与蠕变耦合数学模型对白家包滑坡长期变形情况进行数值模拟，需要渗流和蠕变的相关参数。本小节根据白家包滑坡以往的监测资料、参考第 2 章剪切蠕变试验获得的蠕变参数，并通过反复试算反演来获得相关计算参数，如表 4-4-1 所示。

表 4-4-1　数值计算参数值

参数	值	参数	值
容重/(kN/m³)	18	G_1	3 509 789.2
黏聚力/kPa	16.9	G_2	509 309.7
摩擦角/(°)	23.2	G_3	300 957.3
弹性模量/MPa	16.7	η_1	2 769 876 201
泊松比	0.4	η_2	59.6
渗透系数/(cm/s)	0.003	η_3	44.25
孔隙比	0.59	内摩擦角	18

3. 计算工况

白家包滑坡主要受到自重荷载、库水位升降作用及降雨作用的影响，由于每年秭归地区降雨情况具有较大的随机性和不确定性，因此暂不考虑降雨工况，根据监测资料可知，每年库水位上升期滑坡无明显变形，说明库水位上升对白家包滑坡变形影响不大，而每年库水下降期是滑坡发生较大变形，故计算工况选择库水位从 175 m 下降到 145 m 的情况。由于三峡库区每年库水位周期性涨落情况大致相近，选取 2014 年库水位从 175 m 下降到 145 m 作为计算工况。为了计算方便，将实际的库水位简化为线性降落库水位，如图 4-4-2 所示。

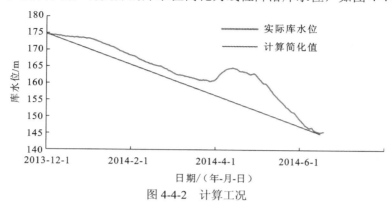

图 4-4-2　计算工况

4. 边界条件与初始值

白家包滑坡渗流边界假设底部为不透水边界，白家包滑坡前缘与后缘给定水头边界，坡面为透水边界。计算应力应变场时，假定滑床基岩底部边界上节点水平及竖向位移约束为 0，前后两侧节点水平位移为 0。

滑坡渗流场初始值采用库水位稳定在 175 m 时的渗流场，初始应力应变场则采用在自重应力及初始渗流场作用时计算所得的应力应变。

4.4.2　耦合与非耦合计算结果

1. 初始时刻渗流场和位移场分布

计算渗流场和应力场时，初始时刻选取 2013 年 12 月 1 日，库水位稳定在 175 m，通过 MATLAB 计算软件，可得渗流程序和蠕变程序计算可得到初始渗流场和位移场，其孔隙水压力分布云图如图 4-4-3 所示，其中孔隙水压力单位为 kPa。初始应力主要有自重应力及初始孔隙水压力，通过程序计算可得到其 X、Y 方向初始位移分布云图如图 4-4-4 和图 4-4-5 所示，其中位移单位为 m。

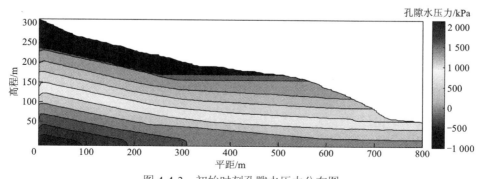

图 4-4-3　初始时刻孔隙水压力分布图

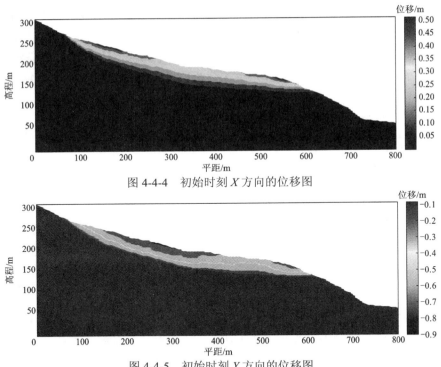

图 4-4-4　初始时刻 X 方向的位移图

图 4-4-5　初始时刻 Y 方向的位移图

2. 不考虑两场耦合的渗流场和位移场分布

在不考虑渗流与蠕变耦合的情况下，计算时选取时间步长为 1d，为了进一步分析不同时刻的渗流场，分别选取 $t=30$ d, 120 d, 150 d, 180 d 时的孔隙水压力如图 4-4-6～图 4-4-9 所示。

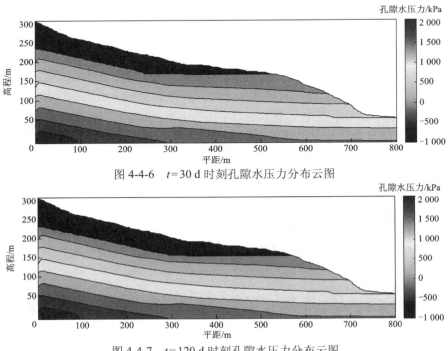

图 4-4-6　$t=30$ d 时刻孔隙水压力分布云图

图 4-4-7　$t=120$ d 时刻孔隙水压力分布云图

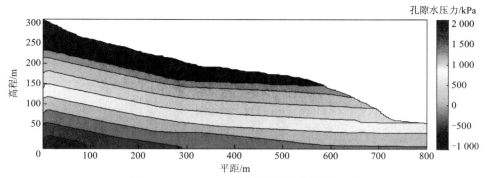

图 4-4-8 $t=150$ d 时刻孔隙水压力分布云图

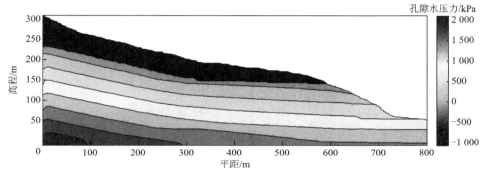

图 4-4-9 $t=180$ d 时刻孔隙水压力分布云图

由图 4-4-6～图 4-4-9 可知，随着水位由 175 m 缓降到 145 m，滑坡前缘的地下水位相应下降，滑坡前缘的地下渗流场发生较大变化，滑坡前缘的孔隙水压力在库水波动范围内的分布发生了变化，滑坡后缘的孔隙水压力基本未发生变化。

为分析不同时刻的 X 方向和 Y 方向位移场分布情况，分别选取 $t=10$ d，30 d，60 d，120 d，180 d 时刻的位移云图，如图 4-4-10～图 4-4-19 所示，单位为 m。

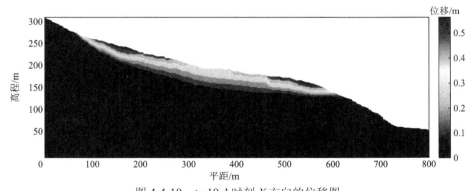

图 4-4-10 $t=10$ d 时刻 X 方向的位移图

从图 4-4-10～图 4-4-14 可以得到，滑坡的变形主要集中在滑体前缘和中后部。从 $t=10$ d 到 $t=180$ d，位移缓慢增大，前缘和中后部的位移逐渐向中部靠拢，变形范围增大，最大位移从初始时刻的 0.52 m 增长至 0.6 m。由图 4-4-15～图 4-4-19 可以得到，滑坡的变形主要集中在滑体前缘和中后部。从 $t=10$ d 到 $t=180$ d，位移缓慢增大，前缘和中后部的位移逐渐向中部靠拢，变形范围增大，最大位移从初始时刻的 0.9 m 增长至 1 m。

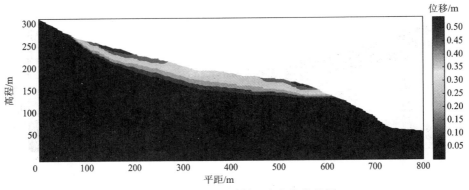

图 4-4-11　$t=30$ d 时刻 X 方向的位移图

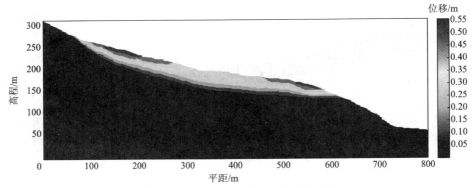

图 4-4-12　$t=60$ d 时刻 X 方向的位移图

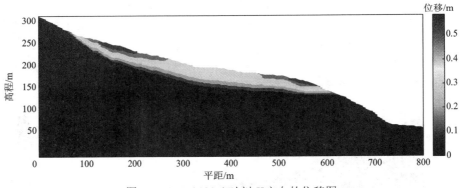

图 4-4-13　$t=120$ d 时刻 X 方向的位移图

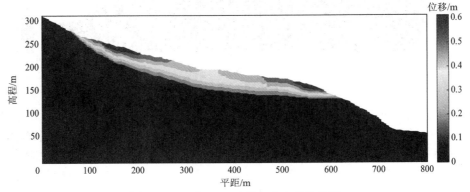

图 4-4-14　$t=180$ d 时刻 X 方向的位移图

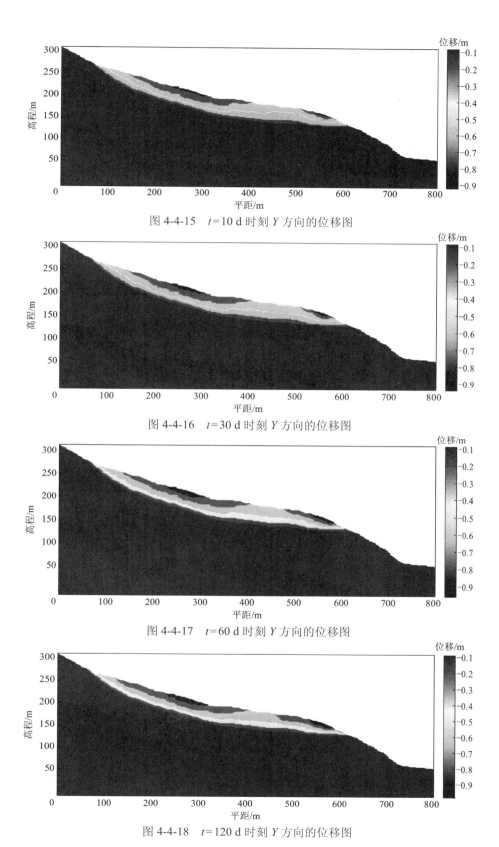

图 4-4-15　$t=10$ d 时刻 Y 方向的位移图

图 4-4-16　$t=30$ d 时刻 Y 方向的位移图

图 4-4-17　$t=60$ d 时刻 Y 方向的位移图

图 4-4-18　$t=120$ d 时刻 Y 方向的位移图

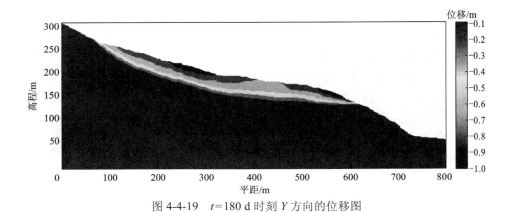

图 4-4-19 $t=180$ d 时刻 Y 方向的位移图

3. 考虑两场耦合的渗流场和位移场分布

在考虑渗流与蠕变耦合的情况下，计算时选取时间步长为 1 d，为了进一步分析不同时刻的渗流场，分别选取 $t=30$ d，120 d，150 d，180 d 时的孔隙水压力如图 4-4-20～图 4-4-23 所示。

由图 4-4-20～图 4-4-23 可以得知，在考虑渗流与蠕变耦合作用下，随着水位由 175 m 缓降到 145 m，滑坡前缘的地下水位相应下降，滑坡前缘的孔隙水压力在库水波动范围内的分布发生了变化，滑坡后缘的孔隙水压力基本未发生变化。考虑耦合作用下地下水位线下降速度比不考虑耦合情况的下降速度较快，但是考虑耦合作用下孔隙水压力变化趋势与不考虑耦合下变化趋势大致相同，但是变化程度有限。

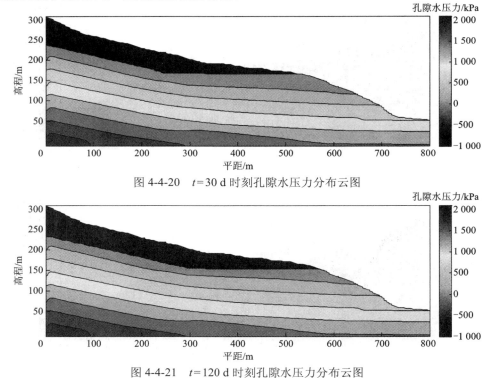

图 4-4-20 $t=30$ d 时刻孔隙水压力分布云图

图 4-4-21 $t=120$ d 时刻孔隙水压力分布云图

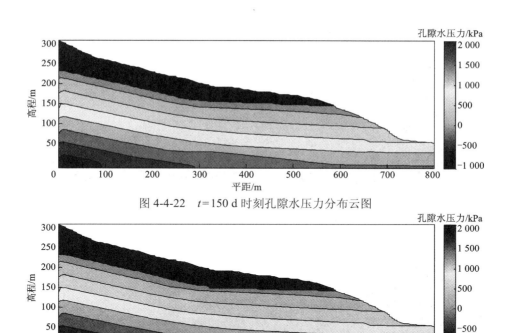

图 4-4-22　$t=150$ d 时刻孔隙水压力分布云图

图 4-4-23　$t=180$ d 时刻孔隙水压力分布云图

　　为了进一步分析不同时刻的位移场，分别选取 $t=10$ d，30 d，60 d，120 d，180 d 时刻的位移云图，如图 4-4-24～图 4-4-33 所示。

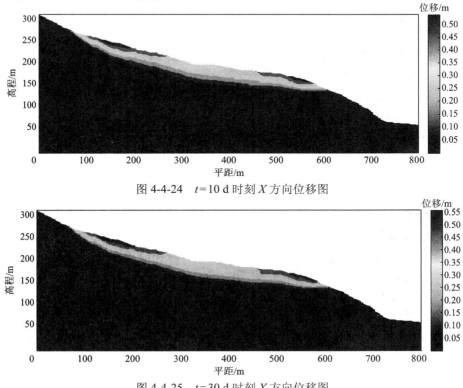

图 4-4-24　$t=10$ d 时刻 X 方向位移图

图 4-4-25　$t=30$ d 时刻 X 方向位移图

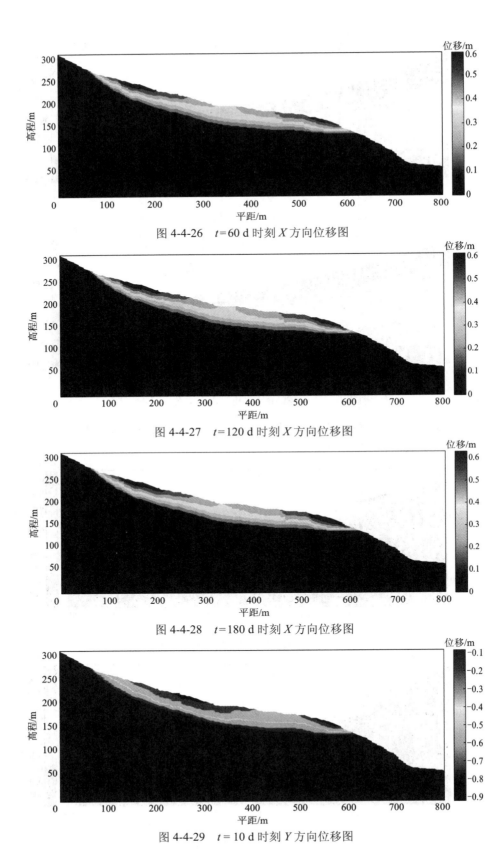

图 4-4-26　$t=60\,\mathrm{d}$ 时刻 X 方向位移图

图 4-4-27　$t=120\,\mathrm{d}$ 时刻 X 方向位移图

图 4-4-28　$t=180\,\mathrm{d}$ 时刻 X 方向位移图

图 4-4-29　$t=10\,\mathrm{d}$ 时刻 Y 方向位移图

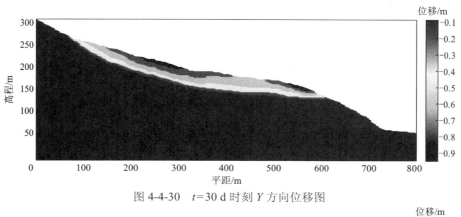

图 4-4-30　$t=30$ d 时刻 Y 方向位移图

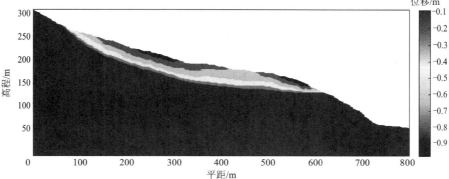

图 4-4-31　$t=60$ d 时刻 Y 方向位移图

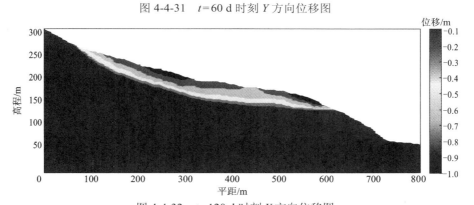

图 4-4-32　$t=120$ d 时刻 Y 方向位移图

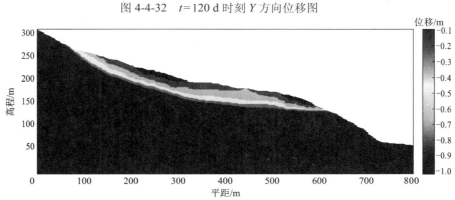

图 4-4-33　$t=180$ d 时刻 Y 方向位移图

从图 4-4-24～图 4-4-28 可以看出，滑坡的变形主要集中在滑体前缘和中后部，从 $t=0\text{ d}$ 到 $t=180\text{ d}$，位移缓慢增大，前缘和中后部的位移逐渐向中部靠拢，变形范围增大，最大位移从初始时刻的 0.52 m 增长至 0.63 m 左右。不考虑耦合情况下，最大位移从 0.52 m 增长至 0.6 m 左右，考虑耦合作用下变形大于不考虑耦合。从图 4-4-29～图 4-4-33 中可以看出，滑坡的变形主要集中在滑体前缘和中后部，从 $t=0\text{ d}$ 到 $t=180\text{ d}$，位移缓慢增大，前缘和中后部的位移逐渐向中部靠拢，变形范围增大，最大位移从初始时刻的 0.9 m 增长至 1.04 m。不考虑耦合情况下，最大位移从 0.9 m 增长至 1 m，考虑耦合作用下变形大于不考虑耦合。

4.4.3　耦合与非耦合计算结果比较

1. 非耦合与耦合渗流场结果分析

考虑渗流与蠕变耦合与不耦合数值模拟渗流场结果分析，库水位从 175 m 下降到 145 m，滑坡体内地下水位线也随之下降，孔隙水压力在库水波动范围内的分布发生了变化，滑坡后缘的孔隙水压力基本未发生变化。考虑耦合作用下的孔隙水压力云图和不考虑耦合作用下孔隙水压力云图不能直观地看出差别，为了更好地直观地分析考虑耦合和不考虑耦合情况下孔隙水压力的变化，选取坐标点(550,145)在每个时刻的孔隙水压力变化，见图 4-4-34。

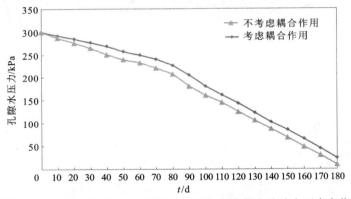

图 4-4-34　坐标点(550,145)不考虑耦合与考虑耦合孔隙水压力变化

由图可知，由于渗流与蠕变耦合作用下比不考虑耦合作用下的孔隙率小，库水位从 175 m 下降到 145 m 时刻，库水位存在滞后情况，因此考虑耦合作用下孔隙水压力比不考虑耦合下孔隙水压力大。对于坐标点(550,145)在考虑耦合作用下，孔隙水压力从 300 kPa 减小到 10 kPa；在不考虑耦合作用下，孔隙水压力从 300 kPa 减小到 24 kPa；由此考虑耦合作用下孔隙水压力减小的速率大于不考虑耦合作用下的孔隙水压力减小速率，考虑耦合作用下孔隙水压力减少值大于不考虑耦合作用下的孔隙水压力减少值。

2. 非耦合与耦合位移场结果分析

考虑耦合、不考虑耦合情况下数值模拟，得到不同时刻的位移场结果，可以得知库水位从 175 m 下降到 145 m，滑坡体位移变形也随之增大。X 方向最大位移变形量，考虑耦合的增加量为 0.09 m，不考虑耦合的增加量 0.08 m；Y 方向最大位移变形量，考虑耦合的增加量为 0.14 m，不考虑耦合的增加量 0.1 m；因此考虑耦合情况下位移变形量大于非耦合情况。

为了进一步分析非耦合与耦合位移场的变化，选取主截面监测点 ZG325，ZG324 的水平位移和垂直位移进行定量比较分析，如图 4-4-35～图 4-4-38。

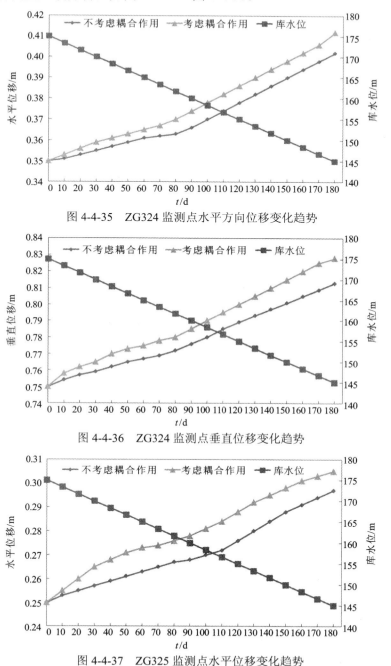

图 4-4-35　ZG324 监测点水平方向位移变化趋势

图 4-4-36　ZG324 监测点垂直位移变化趋势

图 4-4-37　ZG325 监测点水平位移变化趋势

如图 4-4-35～图 4-4-38 所示，监测点 ZG324、ZG325 的水平位移和垂直位移随着库水位下降而逐渐增大。监测点 ZG324 的 X 方向位移，考虑耦合情况下增量为 62 mm，不考虑耦合情况下增量为 52 mm；监测点 ZG324 的 Y 方向位移，考虑耦合情况下增量为 78 mm，不考虑耦合情况下增量为 63 mm。监测点 ZG325 的 X 方向位移，考虑耦合情况下增量为 55 mm，

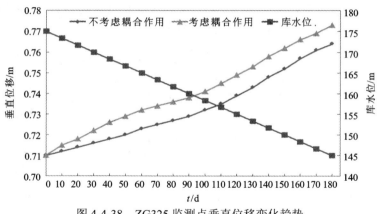

图 4-4-38 ZG325 监测点垂直位移变化趋势

不考虑耦合情况下增量为 47 mm；监测点 ZG325 的 Y 方向位移，考虑耦合情况下增量为 63 mm，不考虑耦合情况下增量为 54 mm。通过对比分析，在库水位下降时，考虑渗流与蠕变耦合两个监测点的 X、Y 方向位移比不考虑渗流与蠕变耦合大。

4.4.4 耦合结果与监测位移对比

为了验证计算结果的合理性，选取主滑截面上监测点 ZG324、ZG325，在耦合与非耦合情况下计算位移变形结果与实际监测资料进行趋势对比，如图 4-4-39 所示。

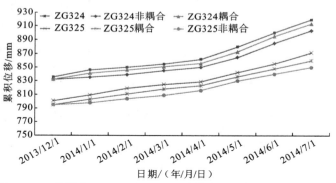

图 4-4-39 监测点 ZG324 和 ZG325 计算结果与实际监测结果对比

从上图 4-4-39 中可以得到，随着库水位从 175 m 下降到 145 m，位移变形值也随之增加。由于实际工况中，由于降雨等外界条件的影响，计算值与实际监测值在数值上存在一定的误差，但是都在一定的误差范围内，计算值与监测值的趋势大致相同，耦合计算值大于非耦合计算值。对于监测点 ZG324，实际监测点位移增量为 83.55 mm，考虑耦合情况下增量为 81 mm，不考虑耦合情况下位移增量为 71 mm；对于监测点 ZG325，实际监测点位移增量为 70.62 mm，考虑耦合情况下增量为 67 mm，不考虑耦合情况下位移增量为 60 mm。考虑渗流与蠕变耦合两个监测点的位移值比不考虑渗流与蠕变耦合大，而且与实际值比较接近。

    滑坡时效变形一方面是由地下水非饱和渗流产生的，另一方面是由土体非饱和蠕变产生的，且非饱和渗流与非饱和蠕变具有耦合效应。然而，当前考虑降雨及库水作用下的滑坡变形数值计算均未考虑非饱和渗流与非饱和蠕变耦合作用这一真实力学过程，因而预测结果与实际变形存在一定偏差（Liu et al.，2019；Guo et al.，2004；Terzaghi et al.，1996；Naylor et al.，1988；Oda，1986；Biot，1941）。此外，基于数值分析方法开展滑坡变形预测时，计算参数的确定主要采用试验、经验类比及反演计算等综合方法，通常把参数当作不变的常量，但实际情况是计算参数会随着环境变化和变形发展而发生变化（Zheng D et al.，2013；周喻 等，2011；李端有 等，2007；刘新喜 等，2002；马非 等，1987）。因此，结合现场实时监测数据对计算参数进行动态反演才能获得与滑坡真实状态相一致的计算参数。因此，采用基于非饱和渗流与非饱和蠕变耦合模型的数值方法和动态反演的计算参数开展滑坡时效变形预测，才能获得与实际变形相一致的预测结果。

5.1　非饱和土体积蠕变特性

5.1.1　非饱和土体积蠕变试验

    本小节开展非饱和土各向等压压缩蠕变试验和各向非等压压缩蠕变试验，探索土体在次固结阶段各应力状态下的体积蠕变规律，为构建包含基质吸力的非饱和黏性体应变方程提供试验数据支持。本节主要内容有：试验条件的介绍，包括试验装置、试验土样及试验方法；开展非饱和土各向等压压缩蠕变试验和各向非等压压缩蠕变试验，获得分级加载累积体积应变曲线及各级净围压、基质吸力和偏应力下的体积应变曲线。

    1. 试验条件

    1）试验装置

    试验设备采用英国 GDS 公司研制生产的标准非饱和三轴试验仪，实物图如图 2-1-1 所示。非饱和三轴试验仪由三部分组成：①双压力室。通过内室与参照管的水头差测量土样的体积变化量，水位差采用高精度的双向差压传感器来自动测量，该传感器可使得体变系统的精度达到 31.4 mm^3，即对应本章试验土样（直径为 50 mm，高度为 100 mm）的精度为 0.016%，这个精度相比现有的体变测量系统非常高，也是本章试验准确获得体积应变的基础；②压力控制器。包括轴压控制器、围压控制器、反压控制器和气压控制器，轴压控制器与压力室底座相连，通过底座的升降来施加轴向压力；围压控制器与压力室内部连通，通过压缩内腔的水将压力传递给试样；反压控制器与压力室底座内的陶土板连接，可以施加孔隙水压力和量测试样中孔隙水的体积变化量；气压控制器与试样帽连接，通过试样帽预留孔道将试样中的孔隙气体与控制器中的空气连为一体；③量测与数据采集系统。包括内置式水下荷重传感器和位移传感器等，试验过程及试验数据通过专用 GDSLAB 模块实现自动控制和采集。该设备采用轴平移技术控制基质吸力，即利用高进气陶土板只进水不进气的特征，通过反压控制器和气压控制器分别给试样施加孔隙水压力和孔隙气压力（基质吸力等于孔隙气压力与孔隙水压力之差），以便达到控制基质吸力的目的，从而可以开展不同应力路径下与基质吸力相关的非饱和土三轴压缩和剪切蠕变试验。

2）试验土样

试验土样取自三峡库区白家包滑坡滑带土，由于滑带土取样困难，且不易存放和运输，故采用重塑土样进行试验。通过室内土工试验测定，土样的粒径分布如表 5-1-1 所示，基本物理参数见表 5-1-2。

表 5-1-1　土样的粒径分布

参数	颗粒分析小于某粒径的百分含量/%											
	筛分法（$d>0.075$ mm）						密度计法（$d<0.075$ mm）					
粒径/mm	2	1	0.5	0.25	0.1	0.075	0.05	0.025	0.01	0.007	0.003	0.001
百分比/%	100	98.7	94.8	90.7	86.7	83.8	63.4	47.9	37.5	33.2	17.9	13.1

注：d 为粒径。

表 5-1-2　土样的基本物理参数

参数	取值	参数	取值
比重 G_s	2.71	液限 w_L / %	43.86
含水率 w / %	20.00	塑限 w_p / %	26.98
密度 ρ / (g/cm)	1.56	黏聚力 c / kPa	0.48
孔隙比 e	0.71	内摩擦角 φ / (°)	28.50

3）试验方法

采用 GDS 三轴试验仪开展非饱和土三轴蠕变试验，试验过程包括配土、制样和加载，试验过程中如图 5-1-1 所示。较多文献对试验方法均有描述，在此不再赘述，但对试验过程中需要注意的问题进行归纳总结是很有必要的，具体包括以下内容。

（1）试验中基质吸力是通过孔隙气压和孔隙水压的差值来施加的。其中，控制器的孔隙水通过高进气陶土板与土样中的水连接起来，孔隙气压则通过顶部试样帽传递给土样。因此，陶土板底部承受孔隙水压力，顶部承受孔隙气压力，两者的差值为基质吸力。而陶土板能承

| （a）配土 | （b）静置 | （c）加载前土样 | （d）剪切后土样 |

图 5-1-1　非饱和土蠕变试验过程

受的最大基质吸力即为它的进气值，一般约为 1 500 kPa，一旦土中基质吸力超过陶土板进气值，土样中的气体就会溢出，造成试验误差。因此，一般控制试验中基质吸力不超过 1 500 kPa。

（2）在试验前对高进气陶土板进行饱和是关键工作之一。当试验设备长时间未用时，首次试验应参考 Fredlund 的方法对陶土板进行饱和，这个过程烦琐且需要大量的时间。因此，当需要持续做多组试验时，可在试验完成后迅速将陶土板擦拭干净，并在其顶部留置少量蒸馏水，然后用保鲜膜将其包住。待下次装样前，打开连接陶土板的阀门，用吸水球将蒸馏水从阀门挤入，直至陶土板表面布满水珠，即可认为陶土板近似饱和。

（3）试验开始时，先施加 10 kPa 的围压预压试样，目的是使橡皮膜与试样充分接触，待固结完成后再施加一定的围压、孔隙气压和孔隙水压开始试验，且保持围压高于孔隙气压 5 kPa 避免橡皮膜胀破。

（4）为避免温度对试验造成的误差，保持室内恒温。

（5）试验加载方式有单级加载和分级加载两种。单级加载是采用初始状态完全相同的试样在完全相同的试验条件下分别开展蠕变试验。实际上这种方案过于理想化，这是因为：①土体不均匀，无法获取初始状态完全相同的试样；②无法保证试验条件具有完全等同的试验性能。分级加载是在同一个试样上完成一组试验。显然，分级加载的试验用土少，且消除了各组土样不均匀性导致的误差，但不能满足"相同初始应力状态"这个条件。鉴于单级加载方式的弊端和试验的可行性，本节采用分级加载方式进行非饱和土蠕变试验。

（6）固结排水稳定标准为：连续 2 h 固结排水量小于 10 mm^3；基质吸力平衡标准为连续 2 h 排水量小于 10 mm^3；蠕变稳定标准为连续 24 h 内排水量小于 10 mm^3。

2. 非饱和土各向等压压缩蠕变试验

1）试验目的和方案

试验目的：探究非饱和土在各向等压压缩状态下的体积蠕变规律，为构建非饱和黏性体应变方程提供数据支持。

试验方案：基质吸力分别设置为 50 kPa、75 kPa、100 kPa 和 125 kPa 四组，在每组基质吸力不变的条件下净围压按分级加载方式加载，加载顺序为 50 kPa、100 kPa、150 kPa 和 200 kPa。以试验 I-I 为例，土样先在 50 kPa 吸力下固结稳定后开始施加净围压，在当前围压荷载作用下稳定后施加下一级围压。试验方案见表 5-1-3。

表 5-1-3   非饱和土各向等压压缩蠕变试验方案

试验编号	基质吸力/kPa	净围压加载方案/kPa
I-I	50	
II-II	75	50→100→150→200
III-III	100	
IV-IV	125	

2）试验结果与分析

（1）分级加载累积体积应变曲线。

由于非饱和土蠕变时间较长，根据表 5-1-3 的试验方案，首先将试验 I-I 在各级净围压下固结时间设置约为 15 d，获得分级加载累积体积应变曲线如图 5-1-2（a）所示。

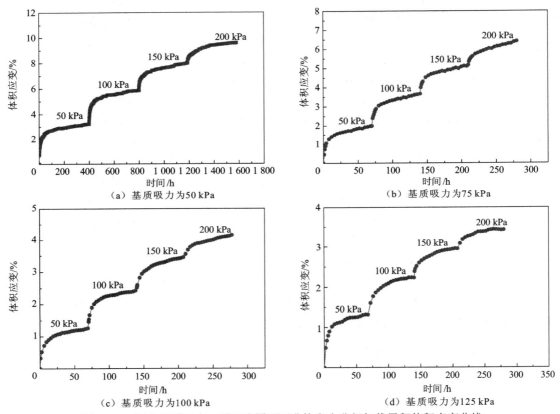

图 5-1-2   恒定基质吸力、不同净围压下非饱和土分级加载累积体积应变曲线

在进行试验 I-I 时发现主固结完成时间仅约 17 h，且其他各组试验的主固结时间均不超过 24 h。理论上为体现土体在次固结阶段的蠕变特征，固结时间一般设置较长，但考虑试验组数较多且耗时过长，并参考其他研究者开展非饱和土蠕变试验主固结的完成时间，设置各级应力下总固结时间约为 3 d，既包含了主固结也包含次固结阶段，达到通过试验探索非饱和土

在次固结阶段体积蠕变规律的目的。其他各组恒定基质吸力、不同净围压下非饱和土分级加载累积体积应变曲线见图 5-1-2。

由图 5-1-2 可知：恒定基质吸力、不同净围压下非饱和土分级加载累积体积应变曲线的变化趋势基本一致，在恒定基质吸力、净围压增量相等的条件下，随着净围压增大各阶段体积应变量增量逐渐减小，体现了土体的压硬性特征。土体变形包括瞬时变形、衰减蠕变和加速蠕变，由于试验处于各向等压压缩状态，不会出现加速蠕变。

（2）恒定基质吸力、不同净围压下的体积应变曲线。

为探索恒定基质吸力、不同净围压下非饱和土体积应变随时间的变化规律，采用 Boltzmann 线性叠加法将分级加载累积体积应变曲线转化为单级加载体积应变曲线，由于每级荷载作用下的主固结完成时间不一致，为体现次固结阶段的体积蠕变规律，绘图时将主固结完成时间设置为各级荷载完成所需最长时间，见图 5-1-3。

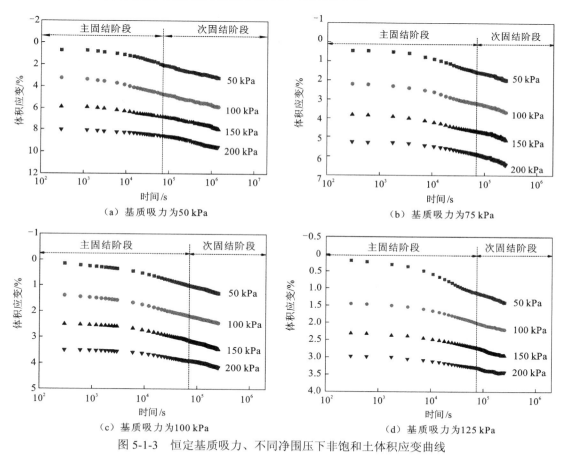

图 5-1-3　恒定基质吸力、不同净围压下非饱和土体积应变曲线

从图 5-1-3 可以看出：当土体进入次固结阶段，恒定基质吸力、不同净围压下体积应变与时间对数大致呈直线关系。为说明直线斜率与净围压的相关性，将各级净围压下的直线斜率整理如表 5-1-4 所示，可见恒定基质吸力、不同净围压下的直线斜率最大相对误差均小于 5%，可以认为各直线斜率近似相等，即直线斜率与净围压无关。

表 5-1-4　恒定基质吸力、不同净围压下体积应变曲线的斜率

净围压/kPa	基质吸力/kPa			
	50	75	100	125
50	0.005 25	0.003 77	0.002 83	0.002 05
100	0.005 28	0.003 81	0.002 85	0.002 01
150	0.005 35	0.003 84	0.002 92	0.002 02
200	0.005 14	0.003 88	0.002 94	0.001 97
最大相对误差	3.92%	2.84%	3.74%	3.90%

土体从主固结完成进入次固结阶段的时间节点，通常可以从两点判断：①根据体积应变与时间对数曲线的斜率来判断，即当斜率逐渐减小至不变时，可认为土体进入次固结阶段，遗憾的是从图 5-1-3 很难看出明显的拐点；②根据超孔隙水压力的变化判断，即主固结完成时土样的超孔隙水压力消散为零，一般非饱和土的超孔隙水压力为零时 2 h 固结排水量小于 10 mm³。因此，根据 2 h 固结排水量作为主固结完成的判断标准。

（3）恒定净围压、不同基质吸力下的体积应变曲线。

为探索非饱和土在次固结阶段恒定净围压、不同基质吸力下的体积蠕变规律，将图 5-1-3 的试验结果整理成不同基质吸力下的体积应变曲线。由于基质吸力在 50 kPa 下固结时间相对其他组的时间长，为使图形美观，将基质吸力为 50 kPa 的试验数据取至固结时间约 3 d 处。

从图 5-1-4 可以看出，当土体进入次固结阶段，恒定净围压、不同基质吸力下体积应变与时间对数的曲线大致呈直线。由表 5-1-4 可知在净围压为 50 kPa 和 100 kPa 时，不同基质吸力下直线斜率不相等，说明直线斜率与基质吸力相关。

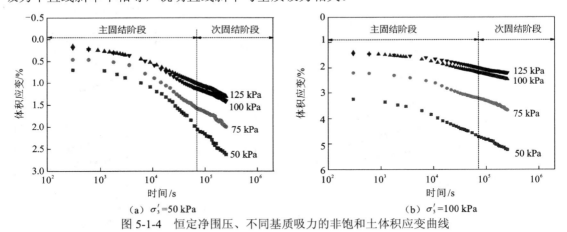

图 5-1-4　恒定净围压、不同基质吸力的非饱和土体积应变曲线

综上所述，非饱和土在各向等压压缩条件下的体积蠕变规律可归纳为：土体在次固结阶段各应力状态下体积应变与时间对数呈线性关系，且直线的斜率与净围压无关，与基质吸力相关。

3. 非饱和土各向非等压压缩蠕变试验

本节前文探讨了非饱和土在各向等压压缩条件下的体积蠕变规律，本小节则探讨非饱和土在各向非等压压缩条件下的体积蠕变规律。

1）试验目的和方案

试验目的：探讨非饱和土在各向非等压压缩条件下的体积蠕变规律，为构建非饱和黏性体应变方程提供数据支持。

试验方案：净围压均设置为 50 kPa，基质吸力分别为 50 kPa、100 kPa、150 kPa 和 200 kPa，在每组基质吸力不变的条件下偏应力按分级加载方式，加载顺序为 50 kPa、75 kPa、100 kPa、125 kPa 和 150 kPa，试验方案见表 5-1-5。

表 5-1-5　非饱和土各向非等压压缩蠕变试验方案

试验编号	基质吸力/kPa	净围压/kPa	偏应力加载方案/kPa
I-I	50		
II-II	100	50	50→75→100→125→150
III-III	150		
IV-IV	200		

注：偏应力为 150 kPa 的数据及基质吸力为 150 kPa，偏应力为 75 kPa 的数据稍有偏差未列出。

2）试验结果与分析

（1）分级加载累积体积应变曲线。

根据表 5-1-5 的试验方案开展非饱和各向非等压压缩蠕变试验，试验采用分级加载方式，各组试验净围压均为 50 kPa，获得非饱和土分级加载累积体积应变曲线如图 5-1-5 所示。

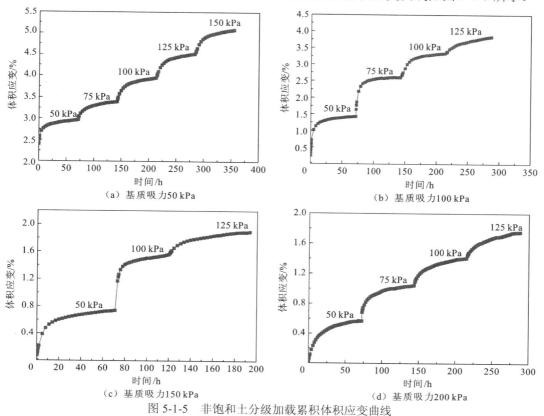

图 5-1-5　非饱和土分级加载累积体积应变曲线

与非饱和土各向等压压缩蠕变试验一致，各级偏应力下固结时间设置约为 3 d，主固结完成标准通过 2 h 固结排水量来判断，即当 2 h 固结排水量小于 10 mm³ 时可认为主固结完成，土体进入次固结阶段。

由表 5-1-5 非饱和土分级加载累积体积应变曲线可知，在恒定基质吸力、不同偏应力下土体变形经历了瞬时变形和衰减蠕变阶段，由于试验施加的偏应力小于试样剪切强度，未出现加速蠕变过程。在偏应力增量相等的条件下，随着偏应力增大各阶段体积应变增量逐渐减小，体现了土体的压硬性特征，且次固结阶段黏性体应变不可忽略。

（2）恒定基质吸力、不同偏应力下的体积应变曲线。

为探索恒定基质吸力、不同偏应力下非饱和土体积应变随时间对数的变化规律，采用 Boltzmann 线性叠加法将分级加载累积体积应变曲线转化为单级加载体积应变曲线，即恒定基质吸力、不同偏应力下的体积应变曲线。

由图 5-1-6 非饱和土体积应变曲线可知：在次固结阶段恒定基质吸力、不同偏应力下体积应变与时间对数大致呈线性关系。为说明直线斜率与偏应力的相关性，将恒定基质吸力、不同偏应力下的直线斜率整理如表 5-1-6 所示，可知在恒定基质吸力、不同偏应力下直线斜率最大相对误差均低于 5%，判断直线斜率近似相等，即直线斜率与偏应力无关。

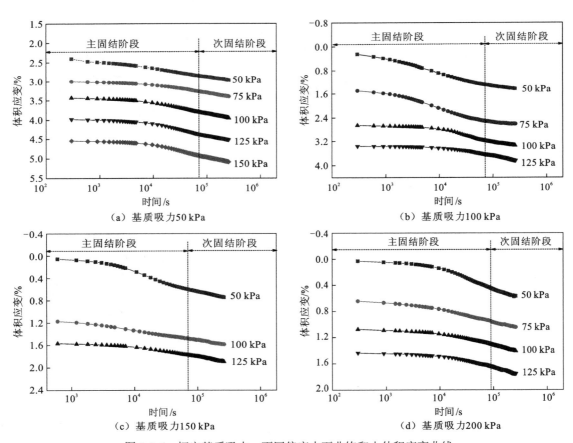

图 5-1-6　恒定基质吸力、不同偏应力下非饱和土体积应变曲线

表 5-1-6　恒定净围压和基质吸力、不同偏应力下体积应变曲线的斜率

偏应力/kPa	基质吸力/kPa				最大相对误差/%
	50	100	150	200	
50	0.002 72	0.002 71	0.002 73	0.002 72	0.73
75	0.002 74	0.002 04	—	0.002 73	0.36
100	0.002 75	0.002 72	0.002 71	0.002 71	1.45
125	0.002 73	0.002 78	0.002 74	0.002 73	1.80
150	0.002 77	—	—	—	
最大相对误差	1.81%	2.52%	1.09%	0.73%	—

注：各组试验净围压均为 50 kPa，将基质吸力为 100 kPa、偏应力为 75 kPa 视为离散点。

（3）恒定偏应力、不同基质吸力下的体积应变曲线。

为探索非饱和土在各向非等压压缩应力状态下不同基质吸力的体积蠕变规律，图 5-1-7 所示为恒定偏应力、不同基质吸力下的体积应变曲线。

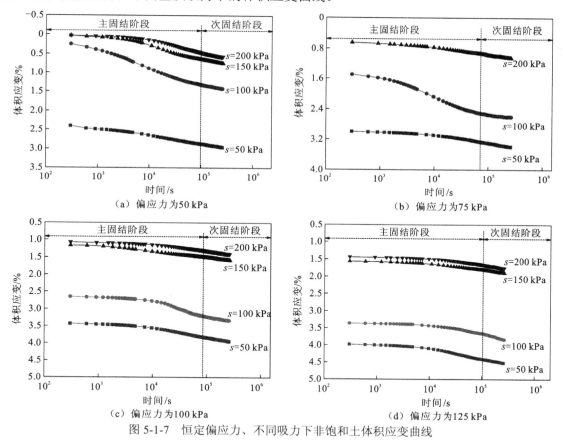

图 5-1-7　恒定偏应力、不同吸力下非饱和土体积应变曲线

由图 5-1-7 可以看出，在次固结阶段恒定偏应力、不同基质吸力下体积应变与时间对数大致呈直线，各直线的斜率见表 5-1-6，由于在恒定偏应力、不同基质吸力下直线斜率最大相对误差均低于 5%，可以判断直线斜率近似相等，即直线斜率与吸力相关性不明显。这一结论与非饱和土各向等压压缩蠕变试验结果稍有偏差，可能是因为在非等向压缩状态下体积蠕

变规律相对较弱，也有可能是直线的斜率本身随基质吸力变化不明显所致。

综上所述，非饱和土在各向非等压压缩状态下的体积蠕变规律可归纳为：土体在次固结阶段各应力状态下体积应变与时间的对数呈线性关系，且直线的斜率与偏应力及基质吸力相关性均不明显。

5.1.2　非饱和黏性体应变方程构建

1. 非饱和黏性体应变方程

图 5-1-8 表示饱和土在固结过程中应变随应力及时间的变化规律，实际上非饱和土固结过程也可用 ACD 表示，即将总固结过程分为主固结 AC 段和次固结 CD 段，CD 段也就是蠕变阶段。主固结伴随着超孔隙水压力逐渐消散，但并不是所有的土体在加载瞬间都能快速排水，比如渗透性较低的软黏土，其超孔隙水压力消散时间较长，这个过程伴随着不可忽略的蠕变。因此，Bjerrum（1967）提出将总固结过程分为瞬时压缩和延时压缩。瞬时压缩是在应力作用下产生的变形，由弹性应变 ε_p^e 和瞬时塑性应变 ε_p^p 组成；延时压缩是在有效应力不变的条件下随时间产生的变形，即黏性变形，也称与时间相关的塑性变形，用 ε_p^t 表示，P 为净平均应力。

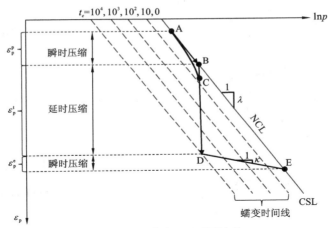

图 5-1-8　瞬时、延时压缩线

NCL 为标准化固结线（normalized consdidation line）；CSL 为临界状态线（critical state line）

5.1.1 小节开展了非饱和土各向等压压缩蠕变试验和各向非等压压缩蠕变试验，试验结果表明非饱和土在次固结阶段各应力状态下体积应变（黏性体应变）与时间对数呈线性关系。为与 Yin 等（1989）提出的饱和黏性体应变方程一致，选择自然对数表示时间，则非饱和黏性体应变与时间的关系式可表示为

$$\varepsilon_p^t = C_{\alpha e}(s)\ln\frac{t_e + t_0}{t_0} + C \quad (C \text{ 为常数}) \tag{5-1-1}$$

式中：$C_{\alpha e}(s)$ 为蠕变参数，表示次固结阶段体积应变与时间对数的斜率，其与净围压和偏应力均无关，与基质吸力相关；t_0 为主固结的时间；t_e 为次固结时间，即蠕变时间。

根据式（5-1-1）可得到非饱和黏性体应变增量形式为

$$d\varepsilon_p^t = C_{\alpha e}(s)\frac{dt_e}{t_e + t_0} \tag{5-1-2}$$

Yin 等（1989）提出的饱和体积黏性体应变方程为

$$d\varepsilon_p^t = \frac{\psi}{v}\frac{dt_e}{t_e + t_0} \tag{5-1-3}$$

式中：ψ/v 为次固结系数，与本章蠕变参数 $C_{\alpha e}$ 含义相同，均表示次固结阶段体积应变与时间对数的斜率。

由式（5-1-2）和式（5-1-3）可以看出，本小节提出的非饱和黏性体应变方程与 Yin 等（1989）提出的饱和体积黏性体应变方程一致，说明不管在饱和状态还是非饱和状态，土体在次固结阶段具有类似的体积蠕变规律，它们之间的区别在于非饱和黏性体应变方程还需要讨论蠕变参数与基质吸力的函数关系。

2. 蠕变参数与基质吸力的关系

根据 5.1.1 小节试验结果可知，在各向等压压缩状态下，次固结阶段体积应变与时间对数呈线性关系，且直线斜率与吸力相关性较强，在各向非等压压缩状态下其与基质吸力相关性不明显。由于直线斜率与净围压和偏应力均无关，仅与基质吸力相关，故也可采用非饱和土各向等压压缩蠕变试验结果探讨各向非等压压缩状态下直线斜率与基质吸力的函数关系，即蠕变参数与基质吸力的关系。

表 5-1-4 整理出恒定基质吸力、不同净围压下的直线斜率，也就是蠕变参数值。将不同净围压和基质吸力下的蠕变参数值绘制于图 5-1-9，可以看出在基质吸力分别为 50 kPa、75 kPa、100 kPa 和 125 kPa 时，不同净围压下的点聚集在一团，可以量化说明蠕变参数与净围压相关性不明显。分别采用指数函数、幂函数和线性函数对蠕变参数与基质吸力的关系进行拟合，见图 5-1-9。

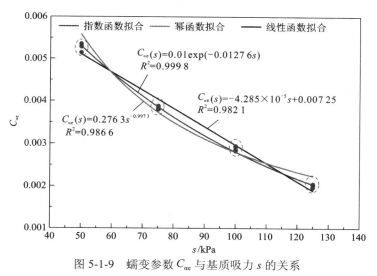

图 5-1-9　蠕变参数 $C_{\alpha e}$ 与基质吸力 s 的关系

指数函数拟合：

$$C_{\alpha e}(s) = 0.01\exp(-0.012\,76s), \quad R^2 = 0.999\,8 \tag{5-1-4}$$

幂函数拟合：

$$C_{\alpha e}(s) = 0.276\,3 s^{-0.997\,3}, \quad R^2 = 0.986\,6 \qquad (5\text{-}1\text{-}5)$$

线性函数拟合:

$$C_{\alpha e}(s) = 4.285 \times 10^{-5} s + 0.007\,25, \quad R^2 = 0.982\,1 \qquad (5\text{-}1\text{-}6)$$

采用指数函数、幂函数和线性函数拟合相关系数 R^2 分别为 0.999 8、0.986 6 和 0.982 1,可知指数函数拟合程度最高,故选择指数函数表示蠕变参数与基质吸力的函数关系。

5.2　非饱和土黏弹塑性模型

5.2.1　非饱和黏弹塑性模型的理论框架

1990 年,Alonso 等(1990)在修正的剑桥模型基础上提出了非饱和弹塑性模型,即著名的巴塞罗那模型(the Barcelona basic model,BBM)。该模型以净平均应力、偏应力和基质吸力为应力变量,认为基质吸力是一种球应力张量,可以使土体硬化。BBM 中提出两条屈服线:①加载-湿陷(loading-collapse,LC)屈服线,表示前期屈服应力随吸力的变化规律;②基质吸力增加(suction increase,SI)屈服线,表示屈服吸力的变化规律。BBM 的提出使非饱和土的发展发生了质的飞跃,也为非饱和土黏弹塑性模型的建立提供了理论基础。因此,有必要对 BBM 进行详细的介绍。

1. 非饱和土的力学特性

Alonso 等(1990)开展了若干组恒定基质吸力下净围压加-卸载试验,指出不管是净围压加载还是卸载,压缩和回弹曲线在 $V\text{-}\ln p$ 平面上是一条直线,p 为净平均应力,V 为比容,$V = 1 + e$,e 为孔隙比。同时还指出在压缩状态下直线 $V\text{-}\ln p$ 的斜率与基质吸力相关,即在基质吸力分别为 s_1 和 s_2 时的压缩曲线的斜率不相等,即 $\lambda(s_1) \neq \lambda(s_2)$;回弹曲线的斜率近似相等,即 $\kappa(s_1) = \kappa(s_2)$,如图 5-2-1 所示。

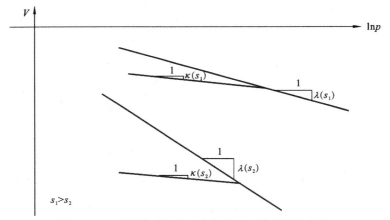

图 5-2-1　不同基质吸力下非饱和土压缩和回弹曲线

根据图 5-2-1 将饱和及非饱和状态下的压缩曲线、回弹曲线绘制于 $V\text{-}\ln p$ 平面,见图 5-2-2。

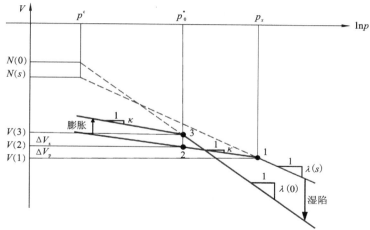

图 5-2-2 非饱和土的 V-$\ln p$ 线

图 5-2-2 中 $\lambda(s)$ 和 $N(s)$ 分别为非饱和土压缩曲线的斜率和截距，$\lambda(0)$ 和 $N(0)$ 分别为饱和土压缩曲线的斜率和截距，κ 为回弹曲线的斜率，$V(i=1,2,3)$ 表示三个点对应的比体积，ΔV_s 和 ΔV_p 分别为基质吸力变化和净平均应力变化产生的比体积增量，p_x 为随吸力变化的屈服应力，p_0^* 为饱和土的屈服应力，p^c 为增湿时不发生湿陷变形的应力，由图 5-2-2 得到非饱和土的压缩曲线和回弹曲线方程。

压缩曲线：

$$V = N(s) - \lambda(s)\ln\frac{p}{p^c} \tag{5-2-1}$$

回弹曲线：

$$\mathrm{d}V = -\kappa\frac{\mathrm{d}p}{p} \tag{5-2-2}$$

在 s-p 平面内，LC 和 SI 屈服线将平面分解成两个区域，应力在 SI、LC 屈服线及坐标轴划分区域内产生弹性应变，在区域外产生塑性变形，如图 5-2-3 所示。假设土体的应力路径为：基质吸力 s 不变时从 p_x（点 1）卸载至 p_0^*（点 2），再在 p_0^* 不变条件下基质吸力从 s 减小至 0（点 3），如图 5-2-2 所示，则在卸载过程中各阶段比体积的关系可表示为

$$V(3) = V(1) + \Delta V_p + \Delta V_s \tag{5-2-3}$$

从图 5-2-2 中可以看出，点 2 到点 3 吸力卸载处于弹性区域，则吸力卸载产生的应变增量为

$$\mathrm{d}V = -\kappa_s\frac{\mathrm{d}s}{(s+p_{at})} \tag{5-2-4}$$

式中：κ_s 为吸力回弹曲线的斜率；p_{at} 为大气压力。

将式（5-2-1）、式（5-2-2）和式（5-2-4）代入式（5-2-3），得

$$N(0) - \lambda(0)\ln\frac{p_0^*}{p^c} = N(s) - \lambda(s)\ln\frac{p_x}{p^c} + \kappa\ln\frac{p_x}{p_0^*} + \kappa_s\ln\frac{s+p_{at}}{p_{at}} \tag{5-2-5}$$

假设应力为 p^c 时，土体从非饱和状态到饱和状态只产生弹性应变，则有

$$N(0) - N(s) = \kappa_s\ln\frac{s+p_{at}}{p_{at}} \tag{5-2-6}$$

将式（5-2-6）代入式（5-2-5），化简得

$$\left(\frac{p_x}{p^c}\right) = \left(\frac{p_0^*}{p^c}\right)^{[\lambda(0)-\kappa]/[\lambda(s)-\kappa]} \tag{5-2-7}$$

式中：$\lambda(s)$ 与吸力相关，$\lambda(s) = \lambda(0)[(1-r)\exp(-\beta s)+r]$，$r$ 和 β 均为参数，可以通过不同基质吸力下三轴等向压缩试验求解。式（5-2-7）即为 LC 屈服线方程的表达式，表示前期屈服应力随基质吸力增加的变化规律。

2. 屈服面方程

基于非饱和土力学特性的 LC 屈服线方程是关于前期屈服应力与基质吸力的函数。Alonso 等（1990）假设屈服面轨迹是一系列随基质吸力变化的平行椭圆，如图 5-2-3（a）所示，椭圆与横轴右交点表示非饱和土的屈服应力 p_x，左交点表示随吸力线性增加引起的黏聚力变化值 p_s。图 5-2-3（b）表示 $p\text{-}s$ 平面上 LC 和 SI 屈服线。

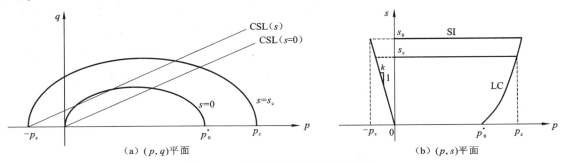

(a) (p,q)平面　　　　　　　(b) (p,s)平面

图 5-2-3　平面上的 LC 和 SI 屈服线

s_c 为不为零的常数

LC 屈服面方程为

$$f_1 = q^2 + M^2(p+p_s)^2 - M^2(p_x+p_s)(p+p_s) = 0 \tag{5-2-8}$$

或

$$f_1 = \ln \overline{p} + \ln\left[1 + \frac{q^2}{M^2\overline{p}^2}\right] - \ln(p_x+p_s) = 0 \tag{5-2-9}$$

式中：M 为临界状态线的斜率；$\overline{p} = p + p_s$，假设 p_s 与基质吸力呈线性关系，则：

$$p_s = k_1 s \tag{5-2-10}$$

式中：k_1 为常数，表示黏聚力随吸力增加的参数。

当吸力增加至屈服吸力时，将会产生塑性变形，吸力屈服面（SI 屈服面）方程可表示为

$$f_2 = s - s_0 = 0 \tag{5-2-11}$$

式中：s_0 表示屈服吸力。将图 5-2-3 二维平面上的屈服面折射到三维空间，则三维空间上的屈服面轨迹如图 5-2-4 所示。

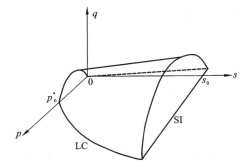

图 5-2-4　(p,q,s)空间上的屈服面

3. 硬化规律

硬化规律描述的是应力随塑性应变增大的现象，表示土体发生硬化现象时的应力-应变关

系。获得非饱和土的硬化规律包括两个步骤：①分别得到由净平均应力和基质吸力产生的塑性体应变，塑性体应变为硬化参数；②将屈服应力和屈服吸力表示为关于塑性体应变的函数。

1）由净平均应力产生的塑性体应变

由于 BBM 中硬化规律仅与塑性体应变相关，根据式（5-2-1）可推导出由净平均应力产生的非饱和土的总体积应变增量 $\mathrm{d}\varepsilon_\mathrm{p}$ 为

$$\mathrm{d}\varepsilon_\mathrm{p} = \frac{\lambda(s)}{1+e_0}\frac{\mathrm{d}p_x}{p_x} \tag{5-2-12}$$

同样，根据式（5-2-2）可推导出非饱和土的弹性体应变增量 $\mathrm{d}\varepsilon_\mathrm{p}^\mathrm{e}$ 表达式为

$$\mathrm{d}\varepsilon_\mathrm{p}^\mathrm{e} = \frac{\kappa}{1+e_0}\frac{\mathrm{d}p}{p} \tag{5-2-13}$$

根据式（5-2-12）和式（5-2-13）可获得由净平均应力产生的塑性体应变增量 $\mathrm{d}\varepsilon_\mathrm{p}^\mathrm{p}$ 为

$$\mathrm{d}\varepsilon_\mathrm{p}^\mathrm{p} = \frac{\lambda(s)-\kappa}{1+e_0}\frac{\mathrm{d}p}{p} \tag{5-2-14}$$

2）由基质吸力产生的塑性体应变

类似的，由基质吸力产生的总体积应变增量 $\mathrm{d}\varepsilon_\mathrm{s}$ 为

$$\mathrm{d}\varepsilon_\mathrm{s} = \frac{\lambda_\mathrm{s}}{1+e_0}\frac{\mathrm{d}s}{(s+p_{\mathrm{at}})} \tag{5-2-15}$$

式中：λ_s 为基质吸力压缩曲线的斜率；p_{at} 为大气压力。

同样，根据式（5-2-4）推导出由基质吸力产生的弹性体应变增量 $\mathrm{d}\varepsilon_\mathrm{s}^\mathrm{e}$，表达式为

$$\mathrm{d}\varepsilon_\mathrm{s}^\mathrm{e} = \frac{\kappa_\mathrm{s}}{1+e_0}\frac{\mathrm{d}s}{(s+p_{\mathrm{at}})} \tag{5-2-16}$$

式中：κ_s 为基质吸力回弹曲线的斜率。

由式（5-2-15）和式（5-2-16）得到基质吸力产生的塑性体应变增量 $\mathrm{d}\varepsilon_\mathrm{s}^\mathrm{p}$ 为

$$\mathrm{d}\varepsilon_\mathrm{s}^\mathrm{p} = \frac{\lambda_\mathrm{s}-\kappa_\mathrm{s}}{1+e_0}\frac{\mathrm{d}s}{(s+p_{\mathrm{at}})} \tag{5-2-17}$$

3）非饱和土的硬化规律

式（5-2-14）和式（5-2-17），分别得到由塑性体应变表示的硬化规律为

$$\frac{\mathrm{d}p_x}{p_x} = \frac{1+e_0}{\lambda(s)-\kappa}\mathrm{d}\varepsilon_\mathrm{p}^\mathrm{p} \tag{5-2-18}$$

$$\frac{\mathrm{d}s_0}{s_0+p_{\mathrm{at}}} = \frac{1+e_0}{\lambda_\mathrm{s}-\kappa_\mathrm{s}}\mathrm{d}\varepsilon_\mathrm{s}^\mathrm{p} \tag{5-2-19}$$

4. 流动法则

流动法则也称正交定律，建立塑性应变与引起塑性应变的应力增量之间的关系。流动法则规定应力空间中任意点处的塑性应变增量与该点的应力存在下述正交关系：

$$\mathrm{d}\varepsilon_{ij}^\mathrm{p} = \mathrm{d}\lambda\frac{\partial g}{\partial \sigma_{ij}} \tag{5-2-20}$$

式中：g 为塑性势函数；$d\lambda$ 为一个非负的比例系数；ε_{ij}^{p} 为塑性应变张量；σ_{ij} 为应力张量。

式（5-2-20）表明一点的塑性应变增量与通过该点的塑性势面存在正交关系，由此确定了塑性应变增量的方向。在 p-q 平面上，式（5-2-20）的正交关系可以表示为

$$d\varepsilon_{p}^{p} = d\lambda \frac{\partial g}{\partial p} \qquad (5\text{-}2\text{-}21)$$

$$d\varepsilon_{q}^{p} = d\lambda \frac{\partial g}{\partial q} \qquad (5\text{-}2\text{-}22)$$

式中：$d\varepsilon_{p}^{p}$ 为塑性体应变增量；$d\varepsilon_{q}^{p}$ 为塑性剪应变增量。

流动法则有相关联和非相关联两种：相关联流动法则假定塑性势面与屈服面一致，即塑性势函数与屈服函数一致，满足 $g = f$；非相关联流动法则认为塑性势面与屈服面不一致，即塑性势函数不等于屈服函数，也就是 $g \neq f$。Alonso 等（1990）为避免采用传统临界状态模型和相关联流动法则使系数 $K_0 = 1 - \sin\varphi$ 增大的弊端（φ 为内摩擦角），通过引入系数 α 对塑性体应变增量与塑性剪应变增量进行修正：

$$\frac{d\varepsilon_{q}^{p}}{d\varepsilon_{p}^{p}} = \frac{2q\alpha}{M^{2}(2p + p_{s} - p_{x})} \qquad (5\text{-}2\text{-}23)$$

式中：M 为临界状态线的斜率。

5. 弹塑性应力-应变关系

根据弹塑性增量理论，总应变增量 $d\varepsilon_{ij}$ 等于弹性应变增量 $d\varepsilon_{ij}^{e}$ 与塑性应变增量 $d\varepsilon_{ij}^{p}$ 之和，即

$$d\varepsilon_{ij} = d\varepsilon_{ij}^{e} + d\varepsilon_{ij}^{p} \qquad (5\text{-}2\text{-}24)$$

1）由净应力产生的弹塑性应力-应变关系

净应力包括净平均应力和偏应力，净平均应力产生的弹性体积应变增量由式（5-2-13）求解，偏应力产生的弹性剪应变增量可表示为

$$d\varepsilon_{q}^{e} = \left(\frac{1}{3}G\right)dq \qquad (5\text{-}2\text{-}25)$$

式中：G 为剪切模量。

通常假设体积模量和剪切模量与有效应力有关，即

$$G = \frac{3(1 - 2\mu)}{2(1 + \mu)}K \qquad (5\text{-}2\text{-}26)$$

$$K = \frac{1 + e}{\kappa}\overline{p} \qquad (5\text{-}2\text{-}27)$$

式中：K 为体积模量；μ 为泊松比。

塑性体应变增量和塑性剪应变增量分别由式（5-2-21）和式（5-2-22）求解，关键是需要求解 $d\lambda$。下面针对比例系数 $d\lambda$ 的求解展开讨论，将 BBM 中的 LC 屈服面方程[式（5-2-9）]的一致性条件写为

$$df_{1} = \frac{\partial f_{1}}{\partial \overline{p}}d\overline{p} + \frac{\partial f_{1}}{\partial q}dq + \frac{\partial f_{1}}{\partial p_{x}}dp_{x} + \left(\frac{\partial f_{1}}{\partial p_{x}}\frac{\partial p_{x}}{\partial s} + \frac{\partial f_{1}}{\partial p_{s}}\frac{\partial p_{s}}{\partial s}\right)ds = 0 \qquad (5\text{-}2\text{-}28)$$

BBM 的硬化参数为塑性体应变，为将塑性体应变引入式（5-2-28），将 LC 屈服线方程 [式（5-2-5）] 写成屈服应力的增量形式为

$$dp_x = \frac{\partial p_x}{\partial p_0^*} dp_0^* + \frac{\partial p_x}{\partial s} ds \qquad (5-2-29)$$

式中：dp_0^* 可由式（5-2-18）表示为

$$dp_0^* = p_0^* \times \frac{1+e_0}{\lambda(0) - \kappa} d\varepsilon_p^p \qquad (5-2-30)$$

将式（5-2-21）、式（5-2-29）、式（5-2-30）代入式（5-2-28），化简得比例系数 $d\lambda$ 的表达式为

$$d\lambda = \frac{\dfrac{\partial f_1}{\partial \overline{p}} d\overline{p} + \dfrac{\partial f_1}{\partial q} dq - \dfrac{1}{p_x + p_s}\left(2 \times \dfrac{\partial p_x}{\partial s} + k_1\right) ds}{\dfrac{p_0^*}{p_x + p_s} \times \dfrac{1+e_0}{\lambda(0) - \kappa} \times \dfrac{\partial p_x}{\partial p_0^*} \times \dfrac{\partial f_1}{\partial \overline{p}}} \qquad (5-2-31)$$

式中

$$\frac{\partial f_1}{\partial \overline{p}} = \frac{M^2 \overline{p}^2 - q^2}{(M^2 \overline{p}^2 + q^2)\overline{p}} \qquad (5-2-32)$$

$$\frac{\partial f_1}{\partial q} = \frac{2q}{M^2 \overline{p}^2 + q^2} \qquad (5-2-33)$$

$$\frac{\partial p_x}{\partial s} = p^c \left(\frac{p_0^*}{p^c}\right)^{\frac{\lambda(0)-\kappa}{\lambda(s)-\kappa}} \times \ln\left(\frac{p_0^*}{p^c}\right) \times \frac{[\lambda(0)-\kappa][\lambda(0)(1-r)\beta \exp(-\beta s)]}{[\lambda(s)-\kappa]^2} \qquad (5-2-34)$$

$$\frac{\partial p_x}{\partial p_0^*} = \frac{\lambda(0)-\kappa}{\lambda(s)-\kappa}\left(\frac{p_0^*}{p^c}\right)^{[\lambda(0)-\kappa]/[\lambda(s)-\kappa]} \qquad (5-2-35)$$

将式（5-2-31）代入式（5-2-21）和式（5-2-22）中即可获得净应力作用下产生的塑性体积应变增量和剪应变增量。

2）基质吸力产生的弹塑性应力-应变关系

基质吸力产生的弹性体应变增量由式（5-2-16）求解，将基质吸力看作是球应力张量，只产生体积应变增量，不产生剪应变。根据相关联流动法则，由基质吸力产生的塑性体积应变增量 $d\varepsilon_s^p$ 可表示为

$$d\varepsilon_s^p = d\lambda_2 \frac{\partial f_2}{\partial s} \qquad (5-2-36)$$

式中：f_2 为 SI 屈服面方程，一致性条件写为

$$df_2 = \frac{\partial f_2}{\partial s} ds - \frac{\partial f_2}{\partial s_0} ds_0 = 0 \qquad (5-2-37)$$

将式（5-2-19）和式（5-2-35）代入式（5-2-37）得

$$d\lambda_2 = -\frac{(\lambda_s - \kappa_s)}{1+e_0} \times \frac{1}{s + p_{at}} ds \qquad (5-2-38)$$

本小节即为 Alonso 等（1990）提出的非饱和土弹塑性模型的推导过程。非饱和弹塑性模型是构建考虑蠕变特性的非饱和黏弹塑性模型的基础。下文将对非饱和黏弹塑性模型推导过

程进行详细的介绍。

5.2.2 非饱和黏弹塑性模型的构建

1. 构建思路

非饱和黏弹塑性模型是非饱和黏弹塑性应变与应力及时间的关系模型，通过弹塑性理论、过应力理论和能量理论推导获得。其中，总体积应变率 $\dot{\varepsilon}_p$ 等于由净平均应力产生的弹性体应变率 $\dot{\varepsilon}_p^e$ 和黏塑性体应变率 $\dot{\varepsilon}_p^p$，以及由基质吸力产生的弹性体应变率 $\dot{\varepsilon}_s^e$ 和黏塑性体应变率 $\dot{\varepsilon}_s^p$ 之和；总剪应变率 $\dot{\varepsilon}_q$ 等于由偏应力产生的弹性剪应变率 $\dot{\varepsilon}_q^e$ 和黏塑性剪应变率 $\dot{\varepsilon}_q^p$ 之和，即

$$\dot{\varepsilon}_p = \dot{\varepsilon}_p^e + \dot{\varepsilon}_s^e + \dot{\varepsilon}_p^p + \dot{\varepsilon}_s^p \tag{5-2-39}$$

$$\dot{\varepsilon}_q = \dot{\varepsilon}_q^e + \dot{\varepsilon}_q^p \tag{5-2-40}$$

本小节构建非饱和黏弹塑性模型实际就是要明确式（5-2-39）、式（5-2-41）的具体表达式，其中，弹性应变率 $\dot{\varepsilon}_p^e$、$\dot{\varepsilon}_s^e$ 和 $\dot{\varepsilon}_q^e$ 分别由式（5-2-13）、式（5-2-16）和式（5-2-25）求解。黏塑性体应变率 $\dot{\varepsilon}_p^p$ 和 $\dot{\varepsilon}_s^p$，以及黏塑性剪应变率 $\dot{\varepsilon}_q^p$ 的推导是本小节的重点内容，需要考虑基质吸力和时间因素。

与非饱和弹塑性模型相比，非饱和黏弹塑性模型构建的关键在于黏塑性应变率（包括黏塑性体应变率和剪应变率）的确定及硬化参量的不同，黏塑性应变率是基于塑性势理论、过应力理论和能量理论推导，硬化参量除塑性体应变外，还包括黏性体应变。

黏塑性体应变率可根据过应力理论的核心公式推导，当采用相关联流动法则时，过应力理论的核心公式为

$$\dot{\varepsilon}_{ij}^{tp} = \Phi \frac{\partial f}{\partial \sigma_{ij}} \tag{5-2-41}$$

由式（5-2-41）可得黏塑性体应变率为

$$\dot{\varepsilon}_p^{tp} = \Phi \frac{\partial f}{\partial p} \tag{5-2-42}$$

黏塑性剪应变率为

$$\dot{\varepsilon}_q^{tp} = \Phi \frac{\partial f}{\partial q} \tag{5-2-43}$$

式中：$\dot{\varepsilon}_{ij}^{tp}$ 为黏塑性应变率；$\dot{\varepsilon}_p^{tp}$ 为黏塑性体应变率；$\dot{\varepsilon}_q^{tp}$ 为黏塑性剪应变率；Φ 为黏塑性标量因子。

式（5-2-41）中黏塑性标量因子 Φ 的确定是求解黏塑性应变率的关键。目前，黏塑性标量因子 Φ 的确定主要有两种方法。

（1）将屈服面作为黏塑性应变率 $\dot{\varepsilon}_{ij}^{tp}$ 的等值面求解 Φ，具体推导过程为：①确定黏塑性体应变和体应变率，黏塑性体应变为塑性体应变与黏性体应变之和，增量形式为 $d\varepsilon_p^{tp} = d\varepsilon_p^p + d\varepsilon_p^t$，$d\varepsilon_p^p$ 为塑性体应变增量，$d\varepsilon_p^t$ 为与时间相关的黏性体应变增量；②采用修正的剑桥模型屈服面方程，将 $\dot{\varepsilon}_p^{tp}$ 代入式（5-2-41）求解黏塑性标量因子 Φ（Leoni et al.，2008；Yin et al.，1989；Borja et al.，1985）。

（2）将屈服面作为黏塑性标量因子 Φ 的等值面求解 Φ，具体推导过程为：①建立考虑蠕变特性的屈服面方程；②基于塑性势理论和过应力理论求解 Φ（姚仰平 等，2013；Adachi et al.，1982）。

比较上述两种方法，第一种明显存在局限：一是建立的模型计算的应力路径趋向于应力原点，不符合临界状态土力学理论；二是模型模拟土体在临界状态线下方的应力-应变关系时，出现应变软化现象，与试验现象不符（Bodas et al.，2012）。因此，选用第二种方法推导黏塑性标量因子，并采用非饱和弹塑性模型（BBM）屈服面方程代替修正的剑桥模型屈服面方程，在此基础上构建非饱和黏弹塑性模型。

下面对非饱和黏弹塑性模型的具体推导过程进行阐述，具体包括以下内容：非饱和黏塑性体应变率和黏塑性剪应变率方程的推导，以及非饱和弹塑性模型的推导及其参数求解。

2. 非饱和土黏塑性体应变率方程

非饱和弹塑性模型中包括 LC 和 SI 两个屈服面，它们与时间无关，但非饱和黏弹塑性模型的 LC 和 SI 屈服面是与黏性体应变相关的，即与时间相关。下面将依据流变力学理论，基于 LC 和 SI 屈服面推导出与黏性体应变相关的 LC 和 SI 屈服面，并将与黏性体应变相关的 LC 和 SI 屈服面定义为流变屈服面。然后根据塑性势理论、过应力理论、能量理论和流变屈服面函数，可推导出非饱和黏塑性体应变率方程。

1）与 LC 流变屈服面相关的体应变率方程

与非饱和弹塑性模型中的 LC 屈服面方程相比，流变屈服面方程需要考虑黏性体应变对屈服强度的硬化作用，为此这里将屈服硬化参数修改为黏塑性体应变，即塑性体应变和黏性体应变之和，然后将屈服函数中的屈服应力表示为关于黏塑性体应变的函数，据此推导与黏性体应变相关的 LC 流变屈服面函数，再根据塑性势理论和过应力理论推导由净平均应力产生的非饱和黏塑性体应变率方程。

（1）LC 流变屈服面方程。

将 BBM 中作为硬化参数的塑性体应变修改为黏塑性体应变，即塑性体应变与黏性体应变之和，根据式（5-2-18）的硬化规律，得到由黏塑性体应变表示的非饱和屈服应力为

$$\overline{p}_x = (p_{x0} + p_s) \exp\left[\frac{1+e_0}{\lambda(s)-\kappa} (\varepsilon_p^p + \varepsilon_p^t) \right] \tag{5-2-44}$$

式中：$\overline{p}_x = p_x + p_s$；$p_{x0}$ 为参考应力。

非饱和弹塑性模型中的 LC 屈服面方程为

$$f_1 = \ln \frac{\overline{p}}{\overline{p}_x} + \ln\left(1 + \frac{q^2}{M^2 \overline{p}^2} \right) = 0 \tag{5-2-45}$$

将式（5-2-45）中的屈服应力 $\overline{p}_x$ 表示为关于黏塑性体应变的函数，即将式（5-2-44）代入式（5-2-45），可得到与黏性体应变相关的 LC 流变屈服面方程：

$$f = \ln \frac{\overline{p}}{(p_{x0}+p_s)} + \ln\left(1 + \frac{q^2}{M^2 \overline{p}^2} \right) - \frac{1+e_0}{\lambda(s)-\kappa}(\varepsilon_p^p + \varepsilon_p^t) = 0 \tag{5-2-46}$$

平面和空间中的 LC 流变屈服线分别见图 5-2-5 和图 5-2-6。式（5-2-46）中黏塑性体应变与时间相关，需要引入时间参量来表示与时间相关的黏塑性体应变的变化。将折算时间 $\overline{t}$ 引

入屈服面方程。需要注意的是，折算时间不是真正的时间，仅仅是一个参考量，式（5-2-46）可假设为

$$f = \ln \frac{\overline{p}}{p_{x0}+p_s} + \ln\left(1+\frac{q^2}{M^2\overline{p}^2}\right) - \frac{1+e_0}{\lambda(s)-\kappa}(\varepsilon_p^p + \varepsilon_p^t) + \overline{t} = 0 \tag{5-2-47}$$

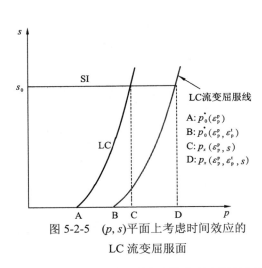

图 5-2-5 (p,s)平面上考虑时间效应的
LC 流变屈服面

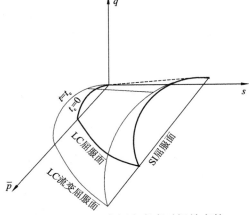

图 5-2-6 (p,q,s)空间上考虑时间效应的
LC 流变屈服面

式（5-2-47）也适用于各向等压压缩条件，当 $q=0$ 时，得

$$f = \ln \frac{\overline{p}}{(p_{x0}+p_s)} - \frac{1+e_0}{\lambda(s)-\kappa}(\varepsilon_p^p + \varepsilon_p^t) + \overline{t} = 0 \tag{5-2-48}$$

将式（5-2-14）代入式（5-2-48）可将塑性体应变与应力抵消，结合非饱和黏性体应变方程可获得折算时间的表达式为

$$\overline{t} = \frac{1+e_0}{\lambda(s)-\kappa}\varepsilon_p^t = \frac{(1+e_0)C_{\alpha e}(s)}{\lambda(s)-\kappa}\int \frac{\mathrm{d}t_e}{t_e + t_0} \tag{5-2-49}$$

式中：t_0 为主固结时间；t_e 为次固结时间，即蠕变时间。

再将式（5-2-14）代入式（5-2-48）即可获得与黏性体应变相关的 LC 流变屈服面方程为

$$f = \ln \frac{\overline{p}}{p_{x0}+p_s} + \ln\left[1+\frac{q^2}{M^2\overline{p}^2}\right] - \frac{1+e_0}{\lambda(s)-\kappa}(\varepsilon_p^p + \varepsilon_p^t) + \frac{(1+e_0)C_{\alpha e}(s)}{\lambda(s)-\kappa}\int \frac{\mathrm{d}t_e}{t_e + t_0} = 0 \tag{5-2-50}$$

将式（5-2-50）中作为硬化参数的黏塑性体应变用应力表示，也可得到仅包含时间变量的 LC 流变屈服面方程为

$$f = \ln \frac{\overline{p}}{\overline{p}_x} + \ln\left[1+\frac{q^2}{M^2\overline{p}^2}\right] + \frac{(1+e_0)C_{\alpha e}(s)}{\lambda(s)-\kappa}\int \frac{\mathrm{d}t_e}{t_e + t_0} = 0 \tag{5-2-51}$$

式（5-2-50）和式（5-2-51）均为 LC 流变屈服面方程的表达式，只是式（5-2-50）中的屈服应力用黏塑性体应变代替，本质上两者没有区别。

（2）非饱和黏塑性体应变率方程。

基于 LC 流变屈服面方程（5-2-51）塑性势理论和过应力理论推导出非饱和黏塑性体应变率方程，分为两步：第一步是对 LC 流变屈服面方程（5-2-50）进行全微分，根据过应力理论将黏塑性体应变表示为关于黏塑性标量因子的函数，继而可求解包含时间变量的黏塑性标量因子的表达式；第二步是将黏塑性标量因子代入过应力理论的核心公式（5-2-42）可直接推

导出非饱和黏塑性体应变率方程。具体推导过程如下。

将 LC 流变屈服面方程（5-2-47）的一致性条件写为

$$\frac{\partial f}{\partial \overline{p}}\mathrm{d}\overline{p} + \frac{\partial f}{\partial q}\mathrm{d}q + \frac{\partial f}{\partial \overline{t}}\mathrm{d}\overline{t} + \frac{\partial f}{\partial p_{x0}}\mathrm{d}p_{x0} + \frac{\partial f}{\partial p_s}\mathrm{d}p_s + \frac{\partial f}{\partial \varepsilon_p^p}\mathrm{d}\varepsilon_p^p + \frac{\partial f}{\partial \varepsilon_p^t}\mathrm{d}\varepsilon_p^t = 0 \qquad (5\text{-}2\text{-}52)$$

根据过应力理论的核心公式（5-2-42）将式（5-2-42）中的黏塑性体应变用应力代替，得到包含黏塑性标量因子的 LC 流变屈服面方程的微分形式为

$$\frac{\partial f}{\partial \overline{p}}\mathrm{d}\overline{p} + \frac{\partial f}{\partial q}\mathrm{d}q + \frac{\partial f}{\partial \overline{t}}\mathrm{d}\overline{t} + \frac{\partial f}{\partial p_{x0}}\mathrm{d}p_{x0} + \frac{\partial f}{\partial p_s}\mathrm{d}p_s - \frac{1+e_0}{\lambda(s)-\kappa}\Phi\frac{\partial f}{\partial \overline{p}}\mathrm{d}t = 0 \qquad (5\text{-}2\text{-}53)$$

式中：p_{x0} 为非饱和土的屈服应力，也与作为硬化参数的黏塑性体应变相关，即与黏塑性标量因子 Φ 有关。根据式（5-2-18）得到饱和条件下包含黏塑性体应变的硬化规律为

$$\mathrm{d}p_0^* = p_0^*\frac{1+e_0}{\lambda(0)-\kappa}(\mathrm{d}\varepsilon_p^p + \mathrm{d}\varepsilon_p^t) \qquad (5\text{-}2\text{-}54)$$

根据过应力理论核心公式（5-2-42）将式（5-2-54）中的黏塑性体应变用应力代替，$\mathrm{d}p_0^*$ 可以表示为

$$\mathrm{d}p_0^* = p_0^*\frac{1+e_0}{\lambda(0)-\kappa}\Phi\frac{\partial f}{\partial \overline{p}}\mathrm{d}t \qquad (5\text{-}2\text{-}55)$$

将式（5-2-55）代入式（5-2-29），可得非饱和土的屈服应力增量 $\mathrm{d}p_{x0}$ 的表达式为

$$\mathrm{d}p_{x0} = \Phi p_0^*\frac{1+e_0}{\lambda(0)-\kappa}\frac{\partial p_{x0}}{\partial p_0^*}\frac{\partial f}{\partial \overline{p}}\mathrm{d}t + \frac{\partial p_{x0}}{\partial s}\mathrm{d}s \qquad (5\text{-}2\text{-}56)$$

进一步将式（5-2-56）代入式（5-2-29），可推导出黏塑性标量因子的表达式为

$$\Phi = \frac{\dfrac{\partial f}{\partial \overline{p}}\dot{\overline{p}} + \dfrac{\partial f}{\partial q}\mathrm{d}\dot{q} + \dfrac{(1+e_0)C_{\alpha e}(s)}{\lambda(s)-\kappa}\dfrac{1}{t_e+t_0} + \left(\dfrac{\partial f}{\partial p_{x0}}\dfrac{\partial p_{x0}}{\partial s} + k_1\dfrac{\partial f}{\partial p_s}\right)\dot{s}}{\left(\dfrac{1+e_0}{\lambda(s)-\kappa} - p_0^*\dfrac{1+e_0}{\lambda(0)-\kappa}\dfrac{\partial f}{\partial p_{x0}}\dfrac{\partial p_{x0}}{\partial p_0^*}\right)\dfrac{\partial f}{\partial \overline{p}}} \qquad (5\text{-}2\text{-}57)$$

式中：

$$\frac{\partial f}{\partial p_{x0}} = \frac{\partial f}{\partial p_s} = -\frac{1}{p_{x0}+p_s} \qquad (5\text{-}2\text{-}58)$$

将式（5-2-57）代入过应力理论的核心公式（5-2-42）得到由净平均应力产生的非饱和土黏塑性体应变率方程为

$$\dot{\varepsilon}_p^{tp} = \frac{\dfrac{\partial f}{\partial \overline{p}}\dot{\overline{p}} + \dfrac{\partial f}{\partial q}\dot{q} + \dfrac{(1+e_0)C_{\alpha e}(s)}{\lambda(s)-\kappa}\dfrac{1}{t_e+t_0} + \left[\dfrac{\partial f}{\partial p_{x0}}\dfrac{\partial p_{x0}}{\partial s} + k_1\dfrac{\partial f}{\partial p_s}\right]\dot{s}}{\dfrac{1+e_0}{\lambda(s)-\kappa} - p_0^*\dfrac{1+e_0}{\lambda(0)-\kappa}\dfrac{\partial f}{\partial p_{x0}}\dfrac{\partial p_{x0}}{\partial p_0^*}} \qquad (5\text{-}2\text{-}59)$$

式中：$\dot{\varepsilon}_p^{tp}$ 为黏塑性体应变率；$\dot{\overline{p}}$、$\dot{q}$ 和 $\dot{s}$ 为时间增量 $\mathrm{d}t$ 内的净平均应力、偏应力和基质吸力的变化量。

2）与 SI 流变屈服面相关的体应变率方程

与 LC 流变屈服面相关的体应变率方程求解过程不同，SI 流变屈服面基于一维建模思想求解，即先结合非饱和黏性体应变方程得到由基质吸力产生的总体积应变和总体积应变率，然后将总体积应变率中的时间变量表示为关于总体积应变的函数。

根据式（5-2-17），结合非饱和黏性体应变方程（5-1-1）得到由基质吸力产生的黏塑性体积应变为

$$\varepsilon_{\mathrm{s}}^{\mathrm{tp}} = \frac{\lambda_{\mathrm{s}} - \kappa_{\mathrm{s}}}{1 + e_0} \ln \frac{s + p_{\mathrm{at}}}{s_{\mathrm{c}} + p_{\mathrm{at}}} + C_{\alpha \mathrm{e}}(s) \ln \frac{t_{\mathrm{e}} + t_0}{t_0} \tag{5-2-60}$$

式中：s_{c} 为表示基质吸力的常数。

式（5-2-60）求导得到黏塑性体应变率为

$$\dot{\varepsilon}_{\mathrm{s}}^{\mathrm{tp}} = \frac{C_{\alpha \mathrm{e}}(s)}{t_{\mathrm{e}} + t_0} \tag{5-2-61}$$

将式（5-2-60）中的蠕变时间 t_{e} 用总体积应变代替代入（5-2-61）中，可得到由基质吸力产生的非饱和黏塑性体应变率方程为

$$\dot{\varepsilon}_{\mathrm{s}}^{\mathrm{tp}} = C_{\alpha \mathrm{e}}(s) \exp \left(-\frac{\varepsilon_{\mathrm{s}}^{\mathrm{tp}}}{C_{\alpha \mathrm{e}}(s)} \right) \left(\frac{s + p_{\mathrm{at}}}{s_{\mathrm{c}} + p_{\mathrm{at}}} \right)^{\frac{\lambda_{\mathrm{s}} - \kappa_{\mathrm{s}}}{(1 + e_0) C_{\alpha \mathrm{e}}(s)}} \times t_0 \tag{5-2-62}$$

3. 非饱和土黏塑性剪应变率方程

土体在外力作用下产生的变形包括体积应变和剪切应变，它们之间的比值称为剪胀，可基于能量方程进行求解。在外力作用下所做的塑性功 $\mathrm{d}W^{\mathrm{p}}$ 可表示为

$$\mathrm{d}W^{\mathrm{p}} = \overline{p} \mathrm{d}\varepsilon_{\mathrm{p}}^{\mathrm{p}} + q \mathrm{d}\varepsilon_{\mathrm{q}}^{\mathrm{p}} \tag{5-2-63}$$

Burland（1965）建议塑性功可由式（5-2-63）计算：

$$\mathrm{d}W^{\mathrm{p}} = \overline{p} \sqrt{(\mathrm{d}\varepsilon_{\mathrm{p}}^{\mathrm{p}})^2 + (M \mathrm{d}\varepsilon_{\mathrm{q}}^{\mathrm{p}})^2} \tag{5-2-64}$$

整理式（5-2-63）和式（5-2-64），得

$$\overline{p} \mathrm{d}\varepsilon_{\mathrm{p}}^{\mathrm{p}} + q \mathrm{d}\varepsilon_{\mathrm{q}}^{\mathrm{p}} = \overline{p} \sqrt{(\mathrm{d}\varepsilon_{\mathrm{p}}^{\mathrm{p}})^2 + (M \mathrm{d}\varepsilon_{\mathrm{q}}^{\mathrm{p}})^2} \tag{5-2-65}$$

由式（5-2-65）可推导剪胀方程为

$$\frac{\mathrm{d}\varepsilon_{\mathrm{p}}^{\mathrm{p}}}{\mathrm{d}\varepsilon_{\mathrm{q}}^{\mathrm{p}}} = \frac{2\overline{\eta}}{M^2 - \overline{\eta}^2} \tag{5-2-66}$$

式中：η 为应力比，$\eta = \overline{p} / q$。结合式（5-2-42）和式（5-2-66），剪胀方程还可以表示为

$$\frac{\mathrm{d}\varepsilon_{\mathrm{p}}^{\mathrm{p}}}{\mathrm{d}\varepsilon_{\mathrm{q}}^{\mathrm{p}}} = \frac{\partial f / \partial p}{\partial f / \partial q} \tag{5-2-67}$$

根据剪胀方程将黏塑性体应变率与黏塑性剪应变率的比值表示为

$$\frac{\dot{\varepsilon}_{\mathrm{p}}^{\mathrm{tp}}}{\dot{\varepsilon}_{\mathrm{q}}^{\mathrm{tp}}} = \frac{\partial f / \partial p}{\partial f / \partial q} \tag{5-2-68}$$

结合式（5-2-59）和式（5-2-68），可推导由偏应力产生的黏塑性剪应变率 $\dot{\varepsilon}_{\mathrm{q}}^{\mathrm{tp}}$，方程为

$$\dot{\varepsilon}_{\mathrm{q}}^{\mathrm{tp}} = \left[\frac{\dfrac{\partial f}{\partial \overline{p}} \dot{\overline{p}} + \dfrac{\partial f}{\partial q} \dot{q} + \dfrac{(1 + e_0) C_{\alpha \mathrm{e}}(s)}{\lambda(s) - \kappa} \dfrac{1}{t_{\mathrm{e}} + t_0} + \left(\dfrac{\partial f}{\partial p_{x0}} \dfrac{\partial p_{x0}}{\partial s} + k_1 \dfrac{\partial f}{\partial p_{\mathrm{s}}} \right) \dot{s}}{\dfrac{1 + e_0}{\lambda(s) - \kappa} - p_0^* \times \dfrac{1 + e_0}{\lambda(0) - \kappa} \dfrac{\partial f}{\partial p_{x0}} \dfrac{\partial p_{x0}}{\partial p_0^*}} \right] \times \frac{\partial f / \partial q}{\partial f / \partial \overline{p}} \tag{5-2-69}$$

4. 非饱和黏弹塑性模型

式（5-2-59）和式（5-2-62）分别推导了由净平均应力和基质吸力产生的非饱和黏塑性体

应变率方程；式（5-2-69）推导了由偏应力产生的非饱和剪应变率方程。根据式（5-2-40）和式（5-2-41）应变率叠加可分别推导出非饱和黏弹塑性体应变率方程和剪应变率方程，也可将两者结合构建可描述复杂应力条件下的非饱和黏弹塑性模型为

$$
\begin{aligned}
\dot{\varepsilon}_{ij} = &\frac{1}{2G}\dot{S}_{ij} + \frac{\kappa}{3(1+e_0)}\frac{\dot{\bar{p}}}{\bar{p}}\delta_{ij} + C_{ae}(s)\exp\left(-\frac{\varepsilon_s}{C_{ae}(s)}\right)\left(\frac{s+p_{at}}{s_c+p_{at}}\right)^{\frac{\lambda_s}{(1+e_0)C_{ae}(s)}}\times t_0 \\
&+ \frac{\dfrac{\partial f}{\partial \bar{p}}\dot{\bar{p}} + \dfrac{\partial f}{\partial q}\mathrm{d}\dot{q} + \dfrac{(1+e_0)C_{ae}(s)}{\lambda(s)-\kappa}\dfrac{1}{t_e+t_0} + \left(\dfrac{\partial f}{\partial p_{x0}}\dfrac{\partial p_{x0}}{\partial s}+k_1\dfrac{\partial f}{\partial p_s}\right)\dot{s}}{\left(\dfrac{1+e_0}{\lambda(s)-\kappa}-p_0^*\dfrac{1+e_0}{\lambda(0)-\kappa}\dfrac{\partial f}{\partial p_{x0}}\dfrac{\partial p_{x0}}{\partial p_0^*}\right)\dfrac{\partial f}{\partial \bar{p}}}\frac{\partial f}{\partial \sigma_{ij}}
\end{aligned}
\tag{5-2-70}
$$

式中：S_{ij} 为偏应力张量，$S_{ij} = \sigma_{ij} - \delta_{ij}\bar{p}$，其余符号意义同前。

5.2.3　模型参数求解及模型的验证

1. 模型参数求解

非饱和土黏弹塑性模型共有 11 个参数，分别为 $\lambda(0)$、κ、κ_s、λ_s、M、r、β、k_1、p_0^*、p^c、$C_{ae}(s)$。其中，$\lambda(0)$、κ、κ_s、λ_s、M、r、β、k_1、p_0^*、p^c 是非饱和弹塑性模型的参数；$C_{ae}(s)$ 是蠕变参数，与基质吸力呈指数函数关系，式（5-1-5）给出了具体表达式。各模型参数物理意义明确，通过室内试验易于求解。

1）参数 $\lambda(0)$、κ

采用英国生产的 GDS 饱和三轴试验仪，试验装置与第 2 章的 GDS 非饱和三轴试验仪类似，区别在于没有气压控制器，试验过程中不需要控制基质吸力。开展饱和土多级净围压加-卸载试验，土样初始孔隙比为 0.7，试验采用分级加载方式，施加净围压的顺序为 50 kPa、100 kPa、150 kPa、200 kPa、250 kPa、300 kPa、250 kPa、200 kPa、150 kPa、100 kPa 和 50 kPa，试验方法在文献（宋林辉 等，2018；陈勇 等，2017）中均有详细描述，在此不再赘述。获得每级净围压稳定后的孔隙比，绘制 $V\text{-}\ln p'$，如图 5-2-7 所示，加载和卸载阶段直线斜率分别为参数 $\lambda(0)$ 和 κ。

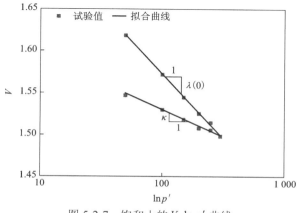

图 5-2-7　饱和土的 $V\text{-}\ln p'$ 曲线

2）参数 r、β

根据表 5-1-3 非饱和土各向等压压缩蠕变试验中基质吸力分别为 50 kPa 和 100 kPa 的试验结果，获得每级净围压主固结完成时的孔隙比（主固结完成的标准是 2 h 固结排水量小于 10 mm³）。求解参数 r 和 β 分为两步：第一步，根据每级净围压主固结完成后的孔隙比，绘制 V-$\ln p'$ 曲线，如图 5-2-8 所示，直线的斜率分别为 $\lambda(50)$ 和 $\lambda(100)$；第二步，将 $\lambda(50)$ 和 $\lambda(100)$ 组合成方程组求解参数 r 和 β。

$$\begin{cases} \lambda(50)=\lambda(0)[(1-r)\exp(-\beta s)+r] \\ \lambda(100)=\lambda(0)[(1-r)\exp(-\beta s)+r] \end{cases} \tag{5-2-71}$$

3）参数 κ_{s}、λ_{s}

参数 κ_{s} 和 λ_{s} 分别表示基质吸力加-卸载试验中回弹和压缩曲线的斜率。当不考虑应力与 λ_{s}、κ_{s} 的相关性时，采用 GDS 非饱和三轴试验仪，开展基质吸力加-卸载试验，试验方案为：净围压为 50 kPa，吸力采用分级加载方式，加载顺序为 5 kPa、20 kPa、40 kPa、60 kPa、100 kPa、200 kPa、100 kPa、60 kPa、40 kPa 和 20 kPa，获取减湿阶段吸力为 40 kPa、100 kPa、200 kPa 及增湿阶段吸力为 100 kPa、60 kPa 固结稳定时的孔隙比，绘制曲线 V-$\ln s$，如图 5-2-9 所示。

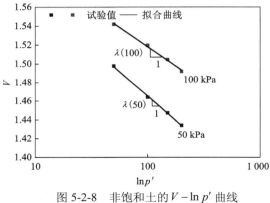

图 5-2-8　非饱和土的 $V-\ln p'$ 曲线

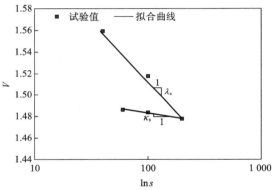

图 5-2-9　净围压为 50 kPa 的 V-$\ln s$ 曲线

4）参数 M、k_{1}

根据 Alonso 等（1990）对参数 M 的简化求解公式：

$$M=\frac{6\sin\varphi}{3-\sin\varphi} \tag{5-2-72}$$

表 5-1-2 中土体的内摩擦角为 28.5°，则参数 M 为 1.135，参数 k_{1} 表示 p' 轴截距随基质吸力增长的速率。

5）参数 p_{0}^{*}、p^{c}

一般根据卡萨格兰德（Casagrande）建议的经验作图法先确定饱和土屈服应力 p_{0}^{*} 和非饱和土屈服应力 p_{x}，再根据非饱和弹塑性模型中的 LC 屈服线方程确定 p^{c}。

结合 2.2 节得到的蠕变参数与基质吸力的指数函数及上述求解的其他参数值，将非饱和黏弹塑性模型的参数值汇总于表 5-2-1。

表 5-2-1　非饱和黏弹塑性模型参数值

参数	取值	参数	取值
$\lambda(0)$	0.066 8	k_1	0.38
κ	0.019 6	p_0^* /kPa	11.4
r	0.409 6	p^c /kPa	7.6
β /kPa^{-1}	0.015 3	λ_s	0.050 6
M	1.407 0	κ_s	0.006 9

蠕变参数根据非饱和各向等压压缩蠕变结果与基质吸力拟合呈指数函数关系[式（5-2-4）]。

2. 模型验证

1）应变率效应

为验证非饱和黏弹塑性模型的应变率效应，开展三组常应变率下非饱和三轴剪切试验，应变率分别为 0.83%/h、4%/h 和 10%/h，试样初始孔隙比为 0.7，净围压和基质吸力均为 50 kPa。试验过程分为两步：第一步，土样分别在基质吸力和净围压为 50 kPa 条件下固结稳定；第二步，在常应变率下进行三轴剪切试验，试验结果见图 5-2-10。

为验证饱和土的应变率效应，Yin 等（1989）针对香港海滩土进行了三组应变率分别为 0.15%/h、1.5%/h 和 15%/h 的饱和土不排水三轴剪切试验，围压为 400 kPa，反压为 200 kPa。模型参数分别为 $\kappa = 0.045\,1$，$\lambda = 0.198\,6$，$C_{\alpha e} = 0.006\,3$，$M = 1.265\,0$，试验结果见图 5-2-11。

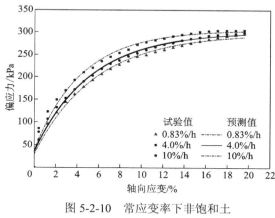

图 5-2-10　常应变率下非饱和土
三轴剪切试验值与预测值对比

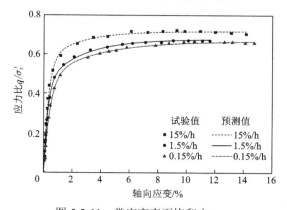

图 5-2-11　常应变率下饱和土
三轴剪切试验值与预测值对比

从图 5-2-10 和图 5-2-11 可以看出，不管土体处在饱和状态还是非饱和状态，随着应变率增加土体呈现硬化特征，即应变率越大剪切强度越高，说明在建立非饱和黏弹塑性模型时需要考虑黏性应变或应变率对土体硬化的影响，即将黏性体应变或应变率作为硬化参数是必要的，也证实了本章建立模型的准确性。两组试验值与模型预测值一致性较好，说明推导的非饱和黏弹塑性模型能较准确地描述滑带土在剪切状态下的应变率效应。

2）蠕变效应和力学特性

为验证非饱和黏弹塑性模型模拟土体在剪切状态下的蠕变效应和力学特性，选取表 5-1-5 非饱和土各向非等压压缩蠕变试验结果，基质吸力分别为 50 kPa 和 200 kPa 的体积应变-时间和轴向应变-时间验证模型的蠕变效应，及应力比-应变验证力学特性。从图 5-2-12 和图 5-2-13 可以看出模型预测值与试验值吻合较好，说明非饱和黏弹塑性模型能较好地预测出非饱和土在剪切应力状态下的蠕变效应和力学特性。

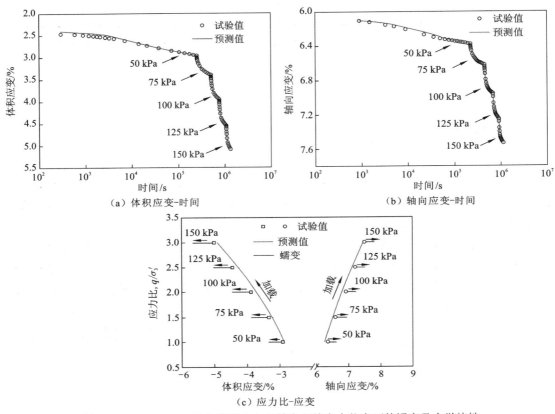

图 5-2-12　$s=50$ kPa 时非饱和土在非等向压缩应力状态下的蠕变及力学特性

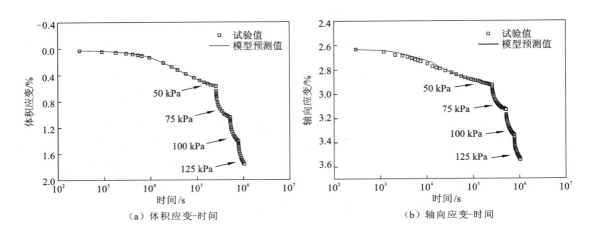

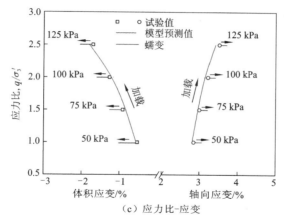

图 5-2-13 $s=200$ kPa 时非饱和土在非等向压缩应力状态下的蠕变及力学特性

5.3 考虑变形影响的非饱和相对渗透性函数

现阶段基于非饱和流固耦合数值计算滑坡变形问题，仅考虑了渗流对应力应变的影响，忽略了变形对渗流的影响，即在渗流过程中将土体看作刚性结构。在降雨和库水作用下滑坡变形使土体孔隙分布和孔径发生变化，进而使渗流通道和渗透特性发生改变，将土体看作刚性结构无法反映变形对土水特性和渗透性能的影响。因此，定量描述土体变形对非饱和渗透性函数的影响，是非饱和渗流计算结果真实可靠的前提，也是实现非饱和渗流与非饱和蠕变耦合的桥梁。为此，本节主要开展以下工作：总结现有构建非饱和相对渗透性函数的方法，在此基础上基于考虑变形的土-水特征曲线方程推导考虑变形影响的非饱和相对渗透性函数；开展两组不同初始孔隙比的一维土柱垂直入渗试验，获得不同深度处体积含水率、基质吸力和湿润锋深度随时间的变化规律，根据湿润锋前进法计算出某深度处的非饱和渗透性系数，将试验计算值与模型预测值进行对比，验证考虑变形影响的非饱和相对渗透性函数的可靠性。

5.3.1 现有的非饱和相对渗透性函数

统计模型基于孔隙分布理论、流体力学理论和毛细管理论构建非饱和相对渗透性函数与饱和度的关系，包括 CCG（Childs and Collis-George）模型、Burdine 模型和 Mualem 模型。

1. CCG 模型

岩土体是由固相、液相和气相三相组成，其中，液相和气相存在于孔隙中，假设土体由大量的孔隙连通通道组成，这些通道的孔隙大小不等，一般由孔径 r 来表征。定义孔隙分布函数为 $f(r)$，假设任意尺寸的孔隙都具有相同的孔隙分布函数。$f(r)\mathrm{d}r$ 表示孔径区间 $[r,r+\mathrm{d}r]$ 内单位土体体积中孔隙对体积含水率的贡献量，如果 $\mathrm{d}\theta_\rho$ 和 $\mathrm{d}\theta_r$ 分别表示孔径区间 $[\rho,\rho+\mathrm{d}\rho]$ 和 $[r,r+\mathrm{d}r]$ 的体积含水率，则有

$$\mathrm{d}\theta_\rho = f(\rho)\mathrm{d}\rho, \quad \mathrm{d}\theta_r = f(r)\mathrm{d}r \tag{5-3-1}$$

对式（5-3-1）进行积分，得到体积含水率的积分形式为

$$\theta_{\rho} = \int_{R_{\min}}^{\rho} f(\rho)\mathrm{d}\rho, \quad \theta_r = \int_{R_{\min}}^{r} f(r)\mathrm{d}r \tag{5-3-2}$$

当孔隙充满水时，饱和体积含水率 θ_s 为

$$\theta_s = \int_{R_{\min}}^{R_{\max}} f(r)\mathrm{d}r \tag{5-3-3}$$

式中：$R_{\max}$ 为被水充满的最大孔隙半径；$R_{\min}$ 为土体中最小孔隙半径。由概率论可知，水流从孔径 ρ 渗透到孔径为 r 的孔隙连通概率 $a_{\rho \to r}$ 为

$$a_{\rho \to r} = f(\rho)\mathrm{d}\rho f(r)\mathrm{d}r \tag{5-3-4}$$

Childs（1950）认为孔隙连通概率 $a_{\rho \to r}$ 与孔径 r^2 成正比，即 $a_{\rho \to r} \propto r^2$。根据牛顿流体 Hagen-Poisseuille 圆管层流方程可知，流体流速与孔径 r^4 成正比，而流速与非饱和渗透系数也成正比，则有 $k_{\rho \to r} \propto r^4$，因此，非饱和渗透系数 k 增量形式可表示为

$$\Delta k = r^2 M f(\rho)\mathrm{d}\rho f(r)\mathrm{d}r \tag{5-3-5}$$

那么，总的非饱和渗透系数为

$$k = M \sum_{\rho=R_{\min}}^{\rho=R_{\max}} \sum_{r=R_{\min}}^{r=R_{\max}} r^2 f(\rho)\mathrm{d}\rho f(r)\mathrm{d}r \tag{5-3-6}$$

式中：M 为常数；孔径 r 和 ρ 表示的含义相同，当 $\rho < r$ 时，可以互相置换。

Brutsaert 将式（5-3-6）改写为

$$k(R) = M \int_{\rho=R_{\min}}^{\rho=R_{\max}} \int_{r=R_{\min}}^{r=\rho} r^2 f(\rho)f(r)\mathrm{d}\rho\mathrm{d}r$$
$$+ M \int_{\rho=R_{\min}}^{\rho=R_{\max}} \int_{r=\rho}^{r=R_{\max}} \rho^2 f(r)f(\rho)\mathrm{d}\rho\mathrm{d}r \tag{5-3-7}$$

从图 5-3-1 可以看出，$OABC$ 区域的面积表示式（5-3-7）的积分结果。右边第一项在 OAB 区域内积分，第二项在 OBC 区域内积分，两项积分面积相等，即

$$\int_{\rho=R_{\min}}^{\rho=R_{\max}} \int_{r=R_{\min}}^{r=\rho} r^2 f(\rho)f(r)\mathrm{d}\rho\mathrm{d}r = \int_{r=R_{\min}}^{r=R_{\max}} \int_{\rho=r}^{\rho=R_{\max}} r^2 f(r)f(\rho)\mathrm{d}\rho\mathrm{d}r \tag{5-3-8}$$

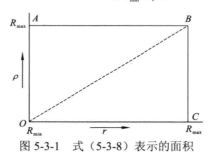

图 5-3-1　式（5-3-8）表示的面积

式（5-3-8）右边积分项也可表示为

$$\int_{r=R_{\min}}^{r=R_{\max}} \int_{\rho=r}^{\rho=R_{\max}} r^2 f(r)f(\rho)\mathrm{d}\rho\mathrm{d}r = \int_{\rho=R_{\min}}^{\rho=R_{\max}} \int_{r=\rho}^{r=R_{\max}} \rho^2 f(\rho)f(r)\mathrm{d}\rho\mathrm{d}r \tag{5-3-9}$$

则，式（5-3-7）可改写为

$$k(R) = 2M \int_{\rho=R_{\min}}^{\rho=R_{\max}} \int_{r=\rho}^{r=R_{\max}} \rho^2 f(\rho)f(r)\mathrm{d}\rho\mathrm{d}r$$
$$= 2M \int_{\rho=R_{\min}}^{\rho=R_{\max}} \rho^2 f(\rho) \int_{r=\rho}^{r=R_{\max}} f(r)\mathrm{d}\rho\mathrm{d}r \tag{5-3-10}$$

根据 Young-Laplace 方程，孔隙孔径 r 与基质吸力 s 的关系为

$$r = \frac{2T_s \cos\alpha_1}{s} \tag{5-3-11}$$

式中：T_s 为水的表面张力；α_1 为接触角；当温度恒定时，近似认为 $T_s \cos\alpha_1$ 为常数。

将式（5-3-1）、式（5-3-2）和式（5-3-11）代入式（5-3-10），得到非饱和渗透系数 k 与体积含水率和基质吸力的积分形式为

$$k = 2M' \int_0^\theta (\theta - \xi) \frac{1}{s^2} \mathrm{d}\xi \tag{5-3-12}$$

式中：M' 为常数；ξ 为虚拟积分项；θ 表示体积含水率。

非饱和渗透系数等于饱和渗透系数与非饱和相对渗透系数的乘积，根据式（5-3-12）得到非饱和相对渗透系数 k_r 为

$$k_r = \frac{\int_0^\theta \frac{(\theta - \xi)\mathrm{d}\xi}{s^2}}{\int_0^{\theta_s} \frac{(\theta_s - \xi)\mathrm{d}\xi}{s^2}} \tag{5-3-13}$$

2. Burdine 模型

Burdine（1953）在储层石油岩体的孔隙分布中发现非饱和渗透系数与孔径的关系为

$$k = 0.126\phi T_{rw}^2 \sum_{i=1}^n \frac{V_i r_i^4}{T_i^2 r_i^2} \tag{5-3-14}$$

式中：ϕ 为孔隙率；V_i 为增量孔隙体积；T_i 渗流曲率修正系数，$T_i = L_i / L$，L_i 为有效渗流路径长度，L 为土样在饱和状态下的渗流路径长度；T_{rw} 为润湿路段渗流曲率修正系数，$T_{rw} = L_{rw} / L$，L_{rw} 为润湿路段有效渗流长度。

同样，基于 Young-Laplace 方程，将式（5-3-11）代入（5-3-14）得非饱和渗透系数与吸力的方程：

$$k = 0.126\phi 4T_s^2 \times (\cos\alpha)^2 \times T_{rw}^2 \sum_{i=1}^n \frac{V_i}{T_i^2 s^2} \tag{5-3-15}$$

将式（5-3-15）表示成积分形式，Burdine（1953）据此推导出非饱和相对渗透系数为

$$k_r = S_e^2 \times \frac{\int_0^\theta \frac{1}{s^2} \mathrm{d}\theta}{\int_0^{\theta_s} \frac{1}{s^2} \mathrm{d}\theta} \tag{5-3-16}$$

式中：S_e 为有效饱和度。

3. Mualem 模型

Mualem 模型（Mualem，1976）与 CCG 模型区别在于引入局部修正系数 G 和渗流曲率修正系数 T，对公式（5-3-6）进行修正为

$$k = C \int_{R_{\min}}^R \int_{R_{\min}}^R G(R,r,\rho)T(R,r,\rho)r\rho f(\rho)\mathrm{d}\rho f(r)\mathrm{d}r \tag{5-3-17}$$

式中：C 为常数；G 和 T 均与孔径和含水率相关，当孔隙充满水时，认为 $G(R,r,\rho)=1$，$T(R,r,\rho)=1$。

当土体处在饱和状态时，饱和渗透系数为

$$k_s = C \int_{R_{\min}}^{R_{\max}} \int_{R_{\min}}^{R_{\max}} G(R,r,\rho) T(R,r,\rho) r \rho f(\rho) \mathrm{d}\rho f(r) \mathrm{d}r \qquad (5\text{-}3\text{-}18)$$

结合式（5-3-17）和式（5-3-18），得到非饱和相对渗透系数为

$$k_r = \frac{\int_{R_{\min}}^{R} \int_{R_{\min}}^{R} G(R,r,\rho) T(R,r,\rho) r \rho f(\rho) \mathrm{d}\rho f(r) \mathrm{d}r}{\int_{R_{\min}}^{R_{\max}} \int_{R_{\min}}^{R_{\max}} r \rho f(\rho) \mathrm{d}\rho f(r) \mathrm{d}r} \qquad (5\text{-}3\text{-}19)$$

借鉴 Burdine 模型的假设，认为局部修正系数 $G(R,r,\rho)$ 和渗流曲率修正系数 $T(R,r,\rho)$ 的乘积为饱和度的幂函数，式（5-3-19）可改写为

$$k_r = S_e^{1/2} \frac{\int_{R_{\min}}^{R} r f(r) \mathrm{d}r \int_{R_{\min}}^{R} \rho f(\rho) \mathrm{d}\rho}{\int_{R_{\min}}^{R_{\max}} r f(r) \mathrm{d}r \int_{R_{\min}}^{R_{\max}} \rho f(\rho) \mathrm{d}\rho} = S_e^n \left[\frac{\int_{R_{\min}}^{R} r f(r) \mathrm{d}r}{\int_{R_{\min}}^{R_{\max}} r f(r) \mathrm{d}r} \right]^2 \qquad (5\text{-}3\text{-}20)$$

将式（5-3-1）式（5-3-11）代入式（5-3-20）得非饱和相对渗透系数与吸力的关系：

$$k_r = S_e^{1/2} \left[\frac{\int_0^\theta \frac{1}{s} \mathrm{d}\theta}{\int_0^{\theta_s} \frac{1}{s} \mathrm{d}\theta} \right]^2 \qquad (5\text{-}3\text{-}21)$$

基于上述三种模型求解非饱和相对渗透系数时，采用的积分算法包括解析积分法和数值积分法，具体积分过程不在此赘述，归纳结果见表 5-3-1。

表 5-3-1　非饱和相对渗透系数积分算法

模型类型	解析积分法	数值积分法
CCG 模型	$k_r = \dfrac{\int_0^\theta \frac{(\theta-\xi)\mathrm{d}\xi}{s^2}}{\int_0^{\theta_s} \frac{(\theta_s-\xi)\mathrm{d}\xi}{s^2}}$	$k_r = \dfrac{\sum_{i=0}^{M}\left[\theta\frac{\theta_{i+1}-\theta_i}{s_i s_{i+1}} - \left(\frac{\theta_{i+1}-\theta_i}{s_i-s_{i+1}}\right)\left(\frac{\theta_{i+1}-\theta_i}{s_{i+1}}\right) + \left(\frac{\theta_{i+1}-\theta_i}{s_i-s_{i+1}}\right)^2 \ln\left(\frac{s_i}{s_{i+1}}\right)\right]}{\sum_{i=0}^{N-1}\left[\theta_s\frac{\theta_{i+1}-\theta_i}{s_i s_{i+1}} - \left(\frac{\theta_{i+1}-\theta_i}{s_i-s_{i+1}}\right)\left(\frac{\theta_{i+1}-\theta_i}{s_{i+1}}\right) + \left(\frac{\theta_{i+1}-\theta_i}{s_i-s_{i+1}}\right)^2 \ln\left(\frac{s_i}{s_{i+1}}\right)\right]}$
Burdine 模型	$k_r = S_e^2 \times \dfrac{\int_0^\theta \frac{1}{s^2}\mathrm{d}\theta}{\int_0^{\theta_s}\frac{1}{s^2}\mathrm{d}\theta}$	$k_r = \dfrac{\sum_{i=0}^{M}\frac{\theta_{i+1}-\theta_i}{s_i s_{i+1}}}{\sum_{i=0}^{N-1}\frac{\theta_{i+1}-\theta_i}{s_i s_{i+1}}}$
Mualem 模型	$k_r = S_e^{1/2}\left[\dfrac{\int_0^\theta \frac{1}{s}\mathrm{d}\theta}{\int_0^{\theta_s}\frac{1}{s}\mathrm{d}\theta}\right]^2$	$k_r = \left[\dfrac{\sum_{i=0}^{M}\left(\frac{\theta_{i+1}-\theta_i}{s_i-s_{i+1}}\right)\ln\left(\frac{s_i}{s_{i+1}}\right)}{\sum_{i=0}^{N-1}\left(\frac{\theta_{i+1}-\theta_i}{s_i-s_{i+1}}\right)\ln\left(\frac{s_i}{s_{i+1}}\right)}\right]^2$

5.3.2　考虑变形影响的非饱和相对渗透性函数

基于 CCG 模型、Burdine 模型和 Mualem 模型均可推导出非饱和相对渗透性函数的表达式。但对于同一种土体，采用上述三种模型计算出的结果差别较大。Agus 等（2003）通过大量分析表明，在众多渗流统计模型中，Mualem 模型由于其概念清晰，推导过程未做过多假设，基质吸力考虑范围广，且具有较好的预测能力而被广泛应用。从表 5-3-1 中 Mualem 模型解析积分形式可以看出，非饱和相对渗透系数是关于饱和度与基质吸力的函数，要建立考虑

变形影响的非饱和相对渗透性函数，可以以考虑变形的土-水特征曲线方程为桥梁，即将 Mualem 模型中的饱和度用包含孔隙比为变量的饱和度代替，即可构建考虑变形影响的非饱和相对渗透性函数。

因此，本小节以 Mualem 模型和考虑变形的土-水特征曲线方程为基础，构建考虑变形影响的非饱和相对渗透性函数。包括以下两个步骤：第一，总结归纳现阶段从宏观角度建立的考虑变形的土-水特征曲线方程；第二，基于 Mualem 模型和考虑变形的土-水特征曲线方程推导考虑变形影响的非饱和相对渗透性函数。

1. 考虑变形的土-水特征曲线方程

土-水特征曲线方程表征饱和度与基质吸力的关系，能够反映土体的持水能力，是研究非饱和土渗透性能的基础。近年来，研究者关于变形对土-水特征曲线影响的讨论也逐渐深入，研究方法大致可分为两大类，包括定性描述和定量表达。

1）定性描述

通过试验探讨土-水特征曲线与变形的相关性（Wen T et al.，2021；陶高梁 等，2014；周葆春 等，2011）。比较有代表性的是 Laliberte 等（1966）针对 Touchet 粉壤土、Columbia 砂壤土和 Berlin 松散砂开展了基质吸力加载试验，获得不同初始孔隙比条件下的土-水特征曲线见图 5-3-2（a）～图 5-3-4（a）。可以看出即使孔隙比变化较小，其对应的土-水特征曲线差别较大，说明变形对土-水特征曲线的影响不容忽视。

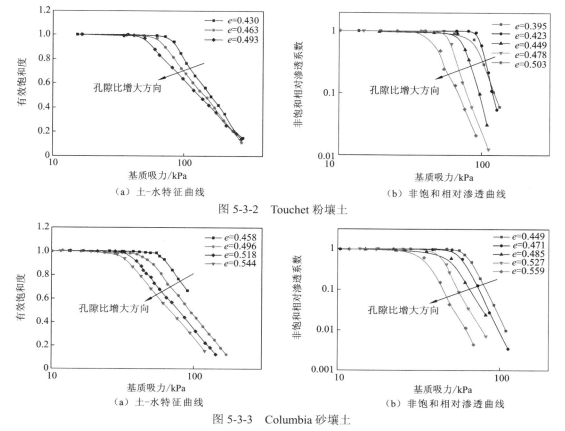

图 5-3-2 Touchet 粉壤土

图 5-3-3 Columbia 砂壤土

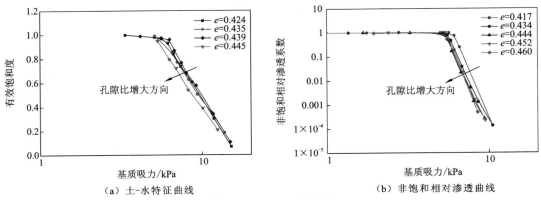

（a）土-水特征曲线   （b）非饱和相对渗透曲线

图 5-3-4 Berlin 松散砂

　　Laliberte 继开展了基质吸力加载试验之后，又开展了非饱和渗透性试验，旨在探讨变形与非饱和相对渗透系数的关系。不同初始孔隙比条件下的非饱和相对渗透性曲线见图 5-3-2（b）～图 5-3-4（b），可以看出孔隙比对非饱和相对渗透性曲线影响也较大。该试验现象说明了通过考虑变形的土-水特征曲线方程构建考虑变形影响的非饱和相对渗透性函数的合理性。

2）定量表达

　　早期研究者大多根据孔隙分布理论研究土体微观孔隙特征，预测考虑变形的土-水特征曲线方程，其参数需要通过微观测试手段求解，导致在实际工程应用时受限。为提高模型的实用性，在构建非饱和相对渗透性函数时采用从宏观角度提出的考虑变形的土-水特征曲线方程。表 5-3-2 简要统计了近年来具有代表性文献中考虑变形的土-水特征曲线方程，如 Gallipoli 等（2003）通过试验发现 VG（van Genuchten）模型中参数 α 与孔隙比呈幂函数关系，以此建立考虑变形的土-水特征曲线方程；Sun 等（2007）在吸力为 147 kPa，初始孔隙比分别为 1.34、1.24、1.65、1.40 条件下开展三轴压缩和剪切试验，认为不同应力路径下饱和度与孔隙比呈线性关系，提出一种简化的包含孔隙比为变量的饱和度增量表达式；周葆春等（2011）开展了大量基质吸力加载试验，获得不同初始孔隙比条件下各级基质吸力稳定后重力含水率与体积应变的变化规律，构建包含孔隙比为变量的土-水特征曲线方程；高游等（2019）将包含孔隙比的参数 α 代入 Fredlund 模型中，并通过引入变换基质吸力 s^* 与接触角的关系考虑滞后效应，建立能考虑变形和滞后效应的土-水特征曲线方程。

表 5-3-2　近年来考虑变形的土-水特征曲线方程

文献来源	表达式	符号说明
Gallipoli 等（2003）	$S_e = \left\{ \dfrac{1}{1+[(\varphi e)^{\psi} s]^n} \right\}^m$	m、n、φ、ψ 为常数
Sun 等（2007）	$\begin{cases} \mathrm{d}S_r = -k_{sw}\mathrm{d}e - \lambda_{sr}\dfrac{\mathrm{d}s}{s}, & \text{主脱湿} \\[2mm] \mathrm{d}S_r = -k_{sw}\mathrm{d}e - \kappa_{sr}\dfrac{\mathrm{d}s}{s}, & \text{主吸湿} \end{cases}$	k_{sw} 为基质吸力一定条件下 S_r 和 e 关系的近似直线斜率；λ_{sr}、κ_{sr} 分别为主干燥及主湿化曲线和扫描曲线的斜率

文献来源	表达式	符号说明
周葆春等（2011）	$S_{\mathrm{r}} = \dfrac{e_0}{e_0 - \lambda_{\mathrm{vs}}\ln\left(\dfrac{s + p_{\mathrm{a}}}{p_{\mathrm{a}}}\right)}\left[1 - \dfrac{\ln\left(1 + \dfrac{s}{s_{\mathrm{r}}}\right)}{\ln\left(1 + \dfrac{10^6}{s_{\mathrm{r}}}\right)}\right]\left\{\dfrac{1}{\ln\left[\exp(1) + \left(\dfrac{s}{b\sqrt{1 - ce_0^2}}\right)^n\right]}\right\}^m$	λ_{vs} 为对数干缩模量；p_{a} 为气压力；n 为 SWCC 拐点处斜率相关的常数；m 为与残余含水率相关的常数；b、c 为常数
高游等（2019）	$S_{\mathrm{r}} = C(s)\dfrac{1}{\{\ln(2.718 + [(e_0)^{\psi} s^* / a]^n)\}^m}$	ψ、a、n、m 为拟合参数，$C(s)$ 为修正参数

2. 考虑变形影响的非饱和相对渗透性函数构建

基于 Mualem 模型和考虑变形的土-水特征曲线方程构建考虑变形影响的非饱和相对渗透性函数，关键是要选择合理的考虑变形的土-水特征曲线方程，表 5-3-2 给出了近年来关于包含孔隙比为变量的饱和度表达式。理论上选择土-水特征曲线方程不仅要考虑其与变形的相关性，还要充分考虑主干燥和主吸湿状态下的差异性和滞后效应，但当上述条件均满足时，该方程要么形式复杂，要么参数较多且不易确定，使其在实例应用时受到限制。

为此，作者认为表 5-3-2 中 Gallipoli 等（2003）提出的土-水特征曲线方程形式简单，将视觉几何（visual geometry，VG）模型中的参数 α 用孔隙比为变量的指数函数代替，即 $\alpha = (\varphi e)^{\psi}$，从而构建考虑变形的土-水特征曲线方程。

对于 VG 模型中参数 α 如何影响土-水特征曲线，及其他的渗透性参数 n、m 对土-水特征曲线是否也有影响。高游等（2019）对此做了有益的尝试，根据参数 α、n、m 的变化对 Fredlund-Xing 模型进行拟合，结果见图 5-3-5，发现参数 α 的变化正好符合土-水特征曲线由于孔隙比变化产生左右平移的现象，这点与 Laliberte 等（1966）的试验现象相符[图 5-3-2（a）、图 5-3-3（a）、图 5-3-4（a）]，也说明了基于包含孔隙比的参数 α 建立考虑变形的土-水特征曲线方程的合理性。

鉴于此，本小节选择 Gallipoli 等（2003）提出的土-水特征曲线方程，见表 5-3-2，将吸力表示成包含有效饱和度的方程为

$$s = (\varphi e)^{-\psi}\left(S_{\mathrm{e}}^{-\frac{1}{m}} - 1\right)^{\frac{1}{n}} \tag{5-3-22}$$

将式（5-3-22）代入 Mualem 模型方程（5-3-21），得

$$k_{\mathrm{r}}(S_{\mathrm{e}}) = S_{\mathrm{e}}^{1/2}\frac{\left[\displaystyle\int_0^{S_{\mathrm{e}}}\left(S_{\mathrm{e}}^{-\frac{1}{m}} - 1\right)^{\frac{1}{n}}\mathrm{d}S_{\mathrm{e}}\right]^2}{\left[\displaystyle\int_0^1\left(S_{\mathrm{e}}^{-\frac{1}{m}} - 1\right)^{\frac{1}{n}}\mathrm{d}S_{\mathrm{e}}\right]} \tag{5-3-23}$$

假设：

$$f(S_{\mathrm{e}}) = \int_0^{S_{\mathrm{e}}}\left(S_{\mathrm{e}}^{-\frac{1}{m}} - 1\right)^{\frac{1}{n}}\mathrm{d}S_{\mathrm{e}} = \int_0^{S_{\mathrm{e}}}\left(\frac{1 - S_{\mathrm{e}}^{\frac{1}{m}}}{S_{\mathrm{e}}^{\frac{1}{m}}}\right)^{\frac{1}{n}}\mathrm{d}S_{\mathrm{e}} \tag{5-3-24}$$

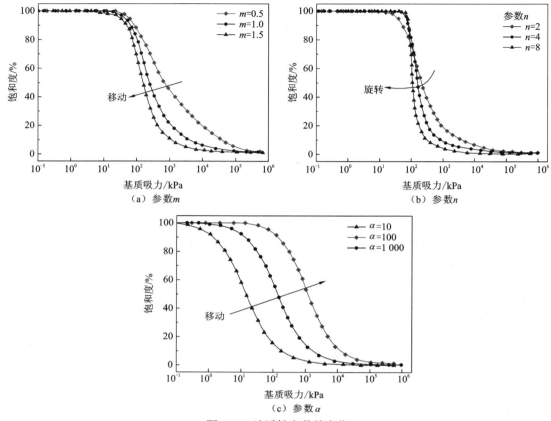

图 5-3-5 渗透性参数的变化

将式（5-3-24）进行积分得

$$f(S_e) = 1 - (1 - S_e^{1/m})^m, \qquad m = 1 - \frac{1}{n} \tag{5-3-25}$$

将式（5-3-25）代入（5-3-23）得到非饱和相对渗透系数与有效饱和度的关系式为

$$k_r(S_e) = S_e^{1/2}[1 - (1 - S_e^{1/m})^m]^2, \qquad m = 1 - \frac{1}{n} \tag{5-3-26}$$

为获得非饱和相对渗透系数与孔隙比、基质吸力的关系，将表 5-9 中 Gallipoli 等（2003）建立的包含孔隙比的有效饱和度代入式（5-3-26），得

$$k_r(e,s) = \{1 + [(\varphi e)^\psi s]^n\}^{-\frac{m}{2}} \left\{ 1 - \left\{ 1 - \frac{1}{1 + [(\varphi e)^\psi s]^n} \right\}^m \right\}^2, \qquad m = 1 - \frac{1}{n} \tag{5-3-27}$$

式（5-3-27）即为考虑变形影响的非饱和相对渗透性函数。相较 VG 模型，仅多了一个参数。

5.3.3　模型参数求解及验证

1. 模型参数求解

非饱和相对渗透性函数的参数包括 φ、ψ、n、m，很显然，他们也是土-水特征曲线方程的参数。因此，开展两组不同初始孔隙比条件下的吸力加载试验，即可求解模型参数值。

试验设备采用 GEO-Experts 压力板仪，试验方法及步骤可参考相关文献，土样取自白家包滑坡滑带土，主要物理性质指标见表 5-1-2。两组试样的初始孔隙比 e_0 分别为 0.90 和 1.04；初始干密度 ρ_d 分别为 1.411 g/cm³ 和 1.314 g/cm³；由于试验设备达到的基质吸力值有限，未测出残余含水率，假设两组试样的残余质量含水率 θ^{res} 均为 0；饱和质量含水率 θ_s 分别为 0.362 和 0.396；计算有效饱和度的公式为 $S_e = (\theta - \theta^{res} / \theta_s - \theta^{res})$。两组试样的试验结果数据见表 5-3-3，绘制不同初始孔隙比条件下的土-水特征曲线见图 5-3-6 所示。

表 5-3-3　两组试样吸力加载试验结果数据

第一组（e_0=0.90）		第二组（e_0=1.04）	
基质吸力 s/kPa	有效饱和度 S_e	基质吸力 s/kPa	有效饱和度 S_e
0.1	1	0.1	1
2	1	2	1
4	1	4	0.987 8
8	0.980 2	8	0.969 5
10	0.974 1	10	0.960 3
30	0.920 6	30	0.897 4
50	0.888 6	50	0.865 2
100	0.859 6	100	0.834 6
200	0.818 4	150	0.814 7
300	0.798 5	200	0.804 0
400	0.792 4	300	0.789 5

根据两组不同初始孔隙比条件下的土-水特征曲线求解模型参数值的步骤如下。

（1）Gallipoli 等（2003）提出的土-水特征曲线方程见表 5-3-2，设 $\alpha = (\varphi e)^\psi$，则方程形式与 VG 模型完全相同，采用 VG 模型拟合图 5-3-6 的曲线，由于初始孔隙比主要影响 α 的值，故在拟合过程中假设不同初始孔隙比条件下的参数 m、n 相同。

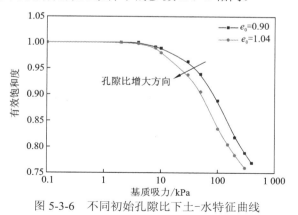

图 5-3-6　不同初始孔隙比下土-水特征曲线

（2）根据拟合得到 $\alpha(e_0=0.90)$ 和 $\alpha(e_0=1.04)$，结合方程组求解参数 φ 和 ψ；

$$\begin{cases} \alpha(e_0=0.90)=(0.90\varphi)^{\psi} \\ \alpha(e_0=1.04)=(1.04\varphi)^{\psi} \end{cases} \tag{5-3-28}$$

（3）将 φ、ψ、m、n 代入式（5-3-27）即可获得考虑变形影响的非饱和相对渗透性函数。模型参数见表 5-3-4。

表 5-3-4 非饱和相对渗透性函数参数值

e_0	α	m	n	φ	ψ
0.90	0.011				
		0.158	1.187	0.296	3.409
1.04	0.018				

2. 模型验证

采用一维土柱垂直入渗试验对考虑变形影响的非饱和相对渗透性函数进行验证，包括以下两个步骤。第一，开展两组不同初始孔隙比的一维土柱垂直入渗试验，获得体积含水率、基质吸力和湿润锋深度随时间的变化规律；第二，基于某深度处体积含水率、基质吸力和湿润锋前进速率，采用湿润锋前进法计算该深度处的非饱和渗透系数，将试验计算值与模型预测值进行对比，验证考虑变形影响的非饱和相对渗透性函数的可靠性。

1）一维土柱垂直入渗试验

（1）试验装置及监测点布置。

试验装置包括土柱制作系统、降雨系统和智能数据采集系统，见图 5-3-7。其中，土柱制作系统由 2 个有机玻璃柱、1 套手摇升降装置和若干橡胶软管等组成，每个玻璃柱的内径和高均为 0.5 m，装置底部有一个外径为 0.025 m 的水嘴；降雨系统由 NLJY-10 型人工模拟降雨系统、导管和喷嘴等组成；智能数据采集系统包括体积含水率传感器（FDR-100，分辨率为 0.1%，测量精度为 ±3%）、基质吸力传感器（分辨率为 0.1 kPa，测量精度为 ±0.5 kPa）及智能数据采集仪组成。

（b）人工模拟降雨系统

（a）有机玻璃柱　　　　（c）智能数据采集系统

图 5-3-7 一维土柱垂直入渗试验装置

土柱总高约为 0.8 m，按图 5-3-8 在监测截面上埋设体积含水率传感器和基质吸力传感器，其埋设深度依次为 0.1 m、0.3 m、0.5 m 和 0.7 m，如图 5-3-8 所示。同时在玻璃柱筒壁外侧间隔均匀贴刻度尺，以观测降雨过程中湿润锋的前进速率。

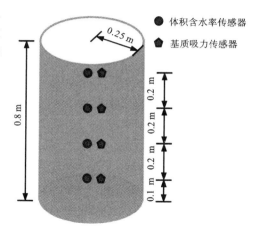

图 5-3-8　传感器埋设示意图

当降雨强度大于土样的饱和渗透系数时，土柱顶部很快出现积水，为减小积水产生应力对试验过程的影响，在土柱上表面高约 0.01 m 处开直径为 0.02 m 的小圆孔，使顶部积水能够顺畅向外排出。

（2）试验方案。

开展两组不同初始孔隙比的一维土柱垂直入渗试验，试样采用白家包滑坡滑带土的重塑土样，基本物理参数见表 5-1-2。试验方案为：两组土柱的初始孔隙比分别为 0.90 和 1.04，对应的饱和渗透系数分别为 5.4 mm/h 和 7.9 mm/h，降雨强度均设置为 20 mm/h，试验方案见表 5-3-5。

表 5-3-5　一维土柱垂直入渗试验方案

初始孔隙比	饱和渗透系数/（mm/h）	降雨强度/（mm/h）
0.90	5.4	20
1.04	7.9	

（3）试验步骤。

一维土柱垂直入渗试验步骤如下。

第一，装样前，在玻璃柱内壁涂抹润滑油，减小边界效应。

第二，在玻璃柱底部铺滤网，再在其上铺厚约 0.01 m 砂砾，防止堵塞底部出水口。根据土柱体积 V_1、比重 G_s、初始含水率 w_0 计算出填土总质量 m_{total}，即

$$m_{total} = \frac{G_s(1+w_0)}{1+e} \rho_w V_1 \qquad (5\text{-}3\text{-}29)$$

式中：ρ_w 为水的密度。将土样平均分 8 层逐层击实，每层土样高度为 0.1 m，质量为 $m = m_{total}/8$，装样期间在预定深度处埋设传感器。装样完成后，在试样顶部铺厚约 0.01 m 砂砾防止降水对土体扰动过大。土柱及传感器埋设过程见图 5-3-9。

第三，将各传感器接口连入数据采集仪，通过 NLJY-10 型人工模拟降雨系统设定降雨强度，开始降雨时记录各时刻湿润锋深度。

第四，观测降雨过程中各传感器的数据变化，直至土样完全饱和及各传感器数据稳定一段时间后，停止降雨，结束试验。

2）试验结果及验证

（1）试验结果。

两组土柱的初始孔隙比分别为 0.9 和 1.04，根据试验得到各深度处体积含水率、基质吸力及湿润锋深度随时间的变化规律，分别见图 5-3-10 和图 5-3-11，以及湿润锋深度随时间的变化，见图 5-3-12。

图 5-3-9　土柱及传感器埋设过程

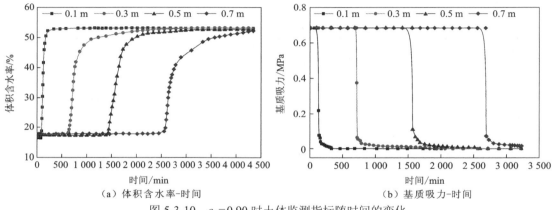

（a）体积含水率-时间　　　　　　　　　（b）基质吸力-时间

图 5-3-10　$e_0 = 0.90$ 时土体监测指标随时间的变化

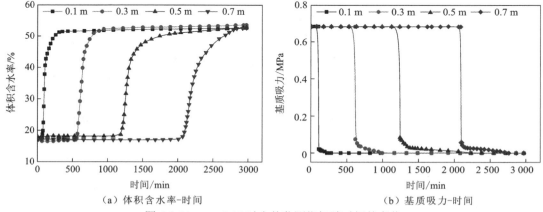

（a）体积含水率-时间　　　　　　　　　（b）基质吸力-时间

图 5-3-11　$e_0 = 1.04$ 时土体监测指标随时间的变化

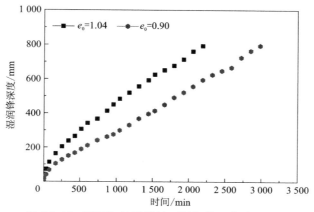

图 5-3-12　不同初始孔隙比下湿润锋深度时程曲线

从图 5-3-10 和图 5-3-11 可以看出，当降水入渗至传感器预设深度处，土柱的体积含水率从初始值迅速增大至饱和体积含水率，且各深度处最大体积含水率相近，约为 54%。相比之下，孔隙比越大，入渗速率越快。基质吸力在干湿变化处出现陡降，当体积含水率接近最大值时，基质吸力降至接近零。

从图 5-3-12 可以看出，湿润锋深度过程曲线可分为三个阶段：第一阶段，降雨初期，湿润锋快速向下推移；第二阶段，降雨至土柱表层开始出现积水时，湿润锋速率逐渐减小；第三阶段，降水入渗一段时间后，湿润锋近似匀速向下推移。对比两种不同初始孔隙比下的湿润锋进程曲线，可知孔隙比越大，湿润锋前进速率越大。

（2）试验验证。

根据土柱某深度处的体积含水率、基质吸力和湿润锋前进速率，采用 Li 等提出的湿润锋前进法计算该深度处的非饱和渗透系数。湿润锋前进法的计算公式为

$$k = \frac{[\theta(h_{\mathrm{B}}, t_2) + \theta(h_{\mathrm{B}}, t_1) - 2\theta_i]\gamma_{\mathrm{w}} v_1^2 (t_2 - t_1)}{2[\psi(h_{\mathrm{B}}, t_1) - \psi(h_{\mathrm{B}}, t_2) - \gamma_{\mathrm{w}} v_1 (t_2 - t_1)]} \qquad (5\text{-}3\text{-}30)$$

式中：$\theta(h_{\mathrm{B}}, t_i)\, (i = 1, 2)$ 表示 t_i 时刻传感器埋设位置至土柱顶部距离 h_{B} 处的体积含水率；θ_i 为初始体积含水率；γ_{w} 为水的重度；v_1 为湿润锋前进速率；$\psi(h_{\mathrm{B}}, t_i)\, (i = 1, 2)$ 表示 t_i 时刻传感器埋设位置至土柱顶部距离为 h_{B} 处基质吸力。

由于基质吸力在干湿变化处出现陡降，为确定能够准确获得基质吸力，依托室内试验测量的土-水特征曲线，见图 5-3-6，根据监测的体积含水率代入 Gallipoli 等（2003）提出的土-水特征曲线方程反推基质吸力，即

$$s = \left(S_{\mathrm{e}}^{-\frac{1}{m}} - 1 \right)^{\frac{1}{n}} \times (\varphi e)^{-\psi} \qquad (5\text{-}3\text{-}31)$$

根据反推的基质吸力与监测的基质吸力进行对比，去掉不合理的离散点或者补充突变处的点，然后将监测的体积含水率、基质吸力和湿润锋前进速率代入式（5-3-30）得到非饱和渗透系数计算值，将其除以饱和渗透系数可得到非饱和相对渗透系数计算值；将基质吸力代入式（5-3-29），即可获得根据推导的考虑变形影响的非饱和相对渗透系数预测值。

基于一维土柱垂直入渗试验和湿润锋前进法计算出非饱和渗透系数，采用哪一段的试验结果进行验证取决于体积含水率的变化。将监测的体积含水率划分为三个阶段：第一阶段，

入渗初期，基本保持初始体积含水率不变；第二阶段，入渗中期，体积含水率逐渐增大；第三阶段，入渗后期，基本保持最大体积含水率不变，见图 5-3-10（a）和图 5-3-11（a）。第一阶段和第三阶段由于体积含水率基本不变，导致该阶段的非饱和渗透系数试验计算值无法反映其变化，故采用第二阶段的试验结果进行验证。

均匀土柱各深度处反映的渗透特性基本相同，两组试验均选择 0.3 m 深度处的试验监测数据进行验证，结果见图 5-3-13。可以看出在基质吸力小于 20 kPa 时，非饱和相对渗透系数为 1，说明土体的进气值近似为 20 kPa。根据试验监测数据计算得到的非饱和相对渗透系数与推导的模型计算值具有较好的一致性，从而验证了考虑变形影响的非饱和相对渗透系数模型的可靠性。

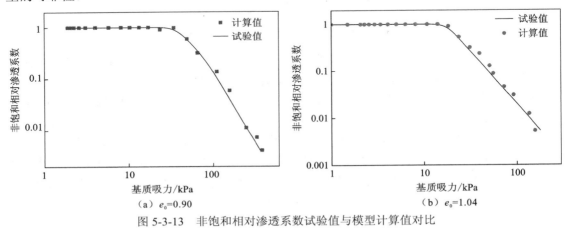

图 5-3-13　非饱和相对渗透系数试验值与模型计算值对比

5.4　非饱和渗流与蠕变耦合有限元方程及其数值方法

为量化评价非饱和渗流与蠕变耦合效应预测滑坡时效变形，需要构建非饱和渗流与蠕变耦合方程及其数值方法。非饱和渗流与蠕变耦合方程的形式是公认的，它包括考虑蠕变的非饱和平衡方程、非饱和渗流连续性方程及考虑变形的土-水特征曲线方程或是考虑变形影响的非饱和相对渗透性函数。对于这种复杂的非线性耦合问题，可以借助 ABAQUS 开发平台实现数值模拟。

5.4.1　非饱和渗流与蠕变耦合有限元方程

非饱和渗流与蠕变耦合方程包括：考虑蠕变的非饱和平衡方程、非饱和渗流连续性方程及考虑变形影响的非饱和相对渗透性函数，其中，考虑变形影响的非饱和相对渗透性函数是非饱和渗流与非饱和蠕变耦合的桥梁。

基于非饱和渗流与蠕变耦合方程推导其有限元方程，具体步骤：第一，根据非饱和平衡方程及非饱和黏弹塑性模型推导非饱和蠕变有限元方程；第二，根据传统的非饱和渗流连续性方程及考虑变形影响的非饱和相对渗透性函数推导非饱和渗流有限元方程；第三，在非饱和蠕变有限元方程及非饱和渗流有限元方程的基础上，推导非饱和渗流与蠕变耦合有限元方程。

1. 非饱和蠕变有限元方程的构建

1）考虑蠕变的非饱和平衡方程

非饱和土的有效应力公式为

$$\sigma' = (\sigma - u_a) + S_r(u_a - u_w) \tag{5-4-1}$$

式中：σ 为土体应力；u_a 为孔隙气压力；u_w 为孔隙水压力。

将式（5-4-1）表示成有效应力的增量形式为

$$d\sigma' = d(\sigma - u_a) + S_r d(u_a - u_w) \tag{5-4-2}$$

或

$$d\sigma' = \boldsymbol{D}_{ep} d\varepsilon - d[S_r u_w + (1 - S_r)u_a] \tag{5-4-3}$$

式中：$\boldsymbol{D}_{ep}$ 为弹性刚度矩阵。

考虑非饱和土的蠕变效应时，将式（5-4-3）中的弹塑性刚度矩阵修正为非饱和黏弹塑性刚度矩阵 $\boldsymbol{D}'_{ep}$，即考虑蠕变效应的非饱和土本构方程为

$$d\sigma' = \boldsymbol{D}'_{ep} d\varepsilon - d[S_r u_w + (1 - S_r)u_a] \tag{5-4-4}$$

由虚位移原理可知，在某一时刻岩土体的虚功与作用在该岩土体上的作用力（体力和面力）产生的虚功相等，即

$$\int_v \boldsymbol{\delta}^{*T} d\sigma' dv - \int_v \boldsymbol{\varepsilon}^{*T} df dv - \int_\Gamma \boldsymbol{\varepsilon}^{*T} d\tau d\Gamma = 0 \tag{5-4-5}$$

式中：$\boldsymbol{\delta}^*$ 为虚位移，$\boldsymbol{\delta}^* = [u^* \quad v^* \quad w^*]^T$；$df$ 为体力；$d\tau$ 为面力；$\boldsymbol{\varepsilon}^*$ 为虚应变，$\boldsymbol{\varepsilon}^* = [\varepsilon_x^* \quad \varepsilon_y^* \quad \varepsilon_z^* \quad \gamma_{xy}^* \quad \gamma_{yz}^* \quad \gamma_{zx}^*]^T$。

将式（5-4-3）代入（5-4-5），得

$$\int_v \boldsymbol{\delta}^{*T} \left[\boldsymbol{D}'_{ep} d\varepsilon' - m d(S_r u_w + (1 - S_r)u_a)\right] dv - \int_v \boldsymbol{\varepsilon}^{*T} df dv - \int_\Gamma \boldsymbol{\varepsilon}^{*T} d\tau d\Gamma = 0 \tag{5-4-6}$$

由于非饱和渗流连续方程包含有时间项，为将蠕变方程与渗流方程进行耦合，需要对虚功方程（5-4-6）对时间求导，即

$$\int_v \boldsymbol{\delta}^{*T} \left[\boldsymbol{D}'_{ep} \frac{d\varepsilon'}{dt} - m \frac{d(S_r u_w + (1 - S_r)u_a)}{dt}\right] dv - \int_v \boldsymbol{\varepsilon}^{*T} \frac{df}{dt} dv - \int_\Gamma \boldsymbol{\varepsilon}^{*T} \frac{d\tau}{dt} d\Gamma = 0 \tag{5-4-7}$$

假设孔隙气压在整个非饱和区域是恒定的，即 $\dfrac{du_a}{dt} = 0$，则有

$$\begin{aligned}
\frac{d[S_r u_w + (1 - S_r)u_a]}{dt} &= S_r \frac{du_w}{dt} + u_w \frac{dS_r}{dt} \\
&= \left(S_r + u_w \frac{dS_r}{du_w}\right) \frac{du_w}{dt}
\end{aligned} \tag{5-4-8}$$

将式（5-4-8）代入式（5-4-7）推导考虑蠕变的非饱和平衡方程，为

$$\int_v \boldsymbol{\delta}^{*T} \boldsymbol{D}'_{ep} \frac{d\varepsilon'}{dt} dv - \int_v \boldsymbol{\delta}^{*T} m\left(S_r + u_w \frac{dS_r}{du_w}\right) \frac{du_w}{dt} dv = \int_v \boldsymbol{\varepsilon}^{*T} \frac{df}{dt} dv + \int_\Gamma \boldsymbol{\varepsilon}^{*T} \frac{d\tau}{dt} d\Gamma \tag{5-4-9}$$

2）非饱和蠕变有限元方程

根据考虑蠕变的非饱和平衡方程推导出非饱和蠕变有限元方程，需要将式（5-4-9）中单

元体位移和孔隙水压力用节点位移和孔隙水压力表示，首先需要定义形函数为

$$\boldsymbol{\delta}^* = \boldsymbol{B}\boldsymbol{\varepsilon}^* \tag{5-4-10}$$

式中：$\boldsymbol{B}$ 为几何方程，表示为 $\boldsymbol{B} = [\boldsymbol{B}_1 \quad \boldsymbol{B}_2 \quad \cdots \quad \boldsymbol{B}_m]^{\mathrm{T}}$。

单元体内位移向量和孔隙水压力向量与节点位移向量和孔隙水压力向量的关系可表示为

$$\boldsymbol{\delta} = \boldsymbol{N}\boldsymbol{\delta}^e \tag{5-4-11}$$

$$\boldsymbol{u}_{\mathrm{w}} = \boldsymbol{N}\boldsymbol{u}_{\mathrm{w}}^e \tag{5-4-12}$$

式中：$\boldsymbol{N}$ 为插值函数，$\boldsymbol{N} = [N_1 \quad N_2 \quad \cdots \quad N_m]^{\mathrm{T}}$；$\boldsymbol{\delta}^e$ 为节点位移向量；$\boldsymbol{u}_{\mathrm{w}}^e$ 为节点孔隙水压力向量。

将式（5-4-10）和式（5-4-12）代入式（5-4-9）得到考虑蠕变的非饱和平衡方程有限元格式为

$$\int_v \boldsymbol{B}^{\mathrm{T}} \boldsymbol{D}'_{\mathrm{ep}} \boldsymbol{B} \frac{\mathrm{d}\boldsymbol{\delta}^e}{\mathrm{d}t} \mathrm{d}v + \int_v \boldsymbol{B}^{\mathrm{T}} m \left(S_{\mathrm{r}} + u_{\mathrm{w}} \frac{\mathrm{d}S_{\mathrm{r}}}{\mathrm{d}u_{\mathrm{w}}} \right) \boldsymbol{N} \frac{\mathrm{d}\boldsymbol{u}_{\mathrm{w}}^e}{\mathrm{d}t} \mathrm{d}v = \int_v \boldsymbol{N}^{\mathrm{T}} \frac{\mathrm{d}f}{\mathrm{d}t} \mathrm{d}v + \int_\Gamma \boldsymbol{N}^{\mathrm{T}} \frac{\mathrm{d}\tau}{\mathrm{d}t} \mathrm{d}\Gamma \tag{5-4-13}$$

将式（5-4-13）写成简化形式，考虑蠕变的非饱和平衡方程有限元格式也称为非饱和蠕变有限元方程，为

$$\boldsymbol{K} \frac{\mathrm{d}\boldsymbol{\delta}^e}{\mathrm{d}t} + \boldsymbol{C} \frac{\mathrm{d}\boldsymbol{u}_{\mathrm{w}}^e}{\mathrm{d}t} = \frac{\mathrm{d}\hat{\boldsymbol{F}}}{\mathrm{d}t} \tag{5-4-14}$$

式中

$$\boldsymbol{K} = \int_v \boldsymbol{B}^{\mathrm{T}} \boldsymbol{D}'_{\mathrm{ep}} \boldsymbol{B} \mathrm{d}v \tag{5-4-15}$$

$$\boldsymbol{C} = \int_v \boldsymbol{B}^{\mathrm{T}} m \left(S_{\mathrm{r}} + u_{\mathrm{w}} \frac{\mathrm{d}S_{\mathrm{r}}}{\mathrm{d}u_{\mathrm{w}}} \right) \boldsymbol{N} \mathrm{d}v \tag{5-4-16}$$

$$\mathrm{d}\hat{\boldsymbol{F}} = \int_v \boldsymbol{N}^{\mathrm{T}} \mathrm{d}f \mathrm{d}v + \int_\Gamma \boldsymbol{N}^{\mathrm{T}} \mathrm{d}\tau \mathrm{d}\Gamma \tag{5-4-17}$$

2. 非饱和渗流有限元方程的构建

1）非饱和渗流连续性方程

对于某一单元岩土体，根据质量守恒定律，在 $\mathrm{d}t$ 时间内流入该单元体内的水量应等于其内部储水量的增加。在忽略溶质势和温度势的影响以及水和土骨架不可压缩的条件下，采用达西定律描述流体的渗流作用时，非饱和渗流连续性方程为

$$\left[\frac{\partial(\rho_{\mathrm{w}} v_x)}{\partial x} + \frac{\partial(\rho_{\mathrm{w}} v_y)}{\partial y} + \frac{\partial(\rho_{\mathrm{w}} v_z)}{\partial z} \right] \mathrm{d}v + \frac{\partial}{\partial t}(\rho_{\mathrm{w}} n S_{\mathrm{r}}) = 0 \tag{5-4-18}$$

式中：$v_i (i = x, y, z)$ 表示流速，根据达西定律获得三维空间上各方向流速为

$$\begin{cases} v_x = -k_{xx} \dfrac{\partial \varphi}{\partial x} - k_{xy} \dfrac{\partial \varphi}{\partial y} - k_{xz} \dfrac{\partial \varphi}{\partial z} \\[2mm] v_y = -k_{yx} \dfrac{\partial \varphi}{\partial x} - k_{yy} \dfrac{\partial \varphi}{\partial y} - k_{yz} \dfrac{\partial \varphi}{\partial z} \\[2mm] v_z = -k_{zx} \dfrac{\partial \varphi}{\partial x} - k_{zy} \dfrac{\partial \varphi}{\partial y} - k_{zz} \dfrac{\partial \varphi}{\partial z} \end{cases} \tag{5-4-19}$$

式中：$k_{ij}(i, j = x, y, z)$ 为非饱和渗透系数；φ 为总水头，由重力势和基质势组成，即 $\varphi = y + h$，y 为位置水头，h 为基质势。

当不考虑孔隙水的密度随时间变化时，有

$$\frac{\partial \rho_{\mathrm{w}}}{\partial t} = 0 \tag{5-4-20}$$

将式（5-4-19）中流速表示成关于孔隙水压力的公式为

$$v = -k_{\mathrm{s}} k_{\mathrm{r}} \left(\frac{\nabla u_{\mathrm{w}}}{\rho_{\mathrm{w}}} - g \right) \tag{5-4-21}$$

式中：v 为土壤水流速列向量；k_{s} 为饱和渗透系数；k_{r} 为非饱和相对渗透系数矩阵；g 为重力加速度。

式（5-4-21）中各变量的表达式为

$$v = \{ v_x \quad v_y \quad v_z \}^{\mathrm{T}} \tag{5-4-22}$$

$$k = k_{\mathrm{s}} k_{\mathrm{r}} = \begin{bmatrix} k_{xx} & k_{xy} & k_{xz} \\ k_{yx} & k_{yy} & k_{yz} \\ k_{zx} & k_{zy} & k_{zz} \end{bmatrix} \tag{5-4-23}$$

$$\nabla u_{\mathrm{w}} = \left\{ \frac{\partial u_{\mathrm{w}}}{\partial x} \quad \frac{\partial u_{\mathrm{w}}}{\partial y} \quad \frac{\partial u_{\mathrm{w}}}{\partial z} \right\}^{\mathrm{T}} \tag{5-4-24}$$

式（5-4-18）中孔隙率对时间的导数为

$$\frac{\partial n}{\partial t} = \frac{\partial \varepsilon_{\mathrm{v}}}{\partial t} = \boldsymbol{m}^{\mathrm{T}} \frac{\partial \boldsymbol{\varepsilon}}{\partial t} \tag{5-4-25}$$

式中：$\boldsymbol{\varepsilon} = [\varepsilon_x \quad \varepsilon_y \quad \varepsilon_z \quad \gamma_{xy} \quad \gamma_{yz} \quad \gamma_{zx}]^{\mathrm{T}}$。

将式（5-4-20）、式（5-4-20）和式（5-4-25）代入式（5-4-18）中，得到非饱和渗流连续性方程为

$$-\boldsymbol{\nabla}^{\mathrm{T}} \left[k_{\mathrm{s}} k_{\mathrm{r}} \left(\frac{\nabla u_{\mathrm{w}}}{\rho_{\mathrm{w}}} - g \right) \right] + S_{\mathrm{r}} \boldsymbol{m}^{\mathrm{T}} \frac{\partial \boldsymbol{\varepsilon}}{\partial t} + n \frac{\partial S_{\mathrm{r}}}{\partial u_{\mathrm{w}}} \frac{\partial u_{\mathrm{w}}}{\partial t} = 0 \tag{5-4-26}$$

第一类边界条件：流量边界

$$-\bar{\boldsymbol{n}}^{\mathrm{T}} k_{\mathrm{s}} k_{\mathrm{r}} \left(\frac{\nabla u_{\mathrm{w}}}{\rho_{\mathrm{w}}} - g \right) = q \tag{5-4-27}$$

式中：$\bar{\boldsymbol{n}}$ 为流量边界的单位法向，$\bar{\boldsymbol{n}} = \{ \cos(\bar{n}, x) \quad \cos(\bar{n}, y) \quad \cos(\bar{n}, z) \}^{\mathrm{T}}$；$q$ 为单位时间内流过边界的水流量。

第二类边界条件：孔隙水压力边界为

$$u_{\mathrm{w}} = u_{\mathrm{wb}} \tag{5-4-28}$$

式中：u_{wb} 为已知边界处的孔隙水压力值。

2）非饱和渗流有限元方程

根据非饱和渗流连续性方程（5-4-26），采用伽辽金法推导出非饱和渗流有限元方程。结合流量边界条件式（5-4-27），非饱和渗流连续性方程（5-4-26）的近似积分形式可写为

$$\int_v \boldsymbol{N}^{\mathrm{T}} \left\{ -\boldsymbol{\nabla}^{\mathrm{T}} \left[k_{\mathrm{s}} k_{\mathrm{r}} \left(\frac{\nabla u_{\mathrm{w}}}{\rho_{\mathrm{w}}} - g \right) \right] + S_{\mathrm{r}} \boldsymbol{m}^{\mathrm{T}} \frac{\partial \boldsymbol{\varepsilon}}{\partial t} + n \frac{\partial S_{\mathrm{r}}}{\partial u_{\mathrm{w}}} \frac{\partial u_{\mathrm{w}}}{\partial t} \right\} \mathrm{d}v + \int_{\Gamma} \boldsymbol{N}^{\mathrm{T}} \left[q + \bar{\boldsymbol{n}}^{\mathrm{T}} k_{\mathrm{s}} k_{\mathrm{r}} \left(\frac{\nabla u_{\mathrm{w}}}{\rho_{\mathrm{w}}} - g \right) \right] \mathrm{d}\Gamma = 0$$

$$\tag{5-4-29}$$

式中

$$-\int_v \boldsymbol{N}^{\mathrm{T}}\nabla^{\mathrm{T}}\left[k_s k_r\left(\frac{\nabla u_w}{\rho_w}-g\right)\right]\mathrm{d}v = \int_v \boldsymbol{N}^{\mathrm{T}}\left(\frac{\partial v_x}{\partial x}+\frac{\partial v_y}{\partial y}+\frac{\partial v_z}{\partial z}\right)\mathrm{d}v$$

$$= \int_\Gamma \boldsymbol{N}^{\mathrm{T}}(v_x\cos(n,x)+v_y\cos(n,y)+v_z\cos(n,z))\mathrm{d}\Gamma - \int_v\left(v_x\frac{\partial \boldsymbol{N}}{\partial x}+v_y\frac{\partial \boldsymbol{N}^{\mathrm{T}}}{\partial y}+v_z\frac{\partial \boldsymbol{N}^{\mathrm{T}}}{\partial z}\right)\mathrm{d}v \tag{5-4-30}$$

$$\int_\Gamma \boldsymbol{N}^{\mathrm{T}}\overline{\boldsymbol{n}}^{\mathrm{T}}k_s k_r\left(\frac{\nabla u_w}{\rho_w}-g\right)\mathrm{d}\Gamma = -\int_\Gamma \boldsymbol{N}^{\mathrm{T}}(v_x\cos(n,x)+v_y\cos(n,y)+v_z\cos(n,z))\mathrm{d}\Gamma \tag{5-4-31}$$

将式（5-4-30）和（5-4-31）代入式（5-4-29）得

$$-\int_v\left(v_x\frac{\partial \boldsymbol{N}^{\mathrm{T}}}{\partial x}+v_y\frac{\partial \boldsymbol{N}^{\mathrm{T}}}{\partial y}+v_z\frac{\partial \boldsymbol{N}^{\mathrm{T}}}{\partial z}\right)\mathrm{d}v + \int_v \boldsymbol{N}^{\mathrm{T}}S_r\boldsymbol{m}^{\mathrm{T}}\frac{\partial \boldsymbol{\varepsilon}}{\partial t}\mathrm{d}v$$

$$+\int_v \boldsymbol{N}^{\mathrm{T}}n\frac{\partial S_r}{\partial u_w}\frac{\partial u_w}{\partial t}\mathrm{d}v + \int_\Gamma \boldsymbol{N}^{\mathrm{T}}q\mathrm{d}\Gamma = 0 \tag{5-4-32}$$

或

$$\int_v (\nabla \boldsymbol{N})^{\mathrm{T}}k_s k_r\left(\frac{\nabla u_w}{\rho_w}-g\right)\mathrm{d}v + \int_v \boldsymbol{N}^{\mathrm{T}}S_r\boldsymbol{m}^{\mathrm{T}}\frac{\partial \boldsymbol{\varepsilon}}{\partial t}\mathrm{d}v + \int_v \boldsymbol{N}^{\mathrm{T}}n\frac{\partial S_r}{\partial u_w}\frac{\partial u_w}{\partial t}\mathrm{d}v + \int_\Gamma \boldsymbol{N}^{\mathrm{T}}q\mathrm{d}\Gamma = 0 \tag{5-4-33}$$

将式（5-4-33）表示成单元节点处的等式为

$$\int_v (\nabla \boldsymbol{N})^{\mathrm{T}}\frac{1}{\rho_w}k_s k_r(\nabla \boldsymbol{N})u_w^e\mathrm{d}v - \int_v (\nabla \boldsymbol{N})^{\mathrm{T}}k_s k_r g\mathrm{d}v + \int_v \boldsymbol{N}^{\mathrm{T}}S_r\boldsymbol{m}^{\mathrm{T}}B\frac{\partial \delta^e}{\partial t}\mathrm{d}v$$

$$+\int_v \boldsymbol{N}^{\mathrm{T}}n\frac{\partial S_r}{\partial u_w}\boldsymbol{N}\frac{\partial u_w^e}{\partial t}\mathrm{d}v + \int_\Gamma \boldsymbol{N}^{\mathrm{T}}q\mathrm{d}\Gamma = 0 \tag{5-4-34}$$

整理式（5-4-34）为

$$\int_v (\nabla \boldsymbol{N})^{\mathrm{T}}\frac{1}{\rho_w}k_s k_r(\nabla \boldsymbol{N})u_w^e\mathrm{d}v + \int_v \boldsymbol{N}^{\mathrm{T}}S_r\boldsymbol{m}^{\mathrm{T}}B\frac{\partial \delta^e}{\partial t}\mathrm{d}v + \int_v \boldsymbol{N}^{\mathrm{T}}n\frac{\partial S_r}{\partial u_w}\boldsymbol{N}\frac{\partial u_w^e}{\partial t}\mathrm{d}v$$

$$= \int_v (\nabla \boldsymbol{N})^{\mathrm{T}}k_s k_r g\mathrm{d}v - \int_\Gamma \boldsymbol{N}^{\mathrm{T}}q\mathrm{d}\Gamma \tag{5-4-35}$$

将式（5-4-35）写成简化形式，非饱和渗流有限元方程为

$$E\frac{\partial \delta^e}{\partial t} + Fu_w^e + G\frac{\partial u_w^e}{\partial t} = \hat{f} \tag{5-4-36}$$

式中

$$E = \int_v \boldsymbol{N}^{\mathrm{T}}S_r\boldsymbol{m}^{\mathrm{T}}\boldsymbol{B}\mathrm{d}v \tag{5-4-37}$$

$$F = \int_v (\nabla \boldsymbol{N})^{\mathrm{T}}\frac{1}{\rho_w}k_s k_r\nabla N\mathrm{d}v \tag{5-4-38}$$

$$G = \int_v \boldsymbol{N}^{\mathrm{T}}n\frac{\partial S_r}{\partial u_w}N\mathrm{d}v \tag{5-4-39}$$

$$\hat{f} = \int_v (\nabla \boldsymbol{N})^{\mathrm{T}}k_s k_r g\mathrm{d}v - \int_\Gamma \boldsymbol{N}^{\mathrm{T}}q\mathrm{d}\Gamma \tag{5-4-40}$$

3. 非饱和渗流与蠕变耦合有限元方程构建

经5.1.1小节和5.1.2小节推导，非饱和蠕变有限元方程为式（5-4-14），非饱和渗流有限元方程为式（5-4-36）。

由式（5-4-14）和式（5-4-36）可知，非饱和蠕变有限元方程和非饱和渗流有限元方程均是关于位移速率 $\partial\delta / \partial t$ 和孔隙水压力速率 $\partial u_{\mathrm{w}} / \partial t$ 的表达式，故非饱和渗流与蠕变耦合有限元方程可直接写为

$$\begin{bmatrix} K & C \\ E & G \end{bmatrix} \frac{\mathrm{d}}{\mathrm{d}t} \left\{ \begin{matrix} \delta \\ u_{\mathrm{w}} \end{matrix} \right\} + \begin{bmatrix} 0 & 0 \\ 0 & F \end{bmatrix} \left\{ \begin{matrix} \delta \\ u_{\mathrm{w}} \end{matrix} \right\} = \left\{ \begin{matrix} \dfrac{\mathrm{d}\hat{F}}{\mathrm{d}t} \\ \hat{f} \end{matrix} \right\} \tag{5-4-41}$$

式中：K、C 和 $\mathrm{d}\hat{F} / \mathrm{d}t$ 分别由式（5-4-15）～式（5-4-17）求解；E、F、G 和 $\hat{f}$ 分别由式（5-4-37）～式（5-4-40）求解。

5.4.2 非饱和渗流与蠕变耦合模型的 ABAQUS 二次开发

1. 二次开发基本思路

ABAQUS 的二次开发通过用户子程序实现。由于 ABAQUS/Standard 共支持 58 个用户子程序，可以通过用户子程序自定义材料属性来考虑非饱和土的蠕变效应，也可以通过场变量子程序考虑变形对渗流的影响。并且 ABAQUS/Standard 中包含渗流/应力耦合单元，为非饱和渗流与非饱和蠕变两场耦合提供了得天独厚的条件，用户无须开发新的耦合单元子程序，大大降低了程序编写的难度。

在 ABAQUS/Standard 模块中构建非饱和渗流与蠕变耦合数值方法，在不考虑用户自定义单元子程序的前提下，只需定义用户材料子程序 UMAT 和场变量子程序 USDFLD，如图 5-4-1 所示。UMAT 子程序是 ABAQUS 提供给用户定义新建材料属性的 Fortran 程序接口，以此定义材料库中没有的模型，在本书中用于非饱和黏弹塑性模型的定义。USDFLD 子程序允许用户在单元的积分点上自定义场变量，主要有两个作用：①UMAT 子程序不提供负孔隙水压力（基质吸力）的数据传递接口，需要借助于 USDFLD 子程序将负孔隙水压力设置为自定义场变量，并赋值给状态变量矩阵 STATEV，然后通过 STATEV 将负孔隙水压力传递给 UMAT 进行非饱和有效应力计算；②在进行非饱和渗流分析时，ABAQUS/Standard 默认饱和度小于 1 时，非饱和相对渗透系数为饱和度的三次方，即 $k_{\mathrm{r}} = (S_{\mathrm{r}})^3$；当饱和度大于 1 时，$k_{\mathrm{r}} = 1$。要考虑变形对渗流的影响，用户无法直接通过软件界面定义出非饱和相对渗透系数与孔隙比的关系，需要通过 USDFLD 子程序来定义。最后，将非饱和蠕变与非饱和渗流两个独立模块进行耦合计算，还需要在用户单元上进行，ABAQUS 内置的渗流/应力耦合单元子程序可以直接进行非饱和渗流与蠕变耦合计算。

因此，基于 ABAQUS 二次开发平台构建非饱和渗流与蠕变耦合数值方法的基本思路为：第一，将非饱和渗流与蠕变耦合有限元方程与 ABAQUS 内置的渗流/应力耦合单元的有限元方程进行对比，证明可以采用渗流/应力耦合单元进行非饱和渗流与蠕变耦合计算；第二，为考虑非饱和土的蠕变效应，通过编制 UMAT 子程序输出非饱和黏弹塑性刚度矩阵对非饱和有效应力进行更新；第三，为考虑变形对渗流的影响，通过编制 USDFLD 子程序将考虑变形影响的非饱和相对渗透性函数设置为场变量供渗流/应力耦合单元调用。最后，在 ABAQUS/Standard 模块上通过 UMAT 子程序、USDFLD 子程序和渗流/应力耦合单元子程序相互调用实现非饱和渗流与蠕变耦合数值计算。

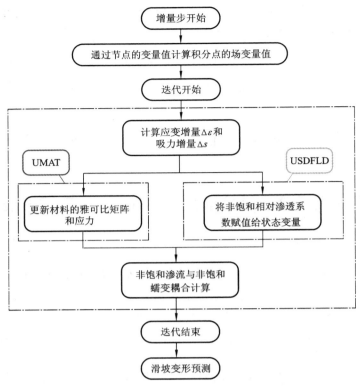

图 5-4-1　ABAQUS/Standard 非饱和渗流与蠕变耦合计算流程及相应的用户子程序

2. 非饱和渗流与蠕变耦合模型的二次开发

1）非饱和渗流与蠕变耦合单元

ABAQUS 内置的渗流/应力耦合单元子程序能够进行非饱和渗流与非饱和蠕变耦合计算，可以通过非饱和渗流与蠕变耦合有限元方程与渗流/应力耦合单元的有限元方程进行判断。ABAQUS 渗流/应力耦合单元中非饱和渗流与应力耦合方程（陈卫忠 等，2010）为

$$\begin{bmatrix} K & C \\ E & G \end{bmatrix} \frac{\mathrm{d}}{\mathrm{d}t} \begin{Bmatrix} \delta \\ u_{\mathrm{w}} \end{Bmatrix} + \begin{bmatrix} 0 & 0 \\ 0 & F \end{bmatrix} \begin{Bmatrix} \delta \\ u_{\mathrm{w}} \end{Bmatrix} = \begin{Bmatrix} \dfrac{\mathrm{d}f}{\mathrm{d}t} \\ \hat{f} \end{Bmatrix} \tag{5-4-42}$$

式中：

$$K = \int_{v} \boldsymbol{B}^{\mathrm{T}} \boldsymbol{D}^{\mathrm{ep}} \boldsymbol{B} \mathrm{d}V \tag{5-4-43}$$

$$C = \int_{V} \boldsymbol{B}^{\mathrm{T}} \boldsymbol{D}^{\mathrm{ep}} \boldsymbol{m} \frac{\left(S_{\mathrm{r}} + \dfrac{\mathrm{d}S_{\mathrm{r}}}{\mathrm{d}u_{\mathrm{w}}} u_{\mathrm{w}} \right)}{3K_{\mathrm{s}}} \boldsymbol{N}_{\mathrm{p}} \mathrm{d}V - \int_{V} \boldsymbol{B}^{\mathrm{T}} \left(S_{\mathrm{r}} + \dfrac{\mathrm{d}S_{\mathrm{r}}}{\mathrm{d}u_{\mathrm{w}}} u_{\mathrm{w}} \right) \boldsymbol{m} \boldsymbol{N}_{\mathrm{p}} \mathrm{d}V \tag{5-4-44}$$

$$E = \int_{V} \boldsymbol{N}_{\mathrm{p}}^{\mathrm{T}} \left[S_{\mathrm{r}} \left(\boldsymbol{m}^{\mathrm{T}} - \frac{\boldsymbol{m}^{\mathrm{T}} \boldsymbol{D}^{\mathrm{ep}}}{3K_{\mathrm{s}}} \right) \boldsymbol{B} \right] \mathrm{d}V \tag{5-4-45}$$

$$F = \int_{V} (\nabla \boldsymbol{N}_{\mathrm{p}})^{\mathrm{T}} k_{\mathrm{s}} k_{\mathrm{r}} \nabla \boldsymbol{N}_{\mathrm{p}} \mathrm{d}V \tag{5-4-46}$$

$$G = \int_V \boldsymbol{N}_{\mathrm{p}}^{\mathrm{T}} \left\{ S_{\mathrm{r}} \left[\left(\frac{1-n}{K_{\mathrm{s}}} - \frac{\boldsymbol{m}^{\mathrm{T}} \boldsymbol{D}^{\mathrm{ep}} \boldsymbol{m}}{(3K_{\mathrm{s}})^2} \right) \right] \left(S_{\mathrm{r}} + u_{\mathrm{w}} \frac{\mathrm{d}S_{\mathrm{r}}}{\mathrm{d}u_{\mathrm{w}}} \right) + \frac{\mathrm{d}S_{\mathrm{r}}}{\mathrm{d}u_{\mathrm{w}}} n + n \frac{S_{\mathrm{r}}}{K_{\mathrm{w}}} \right\} \boldsymbol{N}_{\mathrm{p}} \mathrm{d}V \qquad (5\text{-}4\text{-}47)$$

$$\mathrm{d}f = \int_V \boldsymbol{N}_{\mathrm{u}}^{\mathrm{T}} \mathrm{d}f \mathrm{d}V + \int_S \boldsymbol{N}_{\mathrm{u}}^{\mathrm{T}} \mathrm{d}t \mathrm{d}S \qquad (5\text{-}4\text{-}48)$$

$$\hat{f} = \int_S \boldsymbol{N}_{\mathrm{p}}^{\mathrm{T}} q_{\mathrm{wb}} \mathrm{d}S - \int_V (\nabla \boldsymbol{N}_{\mathrm{p}})^{\mathrm{T}} kk_{\mathrm{r}} g \mathrm{d}V \qquad (5\text{-}4\text{-}49)$$

式中：$\boldsymbol{B}$ 为几何矩阵；$\boldsymbol{D}^{\mathrm{ep}}$ 为弹塑性刚度矩阵；$\mathrm{d}S_{\mathrm{r}} / \mathrm{d}u_{\mathrm{w}}$ 由土-水特征曲线确定；K_{s} 为固体颗粒的压缩模量；$\boldsymbol{N}_{\mathrm{p}}$ 和 $\boldsymbol{N}_{\mathrm{u}}$ 为插值函数；n 为孔隙率；f 为体力；t 为面力；q_{wb} 为单位时间内流过边界的水流量。

当不考虑固体颗粒和水的压缩时，关于 K_{s} 的项可忽略，则

$$C = -\int_V \boldsymbol{B}^{\mathrm{T}} \left(S_{\mathrm{r}} + u_{\mathrm{w}} \frac{\mathrm{d}S_{\mathrm{r}}}{\mathrm{d}u_{\mathrm{w}}} \right) \boldsymbol{m} \boldsymbol{N}_{\mathrm{p}} \mathrm{d}V \qquad (5\text{-}4\text{-}50)$$

$$E = \int_V \boldsymbol{N}_{\mathrm{p}}^{\mathrm{T}} S_{\mathrm{r}} \boldsymbol{m}^{\mathrm{T}} \boldsymbol{B} \mathrm{d}V \qquad (5\text{-}4\text{-}51)$$

$$G = \int_V \boldsymbol{N}_{\mathrm{p}}^{\mathrm{T}} \frac{\mathrm{d}S_{\mathrm{r}}}{\mathrm{d}u_{\mathrm{w}}} n \boldsymbol{N}_{\mathrm{p}} \mathrm{d}V \qquad (5\text{-}4\text{-}52)$$

在不考虑固体颗粒和水压缩的条件下，将非饱和渗流与蠕变耦合有限元方程与 ABAQUS 中非饱和渗流-应力耦合有限元方程进行对比，见图 5-4-1 所示。两者在形式上相同，说明可以采用 ABAQUS 内置的渗流/应力耦合单元子程序进行非饱和渗流与蠕变耦合计算，无须开发新的用户单元子程序，但需要从两个方面改进：第一，为考虑非饱和土的蠕变效应，开发 UMAT 子程序，采用非饱和黏弹塑性一致切线刚度矩阵 $\bar{\boldsymbol{D}}'_{\mathrm{ep}}$ 代替渗流/应力耦合单元中弹塑性刚度矩阵 $\boldsymbol{D}^{\mathrm{ep}}$ 对有效应力进行更新；第二，为考虑变形对渗流的影响，开发 USDFLD 子程序，采用考虑变形影响的非饱和相对渗透系数代替渗流/应力耦合单元中非饱和相对渗透系数进行渗流计算。

表 5-4-1　非饱和渗流-应力耦合与非饱和渗流-蠕变耦合有限元方程比较

ABAQUS 内置的非饱和渗流-应力耦合有限元方程	非饱和渗流-蠕变耦合有限元方程
$\begin{bmatrix} K & C \\ E & G \end{bmatrix} \dfrac{\mathrm{d}}{\mathrm{d}t} \begin{Bmatrix} \delta \\ u_{\mathrm{w}} \end{Bmatrix} + \begin{bmatrix} 0 & 0 \\ 0 & F \end{bmatrix} \begin{Bmatrix} \delta \\ u_{\mathrm{w}} \end{Bmatrix} = \begin{Bmatrix} \dfrac{\mathrm{d}f}{\mathrm{d}t} \\ \hat{f} \end{Bmatrix}$	$\begin{bmatrix} K & C \\ E & G \end{bmatrix} \dfrac{\mathrm{d}}{\mathrm{d}t} \begin{Bmatrix} \delta \\ u_{\mathrm{w}} \end{Bmatrix} + \begin{bmatrix} 0 & 0 \\ 0 & F \end{bmatrix} \begin{Bmatrix} \delta \\ u_{\mathrm{w}} \end{Bmatrix} = \begin{Bmatrix} \dfrac{\mathrm{d}\hat{F}}{\mathrm{d}t} \\ \hat{f} \end{Bmatrix}$
$K = \int_V \boldsymbol{B}^{\mathrm{T}} \boldsymbol{D}^{\mathrm{ep}} \boldsymbol{B} \mathrm{d}V$	$K = \int_V \boldsymbol{B}^{\mathrm{T}} \boldsymbol{D}'_{\mathrm{ep}} \boldsymbol{B} \mathrm{d}V$
$C = -\int_V \boldsymbol{B}^{\mathrm{T}} \boldsymbol{m} \left(S_{\mathrm{r}} + u_{\mathrm{w}} \dfrac{\mathrm{d}S_{\mathrm{r}}}{\mathrm{d}u_{\mathrm{w}}} \right) \boldsymbol{N}_{\mathrm{p}} \mathrm{d}V$	$C = -\int_V \boldsymbol{B}^{\mathrm{T}} \boldsymbol{m} \left(S_{\mathrm{r}} + u_{\mathrm{w}} \dfrac{\mathrm{d}S_{\mathrm{r}}}{\mathrm{d}u_{\mathrm{w}}} \right) \boldsymbol{N} \mathrm{d}V$
$E = \int_V \boldsymbol{N}_{\mathrm{p}}^{\mathrm{T}} S_{\mathrm{r}} \boldsymbol{m}^{\mathrm{T}} \boldsymbol{B} \mathrm{d}V$	$E = \int_V \boldsymbol{N}^{\mathrm{T}} S_{\mathrm{r}} \boldsymbol{m}^{\mathrm{T}} \boldsymbol{B} \mathrm{d}V$
$G = \int_V \boldsymbol{N}_{\mathrm{p}}^{\mathrm{T}} n \dfrac{\mathrm{d}S_{\mathrm{r}}}{\mathrm{d}u_{\mathrm{w}}} \boldsymbol{N}_{\mathrm{p}} \mathrm{d}V$	$G = \int_V \boldsymbol{N}^{\mathrm{T}} n \dfrac{\mathrm{d}S_{\mathrm{r}}}{\mathrm{d}u_{\mathrm{w}}} \boldsymbol{N} \mathrm{d}V$
$F = \int_V (\nabla \boldsymbol{N}_{\mathrm{p}})^{\mathrm{T}} k_{\mathrm{s}} k_{\mathrm{r}} \nabla \boldsymbol{N}_{\mathrm{p}} \mathrm{d}V$	$F = \int_V (\nabla \boldsymbol{N})^{\mathrm{T}} \dfrac{1}{\rho_{\mathrm{w}}} k_{\mathrm{s}} k_{\mathrm{r}} \nabla \boldsymbol{N} \mathrm{d}V$
$\mathrm{d}f = \int_V \boldsymbol{N}_{\mathrm{u}}^{\mathrm{T}} \mathrm{d}f \mathrm{d}V + \int_S \boldsymbol{N}_{\mathrm{u}}^{\mathrm{T}} \mathrm{d}t \mathrm{d}S$	$\mathrm{d}\hat{F} = \int_V \boldsymbol{N}^{\mathrm{T}} \mathrm{d}f \mathrm{d}V + \int_{\Gamma} \boldsymbol{N}^{\mathrm{T}} \mathrm{d}\tau \mathrm{d}\Gamma$
$\hat{f} = \int_S \boldsymbol{N}_{\mathrm{p}}^{\mathrm{T}} q_{\mathrm{wb}} \mathrm{d}S - \int_V (\nabla \boldsymbol{N}_{\mathrm{p}})^{\mathrm{T}} k_{\mathrm{s}} k_{\mathrm{r}} g \mathrm{d}V$	$\hat{f} = \int_V (\nabla \boldsymbol{N})^{\mathrm{T}} k_{\mathrm{s}} k_{\mathrm{r}} g \mathrm{d}V - \int_{\Gamma} \boldsymbol{N}^{\mathrm{T}} q \mathrm{d}\Gamma$

2）非饱和有效应力计算模块的开发及验证

非饱和渗流与蠕变耦合实际上就是非饱和渗流场与应力场的耦合。对于非饱和应力场的有限元分析，通常需要根据已知的应变增量和基质吸力增量计算每个高斯点的应力增量及弹塑性刚度矩阵，然后根据非饱和土的应力-应变关系对有效应力进行更新。基于 ABAQUS 软件对非饱和有效应力计算模块进行开发，包括以下步骤。

第一步，根据隐式积分算法更新应力（净平均应力、偏应力、屈服应力和黏塑性标量因子），可采用弹性试算和塑性修正两步实现；

第二步，根据更新的应力和非饱和黏弹塑性模型推导非饱和黏弹塑性一致切线刚度矩阵；

第三步，编写 UMAT 子程序，将更新的有效应力和非饱和黏弹塑性一致切线刚度矩阵传递至内置的渗流/应力耦合单元子程序进行非饱和应力场的有限元计算。

（1）应力更新算法。

对于非线性问题，根据非饱和土本构方程的应力-应变关系式（5-4-1），及 Δt 时刻的应变增量和基质吸力增量可得到 $t+\Delta t$ 时刻的应力积分形式为

$$
\begin{aligned}
\bar{\sigma}_{n+1}^{k} &= \bar{\sigma}_{n}^{k} + \Delta\bar{\sigma}_{n+1}^{k} \\
&= \bar{\sigma}_{n}^{k} + \Delta\bar{\sigma}_{\sigma,n+1}^{k} + S_{r,n+1}\Delta s_{n+1} \\
&= \bar{\sigma}_{n}^{k} + \int_{0}^{\Delta\varepsilon_{n}^{k}} \boldsymbol{D}_{\mathrm{ep}}' \mathrm{d}\varepsilon + S_{r,n+1}\Delta s_{n+1}
\end{aligned}
\tag{5-4-53}
$$

式中：$\bar{\sigma}_{n+1}^{k}$ 为有效应力；$\Delta\bar{\sigma}_{n+1}^{k}$ 为有效应力增量；$\Delta\bar{\sigma}_{\sigma,n+1}^{k}$ 为净应力增量；下标 n 表示 t 时刻的估算值，$n+1$ 表示 $t+\Delta t$ 时刻的估算值；上标 k 表示迭代的次数；$S_{r}\Delta s$ 表示基质吸力增量对有效应力的贡献值。

由于基质吸力增量 Δs_{n+1} 为第 $t+\Delta t$ 与 t 时刻的差值，饱和度 $S_{r,n+1}$ 为第 $t+\Delta t$ 时刻的值，它们可以直接获取，无须迭代求解。但 $\Delta\bar{\sigma}_{\sigma,n+1}^{k}$ 在 $t+\Delta t$ 时刻的应力状态不仅与 t 时刻的应力状态相关，还与当前时刻的应力状态相关，故采用隐式积分算法进行迭代求解。当采用隐式积分算法时，净应力增量可表示为

$$
\Delta\bar{\sigma}_{\sigma,n+1}^{k} = \left[(1-\theta)\bar{\boldsymbol{D}}_{n}^{\mathrm{ep}} + \theta\bar{\boldsymbol{D}}_{n+1}^{\mathrm{ep}}\right]\Delta\varepsilon_{n+1}^{k}
\tag{5-4-54}
$$

式中：$\bar{\boldsymbol{D}}^{\mathrm{ep}}$ 为非饱和黏弹塑性一致切线刚度矩阵；θ 等于 0、0.5 和 1 分别对应三种标准差分方法：向前差分法（Euler 差分法）、中心差分法（Crank-Nicholson 差分法）和向后差分法（Euler 差分法）。

采用向后差分法，取 $\theta=1$，即式（5-4-54）为

$$
\Delta\bar{\sigma}_{\sigma,n+1}^{k} = \bar{\boldsymbol{D}}_{n+1}^{\mathrm{ep}}\Delta\varepsilon_{n+1}^{k}
\tag{5-4-55}
$$

将式（5-4-55）代入式（5-4-53）得第 $n+1$ 步的有效应力为

$$
\begin{aligned}
\bar{\sigma}_{n+1}^{k} &= \bar{\sigma}_{n}^{k} + \Delta\bar{\sigma}_{n+1}^{k} \\
&= \bar{\sigma}_{n}^{k} + \int_{0}^{\Delta\varepsilon_{n}^{k}} \boldsymbol{D}_{\mathrm{ep}}' \mathrm{d}\varepsilon + S_{r,n+1}\Delta s_{n+1}
\end{aligned}
\tag{5-4-56}
$$

很显然，非饱和黏弹塑性一致切线刚度矩阵 $\bar{\boldsymbol{D}}_{n+1}^{\mathrm{ep}}$ 的求解与 $t+\Delta t$ 时刻的应力状态相关，但 $t+\Delta t$ 时刻的应力状态未知，需要进行迭代求解。隐式积分算法更新应力一般通过两个步骤来实现。

第一步，弹性试算。通过弹性试算判断土体的应力是否在屈服面内，如果在屈服面内，

直接采用弹性试应力更新应力；若不在，则需要进行塑性修正。

第二步，塑性修正。塑性修正的目的是使超出屈服面外的应力能够通过修正回到屈服面上。

（2）弹性试算。

当前时间步的应变等于上一时步的应变和应变增量之和；基质吸力等于上一时步的基质吸力和基质吸力增量之和，即

$$\varepsilon_{n+1}^k = \varepsilon_n^k + \Delta\varepsilon_{n+1}^k \tag{5-4-57}$$

$$s_{n+1}^k = s_n^k + \Delta s_{n+1}^k \tag{5-4-58}$$

假设当前试算点应力处于弹性状态。同样，弹性阶段由基质吸力对有效应力的贡献量由 $S_r\Delta s$ 确定，则弹性试净应力为

$$\bar{\sigma}_{n+1}^{tr} = \bar{\sigma}_n + \bar{D}_{n+1}^{e,k}\Delta\varepsilon_{n+1}^k \tag{5-4-59}$$

式中：$\Delta\varepsilon_{n+1}^k$ 为应变增量，由于该阶段处于弹性状态，故 $\Delta\varepsilon_{n+1}^k$ 为弹性应变增量；$\bar{D}_{n+1}^{e,k}$ 为第 $n+1$ 步结束时经历 k 次迭代后的弹性切线刚度矩阵，可根据下式进行计算：

$$\bar{D}_{n+1}^{e,k} = \begin{bmatrix} \bar{K}_{n+1}^k + \frac{4}{3}\bar{G}_{n+1}^k & \bar{K}_{n+1}^k - \frac{2}{3}\bar{G}_{n+1}^k & \bar{K}_{n+1}^k - \frac{2}{3}\bar{G}_{n+1}^k & 0 & 0 & 0 \\ \bar{K}_{n+1}^k - \frac{2}{3}\bar{G}_{n+1}^k & \bar{K}_{n+1}^k + \frac{4}{3}\bar{G}_{n+1}^k & \bar{K}_{n+1}^k - \frac{2}{3}\bar{G}_{n+1}^k & 0 & 0 & 0 \\ \bar{K}_{n+1}^k - \frac{2}{3}\bar{G}_{n+1}^k & \bar{K}_{n+1}^k - \frac{2}{3}\bar{G}_{n+1}^k & \bar{K}_{n+1}^k + \frac{4}{3}\bar{G}_{n+1}^k & 0 & 0 & 0 \\ 0 & 0 & 0 & \bar{G}_{n+1}^k & 0 & 0 \\ 0 & 0 & 0 & 0 & \bar{G}_{n+1}^k & 0 \\ 0 & 0 & 0 & 0 & 0 & \bar{G}_{n+1}^k \end{bmatrix} \tag{5-4-60}$$

$$\bar{K}_{n+1}^k = \frac{\bar{p}_n}{\Delta\varepsilon_{p,n}^e}\left[\exp\left(\frac{1+e}{\kappa}\Delta\varepsilon_{p,n}^e\right) - 1\right] \tag{5-4-61}$$

$$\bar{G}_{n+1}^k = \frac{3\bar{K}_{n+1}^k(1-2\nu)}{2(1+\nu)} \tag{5-4-62}$$

式中：$\bar{K}_{n+1}^k$ 和 $\bar{G}_{n+1}^k$ 分别为切线体积变形模量和切线剪切模量；$\bar{p}_n$ 表示第 $n+1$ 步开始时的净平均应力；$\Delta\varepsilon_{p,n}^e$ 表示第 n 步弹性体积应变增量，在弹性预测阶段，假设 $\Delta\varepsilon_{p,n}^e = \Delta\varepsilon_{p,n}$；$\nu$ 为泊松比。

根据非饱和土屈服面方程判断试算点是否在屈服面内，除需要计算当前弹性试应力外，还需要根据当前时间步的应变和吸力计算试屈服应力。根据 Alonso 等（1990）提出的 LC 屈服线方程，屈服试应力为

$$p_x^{tr} = p^c\left(\frac{p_0^*}{p^c}\right)^{[\lambda(0)-\kappa]/[\lambda(s)-\kappa]} \tag{5-4-63}$$

（3）塑性修正。

将式（5-4-59）计算的弹性试应力和式（5-4-63）计算的试屈服应力代入屈服面方程 f_{n+1}^{tr} 中，会出现两种情况。

第一，若 $f_{n+1}^{tr} \leqslant 0$，说明当前试算点处于弹性状态，直接将弹性试应力当作当前时间步

的应力值。

第二，若 $f_{n+1}^{\text{tr}} > 0$，说明试算点超出了屈服面，当前应力增量使土体发生屈服，需要对弹性试应力进行迭代修正，使其位于屈服面上，即

$$f_{n+1}^{\text{tr}} = f(\overline{p}_{n+1}^{\text{tr}}, q_{n+1}^{\text{tr}}, p_{x,n+1}^{\text{tr}}) \begin{cases} \leqslant 0, & \text{弹性} \\ > 0, & \text{塑性} \end{cases} \tag{5-4-64}$$

当 $f_{n+1}^{\text{tr}} > 0$ 时，修正后的应力为

$$\overline{\sigma}_{n+1}^k = \overline{\sigma}_{n+1}^{\text{tr}} - \overline{D}_{n+1}^{e,k} : \Delta\varepsilon_{n+1}^{p,k} \tag{5-4-65}$$

式中：$\Delta\varepsilon_{n+1}^{p}$ 表示黏塑性应变增量。

利用图形返回算法，可以推导出：

$$\overline{p} = \overline{p}_{n+1}^{\text{tr}} - \overline{K}_{n+1}\Phi\frac{\partial f}{\partial \overline{p}}\Delta t \tag{5-4-66}$$

$$q = q_{n+1}^{\text{tr}} - 3\overline{G}_{n+1}\Phi\frac{\partial f}{\partial q}\Delta t \tag{5-4-67}$$

用黏塑性体应变表示为

$$p_0^* = \exp\left[\frac{1+e}{\lambda(0)-\kappa}(\mathrm{d}\varepsilon_p^p + \mathrm{d}\varepsilon_p^t)\right]$$
$$= \exp\left[\frac{1+e}{\lambda(0)-\kappa}\Phi(f_{,\overline{p}})\mathrm{d}t\right] \tag{5-4-68}$$

将式（5-4-68）代入式（5-4-65）中，得到 t_{n+1} 时刻屈服应力的表达式为

$$p_{x,n+1}^k = (p^c)^{\frac{\lambda(s)-\lambda(0)}{\lambda(s)-\kappa}} \exp\left[\frac{1+e}{\lambda(s)-\kappa}\Phi_{n+1}^k(f_{,\overline{p}})_{n+1}^k \mathrm{d}t\right] \tag{5-4-69}$$

由式（5-2-41）可知

$$\mathrm{d}\varepsilon_p^p + \mathrm{d}\varepsilon_p^t = \Phi\frac{\partial f}{\partial p} = \Phi(f_{,p})$$

采用式（5-4-51）的 LC 流变屈服面方程为

$$f = \ln\frac{\overline{p}}{\overline{p}_x} + \ln\left(1 + \frac{q^2}{M^2\overline{p}^2}\right) + \frac{(1+e_0)C_{\alpha e}(s)}{\lambda(s)-\kappa}\int\frac{\mathrm{d}t}{t} = 0 \tag{5-4-70}$$

注意式（5-4-72）中的屈服应力 $\overline{p}_x$ 考虑了时间效应的影响，将式（5-4-66）、式（5-4-67）、（5-4-69）和式（5-4-70）联合写成 Newton 迭代的格式，为了简化方程组，去掉各变量上标 k 和下标 $n+1$，得到如下方程组：

$$\begin{cases} r_1 = \overline{p} - \overline{p}^{\text{tr}} + \overline{K}\Phi\dfrac{\partial f}{\partial \overline{p}}\Delta t = 0 \\[2mm] r_2 = q - q^{\text{tr}} + 3\overline{G}\Phi\dfrac{\partial f}{\partial q}\Delta t = 0 \\[2mm] r_3 = \overline{p}_x - (p^c)^{\frac{\lambda(s)-\lambda(0)}{\lambda(s)-\kappa}}\exp\left[\dfrac{1+e}{\lambda(s)-\kappa}\Phi\dfrac{\partial f}{\partial \overline{p}}\Delta t\right] = 0 \\[2mm] r_4 = f(\overline{p}, q, \overline{p}_x) = 0 \end{cases} \tag{5-4-71}$$

式中：$\overline{K}$ 为切线体积变形模量。将式（5-4-71）线性化得

$$\begin{bmatrix} \delta\bar{p} \\ \delta q \\ \delta\bar{p}_x \\ \delta\Phi \end{bmatrix} = \begin{bmatrix} 1+\bar{K}\Phi f_{,\bar{p}\bar{p}}\Delta t & 0 & 0 & \bar{K}\dfrac{\partial f}{\partial\bar{p}}\Delta t \\ 0 & 1+3\bar{G}\Phi f_{,qq}\Delta t & 0 & 3\bar{G}\dfrac{\partial f}{\partial q}\Delta t \\ -\dfrac{1+e}{\lambda(s)-\kappa}\chi\Phi f_{,\bar{p}\bar{p}}\Delta t & -\dfrac{1+e}{\lambda(s)-\kappa}\chi\Phi f_{,\bar{p}q}\Delta t & 1 & -\dfrac{1+e}{\lambda(s)-\kappa}\dfrac{\partial f}{\partial\bar{p}}\chi\Delta t \\ \dfrac{\partial f}{\partial\bar{p}} & \dfrac{\partial f}{\partial q} & \dfrac{\partial f}{\partial\bar{p}_x} & 0 \end{bmatrix}^{-1} \begin{bmatrix} r_1^k \\ r_2^k \\ r_3^k \\ r_4^k \end{bmatrix} \quad （5\text{-}4\text{-}72）$$

式中：r_1^k、r_2^k、r_3^k 和 r_4^k 为方程组迭代了第 k 次的残值；χ、$f_{,\bar{p}\bar{p}}$、$f_{,qq}$ 和 $f_{,\bar{p}q}$ 的表达式分别为

$$\chi = (p^c)^{\frac{\lambda(s)-\lambda(0)}{\lambda(s)-\kappa}}\exp\left[\frac{1+e}{\lambda(s)-\kappa}\Phi f_{,\bar{p}}\Delta t\right] \quad （5\text{-}4\text{-}73）$$

$$f_{,\bar{p}\bar{p}} = \frac{\partial(\partial f/\partial\bar{p})}{\partial\bar{p}} = \frac{-M^4\bar{p}^4+4M^2\bar{p}^2 q^2+q^4}{(M^2\bar{p}^2+q^2)^2\bar{p}^2} \quad （5\text{-}4\text{-}74）$$

$$f_{,qq} = \frac{\partial(\partial f/\partial q)}{\partial q} = \frac{2(M^2\bar{p}^2-q^2)}{(M^2\bar{p}^2+q^2)^2} \quad （5\text{-}4\text{-}75）$$

$$f_{,\bar{p}q} = \frac{\partial(\partial f/\partial\bar{p})}{\partial q} = \frac{-4M^2\bar{p}q}{(M^2\bar{p}^2+q^2)^2} \quad （5\text{-}4\text{-}76）$$

根据式（5-4-72）求解方程组经过第 k 次迭代后的增量 $\Delta\bar{p}$、Δq、$\Delta\bar{p}_x$ 和 $\Delta\Phi$，得到更新后的变量值为

$$\begin{cases} \bar{p}=\bar{p}^{(k)}+\Delta\bar{p} \\ q=q^{(k)}+\Delta q \\ \bar{p}_x=\bar{p}_x^{(k)}+\Delta\bar{p}_x \\ \Phi=\Phi^{(k)}+\Delta\Phi \end{cases} \quad （5\text{-}4\text{-}77）$$

将式（5-4-77）更新后的值代入式（5-4-72）计算，依次循环迭代，直到满足：

$$r_i\leqslant \mathrm{TOL}\ (i=1,2,3,4)\quad 且\ r_{\mathrm{tol}}=|\,r_1^k+r_2^k+r_3^k+r_4^k\,|\leqslant\mathrm{TOL} \quad （5\text{-}4\text{-}78）$$

式中：TOL 表示残值。将式（5-4-77）的应力更新计算过程总结如下。

第一，初始化变量值。将第 n 步的值作为第 $n+1$ 步的初始值，即

$$k=0;\ \bar{p}_{n+1}^0=\bar{p}_n^0;\ q_{n+1}^0=q_n;\ p_{x,n+1}^0=p_{x,n};\ \varepsilon_{n+1}=\varepsilon_n+\Delta\varepsilon_{n+1};s_{n+1}=s_n+\Delta s_{n+1}$$

第二，弹性试算。将切线体积变形模量 $\bar{K}$（5-4-61）和切线剪切模量 $\bar{G}$（5-4-62）代入式（5-4-60）计算弹性切线刚度矩阵 $\bar{D}^e$，利用式（5-4-59）的应力-应变关系计算弹性试应力 $\bar{\sigma}_{n+1}^{\mathrm{tr}}$，并根据当前时间步的吸力计算试屈服应力 p_x^{tr}：

$$\bar{\sigma}_{n+1}^{\mathrm{tr}}=\bar{\sigma}_n+\bar{D}_{n+1}^{e,k}:\Delta\varepsilon_{n+1}^e;\quad p_{x,n+1}^{\mathrm{tr}}=p^c(p_0^*/p^c)^{[\lambda(0)-\kappa]/[\lambda(s)-\kappa]}$$

第三，判断是否屈服。将弹性试应力 $\bar{\sigma}_{n+1}^{\mathrm{tr}}$ 和试屈服应力 p_x^{tr} 代入非饱和屈服面方程 $f(\bar{p}_{n+1}^{\mathrm{tr}},q_{n+1}^{\mathrm{tr}},p_{x,n+1}^{\mathrm{tr}})$，若 $f_{n+1}^{\mathrm{tr}}\leqslant\mathrm{TOL}$ 表示当前应力处于弹性状态或经过塑性修正回到屈服面上，应力更新结束；若 $f_{n+1}^{\mathrm{tr}}>\mathrm{TOL}$ 表示当前应力点仍处于屈服面以外，需要继续进行塑性修正直至小于容许误差。

第四，塑性修正。首先，将式（5-4-66）～式（5-4-69）代入屈服面方程（5-4-70），获得

黏塑性标量因子 Φ，注意此时屈服面方程是包含弹性切线体积模量和剪切模量的公式，与式（5-4-56）不同；然后，将计算得到的 Φ 代入式（5-4-66）、式（5-4-67）和（5-4-69）分别获得第 k 步的应力 $\bar{p}$、q 和 $\bar{p}_x$；最后，将 $\bar{p}$、q、$\bar{p}_x$ 和 Φ 代入式（5-4-72）获得应力增量 $\Delta\bar{p}$ 和 Δq、屈服应力增量 $\Delta\bar{p}_x$ 和黏塑性因子增量 $\Delta\Phi$。

第五，更新变量。将更新的变量继续重复第四步，直至满足屈服面方程小于或等于残余值可停止迭代，更新变量为

$$\bar{p}^{k+1} = \bar{p}^k + \Delta\bar{p}; \quad q^{k+1} = q^k + \Delta q; \quad \bar{p}_x^{k+1} = \bar{p}_x^k + \Delta\bar{p}_x; \quad \Phi^{k+1} = \Phi^k + \Delta\Phi$$

（4）一致切线刚度矩阵。

由于连续弹塑性模量可能引起伪加载或卸载，为避免土体在屈服时突然转化为塑性行为，在隐式积分算法中采用非饱和黏弹塑性一致切线刚度矩阵 $\bar{\boldsymbol{D}}^{ep}$ 代替式（5-4-53）中的黏弹塑性刚度矩阵 $\boldsymbol{D}'_{ep}$，其中 $\bar{\boldsymbol{D}}^{ep} = \partial\bar{\sigma} / \partial\Delta\varepsilon$。过应力理论核心公式（5-4-40）给出了应变率与应力之间的关系，非饱和黏弹塑性一致切线刚度矩阵 $\bar{\boldsymbol{D}}^{ep}$ 为

$$\bar{\boldsymbol{D}}^{ep} = \left[\frac{\partial\Delta\varepsilon}{\partial\bar{\sigma}}\right]^{-1} = \left[\frac{\partial\Delta\varepsilon^e}{\partial\bar{\sigma}} + \frac{\partial\Delta\varepsilon^p}{\partial\bar{\sigma}}\right]^{-1} = \left[[\bar{\boldsymbol{D}}^e]^{-1} + \frac{\partial\left(\Phi\dfrac{\partial f}{\partial\bar{\sigma}}\mathrm{d}t\right)}{\partial\bar{\sigma}}\right]^{-1}$$

$$= \left[[\bar{\boldsymbol{D}}^e]^{-1} + \frac{\partial\Phi}{\partial\bar{\sigma}}\frac{\partial f}{\partial\bar{\sigma}}\mathrm{d}t + \Phi\frac{\partial(\partial f / \partial\bar{\sigma})}{\partial\bar{\sigma}}\mathrm{d}t\right]^{-1} \qquad (5\text{-}4\text{-}79)$$

式中：$\bar{\boldsymbol{D}}^e$ 为非饱和一致切线弹性刚度矩阵，表达式见式（5-4-60）；Φ 为黏塑性标量因子。$\partial f / \partial\bar{\sigma}$ 和 $\partial\Phi / \partial\bar{\sigma}$ 的表达式为

$$\frac{\partial f}{\partial\bar{\sigma}} = \frac{\partial f}{\partial\bar{p}}\frac{\partial\bar{p}}{\partial\bar{\sigma}} + \frac{\partial f}{\partial q}\frac{\partial q}{\partial\bar{\sigma}} \qquad (5\text{-}4\text{-}80)$$

$$\frac{\partial\Phi}{\partial\bar{\sigma}} = \frac{\partial\Phi}{\partial\bar{p}}\frac{\partial\bar{p}}{\partial\bar{\sigma}} + \frac{\partial\Phi}{\partial q}\frac{\partial q}{\partial\bar{\sigma}} \qquad (5\text{-}4\text{-}81)$$

其中

$$\frac{\partial\bar{p}}{\partial\bar{\sigma}} = \frac{1}{3}I, \qquad I = \delta_{ij} \qquad (5\text{-}4\text{-}82)$$

$$\frac{\partial q}{\partial\bar{\sigma}} = \frac{2}{3}\times\frac{\xi}{\|\xi\|}, \qquad \xi = \sigma_{ij} - \frac{1}{3}(\sigma_{11} + \sigma_{22} + \sigma_{33})I \qquad (5\text{-}4\text{-}83)$$

$$\frac{\partial\Phi}{\partial\bar{p}} = \frac{\dfrac{\partial(\dot{\bar{p}})}{\partial\bar{p}} + \dfrac{\partial\left(\dfrac{\partial f}{\partial q}\Big/\dfrac{\partial f}{\partial\bar{p}}\right)}{\partial\bar{p}}\dot{q} + \dfrac{\partial\left(1\Big/\dfrac{\partial f}{\partial\bar{p}}\right)}{\partial\bar{p}}\left[\dfrac{1}{t_e + t_0}\dfrac{(1+e_0)C_{\alpha e}(s)}{\lambda(s) - \kappa} + \dot{s}\left(\dfrac{\partial f}{\partial p_{x0}}\dfrac{\partial p_{x0}}{\partial s} + k\dfrac{\partial f}{\partial p_s}\right)\right]}{\dfrac{1+e_0}{\lambda(s) - \kappa} - p_0^*\times\dfrac{1+e_0}{\lambda(0) - \kappa}\dfrac{\partial f}{\partial p_{x0}}\dfrac{\partial p_{x0}}{\partial p_0^*}} \quad (5\text{-}4\text{-}84)$$

$$\frac{\partial\Phi}{\partial q} = \frac{\dfrac{\partial\left(\dfrac{\partial f}{\partial q}\Big/\dfrac{\partial f}{\partial\bar{p}}\right)}{\partial q}\dot{q} + \dfrac{\partial\left(1\Big/\dfrac{\partial f}{\partial\bar{p}}\right)}{\partial q}\left[\dfrac{1}{t_e + t_0}\dfrac{(1+e_0)C_{\alpha e}(s)}{\lambda(s) - \kappa} + \dot{s}\left(\dfrac{\partial f}{\partial p_{x0}}\dfrac{\partial p_{x0}}{\partial s} + k\dfrac{\partial f}{\partial p_s}\right)\right]}{\dfrac{1+e_0}{\lambda(s) - \kappa} - p_0^*\times\dfrac{1+e_0}{\lambda(0) - \kappa}\dfrac{\partial f}{\partial p_{x0}}\dfrac{\partial p_{x0}}{\partial p_0^*}} \quad (5\text{-}4\text{-}85)$$

综上所述，采用隐式积分算法对非饱和有效应力更新的步骤如下。

第一，根据隐式积分算法对应力变量（净平均应力 $\bar{p}$、偏应力 q、屈服应力 $\bar{p}_x$ 和黏塑性标量因子 Φ）进行更新；

第二，将更新后的应力变量代入式（5-4-79）得到非饱和黏弹塑性一致切线刚度矩阵 $\bar{D}_{\mathrm{ep}}$，随后将其代入式（5-4-55）对有效应力进行更新；

第三，最后编制 UMAT 子程序，将更新的有效应力和一致切线刚度矩阵传递至内置的渗流/应力耦合单元子程序，将其作为新的初始状态变量进行下一步计算，直到计算完毕。程序编写流程见图 5-4-2。

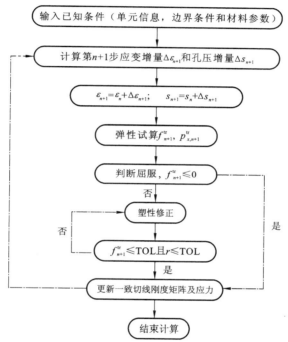

图 5-4-2 非饱和有效应力更新流程图

3）模型验证

为验证编写的非饱和有效应力计算模块程序的正确性，采用非饱和三轴剪切蠕变试验结果进行验证。试样直径为 61.8 mm，高度为 120 mm，初始孔隙比为 0.59。试验过程为：在净围压为 200 kPa、基质吸力为 100 kPa 的条件下固结，固结稳定后采用分级加载方式施加偏应力，加载应力的顺序为 111 kPa、171 kPa、216 kPa、261 kPa，获得每级偏应力下轴向应变随时间变化值。

将编写的 UMAT 子程序嵌入 ABAQUS 软件中，在前处理部分构建与试样尺寸一致的模型，即直径为 61.8 mm，高度为 120 mm 的圆柱体，模型参数参考表 5-2-1。利用试样的对称性，将其简化为轴对称问题，选取经过轴心的矩形截面为计算截面，共计 496 个节点，450 个单元，见图 5-4-3 所示。

数值计算时设置位移边界条件为底部和侧向 X 和 Y 方向位移为零，顶部 X 方向位移为零，Y 方向不设置约束，侧向无约束。初始值设置如下：初始孔隙水压力为零，即试样初始为饱和状态，初始孔隙比为 0.59，初始正应力（围压）为 300 kPa，初始剪应力为零。土样在正应力为 300 kPa 作用下固结稳定，将等压固结完成之后的应力状态作为初始状态，之后设置加载分析步，包括吸力和偏应力加载分析步。第一步，设置吸力加载分析步，即在试样顶部设置为 100 kPa 的孔隙水压力，孔隙气压力默认为零；第二～第五步，设置偏应力加载分析步，即在 Z 方向向下分级设置轴向净应力依次为 111 kPa、171 kPa、216 kPa、261 kPa，每级偏应力作用时间约为 7 d。

选择模型顶部中间节点（节点编号为 489）作为验证点，绘制各级偏应力下轴向应变曲线与试验值进行对比，结果见图 5-4-4，可以看出预测曲线与试验数据吻合较好，说明编写的 UMAT 子程序能够较好地模拟出非饱和滑带土的蠕变特性，也说明了编写的程序的正确性和可靠性。

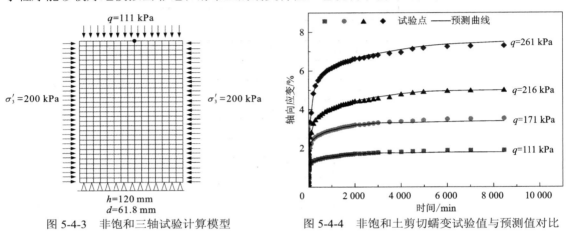

图 5-4-3　非饱和三轴试验计算模型　　　　图 5-4-4　非饱和土剪切蠕变试验值与预测值对比

3. 非饱和渗流计算模块的开发及验证

1）非饱和渗流计算模块的开发

为实现非饱和渗流与非饱和蠕变的耦合，需要采用考虑变形影响的非饱和相对渗透系数作为耦合桥梁。ABAQUS/Standard 通常默认当饱和度 $S_r < 1.0$ 时，$k_r = (S_r)^3$；当 $S_r \geq 1.0$ 时，$k_r = 1.0$。虽然用户也可以在材料性质窗口自行给定非饱和相对渗透系数与饱和度的关系，但无法直接通过窗口建立非饱和相对渗透系数与孔隙比的关系，还需要开发 USDFLD 子程序来考虑变形对非饱和渗透系数的影响。采用子程序 USDFLD 对非饱和渗流计算模块进行开发时需要注意以下两个问题。

第一，UMAT 子程序不提供孔隙水压力或者饱和度信息的数据传递接口。在进行非饱和有效应力计算时，调用 UMAT 之前将积分点处的基质吸力获取并保存为 UMAT 能够识别的格式。这个问题需要采用子程序 USDFLD 解决，在子程序中通过 GETVRM 函数将基质吸力设置为场变量，并将其赋值给状态变量 STATEV（UMAT 能够识别的变量），再传递给 UMAT 进行非饱和有效应力计算。

第二，通过 ABAQUS 软件界面只能定义饱和渗透系数与孔隙比的关系，考虑非饱和相对渗透系数与孔隙比的函数时，需要通过 USDFLD 子程序定义。首先，通过 GETVRM 函数将基质吸力设置为场变量并赋值给状态变量 STATEV；然后，根据当前时刻的基质吸力和孔隙比计算出非饱和相对渗透系数，并将计算结果赋值给状态变量 STATEV；最后，将其传递给内置的渗流/应力耦合单元子程序,可以考虑变形对渗流的影响。

遗憾的是,USDFLD 子程序在 ABAQUS 调用渗流/应力耦合单元子程序之前更改 STATEV 数组中的数据,然后将更新后的值在增量步初始时传递给单元子程序。也就是说 USDFLD 中参与计算的基质吸力和非饱和相对渗透系数等状态变量相较真实值存在一个时间步的延时。为了减小延时误差,需要将增量步的大小控制在合理的范围内,这也是 ABAQUS 在解决这类问题时存在的主要缺陷。

2)模型验证

采用赤井浩一砂槽试验结果对非饱和渗流计算程序进行验证。砂槽尺寸为 3.13 m × 0.23 m × 0.33 m(长×宽×高),试验材料的饱和渗透系数为 0.33 cm/s,非饱和相对渗透系数与负孔隙水压力(水头)、体积含水率和饱和度的关系如表 5-4-2 所示。

表 5-4-2 非饱和相对渗透系数与基质吸力、体积含水率和饱和度的关系

参数	h/cm										
	0	−5	−10	−15	−20	−25	−30	−35	−40	−50	−100
θ	0.300	0.289	0.274	0.245	0.216	0.174	0.133	0.100	0.085	0.067	0.030
S_r	1.000	0.963	0.913	0.817	0.720	0.580	0.443	0.333	0.283	0.223	0.100
k_r	1.000	0.975	0.937	0.525	0.225	0.075	0.037	0.025	0.012	0.000	0.000

砂槽的左、右两端初始水位距离砂槽底部约 0.1 m,加载过程为左端水位瞬时上升至 0.3 m。由于试验材料均匀,取砂槽中部截面为计算截面,剖分四边形网格如图 5-4-5 所示,共计节点 720 个,单元 632 个。

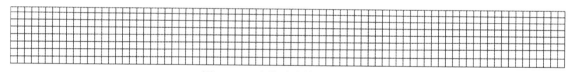

图 5-4-5 砂槽试验数值计算网格

将编制的 USDFLD 子程序嵌入 ABAQUS 中进行数值计算,获得各时刻 t=30 s, 60 s, 120 s, 240 s, 600 s, 4 800 s 时的孔隙水压力见图 5-4-6。将计算得到的水位线与试验值进行对比,见图 5-4-7,两者结果基本一致,说明本程序具有足够的正确性和可靠性。

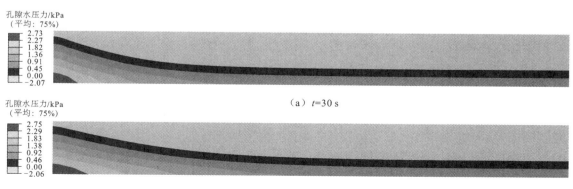

孔隙水压力/kPa
(平均:75%)
2.73
2.27
1.82
1.36
0.91
0.45
0.00
−2.07

(a) t=30 s

孔隙水压力/kPa
(平均:75%)
2.75
2.29
1.83
1.38
0.92
0.46
0.00
−2.06

(b) t=60 s

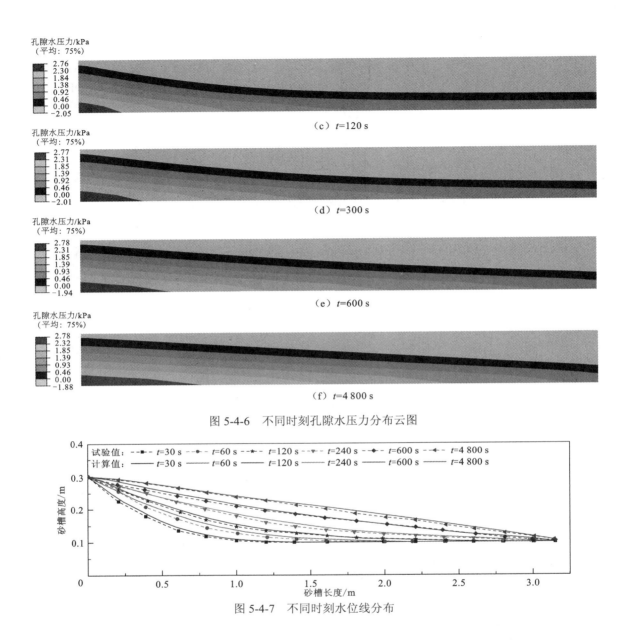

（c）$t=120$ s

（d）$t=300$ s

（e）$t=600$ s

（f）$t=4\,800$ s

图 5-4-6　不同时刻孔隙水压力分布云图

图 5-4-7　不同时刻水位线分布

5.5　基于变形监测的参数动态反演及滑坡时效变形预测方法

　　基于非饱和渗流与蠕变耦合效应对滑坡时效变形进行预测，较少有人合理解决模型参数的真实取值问题，计算参数通常根据经验类比或试验取值，往往很难保证计算结果与实际情况相符。近年来，也有学者结合滑坡监测位移或地下水位对计算参数进行反演，取得一些有意义的成果，但这些成果大多认为岩体参数在一定范围内是定值。实际上，滑坡力学和渗透性参数随着环境变化和滑坡变形不断演化是动态变化的，位移和地下水位等监测数据也是一个动态变化的时间序列，在参数反演过程中应充分考虑各因素的动态特征，也就是需要对计算参数进行动态反演。滑坡时效变形预测流程见图 5-5-1。

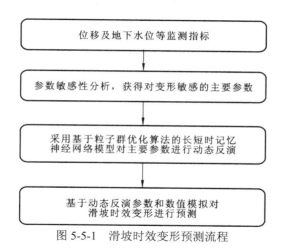

图 5-5-1　滑坡时效变形预测流程

5.5.1　参数动态反演方法

鉴于采用滑坡监测位移或地下水位分别对力学或渗透性参数进行单独反演，不能反映非饱和渗流与非饱和蠕变之间的相互耦合作用，选择监测位移共同反演力学和渗透性参数。结合滑坡监测位移，基于非饱和渗流与蠕变耦合数值分析对滑坡时效变形进行预测，关键问题是要获得动态反演的参数。现有的参数反演方法众多，包括决策树、神经网络、支持向量机、遗传算法等。根据滑坡监测位移的动态变化特征，提出适用于监测数据动态变化的参数反演方法很有必要。因此，本小节将总结现有的参数反演方法，并比较各方法的局限性及适用性，在此基础上提出适合的参数动态反演方法。

1. 现有的参数反演方法及其适用性

室内试验或原位试验由于尺寸效应和测试技术等缺陷导致力学和渗透性参数求解精度不够，基于滑坡监测位移或地下水位反演参数为这些参数准确获取提供了新思路。在反向传播（back propagation，BP）神经网络基础上发展起来的循环神经网络由于隐含层各节点相互连接，使其能够记忆上一时刻或邻近时刻的信息，对滑坡序列监测数据的非线性特征学习具有明显的优势。但循环神经网络在训练时存在梯度消失或梯度爆炸的弊端，导致模型精度不够。为解决这个问题，长短时记忆神经网络引入一个单元状态，以及输入门、遗忘门和输出门，可以学习长距离时间序列依赖信息，成功解决了传统循环神经网络的缺陷，适用于基于滑坡序列监测数据动态反演模型参数。因此，有必要对 BP 神经网络、循环神经网络（recurrent neural networks，RNN）和长短时记忆（long short-time memory，LSTM）神经网络的基本原理做简要的介绍。

1）BP 神经网络

BP 神经网络是迄今为止应用最广泛的神经网络，包括输入层、隐含层和输出层三层感知器。学习过程由信号的正向传播和误差的反向传播两个过程组成，正向传播时，样本数据从输入层通过隐含层到达输出层。当输出层输出的值与期望值不符时，进行误差的反向传播，根据误差不断调整各层之间的连接权值和阈值，从而使网络的输出值不断逼近期望值，直至输出误差达到最小或进行到设定的学习次数为止。

BP 神经网络的拓扑结构见图 5-5-2。进行参数反演的工作原理如下。

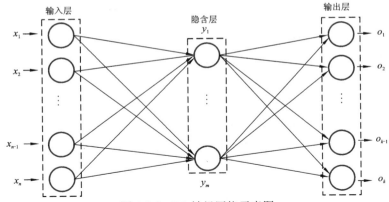

图 5-5-2 BP 神经网络示意图

在进行反演之前，确定网络输入层、隐含层和输出层节点数，初始化各层权值矩阵和阈值，明确神经元学习率 η 和激活函数 $f(x)$。

输入样本向量 $\boldsymbol{X} = (x_1\ x_2\ \cdots\ x_{n-1}\ x_n)$ 后，隐含层输出为

$$y_j = f\left(\sum_{i=0}^{n} v_{ij} x_j\right), \quad j = 1, 2, \cdots, m \qquad (5\text{-}5\text{-}1)$$

输出层输出为

$$o_l = f\left(\sum_{j=0}^{m} w_{jl} y_j\right), \quad l = 1, 2, \cdots, k \qquad (5\text{-}5\text{-}2)$$

式中：v_{ij} 和 w_{jl} 分别为输入层到隐含层、隐含层到输出层之间的连接权值。

输出误差 E 可定义为

$$E = \frac{1}{2} \sum_{l=1}^{k} (d_l - o_l)^2, \quad l = 1, 2, \cdots, k \qquad (5\text{-}5\text{-}3)$$

式中：d_l 为目标期望值。

当输出误差较大时，进行误差的反向传播，对各层权值进行不断调整，权值调整计算公式为

$$\begin{cases} \Delta w_{jl} = \eta(d_l - o_l)o_l(1 - o_l)y_j \\ \Delta v_{ij} = \eta\left[\sum_{l=1}^{k} \delta_l w_{jl} y_j (1 - y_j) x_i\right] \end{cases} \qquad (5\text{-}5\text{-}4)$$

$$\delta_l = (d_l - o_l)o_l(1 - o_l) \qquad (5\text{-}5\text{-}5)$$

BP 神经网络可以以任意精度逼近任何非线性函数，在进行参数反演时有其独特的优势，然而也存在不少内部缺陷，主要表现为两点：第一，易形成局部极小而得不到全局最优解；第二，隐含层单元节点数、学习率的选取缺乏理论指导。

2）循环神经网络

在 BP 神经网络基础上发展的循环神经网络（RNN）是一种特殊的人工神经网络，能够处理时间序列结构问题。其主要优点在于使隐藏层各节点互相连接，即当前隐含层的值不

仅仅取决于当前时刻的输入，还取决于前一时刻隐含层的输出，如图 5-5-3 所示。这一改进使得 RNN 构建的网络能够使历史时间点的信息通过隐含层逐步向后传递，具有较强的"记忆功能"，是进行时间序列分析时最好的选择。其工作原理如下。

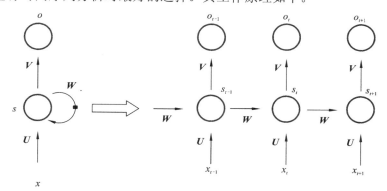

图 5-5-3　RNN 示意图

t 时刻隐含层的输出为

$$o_t = g(\mathbf{V}s_t) \tag{5-5-6}$$
$$s_t = f(\mathbf{U}x_t + \mathbf{W}s_{t-1}) \tag{5-5-7}$$

式中：$\mathbf{U}$ 和 $\mathbf{V}$ 分别是输入层和输出层的权重矩阵；$\mathbf{W}$ 为上一时刻隐含层的值作为下一时刻输入的权重矩阵；g 和 f 为非线性激活函数；o_t 为输出值。

将式（5-5-7）代入式（5-5-8）中，得输出值 o_t 为

$$
\begin{aligned}
o_t &= g[\mathbf{V}f(\mathbf{U}x_t + \mathbf{W}s_{t-1})] \\
&= \mathbf{V}f[\mathbf{U}x_t + \mathbf{W}f(\mathbf{U}x_{t-1} + \mathbf{W}s_{t-2})] \\
&= \mathbf{V}f\{\mathbf{U}x_t + \mathbf{W}f[\mathbf{U}x_{t-1} + \mathbf{W}f(\mathbf{U}x_{t-2} + \mathbf{W}s_{t-3})]\} \\
&= \mathbf{V}f(\mathbf{U}x_t + \mathbf{W}f\{\mathbf{U}x_{t-1} + \mathbf{W}f[\mathbf{U}x_{t-2} + \mathbf{W}f(\mathbf{U}x_{t-3} + \cdots)]\})
\end{aligned}
\tag{5-5-8}
$$

由式（5-5-8）可知，输出值 o_t 与历史输入值 x_t、x_{t-1}、x_{t-2}、x_{t-3} 有关，能够长距离记忆时间序列的历史信息，可以解决信息关联问题。但 RNN 算法存在梯度爆炸和消失问题，使得网络随着输入序列的增长，抖动变得更为强烈，无法学习。

3）长短时记忆神经网络

为解决 RNN 算法引发的梯度弥散问题，Hochreiter 等于 1997 年提出长短时记忆（LSTM）神经网络，通过引入误差传动带或恒定误差循环（constant error carousel，CEC）单元规避梯度传递问题。在网络设计时与 RNN 最大的不同在于保存一个单元状态 c_t，除能够接收当前时间步的输入值 x_t 和上一步的隐藏状态 s_{t-1} 外，还能接收上一时间步的单元状态 c_{t-1}，如图 5-5-4 所示。

LSTM 模型将一个细胞单元分解为三部分。

第一部分决定需要从上一时步的细胞状态中丢弃哪些信息，这是由遗忘门来决定的，遗忘门的单元状态为

$$f_t = \sigma(\mathbf{W}_f \cdot [s_{t-1}, x_t] + b_f) \tag{5-5-9}$$

式中：σ 为 sigmoid 激活函数；$\mathbf{W}_f$ 为权重矩阵；$[s_{t-1}, x_t]$ 表示两个矩阵拼接为一个总矩阵；b_f 为总矩阵的偏置值；f_t 为遗忘门的输出。

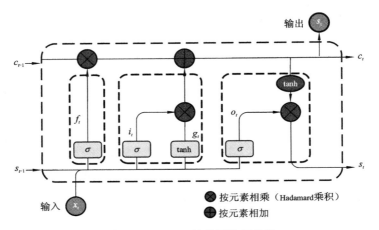

图 5-5-4　LSTM 神经网络示意图

第二部分决定将哪些信息存储在细胞状态中，由 sigmoid 层和 tanh 层两部分组成，其中，sigmoid 层也叫"输入门"，其细胞状态更新为

$$\boldsymbol{i}_t = \sigma(\boldsymbol{W}_i \cdot [\boldsymbol{s}_{t-1}, \boldsymbol{x}_t] + \boldsymbol{b}_i) \tag{5-5-10}$$

$$\boldsymbol{g}_t = \tanh(\boldsymbol{W}_c \cdot [\boldsymbol{s}_{t-1}, \boldsymbol{x}_t] + \boldsymbol{b}_c) \tag{5-5-11}$$

式中：$\boldsymbol{W}_i$ 和 $\boldsymbol{W}_c$ 为输入门的权值矩阵，$\boldsymbol{b}_i$ 和 $\boldsymbol{b}_c$ 是其对应的偏置项；tanh( ) 为双曲正切函数，可表示为

$$\tanh(z) = \frac{\mathrm{e}^z - \mathrm{e}^{-z}}{\mathrm{e}^z + \mathrm{e}^{-z}} \tag{5-5-12}$$

用旧的状态 $\boldsymbol{c}_{t-1}$ 对应点乘 $\boldsymbol{f}_t$，即 $\boldsymbol{c}_{t-1} \times \boldsymbol{f}_t$，用来丢弃已经决定要遗忘的信息，然后再加上 $\boldsymbol{i}_t \times \boldsymbol{g}_t$，构成当前时刻细胞状态 $\boldsymbol{c}_t$，即

$$\boldsymbol{c}_t = \boldsymbol{c}_{t-1} \times \boldsymbol{f}_t + \boldsymbol{i}_t \times \boldsymbol{g}_t \tag{5-5-13}$$

第三部分决定要输出细胞状态的哪些信息，然后将当前时刻的细胞状态通过 tanh 层，再乘以 sigmoid 层的输出，即得到最终的输出为

$$\boldsymbol{o}_t = \sigma(\boldsymbol{W}_o [\boldsymbol{s}_{t-1}, \boldsymbol{x}_t] + \boldsymbol{b}_o) \tag{5-5-14}$$

LSTM 模型在训练时包括三个步骤。

第一，初始化神经网络权值矩阵和偏置项，根据训练样本向前计算获得每个神经元的输出值，即 $\boldsymbol{f}_t$、$\boldsymbol{i}_t$、$\boldsymbol{o}_t$、$\boldsymbol{c}_t$、$\boldsymbol{s}_t$ 向量的值。

第二，根据输出值计算获得每个神经元的误差项值，根据误差进行反向传播计算。包括两个部分：一是沿着时间的反向传播，即从当前时刻 t 开始计算前一时刻 $t-1$ 的误差项；二是将误差项向上一层传播。

第三，根据误差值计算权值矩阵的梯度，并进行更新操作。

BP 神经网络、循环神经网络和长短时记忆神经网络是目前应用较广泛的参数反演方法，由于算法的不同导致各自具有突出的特点。将上述三种模型的优缺点整理如表 5-5-1 所示，可知长短时记忆神经网络在处理长距离时间序列问题上具有明显的优势，比较适用于根据滑坡序列监测数据动态反演岩土体参数，可以考虑滑坡前期状态对当前状态的影响，也可以尽量避免某一时间段获取离散性较大数据导致的误差。因此，选择长短时记忆神经网络模型反演参数。

表 5-5-1　常用参数反演方法的特点

学习模型	优点	缺点	适用范围
BP 神经网络	非线性映射能力强；泛化能力和容错能力强	易形成局部极小而得不到全局最优；学习效率低、收敛速度慢；隐含层单元节点数的选取随意	处理简单的非线性问题
RNN	能够处理和预测短距离时间序列数据问题	存在梯度爆炸和梯度消失问题，不能处理好长距离的依赖	处理短距离时间序列问题
LSTM 神经网络	能够处理长距离时间序列数据问题，且可以避免梯度爆炸和消失问题	模型参数（隐含层单元节点数、学习率和迭代次数等）依赖经验或须反复调试选取	处理长距离时间序列问题

2. PSO-LSTM 模型参数反演方法

LSTM 模型在处理长距离时间序列问题上具有明显的优势，适用于基于滑坡序列监测数据对岩体参数进行动态反演。但遗憾的是 LSTM 模型中隐藏层单元节点数、学习率和迭代次数等参数过多依赖于研究者的经验和反复调试，导致预测精度低且运行时间较长。粒子群优化（particle swarm optimization，PSO）算法可以保证在模型评价指标最优的前提下，通过不断迭代寻优找到 LSTM 模型的最优参数，从而避免人为干预造成的误差。近年来，基于粒子群优化算法的长短时记忆（PSO-LSTM）神经网络模型对滑坡时效变形预测的研究还较少。

粒子群优化算法是由 Eberhart 等（1995）提出的一种优化计算方法，源于对鸟群觅食行为的研究。在粒子群优化算法中，每个粒子的自身状态都由一组位置和速度向量描述，分别表示粒子在搜索空间中移动的快慢和方向。粒子通过不断的学习它所发现的群体最优解和局部最优解，实现全局最优搜索，Shi 等（1998）为了平衡全局搜索和局部搜索性能，在速度项加入惯性系数，即粒子的速度和位置更新方程为

$$v_{ij}(t+1) = \omega v_{ij}(t) + c_1 r_1 (\text{pbest}_{ij}(t) - x_{ij}(t)) + c_2 r_2 (\text{gbest}_j(t) - x_{ij}(t)) \quad (5\text{-}5\text{-}15)$$

$$x_{ij}(t+1) = x_{ij}(t) + v_{ij}(t+1) \quad (5\text{-}5\text{-}16)$$

式中：i 表示粒子的个数；j 表示粒子的维度；ω 为惯性权重，表明粒子的历史速度信息对当前速度的影响；$v_{ij}(t)$ 和 $v_{ij}(t+1)$ 表示粒子 i 的飞行速度；$x_{ij}(t)$ 和 $x_{ij}(t+1)$ 表示粒子 i 的位置；$\text{pbest}_{ij}(t)$ 表示粒子 i 在进化到 t 代时的第 j 维个体最优位置；$\text{gbest}_j(t)$ 表示全局最优解；c_1 和 c_2 为学习因子；r_1 和 r_2 为 [0,1] 之间的随机数。

基于粒子群优化算法的长短时记忆神经网络模型流程图见图 5-5-5，获得最优参数组合的步骤如下。

（1）初始化粒子的位置和速度。确定 LSTM 模型中隐含层单元节点数、学习率和迭代次数的取值范围，根据设定的范围初始化粒子的位置信息，随机生成一个种群粒子 $x_{ij}(0) = [h, \eta, n]$，h 为隐含层单元节点数；η 为学习率；n 为迭代次数。

（2）初始化网络遗忘门、输入门、输出门和单元状态的权值矩阵 $\boldsymbol{W}_f$、$\boldsymbol{W}_i$、$\boldsymbol{W}_c$、$\boldsymbol{W}_o$ 和偏置项 $\boldsymbol{b}_f$、$\boldsymbol{b}_i$、$\boldsymbol{b}_c$、$\boldsymbol{b}_o$。

（3）将初始化的参数、权值和偏置值输入 LSTM 模型中，采用训练样本对网络进行训练，计算样本的输出值 s_t^k，则个体 $x_{ij}(t)$ 的适应度值 fit_i 可定义为

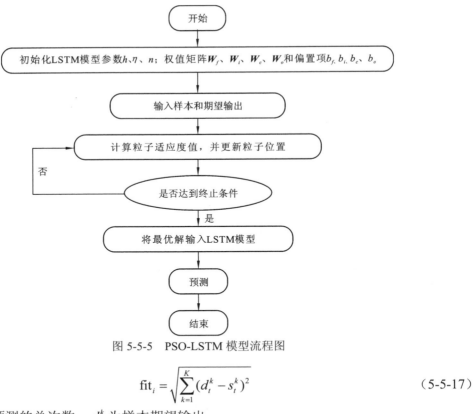

图 5-5-5　PSO-LSTM 模型流程图

$$\mathrm{fit}_i = \sqrt{\sum_{k=1}^{K}(d_t^k - s_t^k)^2} \qquad (5\text{-}5\text{-}17)$$

式中：K 为预测的总次数；d_t^k 为样本期望输出。

（4）根据式（5-5-15）、式（5-5-16）更新粒子的位置和速度，进行新一轮粒子适应度值计算，根据新种群粒子适应度值确定极值。

（5）当搜寻过程中达到事先设定的最大迭代次数，或粒子的适应度值随着迭代次数不再变化时停止更新，获得最优的隐含层单元节点数、学习率和迭代次数的值。

（6）将（5）获得的隐含层单元节点数、学习率和迭代次数代入 LSTM 模型中，采用训练样本对 LSTM 模型进行训练，当目标函数达到误差精度或达到最大迭代次数时停止训练，并采用验证样本对训练好的网络进行验证，最终可获得 LSTM 模型优化后的权值矩阵和偏置项矩阵信息。

5.5.2　结合参数动态反演的滑坡时效变形预测方法

1. 基本思路

结合滑坡监测位移，基于参数动态反演和数值模拟预测滑坡时效变形的基本思路包括：①鉴于非饱和渗流与蠕变耦合模型参数较多，需要对参数进行敏感性分析获得对变形敏感的主要参数；②结合滑坡监测位移，采用 PSO-LSTM 模型对主要参数进行动态反演；③根据动态反演的参数，计算对滑坡时效变形进行预测。

5.5.1 小节提出的 PSO-LSTM 模型适用于依据滑坡序列监测位移动态反演参数。在采用 PSO-LSTM 模型对参数进行动态反演之前，如何获得 PSO-LSTM 模型最优参数（包括隐含层单元数、学习率和迭代次数，以及权值矩阵和偏置项矩阵）是关键，具体实现过程如下。

（1）构建 PSO-LSTM 模型的训练样本和验证样本。采用正交试验法设计出非饱和渗流与蠕变耦合模型主要参数的参数组合方案，计算出各组参数对应滑坡各监测点的位移，以此构建 PSO-LSTM 模型的训练样本和验证样本。

（2）获得 PSO-LSTM 模型最优参数。首先，将隐含层单元节点数、学习率和迭代次数作为 PSO 算法的优化对象，根据各参数的取值范围初始化各粒子速度和位置信息；然后，将初始化的粒子信息输入 LSTM 模型，并初始化 LSTM 模型的权值矩阵和偏置项矩阵，采用训练样本对 LSTM 模型进行训练，计算对应粒子的适应度值。根据式（5-5-15）和式（5-5-16）更新粒子的速度和位置信息，直至粒子的适应度值不发生改变或者达到最大迭代次数，即可获得最优的隐含层单元节点数、学习率和迭代次数；最后，将最优的隐含层单元节点数、学习率和迭代次数输入 LSTM 模型，采用训练样本对 LSTM 模型进行训练，当目标函数达到误差精度或达到最大迭代次数停止训练，获得最优的权值矩阵和偏置项矩阵。

将上述获得的最优隐含层单元节点数、学习率、迭代次数、权值矩阵和偏置项矩阵输入 LSTM 模型，采用验证样本进行验证，符合要求即可得到训练完成的 PSO-LSTM 模型。基于训练完成的 PSO-LSTM 模型，结合滑坡监测位移对参数进行动态反演的步骤包括：①将某一时间段的监测位移作为 PSO-LSTM 模型的输入值，非饱和渗流与蠕变耦合模型主要参数（对变形敏感的参数）作为输出值；②根据反演得到的主要参数计算滑坡各监测点的位移，对变形不敏感的参数根据试验或经验取值。将计算的位移作为 PSO-LSTM 模型的输入值进行更新，继续反演下一时间段的参数。如此反复，即可获得动态反演的计算参数。

下面以三峡库区典型滑坡为例，结合滑坡现场监测位移，根据动态反演的参数对滑坡时效变形进行预测的主要内容包括：①介绍白家包滑坡基本概况；②采用正交试验法对非饱和渗流与蠕变耦合模型参数进行敏感性分析，获得对变形敏感的主要参数；③构建基于动态反演参数和数值模拟的滑坡时效变形预测方法。

2. 滑坡实例

本小节以白家包滑坡为研究对象，白家包滑坡基本概况在 1.2.1 小节做了详细介绍，包括滑坡的地理位置与地形条件，以及滑坡典型剖面上各监测点变形随时间的变化规律。

1）非饱和渗流与蠕变耦合模型参数敏感性分析

鉴于非饱和渗流与蠕变耦合模型参数较多，包括 11 个力学参数（$\lambda(0)$、κ、κ_s、λ_s、M、r、β、k_1、p_0^*、p^c、C_{ae}）和 4 个渗透性参数（φ、ψ、n、m），有必要对各参数进行敏感性分析，获得对变形较敏感的主要参数。

参数敏感性分析的主要思想是假设滑坡变形受控于某些参数，当这些参数在一定范围内变动时，分析变形随参数变动的趋势和变化程度，从而对各个参数的敏感性进行排序。常用的参数敏感性分析方法包括敏感性系数法、敏感度函数法和正交试验法。上述三种方法是目前应用最广泛的参数敏感性分析法，采用不同的方法得到的参数敏感性排序差别较大。

将上述三种方法的特点整理如表 5-5-2 所示，各方法的主要区别在于是单因素分析还是多因素分析。敏感性系数法和敏感度函数法属于单因素分析法，两者均假设其他参数保持基准值不变，其中一个参数在取值范围内变化，探索该参数对变形的敏感性程度。由于上述两种方法没有考虑各参数之间的交叉、综合作用，故不能准确反映各参数之间的耦合作用；另外，采用不同的基准参数集获得的结果也存在差异，导致预测精度不高。正交试验法不仅考虑了各参数之间的相互作用，还能够最大限度地减小试验次数，综合判定各参数的显著性水平，可对参数的敏感性程度进行定量评价。因此，选用正交试验法对非饱和渗流与蠕变耦合模型参数进行敏感性分析。

表 5-5-2　参数敏感性分析法特点比较

分析方法	特点	适用范围
敏感性系数法	单因素分析法，简单易行，各参数间相互独立，计算结果精度不高	参数少
敏感度函数法	单因素分析法，各参数相互独立，计算结果受拟合函数的影响，存在多解性	参数少
正交试验法	多因素分析法，各参数相互交叉、综合应用，试验结果可靠	参数多

为对非饱和渗流与蠕变耦合模型参数进行敏感性分析，选取白家包滑坡在 I-I 剖面上 ZG324 监测点的位移作为试验指标。具体实现过程包括：①采用 Minitab 软件设计出参数组合方案；②对不同水平的参数进行取值，由于不同水平的参数取值对于准确获取对变形敏感的主要参数至关重要，为此总结了近年来文献中关于力学和渗透性参数值作为参考；③数值计算得到各组参数在 ZG324 监测点对应的位移。

将非饱和渗流与蠕变耦合模型的每个参数划分为 2 水平，采用 Minitab 软件设计 15 因素 2 水平的正交表 $L32(2^{15})$，共需进行 32 次试验，各参数组合方案见表 5-5-3。值得注意的是，在采用 Minitab 软件设计时，通过 R_{sq} 和 R_{sq}（调整）的差值判断拟合效果，差值越小，拟合效果越好。

表 5-5-3　参数组合方案及其计算位移

试验序号	各参数的因素水平															位移/mm
	$\lambda(0)$	m	κ_s	λ_s	M	r	β	k_1	p_0^*	p^c	C_{ae}	n	ψ	ϕ	κ	
1	1	1	1	1	1	1	1	1	1	1	1	1	1	1	1	45.21
2	1	1	1	1	2	1	1	2	1	2	2	2	2	2	2	38.06
3	1	1	1	2	1	1	2	2	2	1	1	1	1	2	2	23.79
4	1	1	1	2	2	1	2	1	2	2	2	2	2	1	1	23.91
5	1	1	2	1	1	2	1	2	2	1	1	2	2	1	1	25.90
6	1	1	2	1	2	2	1	1	2	2	2	1	1	2	2	32.10
7	1	1	2	2	1	2	2	1	1	2	2	1	2	1	2	28.47
8	1	1	2	2	2	2	2	2	1	1	1	2	1	1	2	24.98
9	1	2	1	1	1	2	2	2	2	2	1	2	1	1	1	18.90
10	1	2	1	1	2	2	2	1	2	1	2	1	2	2	2	24.32
11	1	2	1	2	1	2	1	2	1	2	1	2	2	1	2	27.37
12	1	2	1	2	2	2	1	1	1	1	2	1	1	2	1	28.34
13	1	2	2	1	1	1	1	2	1	2	2	1	1	2	2	40.03

试验序号	各参数的因素水平															位移/mm
	$\lambda(0)$	m	κ_s	λ_s	M	r	β	k_1	p_0^*	p^c	$C_{\alpha e}$	n	ψ	ϕ	κ	
14	1	2	2	1	2	1	2	2	1	1	1	2	2	1	1	23.47
15	1	2	2	2	1	1	1	2	2	2	2	1	2	1	1	20.91
16	1	2	2	2	2	1	1	1	2	1	1	2	1	2	2	29.11
17	2	1	1	1	1	2	2	2	1	2	2	1	2	1	1	34.28
18	2	1	1	1	2	2	2	1	1	1	2	1	2	2	2	25.36
19	2	1	1	2	1	2	1	2	2	2	2	1	1	1	1	23.02
20	2	1	1	2	2	2	1	2	2	1	1	2	2	1	1	21.21
21	2	1	2	1	1	1	2	2	2	2	2	2	1	2	2	24.41
22	2	1	2	1	2	2	2	1	2	1	2	1	1	2	1	27.57
23	2	1	2	2	1	2	1	1	2	2	1	2	1	2	1	26.78
24	2	1	2	2	2	1	1	1	1	2	1	2	1	2	2	30.22
25	2	2	1	1	1	1	2	2	1	2	2	2	2	1	1	23.97
26	2	2	1	1	2	1	2	2	2	2	1	1	1	1	2	24.88
27	2	2	1	2	1	1	2	1	1	2	2	1	1	2	2	25.37
28	2	2	1	2	2	2	1	2	1	2	1	1	2	2	1	21.89
29	2	2	2	1	1	2	1	2	1	1	2	2	2	2	1	22.07
30	2	2	2	1	2	2	1	1	1	2	1	1	2	1	2	28.36
31	2	2	2	2	1	2	1	1	1	1	1	1	1	1	1	25.98
32	2	2	2	2	2	2	2	2	2	2	2	2	2	2	2	14.11

文献中关于非饱和渗流与蠕变耦合模型的力学参数见表 5-5-4，蠕变和渗透性参数见表 5-5-5。第一水平的力学和渗透性参数取本文模型参数值；第二水平可参考表 5-5-4 和表 5-5-5。由于白家包滑坡以粉质黏土为主，故在参考各文献的参数值时以粉质黏土为主，以黏土为辅。为获得有效的评价结果，根据表 5-5-4 和表 5-5-5 选取参数值应在参数量级范围内尽量与第一水平取值相差较大。各个水平的参数值如表 5-5-6 所示。

表 5-5-4　各文献中非饱和渗流与蠕变耦合模型的力学参数值

来源文献	$\lambda(0)$	m	κ_s	λ_s	M	r	β /kPa^{-1}	k_1	p_0^* /kPa	p^c /kPa	土的性质
Alonso 等（1990）	0.2	0.02	0.008	0.08	1	0.75	12.5	0.6	—	100	黏性土
Vaunat 等（2000）	—	0.015	0.001 2	0.032	1	0.911			—	6.56	淤泥
Zhu（2000）	0.2	0.044	—	—	1.265	—			—	—	海滩土
陈勇等（2017）	0.062	0.017	0.007	0.051	0.974	0.327	0.013	0.46	13.6	8.5	粉质黏土
孙德安（2012）	0.152	0.052	0.012	0.045	1.2	—			—	11	粉质黏土
李潇旋（2020）	0.078	0.01	—	—	1.26	0.06	0.001		50	10	黏性土
本书	0.067	0.020	0.007	0.050 6	0.918	0.410	0.015	0.380	11.4	7.6	粉质黏土

表 5-5-5　文献中蠕变和渗透性参数值

来源文献	$C_{\alpha e}$	φ /kPa^{-1}	ψ	n	m	备注
Zhu 等（2000）	0.004 6	—	—	—	—	海滩土
Yin 等（1989）	0.002 5	—	—	—	—	海滩土
姚仰平等（2013）	0.013	—	—	—	—	
Van 等（1980）	—	—	—	1.17	0.145 3	黏土，脱湿
Gallipoli 等（2003）	—	0.026 91	8.433	3.746	0.035 9	
Yang 等（2004）	—	—	—	5.744	0.949	
邹维列等（2017）	—	—	—	2.424	0.840 8	黏土，脱湿
				5.065	0.293 4	黏土，吸湿
本书	0.01	0.296	3.409	1.187	0.158	粉质黏土，吸湿

注：$C_{\alpha e}$ 为饱和状态下的值。

表 5-5-6　两个水平的参数值

水平数	$\lambda(0)$	κ	κ_s	$\lambda(s)$	M	r	β	k_1
1	0.066 8	0.019 6	0.006 9	0.050 6	0.918 0	0.409 6	0.015 3	0.380 0
2	0.152 0	0.052 0	0.012 0	0.045 0	1.2	0.327 0	0.012 5	0.460 0

水平数	p_0^*	p^c	$C_{\alpha e}$	ϕ	ψ	n	m	
1	11.4	7.6	0.005 3	0.296 0	3.409 0	1.187 0	0.158 0	—
2	13.6	11	0.002 5	0.026 9	8.433 0	1.170 0	0.145 3	—

　　为计算出表 5-5-3 各组参数对应的位移，选取白家包滑坡变形量较大的 I-I 剖面为计算截面，采用三节点单元对网格进行划分，共 2 274 个单元和 4 717 个节点，如图 5-5-6 所示，左、右边界设置为水平约束，底部边界为双向约束。

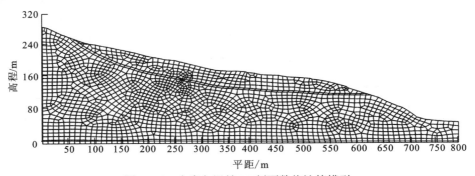

图 5-5-6　白家包滑坡 I-I 剖面数值计算模型

　　选取一年时间内库水位实际调度周期（2016 年 6 月 10 日～2017 年 6 月 10 日）和降雨量作为外荷载。由于每年降雨具有较大的随机性和离散性，实际降雨量简化为月平均降雨量，约为 102.8 mm。同时忽略库区水位小范围的波动，将其简化为四个阶段：第一阶段，2016 年 6 月 10 日～2016 年 8 月 10 日水位保持 145 m；第二阶段，2016 年 8 月 10 日～2016 年 11 月 10

日从 145 m 匀速增至 175 m，水位变化速率为 0.500 m/d；第三阶段，2016 年 11 月 10 日~2017 年 3 月 10 日从 175 m 匀速降至 165 m，水位变化速率为 0.083 m/d；第四阶段，2017 年 3 月 10 日~2017 年 6 月 10 日从 165 m 匀速降至 145 m，水位变化速率为 0.222 m/d，见图 5-5-7。

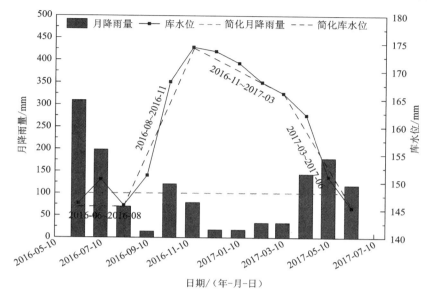

图 5-5-7　三峡库区白家包滑坡 2016 年 6 月 10 日~2017 年 5 月 10 日库水位变动

将开发的 UMAT 和 USDFLD 子程序写入同一个 for 文件嵌入 ABAQUS 中进行数值计算，以 2016 年 6 月 10 日为数值计算的初始时刻，ZG324 监测点处的位移取降雨和库水作用第 60 d 的结果，见表 5-5-3 所示，根据各参数及对应的位移，采用 Minitab 软件进行正交试验结果分析。从表 5-5-7 的极差分析结果可知，各参数敏感性程度排序为：$p_0^* \rightarrow \lambda_s \rightarrow m \rightarrow \lambda(0) \rightarrow k_1 \rightarrow n \rightarrow \beta \rightarrow r \rightarrow \psi \rightarrow C_{ae} \rightarrow M \rightarrow \kappa \rightarrow \varphi \rightarrow p^c \rightarrow \kappa_s$，其中，排序靠后的 5 个参数 M、κ、φ、p^c 和 κ_s 对应位移的极差小于 1 mm，初步判定这 5 个参数对滑坡变形不敏感。

为进一步检验各参数的显著性水平，在极差分析结果基础上进行方差分析。对于给定的显著性水平，可根据 P 检验判定参数的敏感性，各参数敏感性程度划分可定义为：$P < 0.01$ 为高度显著；$0.01 < P < 0.05$ 为显著；$P > 0.05$ 表示影响不显著。由表 5-5-8 方差分析结果可知，参数的敏感性程度排序与极差分析结果一致，即参数 p_0^* 对变形影响高度显著；参数 λ_s、m、$\lambda(0)$ 和 k 对变形影响显著；其他 10 个参数对变形无显著影响。为减少试验次数，综合正交试验极差和方差分析结果，选取非饱和渗流与蠕变耦合模型的 10 个参数 p_0^*、λ_s、m、$\lambda(0)$、k_1、n、β、r、ψ 和 C_{ae} 为主要参数进行反演，其他 5 个参数可根据室内试验或经验取值。

表 5-5-7　正交试验极差分析结果

水平数	p_0^*	λ_s	m	$\lambda(0)$	k_1	n	β	r
1	29.39	28.87	28.64	28.62	28.55	28.29	28.16	28.10
2	24.19	24.72	24.94	24.97	25.04	25.30	25.43	25.49
极差	5.20	4.15	3.70	3.65	3.51	2.99	2.73	2.61
排序	1	2	3	4	5	6	7	8

水平数	ψ	$C_{\alpha e}$	M	κ	φ	p^c	κ_s
1	27.73	26.28	27.28	27.15	26.92	26.90	26.87
2	25.85	27.30	26.31	26.44	26.66	26.69	26.72
极差	1.88	1.02	0.97	0.71	0.26	0.21	0.15
排序	9	10	11	12	13	14	15

表 5-5-8　正交试验方差分析结果

参数	离均差平方和	自由度	F 值	P 值	显著性水平
p_0^*	216.16	1	11.57	0.004	**
λ_s	137.90	1	7.38	0.015	*
m	109.48	1	5.86	0.028	*
$\lambda(0)$	106.54	1	5.70	0.030	*
k_1	98.39	1	5.27	0.036	*
n	71.49	1	3.83	0.068	—
β	59.60	1	3.19	0.093	—
r	54.63	1	2.92	0.107	—
ψ	28.22	1	1.51	0.237	—
$C_{\alpha e}$	8.33	1	0.45	0.514	—
M	7.58	1	0.41	0.533	—
κ	4.03	1	0.22	0.649	—
φ	0.55	1	0.03	0.865	—
p^c	0.35	1	0.02	0.892	—
κ_s	0.18	1	0.01	0.923	—

注：**表示高度显著；*表示显著；—表示影响不显著。

2）基于参数动态反演的滑坡时效变形预测

基于参数动态反演和数值模拟的滑坡时效变形预测方法构建，包括的内容为：①构建训练样本和验证样本对 PSO-LSTM 模型进行训练，获得 PSO-LSTM 模型最优参数，包括隐含层单元数、学习率和迭代次数，以及权值矩阵和偏置项矩阵；②将获得的最优参数输入 PSO-LSTM 模型，结合滑坡监测位移对非饱和渗流与蠕变耦合模型主要参数进行动态反演，再根据动态反演的参数和数值模拟预测滑坡时效变形。

（1）PSO-LSTM 模型训练。

采用正交试验法对非饱和渗流与蠕变耦合模型参数进行敏感性分析，指出参与反演的主要参数为 p_0^*、λ_s、m、$\lambda(0)$、k_1、n、β、r、ψ 和 $C_{\alpha e}$。在对主要参数进行动态反演之前，需要对 PSO-LSTM 模型进行训练，可分为两步实现。第一，构建训练样本和验证样本。将参与反演的主要参数作为基本变量，采用正交试验法设计出主要参数组合方案，数值计算各组参数对应的位移，根据各组参数及对应的位移构建训练样本和验证样本；第二，根据训练样本对 PSO-LSTM 模型进行训练，当目标函数值达到一定精度或最大迭代次数停止训练，可获得 PSO-LSTM 模型参数最优解。

首先需要构建训练样本。将非饱和渗流与蠕变耦合模型的主要参数划分为 3 个水平。采用 10 因素 3 水平正交表 $L27(3^{10})$ 设计参数组合方案见表 5-5-9。

表 5-5-9　基于正交试验设计参数组合方案

试验序号	各主要参数的因素水平及取值									
	p_0^*	λ_s	m	$\lambda(0)$	k_1	n	β	r	ψ	C_{ae}
1	1	1	1	1	1	1	1	1	1	1
2	1	1	1	1	2	2	2	2	2	2
3	1	1	1	1	3	3	3	3	3	3
4	1	2	2	2	1	1	1	2	2	2
5	1	2	2	2	2	2	2	3	3	3
6	1	2	2	2	3	3	3	1	1	1
7	1	3	3	3	1	1	1	3	3	3
8	1	3	3	3	2	2	2	1	1	1
9	1	3	3	3	3	3	3	2	2	2
10	2	1	2	3	1	2	3	1	2	3
11	2	1	2	3	2	3	1	2	3	1
12	2	1	2	3	3	1	2	3	1	2
13	2	2	3	1	1	2	3	2	3	1
14	2	2	3	1	2	3	1	3	1	2
15	2	2	3	1	3	1	2	1	2	3
16	2	3	1	2	1	2	3	3	1	2
17	2	3	1	2	2	3	1	1	2	3
18	2	3	1	2	3	1	2	2	3	1
19	3	1	3	2	1	3	2	1	3	2
20	3	1	3	2	2	1	3	2	1	3
21	3	1	3	2	3	2	1	3	2	1
22	3	2	1	3	1	3	2	2	1	3
23	3	2	1	3	2	1	3	3	2	1
24	3	2	1	3	3	2	1	1	3	2
25	3	3	2	1	1	3	2	3	2	1
26	3	3	2	1	2	1	3	1	3	2
27	3	3	2	1	3	2	1	2	1	3

为估算出三个水平下非饱和渗流与蠕变耦合模型主要参数的量级和取值范围，除参考本节力学和渗透性参数外，还需要参考其他研究者的成果，见表 5-5-4 和表 5-5-5，综合获得模型主要参数的取值范围如表 5-5-10 所示。第一水平的参数值取本文模型参数值，第二水平按照各参数值的取值范围取中间值，第三水平取各主要参数范围的边界值，见表 5-5-11 所示。

表 5-5-10　非饱和渗流与蠕变耦合模型主要参数的取值范围

参数	取值范围	参数	取值范围
p_0^*	10～50	n	1.170～5.744
λ_s	0.032～0.080	β	0.001～12.5
m	0.036～0.949	r	0.06～0.911
$\lambda(0)$	0.062～0.200	ψ	3.409～8.433
k_1	0.380～0.600	$C_{\alpha e}$	0.002 5～0.013

表 5-5-11　训练样本中各个水平的参数取值

参数	p_0^*	λ_s	m	$\lambda(0)$	k_1	n	β	r	ψ	$C_{\alpha e}$
第一水平	11.4	0.0506	0.158	0.067	0.380	1.187	0.015	0.410	3.409	0.01
第二水平	25	0.065	0.040	0.100	0.500	3.200	0.050	0.060	5.000	0.005
第三水平	50	0.080	0.800	0.200	0.600	5.744	0.100	0.750	8.433	0.008

白家包滑坡 I-I 剖面上有 6 个位移监测点，分别为 ZG324、ZD1、ZG325、ZD2、ZG400 和 ZD3，计算表 5-5-11 各组参数对应 6 个监测点的位移。为简化计算，2021 年 5 月～2022 年 8 月降雨强度取月平均降雨量为 21.8 mm，库水位荷载简化为 5 个阶段：第一阶段，2021 年 5 月 10 日～2021 年 8 月 10 日保持 145 m；第二阶段，2021 年 8 月 10 日～2021 年 11 月 10 日从 145 m 匀速增至 175 m，水位变化速率为 0.500 m/d；第三阶段，2021 年 11 月 10 日～2022 年 3 月 10 日从 175 m 匀速降至 165 m，水位变化速率为 0.083 m/d；第四阶段，2022 年 3 月 10 日～2022 年 6 月 10 日从 165 m 匀速降至 145 m，水位变化速率为 0.222 m/d；第五阶段，2022 年 6 月 10 日～2022 年 8 月 10 日保持 145 m，库水和降雨量简化结果如图 5-5-8 所示。将 5.2 节开发的子程序嵌入 ABAQUS 软件，根据表 5-5-11 参数组合对白家包滑坡 I-I 剖面上 6 个监测点的变形进行计算。

对 PSO-LSTM 模型进行训练需要大量的样本，以 2021 年 5 月 18 日为起始时刻，每隔 5 d 对各监测点的变形进行计算，由于样本数量巨大，无法在文中全部展示。故以各监测点在第 30 d、35 d、40 d、45 d、50 d 和 55d 的计算结果为例。将表 5-5-9 的参数和不同时刻对应的位移作为 PSO-LSTM 模型的训练样本和验证样本。

构建了训练样本后，需要对 PSO-LSTM 模型训练。PSO-LSTM 模型不仅能够处理长距离时间序列问题，模型参数（隐含层单元节点数、学习率和迭代次数等）也能通过优化算法求解，避免了反复调试造成学习效率低的问题。基于 PSO-LSTM 模型反演参数的流程框架见图 5-5-9。

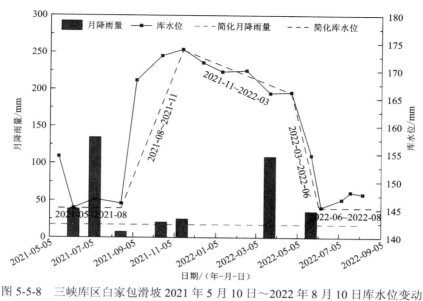

图 5-5-8　三峡库区白家包滑坡 2021 年 5 月 10 日～2022 年 8 月 10 日库水位变动

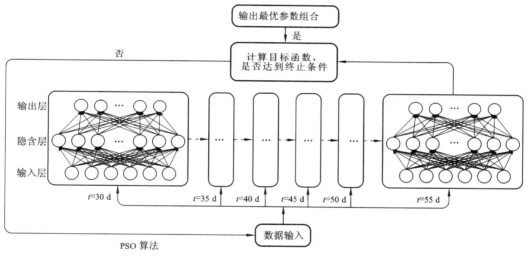

图 5-5-9　PSO-LSTM 反演参数流程框架

在对 PSO-LSTM 模型训练之前还需要构建目标函数。通常将目标函数 $E(x)$ 表示为位移和地下水位的表达式，即

$$E(x) = \sum_{i=1}^{\mathrm{NO}'} \omega_i^2 \left(\frac{H_i - H_i^{\mathrm{obs}}}{H_i^{\mathrm{obs}}} \right)^2 + \sum_{i=1}^{\mathrm{NO}''} \left(\frac{u_i - u_i^{\mathrm{obs}}}{u_i^{\mathrm{obs}}} \right)^2 \tag{5-5-18}$$

式中：NO' 为地下水位监测点数；NO'' 为位移监测点数；ω_i 为水位测点的权值；H_i 为各水位监测点的水位计算值；H_i^{obs} 为各水位监测点的水位实测值；u_i 为各位移监测点的位移计算值；u_i^{obs} 为各位移监测点的位移实测值。基于上述目标函数[式（5-5-18）]对参数反演的实质就是对目标函数进行寻优，比如采用改进的遗传算法或粒子群优化算法对目标函数进行迭代计算，逐步修正参数的试算值，直至搜索出最优参数。这种方法在参数较多时会造成网络学习效率低，并易于陷入局部极小，不易获得全局最优解。

鉴于非饱和渗流与蠕变耦合模型参数较多，常采用滑坡现场监测位移或地下水位反向反演计算参数。在以往研究中常采用位移反演力学参数，钻孔地下水位反演渗透性参数，殊不知单独地反演不能体现渗流与变形的耦合作用。因此，基于全耦合思想，采用监测位移共同反演力学和渗透性参数。即将 PSO-LSTM 模型的输入值设置为监测位移，输出值为反演参数，则目标函数可定义为

$$E\left(x\right)=\sum_{j=1}^{10}\left(\frac{x_j-x_j^p}{x_j^p}\right)^2 \tag{5-5-19}$$

式中：x_j 为各参数的网络输出值；x_j^p 为各参数的样本值。

结合白家包滑坡监测位移，对 PSO-LSTM 模型进行训练的步骤如下。

第一，将 LSTM 模型中隐含层单元节点数、学习率和迭代次数设置为 PSO 待优化参数，根据待优化参数取值范围初始化粒子的位置信息。待优化参数的取值范围设置为：隐含层单元节点数为[2，30]，学习率取值为[0.000 1，0.01]，迭代次数为[50，500]。基于上述参数的取值范围初始化时间窗口大小为 6，即对应 6 个时刻的数据；隐含层单元数为 15；学习率为 0.001；迭代次数为 100。LSTM 模型中其他参数设置为：样本批次设置为 1；输出层神经元数量为 10，即为反演参数 p_0^*、λ_s、m、$\lambda(0)$、k、n、β、r、Ψ 和 C_{ae}。粒子群优化算法的参数设置为：种群数量为 20，学习因子为 $c_1=c_2=2$，开始时惯性权重 $\omega=0.9$，结束时 $\omega=0.4$，粒子的最大速度为 5，最大迭代次数为 500。

第二，将初始化后的隐含层单元节点数、学习率和迭代次数输入 LSTM 模型中，并初始化权值矩阵和偏置项矩阵。

第三，采用训练样本对 LSTM 模型进行训练，式（5-5-17）。适应度计算中样本期望输出为反演参数值。比较每个粒子的适应度值，记录粒子经过的最好位置，然后根据式（5-5-15）和式（5-5-16）更新粒子的位置和速度，直至粒子的适应度值基本不发生变化或达到最大迭代次数停止更新，即可获得 LSTM 模型最优的隐含层单元节点数、学习率和迭代次数；

第四，将最优的隐含层单元节点数、学习率和迭代次数输入 LSTM 模型。采用训练样本对 LSTM 模型进行训练，输入样本为各监测点 ZG324、ZG325、ZG400、ZD1、ZD2 和 ZD3 分别在 6 个时刻的计算位移，即每一时刻输入层神经元数量为 6，输出样本为反演参数，当目标函数式（5-5-19）达到最大精度 3%或达到最大迭代次数时终止训练。

对 LSTM 模型训练完成后，采用验证样本对训练完成的 PSO-LSTM 模型进行验证。最终可获得 LSTM 模型优化后的权值矩阵和偏置项矩阵，并得到 PSO 算法中优化后的隐含层单元节点数、学习率和最大迭代次数等参数。

（2）基于参数动态反演和数值模拟的滑坡时效变形预测。

将获得的最优隐含层单元节点数、学习率、最大迭代次数、权值矩阵和偏置项矩阵等输入 PSO-LSTM 模型，结合白家包滑坡现场监测位移，对净变形量较大的 ZD2 开展时效变形预测研究。具体实现步骤如下。

第一，在进行变形预测之前，选取监测点 ZG324、ZG325、ZG400、ZD1、ZD2 和 ZD3 在前 6 个时刻的位移作为 PSO-LSTM 模型的输入值。

第二，根据第一步反演出非饱和渗流与蠕变耦合模型主要参数 p_0^*、λ_s、m、$\lambda(0)$、k_1、n、β、r、ψ、C_{ae} 的值，其他对变形不敏感的参数 M、κ、φ、p^c、κ_s 通过试验或经验取值，然后反馈到 ABAQUS 模型中计算当前时刻各监测点的位移。

第三，将当前时刻各监测点的计算位移作为 PSO-LSTM 模型的输入值进行更新，用更新后的位移继续反演出下一时刻的参数值。

为证明 PSO-LSTM 模型预测滑坡时效变形的有效性，选取监测点 ZG324、ZG325、ZG400、ZD1、ZD2 和 ZD3 分别在 2021 年 6 月、7 月和 8 月共计 36 个位移数据用于反演参数。为便于对比，变形值选取净变形量，即当前时刻实际位移与初始时刻（2021 年 5 月 18 日）位移的差值。各监测点净位移见表 5-5-12，反演出的参数作为 2021 年 9 月变形预测中非饱和渗流与蠕变耦合模型主要参数的值。在进行计算时，简化降雨量和库水位变动的大小，见图 5-5-9，在此不再赘述。如此反复，即可获得 2021 年 9 月~2022 年 8 月白家包滑坡在监测点 ZD2 为期一年的变形预测值，见图 5-5-10。实际的净变形与预测变形的相对误差见表 5-5-13。

表 5-5-12 参与反演的各监测点的实际位移

日期	监测点位移/mm					
	ZG324	ZG325	ZG400	ZD1	ZD2	ZD3
2021/6/9	30.0	38.6	33.5	34.1	34.2	42.1
2021/6/22	62.4	71.3	76.7	77.7	77.8	94.1
2021/7/10	70.5	70.8	85.9	84.0	83.3	110.2
2021/7/22	74.4	78.8	100.5	86.1	86.6	124.1
2021/8/18	65.3	72.6	99.5	92.0	93.0	134.6
2021/8/28	77.1	74.1	105.7	93.1	95.0	135.8

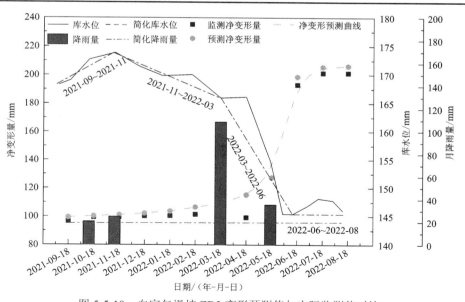

图 5-5-10 白家包滑坡 ZD2 变形预测值与实际监测值对比

表 5-5-13　ZD2 监测点在 2021 年 9 月～2022 年 9 月期间位移预测结果及评价指标

日期	实际的净变形/mm	预测的净变形/mm	相对误差/%
2021-09-18	96.52	99.35	−2.93
2021-10-18	99.31	100.26	−0.96
2021-11-18	99.55	100.98	−1.44
2021-12-18	100.23	102.23	−2.00
2022-01-18	100.42	103.71	−3.28
2022-02-18	101.41	106.55	−5.07
2022-03-18	100.55	108.97	−8.37
2022-04-18	99.20	115.23	−16.16
2022-05-18	98.56	127.38	−29.24
2022-06-18	193.02	198.56	−2.87
2022-07-18	201.33	205.51	−2.08
2022-08-18	201.37	206.13	−2.36

　　将表 5-5-13 的监测净变形量与预测净变形量绘制如图 5-5-10 所示,可以看出预测值相对比较光滑,虽然预测值与实际变形存在一定的差异,但两者总体趋势基本一致。结合表 5-5-13相对误差的计算结果可知,在出现阶跃变形的位置相对误差较大,也就是库水位下降阶段,但不管是库水波动还是降雨作用相对于变形都存在一定的滞后性,这可能是滑坡体内渗流场改变存在滞后性所致。另外,在进行变形预测时,预测变形作为下一时刻反演参数的输入值,导致误差逐渐累积或某一时刻误差相对较大,为减小预测误差,可随时根据监测变形值进行更新调整。

第6章 滑坡土体非饱和土松弛特性

蠕变和应力松弛分别表现土体流变的两个不同方面。蠕变是指在一定荷载作用下应变随时间逐渐增长的现象；应力松弛是指应变一定时，土体内部应力随时间逐渐减小的现象。由于非饱和土的流变特性研究对水库型滑坡的变形和失稳预测具有重要的意义，在前面几章已经针对饱和土和非饱和土的流变特性开展了试验和模型研究，但对于非饱和土松弛特性研究还比较欠缺。因此，本章有必要针对非饱和土松弛试验和模型构建开展研究，用来分析更广泛的土体流变行为。

6.1 非饱和土松弛试验

与土体蠕变特性的研究相比，对土体应力松弛特性的研究还不多见，但和土体的蠕变特性研究一样，土体的应力松弛特性也是岩土体流变特性研究的重要内容（陈昌富 等，2021）。为了解基质吸力对非饱和土松弛特性的影响，本节将开展非饱和土松弛特性研究，利用 GDS 的高级加载模块进行 5 组不同基质吸力作用下的松弛试验，试验用土取自千将坪滑坡滑带土。

6.1.1 试验装置

应力松弛是指在维持土样变形不变的情况下，观测随时间的延续偏应力逐渐降低的过程。但是要保持土样恒定的变形值，并观测和记录此过程偏应力随时间的变化，一般的三轴仪很难满足。GDS 三轴试验仪由英国 GDS 仪器设备有限公司生产，示意图如图 6-1-1 所示，该试验装置在 5.1.1 小节做了详细的介绍，可以进行土的（非）饱和松弛试验。

6.1.2 试验土样和试验方法

试验土样与第 3 章试验用土相同，均是取自千将坪滑坡滑带顺层部分的黄色软塑状土，土样的基本物理力学性质见表 3-1-1。

本次非饱和土松弛试验的加载采用应变控制，一次加载使应变缓慢达到目标值（本次试验应变目标值为 13%）后维持该应变为定值，观测偏应力随时间变化。试样尺寸为 $\phi 50\ mm \times 100\ mm$，试验采用排水剪。与第 5 章采用 GDS 三轴仪开展非饱和蠕变试验相比，试验过程和注意的问题类似，区别在于蠕变试验是压缩，即土样固结完成后在一定的压力下发生随时间变化的变形，而松弛是保持土样的应变不变发生随时间变化的应力，试验设备示意图见图 6-1-1。具体试验步骤如下。

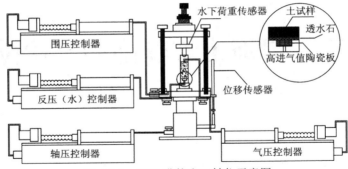

图 6-1-1 GDS 非饱和三轴仪示意图

（1）装样前，先制备无气蒸馏水，然后制备试样并在饱和缸内饱和，还需要饱和陶土板。

（2）装样。将陶土板顶部的水抹去，把饱和土样放在陶土板底座上以使完全接触，同时将试样帽放在试样上部并一起用橡皮膜套好，然后用橡皮圈将橡皮膜与底座及试样帽扎紧，这样在给试样施加围压时，水不会渗透到试样土体内。试样中的孔隙水通过陶土板与反压控制器连通，孔隙水压力可以通过反压控制量测系统测出来。试样另一端通过试样帽和气压控制器连通，从而可以测出和控制所需要施加的孔隙气压力。装样完毕后，将压力室安装好并向压力室内装满蒸馏水，然后打开各控制器开关依次读数清零（包括体积和压力读数）。

（3）预压试样。基质吸力平衡过程前，可以先加 25 kPa 左右的围压，使试样和橡皮膜紧密接触，排除试样和橡皮膜之间的气泡和水，在此过程中还可以检查仪器是否漏水，气管是否进水等。

（4）基质吸力平衡。对试样施加围压和孔隙气压力（和孔隙水压力），通过控制所施加的孔隙气压和孔隙水压从而改变试样的吸力，当同时施加围压和空隙气压时，为避免橡皮膜胀破，确保此步围压约大于气压 5 kPa，直至基质吸力达到试验的目标值为止，并使基质吸力在试样中分布均匀。本次试验基质吸力平衡标准定为：2 h 内测得试样排水量不大于 10 mm³。

（5）试样固结。控制基质吸力 u_a 恒定，逐级增大净围压 $\sigma_3 - u_a$，使其达到预先设定的试验的目标值，此过程中，土样逐渐固结稳定。

（6）剪切。当固结基本完成后，旋转试样顶部的传力杆至接触试样顶部的试样帽，设置好轴向位移传感器并清零读数。选择 GDS 加载模块，按一定的剪切速率对试样进行剪切，本次试验加载采用应变控制，偏应力 $\sigma_1 - \sigma_3$ 增加，土样发生剪切直到应变达到 13%。剪切应变速率以剪切过程中孔隙水压力能及时消散为应变速率控制标准，本次试验采用的应变速率为 0.009 mm/min。

（7）应力松弛。在 GDSLAB 中选择 Advanced Loading 实验模块，并在 Advanced Loading Triaxial Test Setup 中选择"围压保持不变、反压不变、应变保持不变"的加载方案。GDS 仪器会自动保持当前剪应变不变，记录在此过程中的偏应力-时间关系曲线等。

由于目前没有规范化的松弛试验标准，根据试验条件及数据观察。固结排水稳定标准为：2 h 内测得试样排水量小于 10 mm³。松弛稳定标准规定为：试验过程中观察土样在 1 天内轴向应力变化小于 0.1 kPa，则进入下一组松弛试验。大约 7 天后应力基本稳定，而且由于流变试验要耗费巨大的人力、财力和物力，实验过程当中极易受到外界干扰，故本次松弛试验持续 7 天。

6.1.3　试验方案

为了解净围压和基质吸力对非饱和土松弛特性的影响，也为建立其松弛模型提供必要的试验数据，试验方案为：净围压为 100 kPa，基质吸力分别为 50 kPa、100 kPa、150 kPa、200 kPa、250 kPa，应变水平为 13% 的应力松弛试验，试验方案如表 6-1-1 所示。

表 6-1-1　非饱和土松弛试验方案

净围压 σ_3'/kPa	孔隙气压 u_a/kPa	围压 σ_3/kPa	应变水平
100	50	150	13%
	100	200	
	150	250	
	200	300	
	250	350	

6.1.4　试验结果

根据表 6-1-1 的试验方案开展非饱和土松弛试验，获得恒定净围压，不同基质吸力下的非饱和应力松弛曲线，如图 6-1-2 所示。

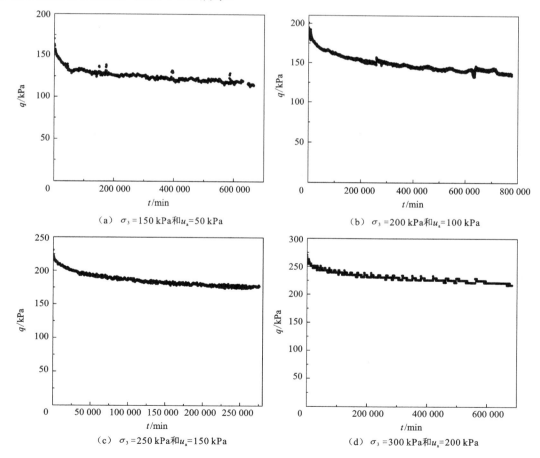

（a）σ_3=150 kPa和u_a=50 kPa　　　　（b）σ_3=200 kPa和u_a=100 kPa

（c）σ_3=250 kPa和u_a=150 kPa　　　　（d）σ_3=300 kPa和u_a=200 kPa

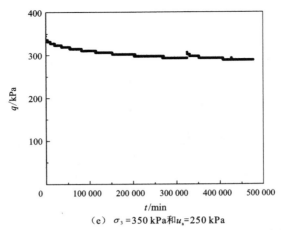

（e）$\sigma_3 = 350\ kPa$和$u_a = 250\ kPa$

图 6-1-2　恒定净围压、不同基质吸力下非饱和应力松弛试验结果

应力松弛过程中数据采集时间间隔为 1 min，理论上偏应力应当逐渐递减。仔细分析试验数据，发现松弛过程应力松弛曲线具有波动性，经观察分析可以发现松弛应力的波动主要由室内温差引起的温度变形和测试仪器温度较敏感造成。这就使试验数据处理变得复杂和困难，而且也影响试验精度。可见对于长时间试验而言，保持室内温度的恒定显得很重要。

由图 6-1-2 可知，各相同净围压不同基质吸力的应力松弛曲线等都非常类似，松弛过程大致可分为两个阶段，松弛应力快速下降阶段和松弛应力缓速下降阶段。松弛应力快速下降阶段特征非常明显，初始时刻土的应力松弛曲线下降较快，应力松弛的前几分钟松弛速度约为 1～10 kPa/min，10 min 之后随时间的持续偏应力逐渐趋向于某一稳定值。之后，松弛应力下降速度降低为 0.1～0.9 kPa/min，并逐渐过渡到松弛应力缓速变化阶段，在松弛应力缓速下降阶段，应力松弛变化很小。非饱和应力松弛试验结果为下节构建非饱和土松弛模型提供数据支持。

6.2　非饱和土松弛模型

6.2.1　非饱和松弛曲线函数拟合

1. 拟合函数选取

由图 6-1-2 非饱和土应力松弛曲线特征可知，指数函数、对数函数、幂函数等都可以用来模拟松弛曲线。以 $\sigma_3 = 300\ kPa$，$u_a = 200\ kPa$ 非饱和松弛曲线为例，分别采用指数函数、对数函数、幂函数来拟合曲线如图 6-2-1～图 6-2-3 所示。

由图 6-2-1～图 6-2-3 可知，指数函数拟合时在开始阶段与实验数据相差较大，拟合后相关系数为 0.91，采用对数函数拟合时，刚开始松弛的偏应力值大于实验值，相关系数为 0.90，而采用幂函数拟合后，可以发现拟合值与试验值能较好地吻合，相关系数也高于指数函数和对数函数拟合的结果。通过综合对比分析比较，决定采用如下幂函数进行模拟，拟合函数为

$$q(t) = s_0 + st^{\beta} \tag{6-2-1}$$

式中：s_0、s 和 β 为参数；$q(t)$ 为偏应力；t 为时间。

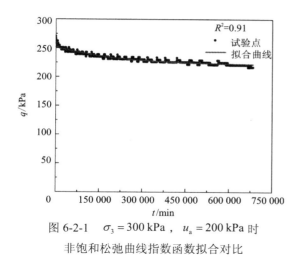

图 6-2-1 $\sigma_3 = 300\,\text{kPa}$，$u_a = 200\,\text{kPa}$ 时
非饱和松弛曲线指数函数拟合对比

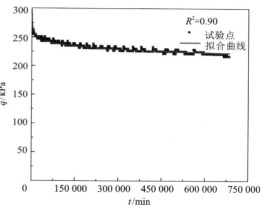

图 6-2-2 $\sigma_3 = 300\,\text{kPa}$，$u_a = 200\,\text{kPa}$ 时
非饱和松弛曲线对数函数拟合对比

2. 拟合参数确定

1stOpt（First Optimization）是七维高科有限公司（7D-Soft High Technology Inc.）自主研发的一套含自主知识产权的数学优化分析软件包。在非线性曲线拟合和回归分析、非线性复杂模型参数估算求解等领域具有很强优势，居世界先进水平。它不仅具有界面友好性，更重要是其科研团队多年的核心研发成果-通用全局优化算法，该算法最大的优点在于避免了如何在非线性叠加运算时找到比较准确的初值的疑难问题，也就是说 1stOpt 软件会随机地自动

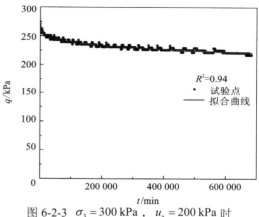

图 6-2-3 $\sigma_3 = 300\,\text{kPa}$，$u_a = 200\,\text{kPa}$ 时
非饱和松弛曲线幂函数拟合对比

给出非线性运算时的参数初值，通过其特有的全局优化算法，最终找出合适的最优解，而不需要使用者绞尽脑汁通过复杂运算给出参数的初始值进行运算。1stOpt 凭借很强的容错、寻优能力，在大多数情况下（大于 90%的概率），从随机自动给定的初始值进行运算都可以得到满意的结果。

根据图 6-2-3 的松弛曲线，采用 1stOpt 软件对拟合方程（6-2-1）的参数进行拟合，获得参数值如表 6-2-1 所示。

表 6-2-1　非饱和土松弛实验拟合参数值

σ_3'/kPa	σ_3/kPa	u_a/kPa	s_0	s	β
	150	50	181	-9.987 859	0.137 291
	200	100	221	-8.998 48	0.164 177
100	250	150	242	-6.090 987	0.191 303
	300	200	277	-3.457 422	0.207 536
	350	250	355	-2.681 659	0.247 023

将表 6-2-1 中所列的参数代入式（6-2-1）中，与试验数据对比后如图 6-2-4 所示。由图可知，在应力松弛开始阶段与实验结果相比拟合有些小差距，经过一段时间后拟合程度较高，拟合曲线和试验数据能够较好地吻合。

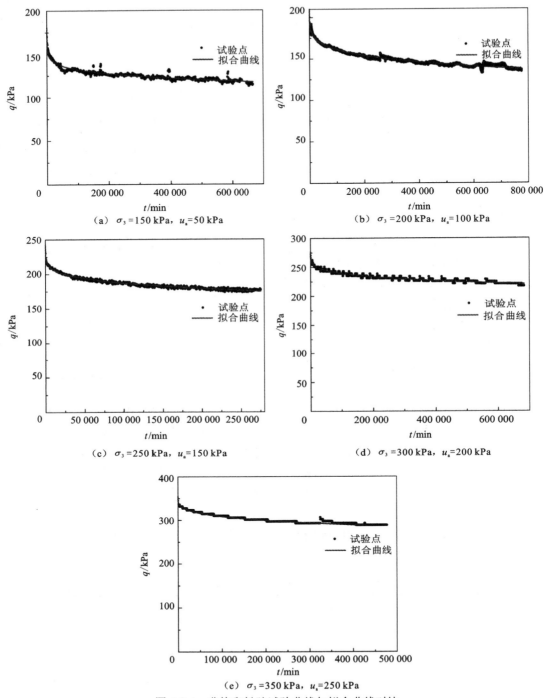

（a）$\sigma_3 = 150\ \text{kPa}$，$u_a = 50\ \text{kPa}$

（b）$\sigma_3 = 200\ \text{kPa}$，$u_a = 100\ \text{kPa}$

（c）$\sigma_3 = 250\ \text{kPa}$，$u_a = 150\ \text{kPa}$

（d）$\sigma_3 = 300\ \text{kPa}$，$u_a = 200\ \text{kPa}$

（e）$\sigma_3 = 350\ \text{kPa}$，$u_a = 250\ \text{kPa}$

图 6-2-4　非饱和松弛试验曲线与拟合曲线对比

6.2.2 基质吸力与拟合参数相关性分析

根据表 6-2-1 中的各参数值与基质吸力进行拟合，结果见图 6-2-5～图 6-2-7。

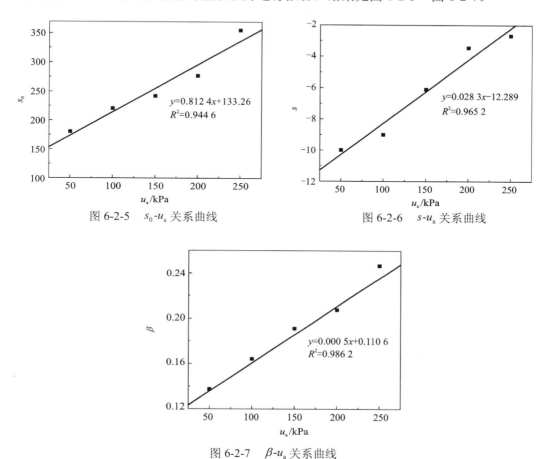

图 6-2-5 s_0-u_a 关系曲线　　　　　　图 6-2-6 s-u_a 关系曲线

图 6-2-7 β-u_a 关系曲线

根据图 6-2-5～图 6-2-7 中模型参数 s_0、s 和 β 与基质吸力 u_a 之间有如下规律：模型参数与基质吸力线性相关，进行线性拟合后相关系数大于 94%，说明它们具有较好的线性关系。

由图 6-2-5 可知，s_0 随 u_a 的增大而增大。又由式（6-2-1）可知，当 $t=0$ 时，$q(t)=s_0$，即 s_0 为开始松弛时刻的偏应力值。说明在相同的净围压下，随着基质吸力的增加，开始松弛时的偏应力初始值也增加。

由图 6-2-6 可知，随 u_a 的增大 s 的绝对值减小。又由式（6-2-1）可知，s 主要影响曲线的"扁度"，即从开始松弛到最后趋于稳定时偏应力下降的相对范围。说明在相同的净围压下，随着基质吸力的增加，从开始松弛到最后趋于稳定时偏应力在减小。

由图 6-2-7 可知，β 随 u_a 的增大而增大。又由式（6-2-1）可知，β 主要影响幂函数应力松弛时的偏应力变化率。说明在相同的净围压下，随着基质吸力的增加，松弛时的偏应力降低的速率也增加。

6.2.3 非饱和土松弛模型建立

由 6.2.2 小节拟合结果可知，参数 s_0、s 和 β 可分别表示为基质吸力的函数，即 $s_0 = 0.812\,4u_a + 133.26$，$s = 0.028\,3u_a - 12.289$，$\beta = 0.000\,5u_a + 0.110\,6$，代入式（6-2-1）中，得到非饱和土松弛模型为

$$q(t) = (0.812\,4u_a + 133.26) + (0.028\,3u_a - 12.289)t^{(0.000\,5u_a + 0.110\,6)} \qquad (6\text{-}2\text{-}2)$$

6.2.4 非饱和土松弛模型验证

为验证该模型的合理性，代入相应的基质吸力 u_a 及时间 t，将模型曲线与试验值绘制在一起，见图 6-2-8，经对比可见 $\sigma_3 = 250\,\text{kPa}$，$u_a = 150\,\text{kPa}$ 时的非饱和松弛曲线和模型曲线相差较大。究其原因，从图 6-2-5～图 6-2-7 模型参数与基质吸力的关系可以知道，基质吸力和模型参数值并不完全落在拟合的直线上，而是分布在拟合直线两侧，因而修正后的松弛模型 [式（6-2-2）] 不可避免地存在累计误差，另外试验过程中也会存在一些系统误差和人为因素误差以及试样存在离散性等原因，都会造成模型曲线和试验曲线存在差距。其余模型曲线与试验曲线符合得较好，总体而言，本节建立的非饱和松弛模型基本能反映滑带土的松弛特性。

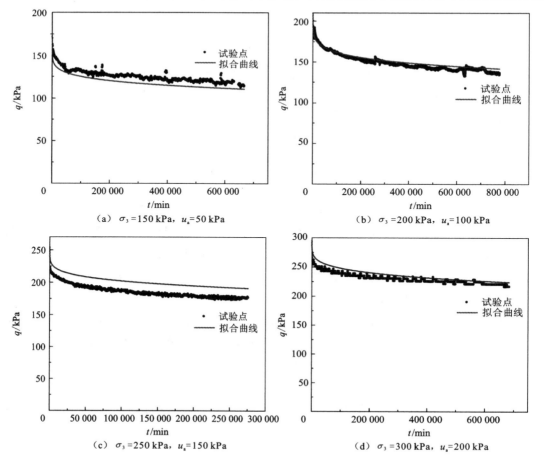

（a）$\sigma_3 = 150\,\text{kPa}$，$u_a = 50\,\text{kPa}$ 　　（b）$\sigma_3 = 200\,\text{kPa}$，$u_a = 100\,\text{kPa}$

（c）$\sigma_3 = 250\,\text{kPa}$，$u_a = 150\,\text{kPa}$ 　　（d）$\sigma_3 = 300\,\text{kPa}$，$u_a = 200\,\text{kPa}$

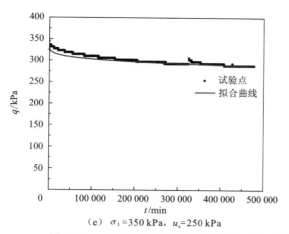

（e）$\sigma_3 = 350\,kPa$，$u_a = 250\,kPa$

图 6-2-8　非饱和松弛试验曲线与拟合曲线对比

第7章 库岸滑坡前缘侵蚀-塌岸对滑坡时效变形的影响

滑坡前缘侵蚀-塌岸是影响滑坡长期稳定性的重要因素之一，其影响主要表现为侵蚀诱发塌岸造成的应力状态变化和滑坡阻滑能力下降。因此，滑坡前缘侵蚀-塌岸会导致滑坡发生变形，甚至诱发滑坡复活。确定侵蚀引发的塌岸范围，是明确侵蚀对滑坡长期变形的关键问题之一。为探索库岸滑坡前缘侵蚀-塌岸对滑坡时效变形的影响，采用野外调查、室内试验、模型试验及数值模拟等综合手段，查明三峡库区滑坡前缘侵蚀-塌岸基本特征及侵蚀-塌岸类型；开展水流冲刷作用下岸坡土体的起动力学机制研究，并建立岸坡土体临界起动流速方程；考虑波浪对岸坡土体的冲刷作用，开展波浪侵蚀力学机制研究，提出考虑波浪侵蚀作用的土质岸坡塌岸预测方法；基于滑坡的渗流场计算结果及前缘侵蚀-塌岸范围，采用有限元程序的生死单元技术实现塌岸模拟，建立考虑波浪侵蚀作用的滑坡稳定性分析方法，并以三峡库区树坪滑坡为例计算说明前缘侵蚀-塌岸对滑坡变形的影响。

7.1 三峡库区滑坡前缘侵蚀-塌岸基本特征

作者课题组分别于 2020 年、2022 年两次开展了三峡库区干流沿岸的塌岸调查工作，查明了 128 处规模较大的塌岸，其中 81 处分布于滑坡前缘，基于调查结果初步探明了三峡库区滑坡前缘侵蚀-塌岸基本特征。

7.1.1 滑坡前缘侵蚀-塌岸特征及分类

从前缘侵蚀严重的滑坡所处地层来说，调查结果表明共有 11 种地层与滑坡前缘塌岸明显相关，其中三叠系中统巴东组（T_2b）、侏罗系上统（J_3）、侏罗系中统（J_2）三类地层对塌岸的贡献率高，是滑坡前缘塌岸的主要发育地层；其次为侏罗系上统[上沙溪庙组（J_3s）、蓬莱组（J_3P），砂岩泥岩互层含煤线]最后为侏罗系中统沙溪庙组[J_2s、下沙溪庙组（J_2xs），砂岩泥岩互层]，总结滑坡前缘塌岸高发段的地层岩性、物质组成如表 7-1-1 所示。

表 7-1-1　三峡库区滑坡前缘塌岸高发段地层岩性简表

岸坡段	地层时代	地层岩性	物质组成
秭归西一巴东段	T_2b^2、T_2b^3	紫红色、灰绿色中厚层状粉砂岩，泥岩夹灰绿色页岩；灰、浅灰色中厚层状灰岩，泥灰岩夹页岩、泥岩	崩坡积、残坡积、堆积成因的粉质黏土夹碎块石

岸坡段	地层时代	地层岩性	物质组成
巫山段	$T_2b^1 \sim T_2b^4$	紫红色、浅灰色中厚层粉砂岩,粉砂质泥岩夹泥灰岩;浅灰、灰黄色中厚层状泥灰岩	崩坡积、残坡积、堆积成因黏土、粉质黏土、碎块石土
奉节西—云阳段	J_2s、J_2xs、J_3P、J_3s	泥岩、粉砂质泥岩与长石砂岩不等厚互层;紫红色泥岩、泥岩夹块状细-中粒长石石英砂岩;紫红色、砖红色泥岩,薄层粉砂岩,粉砂质泥岩	冲洪积:黏土、砂、卵砾石;残坡积:黏土、碎石质黏土、黏土质碎块石;崩坡积:碎石、块石土、碎块石等

从滑坡前缘的塌岸规模来说(图 7-1-1),绝大部分滑坡的前缘塌岸体积小于 $1\,000\,\text{m}^3$。塌岸体积超过 $1\,000\,\text{m}^3$ 的滑坡主要分布在秭归和巴东,其主要原因是,这两段库岸所处地层为三叠系巴东组,属于滑坡及塌岸易发地层,岸坡坡度相对较陡,易发生规模较大崩塌型塌岸;而奉节—云阳库岸段,滑坡塌岸规模相对较小。

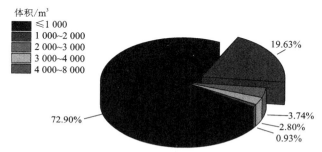

图 7-1-1   81 处滑坡的塌岸体积分布

统计调查结果可知,滑坡前缘塌岸主要表现为坍塌型(30 处)、滑移型(39 处)及渐进侵蚀型(12 处)三类,各类型岸坡塌岸的地质模型可划分如下。

1. 坍塌型

坍塌型塌岸主要发生于消落带坡度非常陡的滑坡(通常处于 $50° \sim 60°$),在库水浸泡作用下岸坡土体逐渐软化,再加上波浪不断地刷与掏蚀,岸坡与水面相交的处土体被侵蚀形成浪蚀龛,随着浪蚀龛的不断延展,上部土体在重力作用下沿某一方向发生拉裂破坏垮落。坍塌型塌岸较为典型的物质组成为粉质黏土夹碎块石,库区各地坡度较陡的岸坡均有分布,如巴东大坪滑坡、秭归楚王井滑坡等。在库水位和波浪的长期作用下,坡度较陡的坍塌型塌岸不断发生直至岸坡坡度相对变缓,如图 7-1-2 所示。

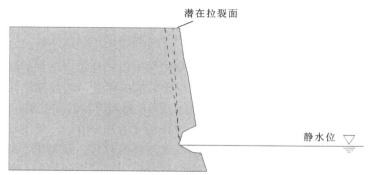

图 7-1-2   坍塌型塌岸

2. 滑移型

滑移型塌岸主要发生于消落带坡度相对较陡（30°以上）的滑坡，岸坡物质组成主要为粉质黏土夹碎石，碎石含量较低且分布均匀。土体在库水浸泡作用下发生软化，波浪不断掏蚀使岸坡与库水接触位置产生浪蚀龛，此时岸坡坡脚应力集中，岸坡沿某一滑动面从浪蚀龛处剪出破坏。滑移型塌岸和坍塌型塌岸主要受岸坡坡度控制，坡度陡峭时一般呈崩滑破坏，相对较缓时一般为滑移破坏（图7-1-3），如巴东李家湾滑坡、巫山刘家包滑坡等。

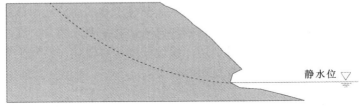

图 7-1-3　滑移型塌岸

3. 渐进侵蚀型

渐进侵蚀型塌岸主要发生于消落带坡度相对较缓的滑坡中，岸坡物质组成主要为粉质黏土夹碎石，通常坡度低于30°，此时波浪侵蚀作用是最主要的水动力因素。在波浪作用下，岸坡土体的流失是随时间渐进发展的，又根据波浪侵蚀的机制不同，渐进侵蚀型塌岸又可分为磨蚀型与浪坎型。在波浪的直接冲刷作用下，岸坡土体中的细颗粒不断流失，形成浪蚀龛，同一高程处的浪蚀龛逐渐连通，形成台阶状塌岸，随着库水位的升降，波浪在消落带不同位置均形成这种台阶状塌岸，台阶高度主要与库水位调度相关，这种塌岸模式即为浪坎型塌岸，如万州塘角1号滑坡。长期库水位升降和波浪联合作用下，每一级岸坡台阶向上及向下侵蚀扩展，使得岸坡坡度逐渐变缓，波浪作用从掏蚀为主转为冲刷为主，细颗粒不断流失直至岸坡最终稳定，这种塌岸模式即为磨蚀型塌岸，如秭归树坪滑坡。渐进侵蚀型塌岸是一个缓慢、长期、动态发展的过程，其侵蚀进程示意如图7-1-4所示。

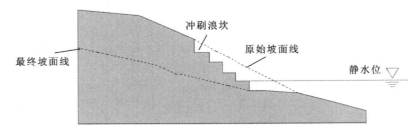

图 7-1-4　渐进侵蚀型塌岸

对相同物质组成的岸坡来说，坡度是决定岸坡塌岸模式与塌岸进程的最主要因素（刘凯欣 等，2003），上述三类塌岸模式的发生主要与岸坡坡度相关。坡度陡峭时以坍塌型塌岸为主，坡度较缓时以渐进侵蚀型塌岸为主，坡度介于两者之间时较易发生滑移型塌岸。事实上，若考虑塌岸进程和塌岸演化的最终状态，塌岸过程可分为几个阶段，坡度较陡时发生坍塌破坏为第一阶段，岸坡坍塌后坡度相对较缓时易发生滑移型破坏，此为第二阶段，发生滑移后坡度进一步变缓，此时较难发生滑移破坏，主要以渐进侵蚀型塌岸为主，最终侵蚀稳定，即为塌岸的最终状态。

对水库岸坡库岸再造的最终状态进行预测时，相对于岸坡水上稳定部分，消落带岸坡土体是决定塌岸终态的最主要部分。受波浪侵蚀作用，这一部分岸坡塌岸是在上述三种塌岸模式中逐渐发展，坡度逐渐变缓，最终在渐进侵蚀过程中到达稳定状态，因此，决定水库土质岸坡塌岸的最主要水动力因素为波浪侵蚀，本节后续提出的塌岸预测方法将主要考虑波浪侵蚀作用的影响。

7.1.2　典型滑坡前缘侵蚀−塌岸与滑坡变形的相关性分析

1. 大坪滑坡群基本特征

大坪滑坡群包括柴湾滑坡、大坪滑坡和横梁子滑坡等三处滑坡。大坪滑坡群塌岸主要发育于滑坡群右侧柴湾滑坡前缘的左侧及滑坡群中部大坪滑坡前缘的右侧。其中，柴湾滑坡的监测剖面经过塌岸区，且滑坡变形较其余两处滑坡更为剧烈。由于大坪滑坡群中三处滑坡发育于同一地层，且各滑坡滑体物质组成、下伏基岩基本一致，因此选取变形最剧烈的柴湾滑坡来进行地质条件和滑坡基本特征分析。滑坡群的地形地貌图和工程地质平面图，分别如图 7-1-5 和图 7-1-6 所示。

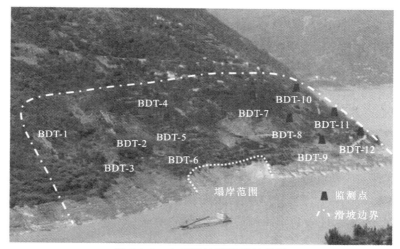

图 7-1-5　大坪滑坡群地形地貌图

2. 柴湾滑坡基本特征

柴湾滑坡平面形态大致呈舌形，滑坡长 580 m，宽 80～200 m，平均厚度 35 m，面积 5.88×10^4 m²，体积约 205 万 m³。滑坡地形呈台阶状，前陡中缓后陡，后缘呈弧形圈椅状，高程 365 m，地形坡度 30°。滑坡中部较缓，约 10°。滑坡前缘地形平均坡度 35°。据前期勘察资料，滑坡剪出口位于水下，高程约 +105 m。滑坡两侧边界均为季节性冲沟，左侧冲沟较浅缓，沟深 1～2 m，宽 5～8 m，长约 500 m，走向 160°～170°；右侧边界上段为宽缓洼地，洼地最宽处约 25 m，深 0.5～1 m，长度约 200 m。右侧边界下段为较小冲沟，沟深 0.5～1 m，沟宽约 1 m，走向约 170°，长约 300 m。

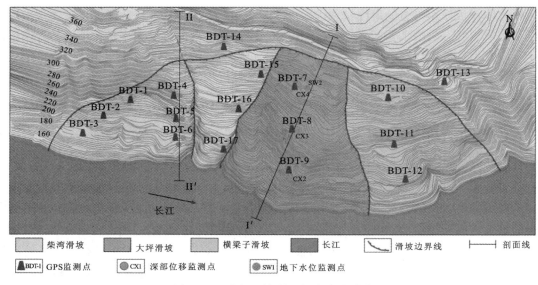

图 7-1-6 大坪滑坡群工程地质平面图

柴湾滑坡为岩质老滑坡。滑坡后部见崩塌块石、孤石堆积物。滑体表层物质以紫红色碎石土为主，土石比 7∶3～8∶2；局部见孤石状强风化碎裂岩。紫红色碎石成分为三叠系中统巴东组二段（T_2b^2）、四段（T_2b^4）泥岩、粉砂岩。根据钻孔资料，滑体后部薄、前缘及中间较厚，滑体最大厚度约 70 m，平均厚度 35 m。碎石土层厚 0.5～5 m。碎石土下伏紫红色、灰色泥岩、泥灰岩碎裂岩体，厚 20～70 m。碎裂岩岩性为巴东组二段（T_2b^2）、三段（T_2b^3）、四段（T_2b^4）紫红色泥岩、粉砂岩，灰色、灰黄色泥灰岩、灰岩。钻孔揭露碎裂岩体中至少发育两层软弱带，软弱带物质为紫红色含砾粉质黏土。

滑坡滑面（带）土物质为灰黄色、紫红色含砾粉质黏土，呈硬塑-坚硬状，厚 10～150 cm，主滑面（带）埋深 40～70 m。纵剖面上主滑面（带）形态呈上陡下缓的折线形，滑面（带）上段倾角 30°～40°，平均 36°，沿倾向坡外结构面发育；滑面（带）下段受缓倾坡外结构面控制，倾角 10°。滑体内还发育至少两层次级滑面（带），沿碎裂岩中软弱带发育。据钻孔测斜仪监测资料证实，滑坡中发育两层次级滑面（带），埋深分别为 10～25 m、27～50 m。滑坡滑床为三叠系巴东组二段（T_2b^2）、四段（T_2b^4）紫红色粉砂质泥岩、泥质粉砂岩，巴东组三段（T_2b^3）灰黄色泥灰岩、灰色灰岩，岩层产状 350°∠20°，节理裂隙较发育，地表出露基岩多呈强风化状。

3. 前缘侵蚀-塌岸对柴湾滑坡变形的影响

大坪滑坡群为三峡库区地质灾害防治三期和"后规"专业监测实施对象，监测工程于 2007 年 3 月开展，主要开展了人工 GPS 位移监测，变形最为剧烈的 10 处监测点位置如图 7-1-6 所示。为了分析大坪滑坡群各滑坡变形的主控因素，选取 2014～2020 年各 GPS 监测点的累积位移，结合库水位和降雨的实测资料，绘制的相关性分析图如图 7-1-7 所示。

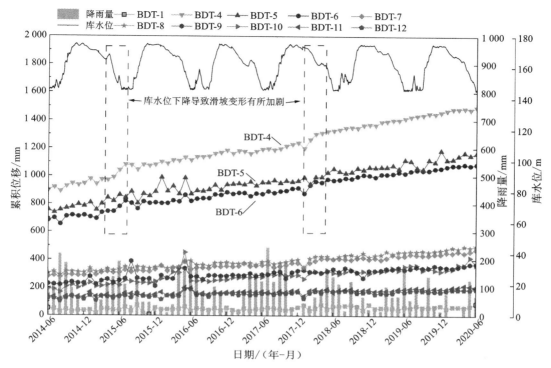

图 7-1-7　大坪滑坡群各监测点累计位移、降雨、库水位随时间变化曲线

从图 7-1-7 可以看出，2014 年 6 月～2020 年 6 月，滑坡群各监测点的累积位移呈逐年递增的趋势，各监测点累积位移具有同步性的变化特征，这表明滑坡群各部位变形程度逐年加剧，三处滑坡均处于蠕动变形阶段。结合降雨量和库水位随时间的变化分析，与树坪滑坡不同，大坪滑坡群的三处滑坡各监测点随时间的变化并没有表现出明显的阶跃状的变化特征，但是却在每年的库水位下降阶段仍然表现出了加剧的趋势，尤其是位于柴湾滑坡的 3 处监测点（BDT-4、BDT-5、BDT-6），每当库水位下降阶段，3 处监测点累积位移曲线的斜率均会出现不同程度的增加，表明滑坡变形与库水位下降具有一定的相关性。

位于大坪滑坡群内的三处滑坡均发育于同一地层，滑体物质组成基本一致，地质条件相近，但受滑坡前缘形态等因素的影响，三处滑坡前缘塌岸发育的规模却不同，因此，可以将监测点的累积位移曲线与塌岸发育规模相结合来定性分析塌岸发育对滑坡变形的影响。大坪滑坡群塌岸区主要分布于柴湾滑坡前缘左侧和大坪滑坡前缘右侧，其中，柴湾滑坡左侧监测剖面上的三处监测点（BDT-4、BDT-5、BDT-6）的累积位移是滑坡群累积位移最大的 3 处监测点，该监测剖面沿滑坡的主滑方向设置，并穿切经过大坪滑坡群塌岸区，而位于柴湾滑坡右侧监测剖面上的监测点 BDT-1 基本无变形趋势。位于滑坡群中部的大坪滑坡上的 3 处监测点的累积位移均明显小于柴湾滑坡主剖面上的 3 处监测点，尽管该监测剖面同样沿大坪滑坡的主滑方向布置，但该处监测剖面前缘并未分布有大规模塌岸。相较于其他两处滑坡，横梁子滑坡前缘塌岸规模小，从监测数据来看也是变形程度最小的一处滑坡。由此可见，库水侵蚀-塌岸与大坪滑坡群各滑坡变形程度加剧具有明显的相关性。

7.2　土质岸坡水流冲刷起动力学机制及起动条件

波浪沿岸坡上爬并回落，会产生冲击力、沿斜坡的拖曳力以及水流上举力，同时斜坡土体会受到水下重力和土体颗粒间摩擦力或黏聚力。研究上述这些力的作用下岸坡土体的机动力学机制，从而建立岸坡土体的临界起动流速方程，是建立滑坡前缘侵蚀-塌岸预测方法的关键科学问题之一。本节首先开展岸坡土体水流冲刷起动试验，确定影响岸坡土体的起动关键物理参数及临界起动流速；然后，基于起动力学机制构建了临界起动方程并进行了参数求解；最后，提出基于离散元颗粒流（Particle Flow Code，PFC）程序的冲刷起动模拟方法，对起动方程进行了验证。

7.2.1　水流冲刷起动试验

1. 试验装置

采用自主研制的岸坡土体冲刷试验装置进行试验，装置示意图如图 7-2-1 所示，试验装置主要由水槽、水箱、出水口、可拆卸土样盒、高速摄像装置、冲刷水槽、液压杆、变频水泵、流速仪及流量控制阀等部分组成。

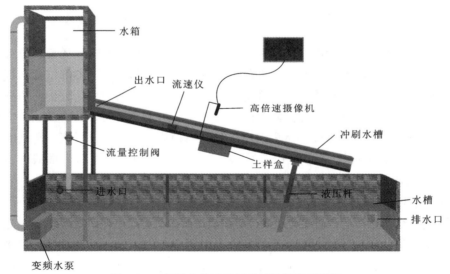

图 7-2-1　岸坡土体冲刷起动试验装置示意图

使用的高速显微摄像装置由型号 FHD-2160 高速工业相机、显微镜头和显示器组成，图片分辨率为 1 080 P 时帧数可达到 60 帧/s，显微放大倍数达到 800 倍，电子显微镜工作距离 5～20 cm。土样装置盒为可拆卸式，方便装填密实土样，长宽高为 250 mm×150 mm×140 mm。土样盒底板装置有密封圈，冲刷时底板可顶推，一次装样可完成多组试验。

使用型号为 LS-300A 的便携式流速测算仪，其下部旋桨直径为 ϕ12 mm，测量量程达 400 cm/s，精度达到 1 cm/s，数据采集时间可在 1～99 s 间任选。

相比其他冲刷试验装置，本装置具有以下特点。

（1）相比传统装置采用封闭管道实现高速水流，该设备采用水箱蓄水，并通过孔口出水即可实现高速水流冲刷，模拟实现了自然斜坡坡面水流冲刷过程。

（2）通常降雨或波浪在岸坡上产生的水流冲刷为薄层水流，水流厚度通过流速分布影响起动流速，该装置可模拟实际的岸坡冲刷，通过水箱出水口即可控制水流厚度，并可通过控制水箱蓄水位及调节流量控制阀控制出水流速。

（3）冲刷水槽可调节坡度，实现从 5°～30° 区间段不同坡度岸坡的冲刷试验。

试验前通过蓄水后的出水试验，固定出水口开口宽度，使水流厚度固定在某一范围，为便于流速仪测量流速，出水水流厚度固定在 10～20 mm。通过流量控制阀使水箱水位稳定在某一高度，测定此时的出水流速及水流厚度，按照此方法分别量测 0.10 m/s、0.15 m/s、0.20 m/s、0.30 m/s、0.40 m/s、0.50 m/s、1.0 m/s、1.5 m/s、2.0 m/s、2.5 m/s 及 3.0 m/s 所对应的蓄水刻度线。装置实物照片如图 7-2-2 所示。

图 7-2-2　岸坡冲刷装置实物图

2. 试验土样

黏性土土样选自三峡库区某岸坡，考虑到黏性土岸坡的起动对象主要是粒径较小的微团聚体，将土样过 1 mm 筛后按不同颗粒级配成分组成不同颗粒级配的三大类土。重制后的三类土的颗粒级配曲线如图 7-2-3 所示，其中三种土的比重分别为 2.69、2.69 和 2.70，三种土的中值粒径分别为 0.066 mm、0.057 mm 和 0.052 mm。

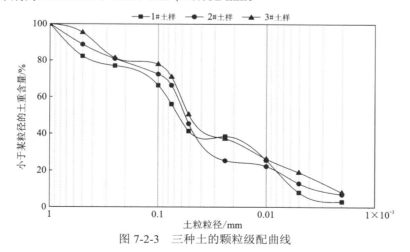

图 7-2-3　三种土的颗粒级配曲线

3. 试验方案

黏性土起动流速主要取决于土体黏聚力，而土团黏聚力的计算确定十分复杂，研究表明黏聚力又与土体的颗粒级配（黏粒含量、代表粒径）、干密度等物理特性相关，因此冲刷试验将考虑干密度及黏粒含量为试验控制因素,考虑塌岸调查中消落带岸坡的冲磨蚀角一般较小,绝大部分分布在 10°～30°,同时考虑将使用试验结果求解起动流速公式中的参数,据此最终确定的黏土岸坡冲刷起动试验方案如表 7-2-1 所示,共完成不同坡度、不同黏粒含量和不同干密度的岸坡土体冲刷试验共 54 组。

表 7-2-1   黏土岸坡冲刷起动试验方案

参数	值
岸坡坡度/(°)	5,10,15,20,25,30
黏粒含量 S/%	8,13,19
干密度/(g/cm³)	1.4,1.5,1.6,1.4,1.55,1.7,1.4,1.5,1.6

注:黏粒含量即粒径在 0.005 mm 以下的颗粒的含量

4. 试验步骤

将上述三种土体按试验方案所定的干密度进行制样并饱和,饱和制样及装样于岸坡冲刷装置如图 7-2-4 所示。

(a)饱和制样　　　　　　　(b)饱和后的环刀样　　　　　　　(c)土样装置后

图 7-2-4   土样制样与装置

装样后冲刷步骤如下。

(1)将冲刷面板坡度调节至试验方案中的最大坡度 30°。

(2)打开水泵,使水箱蓄水至 0.10 m/s 的刻度线,装置土样。

(3)打开出水口,试验时通过控制出水口宽度保证冲刷水流厚度分布在 10～20 mm,控制流量阀,按照 0.10 m/s 流速冲刷土样。观察显示屏幕及目测土样是否冲刷起动,若没有起动,调节流量阀逐渐加大流速,每一阶段流速稳定 30 s,直至观察显示屏中有明显的土体起动,每次稳定流速时均记录此时的流速。

(4)按试验方案递减冲刷面板坡度,重复上述操作。

5. 试验结果

1)试验现象

按试验方案共进行 54 组黏土岸坡土体的冲刷起动试验,由于试验土体为重塑土,每组岸坡的冲刷起动现象比较相似。因此以干密度为 1.4 g/cm³、黏粒含量为 8%时的冲刷起动试验组为例来描述黏土岸坡土体的冲刷起动现象。

试验从坡度 30° 开始,在起始流速 0.1 m/s 作用下,土样无变形迹象,调节流量阀逐渐加大流速,每一阶段流速稳定 30 s,流速增大至 0.2 m/s 时发现环刀侧壁土体有流失现象[图 7-2-5(a)],主要原因为土体与环刀贴合不紧密,侧壁土体水流快速下渗,水流渗透力导致侧壁土体颗粒流失。由于冲刷水流流速较大,影响到电子显微镜观测,试验中很难观察到微团颗粒流失情况,主要观察试验中部土体表面变化情况,当流速增大至 0.30 m/s 以后,开始发现中部土体有明显的土颗粒流失现象,随即土体表面开始迅速破坏并剥离,如图 7-2-5(b)所示,具体的土团流失情况可在室内通过逐帧观察电子显微镜所录视频获取。其余各组试验现象基本相似,不再赘述。

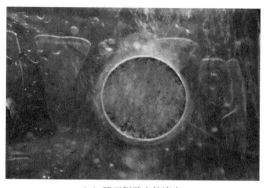 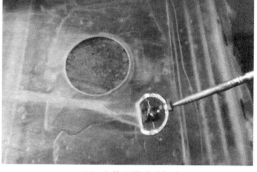

(a)环刀侧壁土体流失 　　　　　　　　　　　　(b)土体开始冲刷起动

图 7-2-5　黏性土体的冲刷起动现象

2）起动流速

黏土起动是以微团聚体的形式,肉眼仅能观察到大的土团起动,同时,因为岸坡冲刷流速较大,直接观测屏幕同样很难观察到微团起动。因此通过室内逐帧观察电子显微摄像装置所记录的大土团起动前录像,确定微团大量冲刷起动时的流速为起动流速。按上述过程完成了表 7-2-1 试验方案中的 54 组试验,以下为测得试验结果的概述。

同一干密度不同黏粒含量岸坡土体的起动流速结果如图 7-2-6 所示,由图可知在同一干密度条件下,不同黏粒含量岸坡土体的起动流速均随坡角的增大而减小,岸坡坡度对黏土起动流速的影响相对较大,但随着黏粒含量的增大这种影响逐渐减小;黏粒含量对岸坡土体的起动流速影响非常大,如干密度为 1.4 g/cm³、坡度为 5°时,黏粒含量为 19%时的起动流速为 0.549 m/s,而黏粒含量为 8%时的起动流速 0.338 m/s,起动流速差达 62.20%以上。当干密度增加时,如干密度为 1.6 g/cm³、坡度为 5°时,黏粒含量为 19%时的起动流速为 0.918 m/s,而黏粒含量为 8%时的起动流速为 0.518 m/s,起动流速差为 77.22%,这说明当土体干密度增加时,黏粒含量对起动流速的影响逐渐增大。

同一黏粒含量不同干密度岸坡土体的起动流速结果如图 7-2-7 所示,由图可知在同一黏粒含量条件下,不同干密度岸坡土体的起动流速均随坡角的增大而减小,但随着黏粒含量的增大这种影响逐渐减小;干密度对岸坡土体的起动流速影响非常大,如黏粒含量为 8%、坡度为 5°时,干密度为 1.6 g/cm³ 时的起动流速为 0.518 m/s,而干密度为 1.4 g/cm³ 时的起动流速为 0.338 m/s,起动流速差达 53.25%以上。当黏粒含量增加时,如黏粒含量为 19%、坡度为 5°时,干密度为 1.6 g/cm³ 时的起动流速为 0.918 m/s,而干密度为 1.4 g/cm³ 时的起动流速为 0.549 m/s,起动流速差为 67.21%,这说明当土体黏粒含量增大时,干密度对起动流速的影响逐渐增大。同时也说明,相比于干密度,黏粒含量的增加对岸坡土体的起动流速影响更为明显。

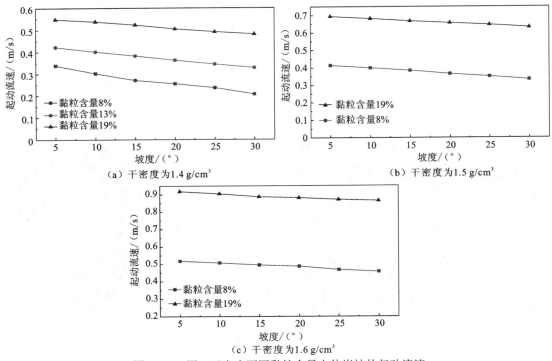

（a）干密度为1.4 g/cm³　　　　　　　　　（b）干密度为1.5 g/cm³

（c）干密度为1.6 g/cm³

图 7-2-6　同一干密度不同黏粒含量土体岸坡的起动流速

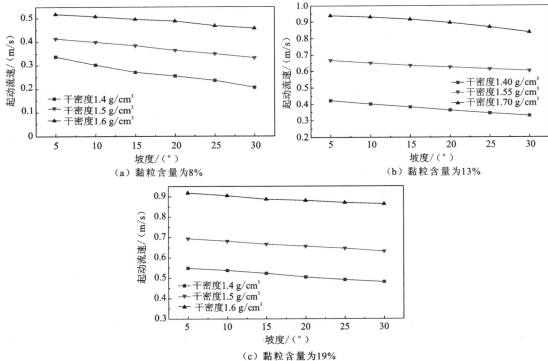

（a）黏粒含量为8%　　　　　　　　　（b）黏粒含量为13%

（c）黏粒含量为19%

图 7-2-7　同一黏粒含量不同干密度土体岸坡的起动流速

7.2.2　岸坡黏性土体临界起动方程

　　黏性土由于颗粒间存在黏聚力，通常认为不容易被水流冲刷起动，所以对黏性土的冲刷起动研究起步较晚。正由于黏性土体颗粒间的黏聚力及其不均匀性，其冲刷起动模式与散体颗粒大有不同，黏性土体的冲刷起动极少出现单颗粒起动的现象，目前的研究对其起动模式的认识是以微粒土团的形式破坏起动，后文将通过数值模拟方法确定其起动模式。

　　黏聚力也是黏性土体抵抗冲刷破坏的主要因素，由于黏聚力的分布差异较大，而目前通常由抗剪强度参数表示黏聚力，极难体现这种差异性，这也就造成黏性土体的起动流速差距相差较大，这种差距远大于试验观测起动现象的主观性差异。因此，试图建立黏土起动流速与土体抗剪强度的相互关系极其困难，尤其是建立黏性岸坡土体的起动流速方程更是少有研究。但是，黏土的起动流速与其颗粒粒径及黏粒含量仍是显著相关，本节黏土岸坡冲刷起动试验也验证了此观点。下文将根据黏土以微团形式起动的特点，分析黏土岸坡冲刷起动的力学状态，建立黏性土体起动流速预测方程，并通过黏土岸坡冲刷起动试验结果求解预测方程的相关参数。

1. 黏性土起动的受力状态分析

　　同散体颗粒受力相似，黏性土体微团一般受水流拖曳力 F_x、水流上举力 F_y、水下浮容重 W 的作用，同时还存在微团间的黏聚力 N。式（7-2-1）～式（7-2-3）为洪大林（2005）总结前人研究成果给出的上述作用力的计算公式。

$$F_x = aC_x \frac{\pi D_0^2}{4} \frac{\rho u_b^2}{2} \tag{7-2-1}$$

$$F_y = aC_y \frac{\pi D_0^2}{4} \frac{\rho u_b^2}{2} \tag{7-2-2}$$

$$W = a\frac{\pi}{6}(\rho_s - \rho)gD_0^3 \tag{7-2-3}$$

式中：a 为形状系数；C_x、C_y 分别为拖曳力和上举力系数；D_0 为微团聚体直径；u_b 为时均流速。微团间的黏聚力 N 通常用下式计算。

$$N = \xi D_0 \left(\frac{\gamma'}{\gamma'_{max}}\right)^{3.25} \tag{7-2-4}$$

式中：ξ 为黏聚力系数，γ'、γ'_{max} 分别为土体的干容重及固结稳定状态下干容重。影响微团间的黏聚力因素众多，如土的物理力学特性、干密度、颗粒级配等因素，式（7-2-4）应用时十分复杂。大量研究均表明黏土的冲刷起动多以细颗粒组成的微团聚体的形式发生，其中，微团聚体是指粒径小于 0.25 mm 的那部分团聚体，假定微团聚体为球体，则式（7-2-1）～式（7-2-3）中的形状系数 a 取 1，公式可进一步简化。

2. 黏性土起动的力学模型

　　考虑微团的真实形态进行受力分析十分复杂，假定黏土微团的形态仍近似于球形，力学分析过程建立的平面二维状态情形如图 7-2-8（a）所示。水流拖曳力与水流上举力作用位置距离圆心为 $D_0/6$，黏聚力其作用方向、大小十分复杂，但一般的共性认识是作用于土团两侧及底部，参考已有的成熟研究，考虑本小节中对团聚体分析的实际情况，假定黏聚力作用于微团聚体与下部颗粒接触处，作用方向竖直向下。对微团土体进行起动受力分析，无论起动后土体微团如何运动，起动瞬间土体微团在各种力作用下沿微团中的 a 点产生力矩，建立平衡方程如下：

$$F_x\left(\frac{D_0}{2}-\frac{D_0}{6}\right)+F_y\left(\frac{D_0}{2}+\frac{D_0}{6}\right)-N\cos\theta\frac{D_0}{2}-W\cos\theta\frac{D_0}{2}=0 \tag{7-2-5}$$

整理上式得：

$$\frac{F_x}{3}+\frac{2F_y}{3}=(N+W)\frac{\cos\theta}{2} \tag{7-2-6}$$

将式（7-2-1）～式（7-2-4）代入式（7-2-6），进一步整理可得

$$\rho u_b^2=\frac{\left[12\xi D_0\left(\dfrac{\gamma'}{\gamma'_{\max}}\right)^{3.25}+12\dfrac{\pi}{6}(\rho_s-\rho)gD_0^3\right]\cos\theta}{C_x\pi D_0^2+2C_y\pi D_0^2} \tag{7-2-7}$$

黏土微团的重力项远小于黏聚力，对上式进一步整理可得

$$u_b=\sqrt{\frac{12\xi\cos\theta}{\rho\pi D_0(C_x+2C_y)}\left(\frac{\gamma'}{\gamma'_{\max}}\right)^{3.25}} \tag{7-2-8}$$

针对本小节的波浪上爬研究，水流拖曳力沿斜坡向上，如图 7-2-8（b）所示，此时黏土发生微聚团起动的力学平衡方程仍为式（7-2-7），即同一坡度的黏土岸坡向下或向上的临界冲刷拖曳力基本相同。

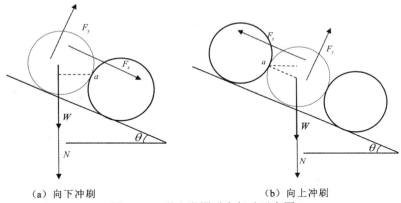

（a）向下冲刷　　　　　　　　　　　　（b）向上冲刷

图 7-2-8　黏土微团受力起动示意图

分析式（7-2-8）可知，黏土岸坡的冲刷起动流速与黏聚力、干密度等参数正相关，与微团粒径负相关，由于微团粒径分布范围极广，实际运用式（7-2-8）计算黏土的起动流速十分困难。考虑微团粒径、黏聚力系数等都与黏性泥沙的含量相关，因此考虑将式（7-2-8）简化为如下函数形式：

$$u_b=f\left(S,\frac{\gamma'}{\gamma'_{\max}},\cos\theta\right) \tag{7-2-9}$$

对于同一类土，土体的最大干容重 $\gamma'_{\max}$ 与土粒重度 γ_s 的比值通常为一常数，因此式（7-2-9）可简化表示为

$$u_b = aS^b \left(\frac{\gamma'}{\gamma_s} \right)^c \cos^d(\theta) \tag{7-2-10}$$

式中：a、b、c 和 d 为待求解参数；γ_s 为黏性土粒重度。上述参数可应用 7.2.1 小节黏土岸坡土体冲刷起动试验的结果来进行拟合求解。

3. 起动流速公式参数求解

将试验数据代入式（7-2-10）中进行拟合求解参数，式（7-2-10）中的 u_b 为时均流速，试验测得的流速为平均水深流速 U，因此需要将试验测得的起动流速进行换算。冲刷水流厚度 H 为 15 mm，D 取 0.066 mm，换算可得黏土冲刷时 U 和 u_b 的关系如下：

$$U = 3.3006 u_b \tag{7-2-11}$$

应用式（7-2-11）将试验测得的起动流速转化为时均流速 u_b，将 54 组测得的试验数据代入式（7-2-10）中，应用最小二乘法进行拟合求解，求得式中参数 $a = 8.5$，$b = 4.34$，$c = 0.68$，$d = 0.83$。γ_s 为黏性土粒重度，取 2.70。将上述参数代入式（7-2-10）中可得：

$$u_b = 8.5 \left(\frac{\gamma'}{2.70} \right)^{4.34} S^{0.68} \cos^{0.83}(\theta) \tag{7-2-12}$$

式中：S 为黏粒含量。拟合决定系数 R^2 为 0.997，应用式（7-2-12）与试验结果的对比情况如图 7-2-9 所示。由图可知，黏粒含量为 8% 干密度为 1.4 g/cm³ 时，起动流速较小，此时式（7-2-12）计算值与试验值偏差较大，其余情况的试验结果与公式值拟合效果较好。

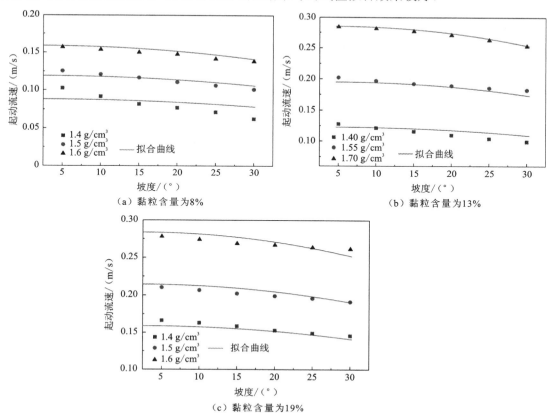

图 7-2-9　起动时均流速公式的拟合效果图

为验证起动时均流速公式，开展一组干密度为 1.6 g/cm³、黏粒含量为 13%的冲刷试验，将试验结果通过式（7-2-12）换算为时均流速，并与公式计算值进行对比如图 7-2-10 所示。从图中可见，试验值与计算值虽然不完全吻合，但是趋势基本一致，这也说明起动流速计算公式的正确性。

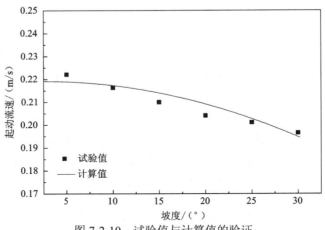

图 7-2-10 试验值与计算值的验证

为进一步验证式（7-2-12）的通用性，选择他人的岸坡土体起动试验结果进行验证，目前关于薄层水流条件下岸坡黏性土体起动的试验研究较少，尤其是考虑黏粒含量、干密度等土体特性的试验研究，相关研究主要集中于河床黏性土的冲刷试验，这种条件下式（7-2-12）的余弦项 $\cos^{0.83}(\theta)$ 值为 1。选择宗全利等（2014）对荆江段河岸黏性土体的冲刷试验结果进行对比验证，其试验采用的黏性土黏粒含量为 24.6%，将其起动切应力试验值转化为水流摩阻流速，干密度及对应的起动摩阻流速值见图 7-2-11，为便于与本小节公式值进行比较，采用的宗全利等（2014）起动流速是其拟合公式值。

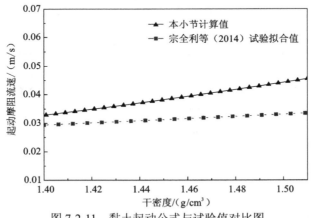

图 7-2-11 黏土起动公式与试验值对比图

式（7-2-12）为时均流速的表达式，将 u_b 转化为摩阻流速形式的表达式形式，并取 $\cos^{0.83}(\theta)$ 为 1，即

$$u_* = 1.474\left(\frac{\gamma'}{2.70}\right)^{4.34} S^{0.68} \tag{7-2-13}$$

式（7-2-13）的计算结果与宗全利等（2014）试验值的对比如图 7-2-11 所示，由于获取公式的试验条件、试验手段等都有较大差别，计算值较宗全利等（2014）的试验拟合值偏大，但整体数值均在一个数量级范围，而且本小节的计算值能明显反映出干密度对黏性土体的起动状态的影响，这也与绝大多数的研究是相符的。就总体预测效果而言，本小节的黏性土流速计算公式可用于物理性质较为相似的黏性土土样起动流速预测。

7.2.3　基于离散元数值模拟验证

确定岸坡土体的起动模式是进行起动力学分析并构建岸坡土体起动流速方程的重要前提。为确定岸坡土体的起动模式与临界起动流速，本小节开展岸坡土体的冲刷起动试验，然而，受限于试验观测技术的局限性，对于岸坡黏土，其起动模式难以观测确定。鉴于试验手段难以实现土体颗粒运动的可视化观测，本小节采用基于离散元理论的颗粒流程序 PFC 开展岸坡土体的冲刷起动数值模拟，准确确定岸坡土体的起动模式并进一步确定岸坡黏性土体的临界起动流速方程。

1. 离散元颗粒流程序 PFC 简介

PFC 是通过离散单元方法来模拟颗粒运动及相互作用。离散元法是针对不连续的介质，例如岩土介质，为研究其力学性质及其运动特性而兴起的一种基于计算机模拟技术的数值分析方法（刘凯欣和高凌天，2003）。

其他数值模拟方法相比，PFC 有以下几个显著的特点（Itasca Consulting Group，2014）：

（1）颗粒接触的追踪和识别，相对于传统的块体多边界面接触要容易得多；

（2）可模拟计算无限制的实体位移；

（3）模拟的实体是通过颗粒间相互接触实现；

（4）颗粒流的边界条件没有平整的外观；

（5）PFC 模型的颗粒细观参数不能直接与岩土体物理力学参数联系，这是 PFC 与连续介质模型的根本差别。因此，模拟时需建立细观参数与传统宏观参数之间的相互关系，即采用 PFC 程序模拟实现岩土体的强度试验。当采用细观参数模拟试验的强度变化表现与宏观力学试验相同或近似时，即建立了细观参数与宏观参数的相互关系，这一过程又称为参数标定。

PFC 颗粒流方法的一般求解过程为：将离散体简化为一定形状和质量的颗粒集合，赋予接触颗粒及接触边缘间的受力、速度、加速度等参数，并根据实际问题用合理的接触模型将相邻两颗粒连接起来。颗粒间相对位移是基本变量，由力与相对位移的关系可得到两颗粒间法向和切向的作用力，根据牛顿运动第二定律求得颗粒的加速度，对其进行时间积分，得到颗粒的速度、位移角速度、线位移和转角等物理量。这种方法特别适合求解非线性问题。

基于上述理论，PFC 程序的一般模拟过程如图 7-2-12 所示，模拟时首先建立模型分析区域，在分析区域中建立墙体模型，赋予墙体刚度参数（N/m）；然后生成颗粒模型，赋予颗粒刚度参数（N/m）；施加颗粒-颗粒（颗粒-墙体）的接触模型，接触模型主要包括线性（linear）接触、线性接触（linearcbond）黏结、线性平行（linearpbond）黏结、Herzt 黏结、磁滞（hysteretic）黏结、光滑（smoothjoint）黏结和平板（flatjoint）接触；施加边界条件，主要包括墙体边界（速度边界）、颗粒体边界（速度或荷载边界）和混合边界（速度、荷载同时存在）；完成上述步骤后，即可结合模型的初始条件开始计算。

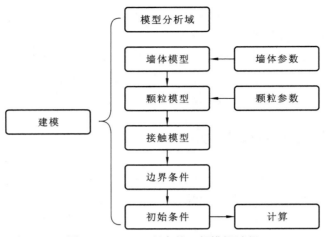

图 7-2-12 PFC 程序的一般模拟过程

2. 基于 PFC 的坡面冲刷模拟方法

由于 PFC 程序能模拟实现无限制的实体位移模拟，因而被广泛应用于岩土边坡大变形的模拟中，目前实现 PFC 的冲刷模拟主要包含两种方法：一是通过给坡面颗粒施加速度的方式模拟降雨产生的坡面径流对颗粒的冲刷（吴谦 等，2017；张雁 等，2017），事实上，颗粒运动速度和水流速度并无明显关联，无法反映土体颗粒的真实冲刷受力状态，主要能体现土体颗粒受冲刷起动的现象。二是采用计算流体动力学-离散元（computational fluid dynamics-discrete element method，CFD-DEM）耦合的手段（Wang et al.，2020；Zou et al.，2020；Ma et al.，2019），CFD-DEM 能够实现流固耦合，并通过渗透力作用于颗粒，使颗粒发生变形位移，能较好地实现坡体内部的侵蚀过程。如吴谦等（2014）采用水-土耦合理论探索了降雨产生坡面径流对黄土边坡的冲刷模拟，获得了较好的效果，但采用的计算流体场为边坡内部渗流场，没有体现降雨产生的坡面径流作用，由于坡面水流冲刷为薄层水流，如何实现坡面水流对土体的冲刷力学作用还有待进一步研究。

鉴于目前尚没有更适宜的数值方法能够实现真实模拟坡面水流冲刷作用，考虑进行 PFC 冲刷模拟的目的是确定冲刷起动模式和验证冲刷起动流速，因此岸坡土体冲刷起动模拟可基于岸坡土体受水流冲刷起动的力学机制，并采用岸坡冲刷起动的试验结果，将水流冲刷速度按式（7-2-14）和式（7-2-15）换算成水流拖曳力、上举力等，通过给颗粒施加体力的方式近似实现坡面水流冲刷（洪大林，2005）。

$$F_{\mathrm{L}} = aC_{\mathrm{L}}\frac{\pi D_0^2}{4}\frac{\rho u_{\mathrm{b}}^2}{2} \tag{7-2-14}$$

$$F_{\mathrm{D}} = aC_{\mathrm{D}}\frac{\pi D_0^2}{4}\frac{\rho u_{\mathrm{b}}^2}{2} \tag{7-2-15}$$

式中：F_{L} 为上举力；F_{D} 为拖曳力；a 为形状系数；C_{L} 为上举力系数；C_{D} 为拖曳力系数；D_0 为微团聚体直径；ρ 为水体密度。

需要说明的是 PFC 程序中无法按照任意方向施加荷载，仅能在水平方向和竖直方向上施加作用力。因此，考虑荷载施加方式如下：假设作用在表层土体颗粒的流速为 U，对应的底

部流速为 u_b，则水流拖曳力为 F_D，对应的上举力为 F_L，在 PFC 中施加于坡面土体的水平荷载 F_x、竖向荷载 F_y 可由下式计算，其受力示意如图 7-2-13 所示。

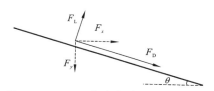

$$\begin{cases} \cos\theta F_x + \sin\theta F_y = F_D \\ \sin\theta F_x - \cos\theta F_y = F_L \end{cases} \quad (7\text{-}2\text{-}16)$$

图 7-2-13　PFC 程序中施加荷载示意图

3. 黏性土体的冲刷起动模拟

本小节将对应黏土岸坡的冲刷起动试验进行起动数值模拟，以黏粒含量为 13%、干密度为 1.40 g/cm³ 的土样为例开展冲刷起动模拟。

1）参数标定试验

黏聚力对黏性土体的抗冲刷性能有较大影响，土力学中可应用宏观抗剪切强度参数 c 和 φ 表示黏聚力，因此需标定实际抗剪强度参数所代表的 PFC 细观参数。PFC 常用直接剪切试验或压缩试验来标定黏聚参数，考虑到主要需获取的参数为抗剪切强度参数，所以选用相对简便的直接剪切试验进行参数标定。模型尺寸 0.0618 m×0.02 m，如图 7-2-14 所示。

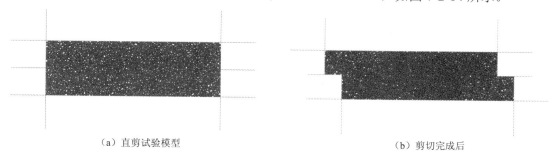

（a）直剪试验模型　　　　　　　　　　　　　　（b）剪切完成后

图 7-2-14　PFC2D 直剪模型

参数标定试验前首先需确定 PFC 的颗粒尺寸，颗粒尺寸与实际颗粒尺寸越接近，计算结果越真实。相对于无黏性土体颗粒，黏性土体颗粒实际尺寸较小且颗粒粒径跨度大，其中微粒尺寸达到 10^{-6} m 级别，实际模拟计算时无法实现真实颗粒尺寸。生成颗粒时需充分考虑计算机的计算效率及模型颗粒尺寸对宏观参数的影响，研究发现当模型边界尺寸与颗粒半径之比 $L/R > 50$ 时，颗粒粒径对宏观参数几乎无影响，（Koyama et al.，2007），模拟时将颗粒尺寸放大 100 倍，此时生成的颗粒较多且计算效率较高。

需要说明的是本次模拟是二维平面模拟，材料二维状态的孔隙率（n_{2D}）应通过三维状态时的孔隙率（n_{3D}）进行换算，换算公式如下：

$$n_{2D} = 1 - \left(\frac{1 - n_{3D}}{\xi}\right)^{\frac{2}{3}} \quad (7\text{-}2\text{-}17)$$

式中：ξ 为修正系数，与土的相对密度有关，一般按下式计算：

$$\xi = \frac{\sqrt{2}}{\sqrt{\pi\sqrt{3}}} + D_r\left(\frac{2}{\sqrt{\pi\sqrt{3}}} - \frac{\sqrt{2}}{\sqrt{\pi\sqrt{3}}}\right) \quad (7\text{-}2\text{-}18)$$

通过干密度和孔隙率的换算，并应用式（7-2-16）和式（7-2-17），得到干密度 1.40 g/cm^3 所对应的 PFC 模型孔隙率为 0.16，共生成 PFC 模型颗粒数 2 280 个。

此外，需考虑颗粒之间的接触模型。不同于无黏性土体颗粒材料，PFC 中表示黏性土体的材料参数模型更为复杂，主要包括线性接触（linearcbond）黏结模型和线性平行（linearpbond）黏结模型，接触黏聚模型适用于模拟结构疏松、孔隙较大的黏性材料，平行黏聚模型适用于结构较紧密、孔隙较小的黏性材料（周剑 等，2013），通常应用平行黏聚模型模拟岩石材料居多（方威 等，2014），本小节模拟的土体材料结构相对岩石来说结构疏松，此时选择接触黏聚模型进行模拟是合适的。接触黏聚模型中需标定的参数包括：接触模量、刚度比、黏聚参数、摩擦系数，参考他人研究成果初步选择的细观参数如表 7-2-2 所示。

表 7-2-2　初步选择的接触模型计算参数

参数	值	参数	值
颗粒密度 ρ /（kg/m^3）	2 645	黏聚参数 cb_tens/kPa	30
接触模量 E_c /（×10^7 Pa）	3	黏聚参数 cb_shears/kPa	20
颗粒刚度之比	1.5	孔隙率 n	0.140
摩擦系数 μ	0.5	颗粒粒径比（R_{max}/R_{min}）	2

通过墙体伺服实现土样剪切，控制剪切速度为 0.001 m/s，竖向应力分别为 100 kPa、200 kPa、300 kPa 和 400 kPa，对上述土样实施直接剪切试验，通过不断调整细观参数，使数值模拟结果所得的抗剪切强度参数与室内试验基本一致。剪切试验得到土样的剪应力-剪切位移曲线如图 7-2-15 所示。

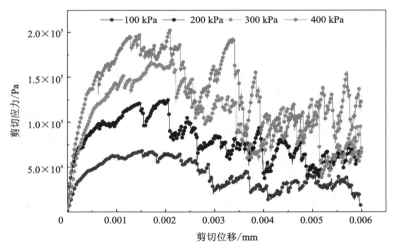

图 7-2-15　剪切应力与剪切变形关系曲线

将最终数值模拟确定的竖向应力-剪应力峰值结果与实测结果的对比如图 7-2-16 中所示，模拟值与实测值较为接近，最终确定的细观参数如表 7-2-3 所示。根据标定的结果计算确定的黏聚力为 20 kPa，内摩擦角为 26°。

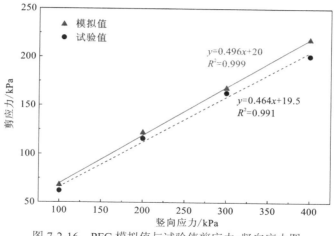

图 7-2-16　PFC 模拟值与试验值剪应力-竖向应力图

表 7-2-3　接触模型标定参数

参数	值	参数	值
接触模量 E_c /（$\times 10^7$ Pa）	2.5	cb_shearf/（$\times 10^3$ Pa）	18
颗粒刚度之比	1.2	摩擦系数 μ	0.6
cb_tenf/（$\times 10^3$ Pa）	27		

2）岸坡土体冲刷起动模拟

如前文所述，黏土岸坡的冲刷起动模式主要为微团聚体的成片起动，团聚体的直径分布目前还难以确定，PFC 冲刷起动模拟时以 0.25 mm（微团聚体界限粒径）的颗粒粒径作为起动时的颗粒粒径施加拖曳力。

第一组冲刷数值模拟岸坡岸坡坡度为 30°，数值模拟目的主要是表明水流冲刷对斜坡表层土体的影响，模型尺寸对计算基本没有影响，为避免程序生成颗粒数过多影响计算效率，岸坡模拟模型为小尺寸模型（长 0.1 m，高为 0.057 5 m，坡度为 30°，如图 7-2-17 所示），共生成球体 9 839 颗，计算参数见表 7-2-3。

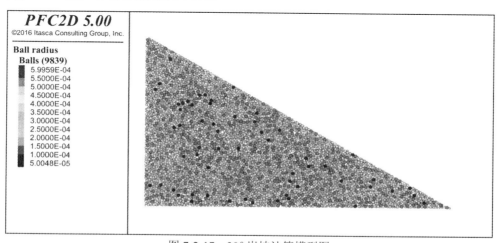

图 7-2-17　30°岸坡计算模型图

参考试验起动经验流速由小到大换算成拖曳力施加试算，图 7-2-18 所示为 30° 黏土岸坡起动时的起动情形。由于黏土颗粒之间存在黏性，黏土岸坡起动模式为多颗粒成团起动，未达到起动流速时，岸坡表层颗粒无运动表现，达到起动流速 0.31 m/s 后，多处开始出现细颗粒成团起动，其后表层土体破坏逐渐加快。

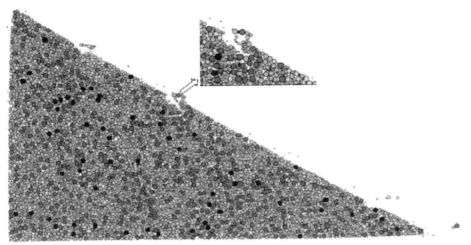

图 7-2-18　黏土岸坡冲刷起动示意图（30°）

　　其余各组模拟结果相似，因此不再全部列出 PFC 程序冲刷的变形结果图，仅列出坡度变化较大的第 5 组岸坡的冲刷试验现象（坡度为 10°），为避免模型尺寸过小产生边界效应，生成模型时在底部加厚，同时避免程序生成颗粒数过多影响计算效率，岸坡模拟模型为小尺寸模型（长 0.1 m，高为 0.05 m，坡度为 10°），如图 7-2-19 所示，共生成球体 14 121 颗，计算参数见表 7-2-3。

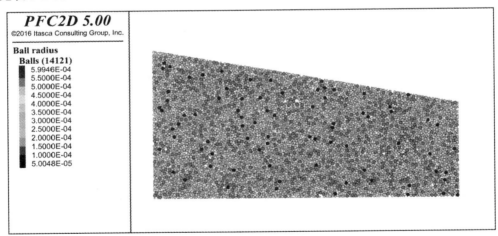

图 7-2-19　10° 岸坡计算模型图

　　图 7-2-20 所示为 10° 黏土岸坡起动时的起动情形，与 30° 岸坡的计算结果相似，由于黏土颗粒之间存在黏性，起动模式仍为多颗粒成团起动。未达到起动流速时，岸坡表层颗粒无运动表现，达到起动流速 0.43 m/s 后，多处开始出现细颗粒成团起动，其后表层土体破坏逐渐加快，总体破坏规模较 30° 岸坡时小。

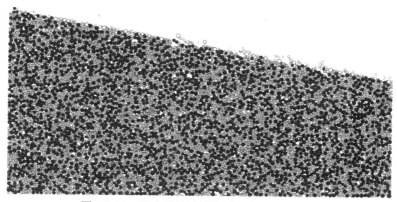

图 7-2-20　黏土岸坡冲刷起动示意图（10°）

将 PFC 冲刷模拟的起动流速与岸坡土体冲刷试验结果及起动流速方程的预测值对比如图 7-2-21 所示，PFC 模拟结果较实测值与预测值有一定偏差，其主要原因之一是实际黏土冲刷起动的微团粒径分布在一定的范围，而模拟冲刷时拖曳力时是按照固定的微团尺寸施加，微团尺寸较实际大，因此施加的拖曳力较实际值偏大。其中坡度为 15°和 20°时的起动流速值基本变化不大，其主要原因与 PFC 程序生成颗粒分布相关，建模虽然采用了固定随机数生成颗粒，但模型尺寸不同导致生成的颗粒分布也不相同，这也使得岸坡冲刷起动时的颗粒是随机的，由于固定了流速对应的冲刷力，不同坡度的计算模型中的起动流速在一定范围内有波动。

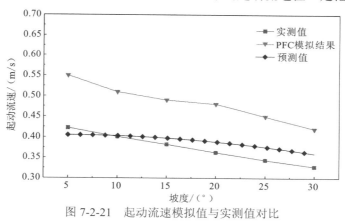

图 7-2-21　起动流速模拟值与实测值对比

总体来说，应用离散元颗粒流程序 PFC 实现了黏土岸坡的冲刷起动模拟，确定黏土岸坡以微团形式起动的特点，有效地弥补了试验手段观测技术的不足，这也是开展 PFC 数值模拟的主要目的。同时，PFC 数值模拟也能确定黏土岸坡的临界起动流速，验证本节构建的黏土岸坡临界起动流速。

7.3　滑坡前缘侵蚀–塌岸范围预测方法

针对岸坡塌岸再造的最终状态，波浪侵蚀作用是最关键的水动力因素，水库水位变化主要改变波浪作用的位置，因此，塌岸预测应考虑波浪的侵蚀作用。目前，图解法仍旧是当前水库岸坡塌岸预测方法中应用最为普遍的方法，常用的图解法主要有卡丘金法、卓洛塔寥夫法、岸坡结构法等方法，这些方法的准确预测需确定塌岸预测参数。然而，塌岸预测参数又与岸坡组成物质的物理力学特性及水动力作用等因素相关，现有的塌岸参数获取方法以大量工程地质调查、类比及统计为主，没有明确的确定标准，而且绝大多数塌岸预测方法并没有考虑波浪作用，根据三峡库区受波浪作用显著的实际情况，这些塌岸预测方法是难以适用的。

为解决上述不足，本节开展了以下工作：基于传统图解法提出考虑波浪侵蚀作用的土质岸坡塌岸预测方法，并指出其中的关键问题是波浪侵蚀岸坡范围的确定；为确定波浪作用土质岸坡的侵蚀范围，考虑岸坡侵蚀稳定时的波浪能量转换关系，建立基于能量守恒理论的波浪侵蚀范围预测方程；最后，开展波浪侵蚀土质岸坡模型试验，确定侵蚀范围预测方程的关键参数。

7.3.1 考虑波浪侵蚀的土质岸坡塌岸预测方法

岸坡消落带的最终形态也是决定整个岸坡塌岸终态的关键，确定消落带最终形态的参数包括波浪影响深度、波浪上爬高度及冲磨蚀角，这些参数均与波浪作用相关。图 7-3-1 为波浪侵蚀岸坡过程示意图，波浪传播至岸坡时附近时发生破碎，向下冲击岸坡 M 点，然后沿岸坡向上爬升至 N 点后回落。此过程中岸坡土体不断被冲刷侵蚀，坡角 α 不断减小，最终达到稳定性状态，此稳定状态定义为在某确定性的波浪作用下，最终波浪上爬产生的波流剪切力不足以使土体冲刷起动。由图 7-3-1 可知，波浪上爬高度 h_p 和侵蚀坡角 α（冲磨蚀角）随侵蚀过程不断发生变化，因此，塌岸预测时应采用岸坡侵蚀稳定状态时的参数。

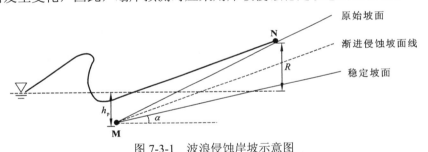

图 7-3-1　波浪侵蚀岸坡示意图

本小节对卡丘金法进行了修正，提出考虑波浪侵蚀的土质岸坡塌岸预测方法。该方法不仅可应用于三峡水库的土质岸坡塌岸预测，同样可应用于受波浪侵蚀作用显著的其他水库土质岸坡。考虑波浪侵蚀的土质岸坡塌岸预测方法图解示意如图 7-3-2 所示，主要考虑的条件如下。

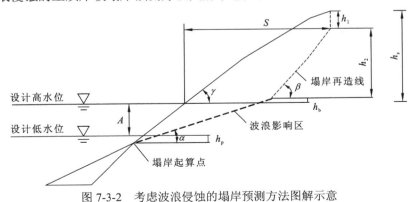

图 7-3-2　考虑波浪侵蚀的塌岸预测方法图解示意

1. 塌岸起算点

首先需考虑的是波浪侵蚀岸坡产生塌岸的起算点。库区蓄水已近 18 年，100 余米的水位抬升条件下，绝大部分的土质岸坡处于基本稳定状态。而 145～175 m 的岸坡消落带是塌岸影响最为强烈的岸坡部分，库水位升降联合波浪作用对消落带的土体不断侵蚀，使部分粒径较小的土体颗粒堆积于水下缓慢（马非 等，2014），因此，塌岸过程中低水位以下的水下地形一般是动态堆积的，直至岸坡再造完成。水下堆积地形对低水位时波浪冲击点以上的岸坡塌岸影响甚微。

因此，塌岸起算点取为设计低水位下的波浪影响深度。

2. 波浪侵蚀影响区

如图 7-3-2 所示，在库水位周期性涨落作用下，波浪作用于岸坡消落带（波浪影响区），对消落带范围内的土体不断侵蚀直至最终稳定，因此，岸坡消落带最终稳定状态的应由波浪侵蚀作用计算确定，这也是本节提出的塌岸预测方法与现有水库塌岸预测方法的最主要区别。波浪侵蚀影响区的范围包括从低水位时波浪影响深度 h_p，也即塌岸起算点，到高水位时的波浪上爬高度 h_b，波浪的上爬高度实际上也是波浪的侵蚀高度和水上稳定剖面的起算点，决定消落带最终形态的参数是冲磨蚀角 α。波浪侵蚀影响区的塌岸最终状态将是本节塌岸预测方法的最核心问题，后文将根据波浪侵蚀土质岸坡的力学机制和能量守恒理论，构建一种确定波浪侵蚀岸坡范围的方法。

3. 水上稳定剖面

水上稳定坡角是决定水库高水位以上岸坡稳定状态的参数。不同于受库水位及波浪侵蚀作用的岸坡消落带，水上岸坡外动力条件相对简单，主要受降雨、物理化学风化及土体自重等因素影响。现有的水上稳定坡角确定方法是基于大量的现场实测调查，分类总结提出不同类型土体的水上稳定坡角参考取值，这种调查确定方法相对可靠，但如果调查时岸坡消落带未处于最终状态，此时的水上坡角同样不是最终的稳定坡角。因此，在确定波浪侵蚀影响区岸坡最终终态的前提下，通过刚体极限平衡法自动搜索最危险滑动面是一种有效方法。

若水上稳定坡角较小时，图 7-3-2 所示的塌岸再造线可能延伸至斜坡顶部较高的位置，使得最终的塌岸预测宽度偏大，与实际情况不符。事实上，塌岸调查可发现库区土质岸坡塌岸后缘均出现高度不一的陡壁，塌岸再造的最高位置应由陡壁的高度控制。塌岸预测时陡壁高度如图 7-3-2 中的 h_l，h_l 大小可由土力学经典理论中边坡的自稳临界高度确定（杨育文 等，2013），假定后缘陡壁近似垂直，则 h_l 可根据式（7-3-1）计算确定：

$$h_l = \frac{4c}{\gamma} \frac{\cos\varphi}{1 - \cos(90 - \varphi)} \qquad (7\text{-}3\text{-}1)$$

式中：c 为土体黏聚力；φ 为内摩擦角；γ 为容重。

基于上述考虑，图 7-3-2 的图解示意塌岸宽度 S 可由式（7-3-2）进行计算：

$$S = (A + h_p + h_b)\cot\alpha + (h_s - h_b - h_l)\cot\beta - (A + h_p)\cot\gamma \qquad (7\text{-}3\text{-}2)$$

相比于卡丘金法，式（7-3-2）中波浪影响深度 h_p、波浪上爬高度 h_b 及水位变幅带的冲磨蚀角 α 均需通过明确的理论公式计算确定，因此本节的塌岸计算公式无须考虑土石颗粒有关

的系数 N。

图 7-3-2 中的虚线加粗部分为波浪作用影响的范围，也是塌岸预测是否准确的关键位置，该部分岸坡的侵蚀稳定状态主要受波浪作用控制。为准确预测这部分的角度和宽度，也即确定波浪侵蚀岸坡的范围，7.3.2 小节将根据波浪侵蚀岸坡的力学机制，考虑波浪侵蚀岸坡终态时的能量转换关系，构建基于能量守恒理论的波浪侵蚀岸坡范围预测方程。

7.3.2 基于能量法的波浪侵蚀岸坡范围预测方程构建

确定波浪作用下土质岸坡的侵蚀范围，从而为塌岸预测提供准确的参数，这是塌岸预测方法的最核心问题。现有的波浪侵蚀岸坡范围预测方法多是以现场观测或波浪水槽模型试验测得波浪要素与岸坡形态相互关系，构建经验方程为主，其适用性有限，很有必要明晰波浪上爬过程中波浪流体作用于岸坡土体的力学机制，从而推导建立波浪侵蚀岸坡范围预测的理论方程。

波浪传播至岸坡时将破碎，波浪破碎后对岸坡的作用主要可分为两个方面，一方面是波浪对岸坡的压力作用，将引起土体孔隙水压力的变化，产生渗流作用，但内陆河流、水库的波浪浪高相对较小，因此波浪压力对岸坡渗流场的影响可以忽略。另一方面是波浪上爬水流的冲刷作用，具体表现为：波浪破碎后沿岸坡上爬，上爬过程中波浪水流对土体产生剪切应力，导致土体起动，并随上爬回落的波浪水流流失。波浪持续作用下，这种冲刷起动现象不断发生，直至岸坡坡角处于一种稳定状态，此时波浪水流产生的剪切力难以使岸坡土体起动。然而，波浪上爬过程中，波浪水流的流速、厚度不断变化，由此导致波浪水流对岸坡土体的力学作用同样变化，难以通过力学分析来描述这种变化过程，因此直接采用力学方程构建波浪侵蚀岸坡范围的预测方法十分困难。但是，考虑波浪侵蚀岸坡稳定状态时的波浪能量转化路径清晰，通过构建波浪能量守恒方程来预测波浪侵蚀岸坡范围变得可能。

鉴于上述，本小节首先对水库波浪传播时的破碎特征进行分析，确定波浪破碎时的波浪要素，在此基础上分析波浪破碎后上爬岸坡对岸坡土体的力学作用机制。然后，确定波浪破碎的能量损失表达式，进而对波浪破碎后上爬岸坡的能量转换关系进行研究，并构建侵蚀稳定状态时波浪上爬能量守恒方程。为确定波浪作用岸坡的最终侵蚀范围，根据波浪水流对岸坡土体的力学作用机制，考虑到波浪转化的摩擦耗能与岸坡土体抗侵蚀能的相关性，并建立表达式，最终联立波浪上爬能量守恒方程即可构建考虑波浪作用岸坡的侵蚀范围预测方程。

1. 水库波浪传播的破碎特征

一般水库风速相对较小且稳定，其风浪主要表现为以下几个特点（吴谦 等，2017）：①波高小；②波浪传播相对稳定；③属于规则波。

因此，可以采用规则波理论研究库区风浪。对三峡水库，波浪波高 H 与波长 L 均较小且波速低，而在成库后，水深 d 达到 $80 \sim 100$ m，$L/d \ll 1$，为深水波，符合规则波中 Airy 波（微幅波）的适用条件，故可以采用 Airy 波理论研究库区波浪。

本小节主要考虑三峡库区风浪传播至岸坡时的波浪破碎问题。波浪在自由传播到浅水区过程中，水深的变化引起波浪要素发生变化。随着水深的减小，在水深减小到仅有 1/2 个波长时，底摩擦效应出现，波浪开始变形。波浪变形时，波浪要素发生变化，其中波长 L 和波速 c 开始减小，波高 H 开始增大，当波高增大到一定程度时，波浪发生破碎（刘二利，2004）。

在研究波浪要素变化时，主要通过波能流 P 来研究：

$$P = \overline{E}cn \tag{7-3-3}$$

式中：$\overline{E} = \dfrac{\rho g H^2}{8}$ 为单位截面的波浪能量；$n = \dfrac{1}{2}\left[1 + \dfrac{2kd}{sh(2kd)}\right]$ 为波能传递率，$k = \dfrac{2\pi}{L}$ 为波数。

据此 Komar 等（1972）依据小振幅波理论取能通量守恒方程，得到深水区的波速 $c = \dfrac{\omega}{k} = \dfrac{gT}{2\pi}$，浅水区的波速 $c_b = \sqrt{gd_b}$。其中，T 为波浪周期，d_b 为浅水区的水深。在深水区 $n = 0.5$，在浅水区波能传递率 $n_b \approx 1$。如图 7-3-3 所示，当波浪向岸边传播时，不考虑波浪折射的影响，深水区流入浅水区（I）的波能为

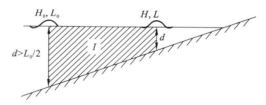

图 7-3-3 波浪的传递至浅水时的波要素变化

H_0、L_0 分别为深水区的波高与波长

$$P_s = \overline{E}cn \tag{7-3-4}$$

在浅水区的波能为

$$P_b = \overline{E}c_b n_b \tag{7-3-5}$$

波浪传播过程中周期保持不变，若不考虑摩擦引起的波能损失，则 $P_s = P_b$，可以得到波浪破碎时的波高 H_b 为

$$H_b = \frac{1}{(4\pi)^{2/5}} g^{1/5} r_b^{1/5} (TH_0^2)^{2/5} \tag{7-3-6}$$

将 $c = \dfrac{gT}{2\pi}$ 代入上式，整理可得

$$\frac{H_b}{H_0} = 2^{-2/5}(2\pi)^{-1/5} r_b^{1/5} \left(\frac{H_0}{L_0}\right)^{-1/5} \tag{7-3-7}$$

式中：$r_b = H_b/d_b$ 为与水底坡度等因素相关的参数；H_0 与 L_0 分别为深水区的波高与波长，同时将两者的比值定义为坡陡。

Svendsen 等（1978）在研究波浪破碎时定义了规则波的波浪破碎指标 γ_s，波浪破碎指标 γ_s 为波浪破碎时 r_b 值：

$$\gamma_s = 1.90\left(\frac{\xi_0}{1+\xi_0}\right) \tag{7-3-8}$$

式中：ξ_0 的定义为

$$\xi_0 = \frac{s}{\sqrt{H_0/L_0}} \tag{7-3-9}$$

式中：s 为岸坡坡度。至此，建立了波浪破碎时波高 H_b、波浪破碎位置水深 h_b、坡度 s 及深水区波浪要素之间的关系。波高 H_b 可以通过深水区的波浪参数求得，同时可以得到波浪破碎位置水深 h_b，据此可以开始分析波浪对岸坡土体的冲刷力学机制。波浪破碎后，静水位与岸坡交点到波浪破碎点之间的区域为波浪破碎带，静水位以上波浪的爬升区域为波浪回溯区，这两个区域为岸坡侵蚀破坏区域，也是岸坡受力分析的重点区域。波浪对岸坡土体的力学作

用包括：波浪破碎瞬间对入射点的冲击、波浪破碎后形成的上爬水流对土体颗粒的冲刷，以及上爬水流回落形成的坡面流对土体颗粒的冲刷，后文将对其进行具体分析。

2. 波浪侵蚀岸坡的力学作用分析

波浪在向岸坡推移的过程中，波高不断变高，水深不断变浅。在水深达到破碎高度 h_b 时，波高增至 H_b，此时水质点的水平速度等于波浪波速 c_b，随后波浪以自由落体运动在 A 点冲击岸坡（图7-3-4）。冲击岸坡的过程可分为三个阶段：波浪入射阶段、上爬阶段和回落阶段。下面以波浪作用于黏性土坡的三个阶段来简要说明波浪侵蚀岸坡的过程。

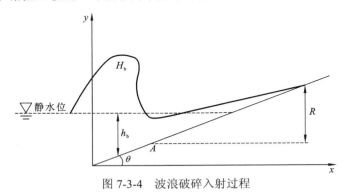

图 7-3-4　波浪破碎入射过程

1）波浪入射阶段

波浪冲击岸坡时，因为动能会给岸坡施加一个与速度方向一致的压力，这一冲击压力为指向岸坡表面向里的压力 P，表现为压实岸坡颗粒以及向坡内渗流，由于冲击压力 P 一般不垂直于岸坡，所以在 A 点会产生沿坡面的拖曳力，假定在波浪影响范围内表层土体颗粒一直处于饱水状态，土颗粒受向下的浮重力 G'。A 点坐标为

$$x_A = \frac{-\dfrac{c_b^2}{\cot\theta} + c_b\sqrt{\dfrac{c_b^2}{\cot^2\theta} + 2g(H_b + h_b)}}{g} \qquad (7\text{-}3\text{-}10)$$

$$y_A = \frac{x_A}{\cot\theta} \qquad (7\text{-}3\text{-}11)$$

造成颗粒运动根本原因是岸坡冲击产生的水流力超过了土体的临界抗剪力。这种作用力的产生具有瞬时性，量值大，在波浪破碎入射的瞬间水流力使入射点附近的土体颗粒迅速向上或向下飞动，在入射点处冲击形成凹坑，入射点上方形成堆积，下方颗粒向下翻滚（刘二利，2004）。

根据能量守恒定理，若波浪垂直入射岸坡，则可计算出波浪作用在 A 点的最大冲击力 P_0：

$$P_0 = \frac{1}{2}\rho v_0^2 + \rho g(H_b + Z_A) \qquad (7\text{-}3\text{-}12)$$

波浪破碎时波峰水质点做自由落体运动。冲击岸坡时，作用力 P_0 一般与岸坡的垂直方向存在夹角，假设夹角角度为 β，则 P_0 在垂直岸坡方向上的分力为

$$P = P_0 \cos\beta \qquad (7\text{-}3\text{-}13)$$

对冲击处的土颗粒而言，对其起动力学模式分析，颗粒抵抗冲刷起动的力矩为 $(N+W+P_0\cos\beta)\dfrac{D_{50}}{2}$，其中 D_{50} 为颗粒的中值粒径，则使颗粒冲刷起动的力矩为 $P_0\sin\beta\dfrac{D_{50}}{2}$。

若有

$$P_0\sin\beta > N+W+P_0\cos\beta \qquad\qquad (7\text{-}3\text{-}14)$$

则冲击处的土体颗粒会发生冲刷破坏。

2）上爬阶段

入射岸坡后，波浪能量向势能转化，水流开始向上爬升至最高点 R，对坡面颗粒产生冲刷、侵蚀作用。坡面土体所受作用力主要有水流拖曳力 F_D、水流上举力 F_L、浮重力 W、黏聚力 N 等，若此时的水流拖曳力 F_D 满足：

$$F_D > N+W\cos\theta \qquad\qquad (7\text{-}3\text{-}15)$$

则波浪冲刷处的土体颗粒会发生冲刷破坏。

3）回落阶段

波浪上爬至最高点时水流开始回落，形成坡面流，此时坡面土体同样受到水流拖曳力 F_D、水流上举力 F_L、浮重力 G' 以及黏聚力 N 的作用。若要产生侵蚀水流拖曳力同样需满足式（7-3-15），由于波浪上爬过程中水流与土体的摩擦及湍流能量损失，水流回落时由于损失能量过多，导致水流剪切力相对较小，此时水流的作用主要是随流动带走波浪上爬过程中产生起动的土体颗粒。

由于波浪作用力存在，波浪会对岸坡土体产生不断的侵蚀，决定波浪侵蚀效应的因素包括波浪要素、岸坡的自身形态及岩土体物理力学参数等几个方面。波浪的周期、波长、波高等波浪要素直接决定侵蚀岸坡的波浪能量，而波浪要素又取决于库区的风能，所以作用于岸坡的波浪作用力处于动态变化中，极难确定，但只要整个受力过程中能够产生的最大剪切力与岸坡土体的临界抗剪力平衡，岸坡侵蚀就会停止，此时的状态即为岸坡的最终稳定状态。岸坡土体的物理力学参数是除波浪要素之外另一个影响岸坡侵蚀程度的相关量。土体存在抵抗波浪侵蚀的能力，一个是土体的抗剪强度参数，另一个是土体的颗粒粒径及级配。对于无黏性土体来说，上爬水流较小时即可发生滚动起动破坏，此类破坏形式直接决定无黏性岸坡的最终侵蚀状态，主要影响因素是颗粒粒径及级配。而对于黏性土坡，颗粒间的黏聚力是抵抗冲刷破坏的主要因素。由上述分析可知，波浪具有的能量与其搬运物质的能力相关，不同的土体颗粒具有不同的临界起动流速。因此，波浪流速不能将所有岸坡土体颗粒带走，仅能带走其中粒径相对较小的一部分，剩余粒径较大的颗粒则堆积在侵蚀部位，形成保护层，能降低水流冲刷速度而阻止细颗粒被侵蚀，这一现象又被称为"粗化效应"。

由于波浪冲刷进程极为复杂，水流冲刷速度沿程变化以致土体颗粒受力状态不断改变，这一过程难以直接进行力学分析，所以基于受力分析进行波浪侵蚀预测十分困难。但波浪在冲刷过程中仍然遵守能量守恒定律，尤其在侵蚀稳定状态时的波浪能量转化路径清晰，因此可以通过建立能量守恒关系式进行波浪侵蚀分析，从而进行波浪侵蚀范围预测，以下将分析波浪冲刷过程中的能量转换定律。

3. 波浪侵蚀岸坡的能量转化方程构建

1）波浪能量转换

波浪冲刷过程中，能量来源主要为波浪携带的动能及势能。库区波浪主要因风浪产生，为深水波，适用于规则波理论。按照规则波理论，可将实际波简化为二维波，在二维波单宽长度内的一个波所包括的总能量为势能与动能之和。

一个波所具有的动能：

$$E_k = \iint\limits_{0\ -d}^{L\ \eta_0} \frac{\rho}{2}(u^2 + v^2)dxdz = \frac{1}{16}\rho g H^2 L \tag{7-3-16}$$

一个波具有的势能：

$$E_p = \iint\limits_{0\ -d}^{L\ \eta_0} \rho gzdxdz = \frac{1}{16}\rho g H^2 L \tag{7-3-17}$$

因此，一个波具有的总能量：

$$E = E_k + E_p = \frac{1}{8}\rho g H^2 L \tag{7-3-18}$$

本小节主要关心波浪传播至岸坡时破碎后的岸坡侵蚀效应，假设波浪破碎前的波浪总能量为 E，波浪破碎时损耗的能量量为 E_b，则最终作用于岸坡冲刷过程的能量为

$$E_q = E - E_b \tag{7-3-19}$$

波浪破碎时能量损耗 E_b 计算如下，如图 7-3-5 所示，假定波浪的破碎能量主要在破碎波峰截面 $x = x_1$ 和截面 $x = x_2$ 之间耗散，其耗散能量表达式如下（刘二利，2004）：

$$D = SL \tag{7-3-20}$$

式中：L 为波长，S 为单位面积、单位时间的波能损耗率，其表达式（Schüttrumpf et al.，2002）为

$$S = \frac{1}{4}\rho g \frac{H^3}{Th_b} \tag{7-3-21}$$

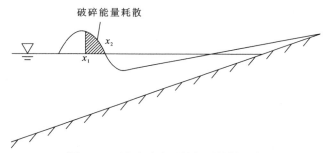

图 7-3-5　波浪破碎区的能量耗散示意

测得破碎波峰穿越截面 $x = x_1$ 和截面 $x = x_2$ 所用的时间 T_1，则最终的波浪破碎损耗能量 E_b 的表达式如下：

$$E_b = DT_1 = \frac{1}{4}\rho g \frac{H^3 L T_1}{Th_b} \tag{7-3-22}$$

波浪破碎后沿岸坡上爬的过程中，波浪所具有的能量主要转化为以下几种：

$$E_q = Q_e + Q_t + Q_f + Q_p + Q_k \qquad (7\text{-}3\text{-}23)$$

式中：Q_e 为侵蚀土体的侵蚀能；Q_t 为搬运土体的搬运能；Q_f 为摩擦、湍流及热量损失；Q_p、Q_k 分别为爬坡时具有的势能及回落时转化的动能。

在整个侵蚀过程中，因为侵蚀坡角随着侵蚀进程发展而变化，导致波浪转化的各类能量处于动态变化过程而难以确定及计算。但在侵蚀末期，也就是岸坡已稳定时，侵蚀坡角不再发生变化，侵蚀范围确定，土体基本不再受到波浪侵蚀及搬运，侵蚀能 Q_e 及搬运能 Q_t 消失，此过程中，在波浪上爬完成的那一刻，动能全部转化为势能，此时，摩擦湍流路径固定，使得 Q_f 可以计算，能量分析变得清晰。

因此，在侵蚀完成后波浪沿岸坡能量转换关系为

$$E_q = Q_f + Q_p \qquad (7\text{-}3\text{-}24)$$

波浪转化的能量为摩擦损耗能 Q_f 及水体包含的势能 Q_p。Q_f 和 Q_p 的能量表达式将在下文中推导。

2）波浪上爬的势能方程构建

波浪破碎后沿岸坡上爬，上爬至最高点与静水位间的垂直距离称为波浪上爬高度 R，一般用统计数据得来的 $R_{u,2\%}$（超越概率为 2% 的入射波爬高）表示波浪上爬高度的特征值。势能大小 Q_p 与上爬水流厚度 $h(z)$ 相关，上爬水流厚度分布示意如图 7-3-6 所示。Hunt（1959）在大量试验研究的基础上提出了 $R_{u,2\%}$ 值的表达式：

$$\frac{R_{u,2\%}}{H_s} = c_1 \zeta_d = c_1 \frac{\tan\theta}{\sqrt{H_s/L_0}} \qquad (7\text{-}3\text{-}25)$$

式中：ζ_d 为破波类型系数；H_s 为坡角处的显著波高，一般用 $H_{1/3}$ 表示；c_1 为经验系数。

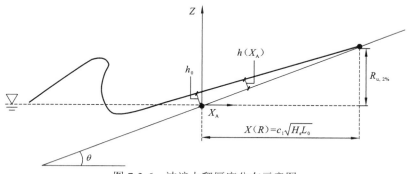

图 7-3-6　波浪上爬厚度分布示意图

Schüttrumpf 等（2003）完成了多次波浪上爬模型试验，包括大比例尺和小比例尺，研究发现在岸坡上波浪上爬水流的厚度呈线性衰减分布。因此，结合图 7-3-6，对式（7-3-25）变形整理可得

$$X(R) = c_1 \sqrt{H_s L_0} \qquad (7\text{-}3\text{-}26)$$

如图 7-3-6 所示，某一点的上爬水流厚度随 Z 增大而线性增大，即满足如下关系（Schüttrumpf et al.，2005）：

$$\frac{h(x_A)}{X(R)} = c_2 \left[1 - \frac{x_A}{X(R)} \right] \qquad (7\text{-}3\text{-}27)$$

式中：c_2 为经验系数。式（7-3-27）是针对越浪过堤的情形，针对波浪上爬的一般情形也是适用的，将上式整理成与 $R_{u,2\%}$ 相关的方程如下：

$$h(z) = c_h (R_{u,2\%} - z) \qquad (7\text{-}3\text{-}28)$$

式中：c_h 为爬坡水流衰减经验系数，与岸坡坡度相关的函数，可表示为

$$c_h = f(\theta) \qquad (7\text{-}3\text{-}29)$$

式中：θ 为岸坡坡角。c_h 表达式具体形式通过波浪爬高试验确定。

根据水流厚度分布公积分可得波浪上爬至最高点时的水流势能表达式如下：

$$Q_p = \rho g \int_0^x h(x)\mathrm{d}x \left[\frac{1}{2} h(z) + z \right] = \rho g \int_0^R \left[\frac{1}{2} h(z)^2 + h(z)z \right] \mathrm{d}x \qquad (7\text{-}3\text{-}30)$$

岸坡上的位移微分 $\mathrm{d}x = \mathrm{d}z / \tan\theta$，将其代入式（7-3-30），则 Q_p 的表达式可以转换为

$$Q_p = \rho g \int_0^R \left[\frac{1}{2} h(z)^2 + h(z)z \right] \frac{\mathrm{d}z}{\tan\theta} \qquad (7\text{-}3\text{-}31)$$

通过积分求解，可得

$$Q_p = \frac{\rho g R^3}{6\tan\theta} (c_h^2 + c_h) \qquad (7\text{-}3\text{-}32)$$

Q_p 即为波浪上爬岸坡至最高点的水流势能，由式（7-3-32）可以看出，Q_p 主要与波浪爬高、岸坡坡度及波浪爬坡水流衰减经验系数 c_h 有关。

3）波浪上爬的摩擦耗能方程构建

波浪上爬时的主要能量损耗为摩擦湍流损失，其原因为在水流与岸坡接触带，水流流速急速降为 0 而产生能量耗损。在此过程中水流动量全部传递给了土体，动量的传递的结果会产生剪力，剪力与速度相关的表达式如式（7-3-33）所示（Zhang et al.，2019）：

$$\tau = \rho u_*^2 \qquad (7\text{-}3\text{-}33)$$

式中：u_* 为底部摩阻流速。由于摩阻流速难以测得，定义底部剪应力与近底流速 u_b 的关系表达式如下：

$$\tau = \frac{1}{2} f \rho u_b^2 \qquad (7\text{-}3\text{-}34)$$

式中：f 为摩阻系数，通常较难确定，对于坡面流体一般定义为与雷诺数 Re 相关的函数（蒋昌波 等，2012）。联合式（7-3-33）和式（7-3-34），摩阻系数 f 可用以下形式表示（肖千璐 等，2017）：

$$f = 2 \left(\frac{u_*}{u_b} \right)^2 \qquad (7\text{-}3\text{-}35)$$

u_b 与 u_* 的关系转换如下。定义 u 为沿水面垂线分布的速度函数，一般可表示为与摩阻流速 u_* 相关的对数函数，如下式所示（Zhou et al.，2019）：

$$\frac{u}{u_*} = 5.75 \lg \left(30.2 \frac{\chi y}{k_s} \right) \qquad (7\text{-}3\text{-}36)$$

式中：k_s 为等效粗糙高度；χ 为修正系数；一般常取 $\chi = 1$，$k_s = 2D$。

泥沙起动时底部流速 u_b 作用位置为泥沙颗粒圆心的 $D/6$ （张根广 等，2020），即表层土体颗粒的 $2D/3$ 处，将上述参数代入式（7-3-36）中，则 u_b 和 u_* 的表达式如下：

$$u_b = 5.767u_* \qquad (7\text{-}3\text{-}37)$$

再将式（7-3-37）代入式（7-3-35）中即可得摩阻系数 f 的近似值为 0.0601。

剪切力在位移上做的功为能量，因此 Christofferse 定义能量耗损函数为 ϕ_f（Jonsson et al.，1976），表示单位时间单位截面的能量损耗，其表达式为

$$\phi_f = \tau U = \frac{1}{2} f \rho u_b^2 U \qquad (7\text{-}3\text{-}38)$$

式中：U 为实测泥沙起动的水流垂线平均流速。韩其为等（1999）提出 U 与底部摩阻流速 u_* 的关系表达式如下：

$$\frac{U}{u_*} = 6.5\left(\frac{H}{D}\right)^{\frac{1}{4+\lg(H/D)}} \qquad (7\text{-}3\text{-}39)$$

将水流垂线平均流速 U 与底部摩阻流速 u_* 的关系表达式（7-3-39）作简化，用 ζ 表示 $\left(\dfrac{H}{D}\right)^{\frac{1}{4+\lg(H/D)}}$，则式（7-3-39）可简化为

$$\frac{U}{u_*} = 6.5\zeta \qquad (7\text{-}3\text{-}40)$$

重新整理式（7-3-37）和（7-3-40）可得 U 和 u_b 得关系如下：

$$u_b = \frac{0.887U}{\zeta} \qquad (7\text{-}3\text{-}41)$$

将 f 值和 u_b 的表达式代入式（7-3-38）中，波浪上爬过程中的摩擦及湍流损失能量 Q_f 可以表示为

$$Q_f = \int_0^t \int_0^s \phi_f \, \mathrm{d}s\mathrm{d}t = \int_0^t \int_0^{R/\sin\theta} \frac{0.0472\rho U^3 \mathrm{d}s\mathrm{d}t}{\zeta^2} \qquad (7\text{-}3\text{-}42)$$

式中：s 为沿斜坡方向的坐标，$\mathrm{d}s = \mathrm{d}z/\sin\alpha$。Schüttrumpf 等（2005）通过波浪上爬岸坡的模型试验获得了大量流速数据，观测发现波浪上爬过程中各点的流速是一个与位置有关的变量函数：

$$U_{,50\%} = k\sqrt{2g(R_{u,2\%} - z)} \qquad (7\text{-}3\text{-}43)$$

式中：$U_{,50\%}$ 为某一位置入射波超越概率 50% 时的水流速度；k 为经验系数，与岸坡坡度相关。在此基础上，Bosman（2007）通过大量的模型试验对参数 k 进行改进，并转换公式得到如下表达式：

$$U_{,50\%} = c_u\sqrt{g(R_{u,2\%} - z)} \qquad (7\text{-}3\text{-}44)$$

式中：c_u 为水流速度系数，是与岸坡坡度相关的函数，表达式如下：

$$c_u = f(\theta) \qquad (7\text{-}3\text{-}45)$$

式中：θ 为岸坡坡角，表达式具体形式通过波浪爬高试验确定。则水流摩擦及湍流损失能量表达公式可以变形为

$$Q_f = \frac{0.0472\rho c_u^3 g^{\frac{3}{2}} R^{\frac{5}{2}} t}{\zeta^2} \qquad (7\text{-}3\text{-}46)$$

波浪上爬过程中的流速变化近似于匀减速过程，计算出上爬过程中的时间：

$$t = \sqrt{\frac{4R}{\sin^2\theta g c_u^2}} \tag{7-3-47}$$

将式（7-3-47）代入式（7-3-46）中，进一步简化为

$$Q_f = \frac{0.0944\rho c_u^2 g R^3}{\zeta^2 \sin\theta} \tag{7-3-48}$$

Q_f 即为波浪上爬过程中的摩擦及湍流损失能量，与波浪爬高、岸坡坡角及爬坡水流流速系数有关。

4）波浪侵蚀岸坡的能量守恒方程

将势能方程（7-3-32）、摩擦耗能方程（7-3-48）代入式（7-3-24）中可得

$$E_q = \frac{\rho g R^3}{6\tan\theta}(c_h^2 + c_h) + \frac{0.0944\rho c_u^2 g R^3}{\zeta^2 \sin\theta} \tag{7-3-49}$$

其中

$$E_q = \frac{1}{8}\rho g H^2 L - \frac{1}{4}\rho g \frac{H^3 L T_1}{T h_b} \tag{7-3-50}$$

整理可得岸坡侵蚀稳定状态时的波浪能量转换公式，即

$$\frac{1}{8}H^2 L - \frac{1}{4}\frac{H^3 L T_1}{T h_b} = R^3 \left[\frac{(c_h^2 + c_h)}{6\tan\theta} + \frac{0.0944 c_u^2}{\zeta^2 \sin\theta} \right] \tag{7-3-51}$$

式中：θ 为波浪侵蚀岸坡稳定时的坡角，R 为波浪侵蚀稳定时的爬高，也即是波浪的侵蚀高度，需指出的是，式中 R 的起算点自静水位以下波浪冲击点处开始计算，如图 7-3-7 所示。H、L、T 及 T_1 分别为波浪破碎前波高、波长、周期和波浪破碎时间，h_b 为波浪破碎时的水深，以上参数均为计算条件，由波浪侵蚀岸坡模型试验测得或实际应用水库岸坡时测得。c_h 和 c_u 分别为水流爬升过程中的厚度系数和流速系数，水流爬坡过程中各点的厚度与流速均可通过该系数计算出来，如图 7-3-7 所示。考虑研究区域的实际情况，开展不同坡度的波浪上爬岸坡试验，研究波浪上爬过程中水流厚度和流速的变化规律，建立 c_h 和 c_u 具体表达式。需要说明的是，Schüttrumpf 等（2005）通过大尺度和小尺度的模型试验表明，模型的尺度对水流爬坡的厚度系数和流速系数影响较小，所以基于波浪上爬模型试验确定的 c_h 和 c_u 表达式可在三峡库区或其他区域的实际岸坡中进行应用。

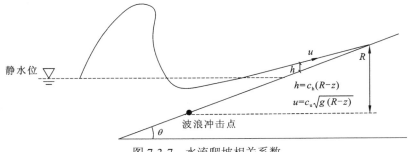

图 7-3-7　水流爬坡相关系数

5）波浪侵蚀岸坡范围预测方程

波浪侵蚀岸坡稳定状态时的能量转换形式均符合式（7-3-51），假定式（7-3-51）的左边为一固定波浪能量，其他参数为常数，则等式右侧括号中第一项为势能方程，第二项为摩擦损耗方程。对式（7-3-51）进行试算，可发现波浪能量转化的势能、摩擦耗能与岸坡坡度存在如图 7-3-8 所示的相互关系，岸坡坡度减小时，波浪能量更多地转化为势能，而转化的与水流流速相关的摩擦耗能逐渐减小，这也说明，坡度较小时岸坡难以被波浪水流侵蚀。当岸坡坡度进一步减小时，转化的摩擦耗能陡降而势能陡增，波浪能量主要转化为势能。

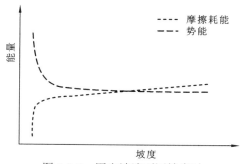

图 7-3-8　固定波浪不同坡度时
摩擦耗能与势能的分布

式（7-3-51）包含两个待解参数，若要对其进行求解，显然需要表示 θ 和 R 的另一方程。岸坡的侵蚀过程实际是一种土体的冲刷起动现象，侵蚀稳定终态时波流剪切力与土体的抗剪切力相等，因此可以考虑此时波浪水流流速应与岸坡土体临界起动流速相等这一条件建立方程。然而，由于波浪流速在上爬过程中是不断变化的，难以确定固定的波浪流速与土体的临界冲刷起动流速建立关系。但是，侵蚀稳定状态时与波浪流速对应的摩擦耗能是可以确定的，考虑用土体的临界起动流速来表示土体的抗侵蚀能力，从而可建立摩擦耗能与土体抗侵蚀能相关方程。固定波浪能量转化的摩擦耗能随坡度减小而不断减小，此过程中土体颗粒不断被冲刷起动而流失，若减小至某一坡度时岸坡侵蚀不再发生，则岸坡土体抵抗侵蚀的能量与水流的摩擦耗能呈极限状态，此时的坡度即为岸坡稳定的最终坡度。因此，岸坡土体的抗侵蚀能量 E_d 的大小可表示为：侵蚀稳定状态时，波浪上爬起点至最高点范围内波浪水流剪切力产生的摩擦耗能。

其计算过程如下，将式（7-3-41）变形得

$$U = \frac{u_b \zeta}{0.887} \tag{7-3-52}$$

再将式（7-3-52）代入式（7-3-38），并代入参数，得到单位面积的抗侵蚀能如下：

$$\phi_f = \tau U = 0.033\,822 \rho u_b^3 \zeta \tag{7-3-53}$$

则岸坡土体的抗侵蚀能量 E_d 表达式如下：

$$E_d = \frac{0.033\,822 \rho u_b^3 \zeta R}{\sin \theta} \tag{7-3-54}$$

上式中各参数的定义如前文一致。则侵蚀稳定状态时波浪的摩擦耗能与土体抗侵蚀能存在如下关系：

$$E_d = Q_f \tag{7-3-55}$$

联立式（7-3-51）和式（7-3-55）即可建立波浪作用土质岸坡的侵蚀范围预测方程：

$$\begin{cases} \dfrac{1}{8}H^2L - \dfrac{1}{4}\dfrac{H^3LT_1}{Th_b} = R^3\left[\dfrac{(c_h^2+c_h)}{6\tan\theta} + \dfrac{0.094\,4c_u^2}{\zeta^2\sin\theta}\right] \\ E_d = Q_f \end{cases} \tag{7-3-56}$$

式中：$Q_f = \dfrac{0.094\,4\rho c_u^2 gR^3}{\zeta^2 \sin\theta}$，$E_d = \dfrac{0.033\,822\rho u_b^3 \zeta R}{\sin\theta}$。

式（7-3-56）的第一式为波浪能量转化方程，第二式为波浪侵蚀岸坡的能量稳定方程，式中波浪上爬高度 R 及稳定坡角 θ 为待求解的预测值。应用式（7-3-56）时需要确定的参数包括岸坡土体的临界起动流速 u_b、水流厚度系数 c_h 和水流流速系数 c_u。为此，需对岸坡土体的临界起动条件开展研究，确定临界起动流速 u_b 的表达式，并通过波浪上爬岸坡的试验，确定 c_h 和 c_u 的表达式。

7.3.3　基于物理模型试验的参数确定

波浪上爬时的水流厚度参数与流速参数是波浪侵蚀岸坡范围预测方程的重要参数。水流厚度系数 c_h 和水流流速系数 c_u 是与岸坡坡度相关的系数，由于波浪侵蚀过程中岸坡坡度是动态变化的，从而导致水流厚度和流速等参数随坡度动态变化，因此，应用波浪侵蚀岸坡预测方程前还需建立这两个参数与坡度的具体函数形式。

Schüttrumpf 等（2003，2005）和 Bosman（2007）通过一系列的试验研究确定这两个系数量纲为 1，仅与岸坡坡度相关，而与岸坡坡面粗糙程度、岸坡比例尺寸等因素无关。所以，进行波浪上爬岸坡试验时无须考虑岸坡的尺寸效应，c_h 和 c_u 值可应用不同尺寸的实际岸坡。但 Schüttrumpf 仅完成了两种不同坡度的上爬试验，没有建立 c_h 和 c_u 的函数表达式。为此，本小节将采用自主研制的波浪冲刷岸坡模型试验装置，开展不同坡度的波浪上爬岸坡试验，通过测量波浪上爬过程中爬高、水流厚度及流速值，分析波浪爬高、水流厚度、流速的与坡度的相关性，计算确定不同坡度时的 c_h 和 c_u 值分布区间，从而构建其与岸坡坡度间的数学方程。

1. 试验装置与试验方案

采用的波浪上爬岸坡模型试验装置结构组成包括：钢化玻璃水槽（尺寸：长 6.0 m×宽 0.5 m×高 1.0 m）、岸坡堆砌板、坡度调节装置、流速仪、造波装置（无级调速电机、造波板和调速控制器）、摄像装置，其示意图如图 7-3-9 所示。

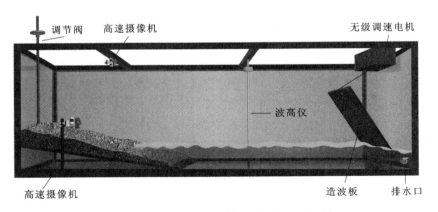

图 7-3-9　波浪上爬岸坡模型试验装置示意图

波浪水槽四周为钢化玻璃，试验过程中可即时观测波浪传播及上爬岸坡的过程，水槽末端布设有岸坡堆砌板，可实现岸坡的坡度调节，在不影响试验效果的前提下可有效节省模型堆砌时间，模型实物如图 7-3-10 所示。

（a）侧视图　　　　　　　　　　　　　　　（b）造波装置和控制器

图 7-3-10　波浪侵蚀模型实物图

造波装置由造波板、无级调速电机及调速控制器组成[图 7-3-10（b）]，无级调速电机可自由调整实现 0～1 500 r/min 的转速，在蓄水深度 0.4～0.5 m 的条件下可制造波高 3～10 cm 的规则波。摄像装置选择为 Gopro 系列高速摄像装置，可获得 4K 级别的录像分辨率，拍摄帧数可达到 60 帧/s，如图 7-3-11 所示。

图 7-3-11　高速拍摄装置

考虑塌岸预测公式中的冲磨蚀角普遍小于 15°（马非 等，2014），本小节设计开展 4 了组不同坡度的波浪上爬试验，岸坡坡度分别为 7°、10°、13°、16°，每组试验采用规则波进行 150 次以上的波浪上爬试验，波浪上爬实验中需要测量的数据主要包括：指定位置的水流厚度、水流流速及波浪上爬高度，数据测量主要通过高速摄像机结合测量尺拍摄波浪传播、破碎及上爬进程，并逐帧进行分析，如图 7-3-12 所示。需要说明的是，波浪上爬岸坡试验需要固定岸坡的坡度，波浪爬升过程中不能对岸坡产生侵蚀，因此岸坡坡面采用了木制模板进行护面，如图 7-3-12（b）所示。

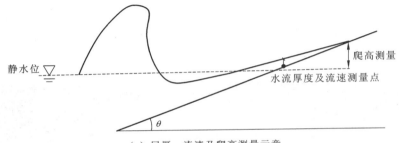

（a）层厚、流速及爬高测量示意

（b）实际爬高及层厚

图 7-3-12　爬高及厚度分布

2. 试验结果

按照试验方案进行 4 组不同坡度的波浪上爬岸坡试验,各组试验中的波浪要素基本相同,试验时的静水位高度约为 23.5 cm,每组试验完成 150 次以上的波浪上爬过程。通过高速摄像机录制并逐帧分析波浪上爬至顶部的图像,4 组岸坡的层厚测量位置分别为水上 0.4 cm、1.1 cm、0.8 cm 和 1.0 cm,参考标尺测量得到每组岸坡波浪爬高与层厚值,剔除结果变异性较大的点后绘制爬高与层厚值的分布如图 7-3-13 所示。

分析图 7-3-13 可知,随着岸坡坡度逐渐变大,同一种波浪的爬高逐渐变大,坡度为 7°时的岸坡爬高主要分布在 1.8～2.2 cm,坡度为 10° 时的岸坡爬高主要分布在 3.4～3.8 cm,坡度为 13° 时的岸坡爬高主要分布在 4.4～4.8 cm,而坡度为 16° 的岸坡爬高主要分布在 6.2～7.4 cm。

比较 4 组波浪上爬试验中固定测点的水流层厚,10°、13°、16° 岸坡试验中测定水流厚度的测点位置较为接近,10° 岸坡测得的水流厚度主要分布在 0.7～0.9 cm,13° 岸坡测得的水流厚度主要分布在 0.8～1.0 cm,16° 岸坡测得的水流厚度主要分布在 0.8～1.2 cm,同一测点的水流厚度随岸坡坡度的增加而增加。对比同一坡度时上爬试验中的爬高与水流厚度的相关性,显然爬高越高时测得的水流厚度越大,10° 和 13° 的试验组表现最为明显。由于岸坡坡度为 7° 时的水流层厚整体偏小,为保证测量的精度和准确性,坡度为 7° 时选取的测点位置距静水位较近,水流厚度较大,分布在 0.7～1.0 cm。

4 组不同坡度的波浪上爬岸坡试验中同时测量距静水位 0.4 cm、1.1 cm、0.8 cm 和 1.0 cm 处的爬坡水流流速,剔除结果变异性较大的点后绘制爬高与流速的分布值如图 7-3-14 所示。

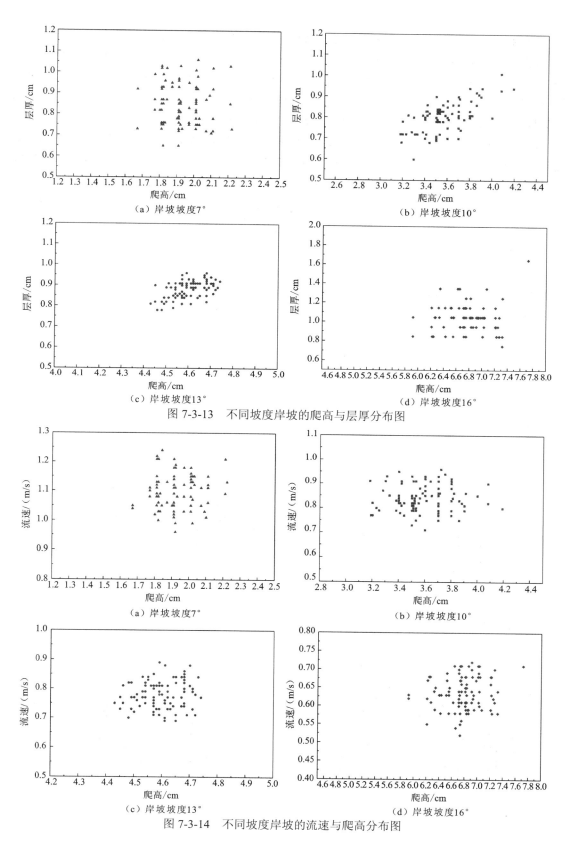

图 7-3-13　不同坡度岸坡的爬高与层厚分布图

图 7-3-14　不同坡度岸坡的流速与爬高分布图

由图 7-3-14 可知，水流流速测点距离静水位位置比较相近的 10°、13° 和 16° 岸坡试验组，测得的流速随坡度的增加而减小。10° 岸坡测得的水流流速主要分布在 0.75～0.95 m/s，13° 岸坡测得的水流流速主要分布在 0.7～0.9 m/s，16° 岸坡测得的水流流速主要分布在 0.55～0.7 m/s。同一坡度的试验组中可以明显观察到，爬高越大时测得的水流流速越大。岸坡坡度为 7° 时，由于测点位置距静水位较近，水流流速较大，分布在 1.1～1.2 m/s。

通过波浪上爬岸坡试验测得了不同坡度时爬高、层厚、流速，则水流厚度系数 c_h 和水流流速系数 c_u 的具体值可通过式（7-3-28）和式（7-3-44）计算确定。式（7-3-28）式（7-3-44）的简写形式分别如式（7-3-57）和式（7-3-58）所示，式中各参数定义同前。

$$h = c_h(R - z) \tag{7-3-57}$$

$$U = c_u\sqrt{g(R - z)} \tag{7-3-58}$$

根据图 7-3-13 中测得的爬高与层厚分布结果，运用式（7-3-57）即可计算获得不同坡度岸坡的水流厚度系数，由于造波机制造波浪产生的误差及测量误差影响，计算所得的水流厚度系数具有一定的离散性。不同坡度岸坡的水流厚度系数分布区间及频数结果见图 7-3-15，最终各组岸坡的厚度系数按统计学中的规定取累积概率 50% 时的作为代表值。7° 岸坡的爬高较小且测点位置的厚度相对较大，计算所得的厚度系数 c_h 分散区间较广，分布在 0.33～0.58，累积概率 50% 时的 c_h 值为 0.438；10° 计算所得的厚度系数 c_h 分布在 0.28～0.32 居多，累积概率 50% 时的 c_h 值为 0.291；13° 岸坡的爬高、层厚较大且分布范围相对集中，计算所得的厚

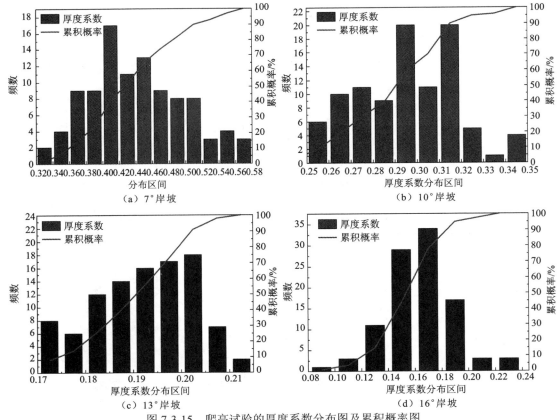

图 7-3-15　爬高试验的厚度系数分布图及累积概率图

度系数 c_h 分布区间集中，分布在 0.175～0.215，累积概率 50%时的 c_h 值为 0.19；16° 岸坡的爬高较大，且爬高及层厚分布范围广，计算所得的厚度系数 c_h 较分散，分布在 0.08～0.235，累积概率 50%时的 c_h 值为 0.153。

将上述各组岸坡试验中累积概率 50%对应的层厚系数作散点图，如图 7-3-16 所示，c_h 为坡度相关的函数，经试算，正弦函数拟合效果最好，所构建的 c_h 表达式如式（7-3-59）所示，拟合决定系数 R^2 为 0.769。

$$c_h = \frac{0.007\,5}{\sin^2 \theta} \tag{7-3-59}$$

将拟合曲线与 Bosman（2007）的试验值进行对比可知，拟合函数能基本反映不同坡度条件下的水流厚度系数值，由于试验手段的局限性及测量误差等因素影响，拟合函数与实际计算值仍有一定偏差，但总体趋势基本一致。

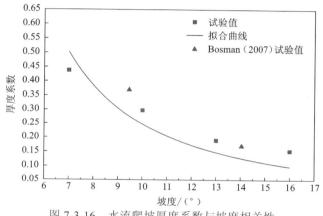

图 7-3-16　水流爬坡厚度系数与坡度相关性

根据图 7-3-14 中测得的不同坡度爬高与水流流速的分布结果，运用式（7-3-58）即可计算获得水流流速系数 c_u，由于各组波浪爬高不一及受波浪流速测量误差影响，计算所得流速系数也具有一定的离散性，不同坡度岸坡的水流流速系数分布区间及频数结果见图 7-3-17，最终各组岸坡的流速系数按统计学中的规定取累积概率 50%时的值作为代表值。7° 岸坡的爬高较小且测点位置的流速较大，计算所得的流速系数 c_u 分散区间较广，主要分布在 2.2～2.7，累积概率 50%时的 c_u 值为 2.48；10° 岸坡计算所得的流速系数 c_u 主要分布在 1.6～1.8 居多，累积概率 50%时的 c_u 值为 1.69；13° 岸坡的流速分布范围相对集中，因此计算所得的厚度系数 c_u 分布区间集中，分布在 1.15～1.40，累积概率 50%时的 c_u 值为 1.25；16° 岸坡的流速分布范围较小，计算所得的厚度系数 c_u 值分布在 0.95～1.30，累积概率 50%时的 c_u 值为 1.10。

将上述各组岸坡试验中累积概率 50%对应的流速系数作散点图，如图 7-3-18 所示，c_u 是与岸坡坡度相关的函数，经试算，正弦函数拟合效果最好，拟合确定的 c_u 表达式如（7-3-60）所示，拟合决定系数 R^2 为 0.99，所构建的 c_u 表达式如下：

$$c_u = \frac{0.297}{\sin \theta} \tag{7-3-60}$$

将拟合曲线与 Bosman（2007）的试验值进行对比可知，拟合函数与 Bosman（2007）试验数据基本吻合，这也说明了岸坡波浪爬高试验的结果是可靠的。

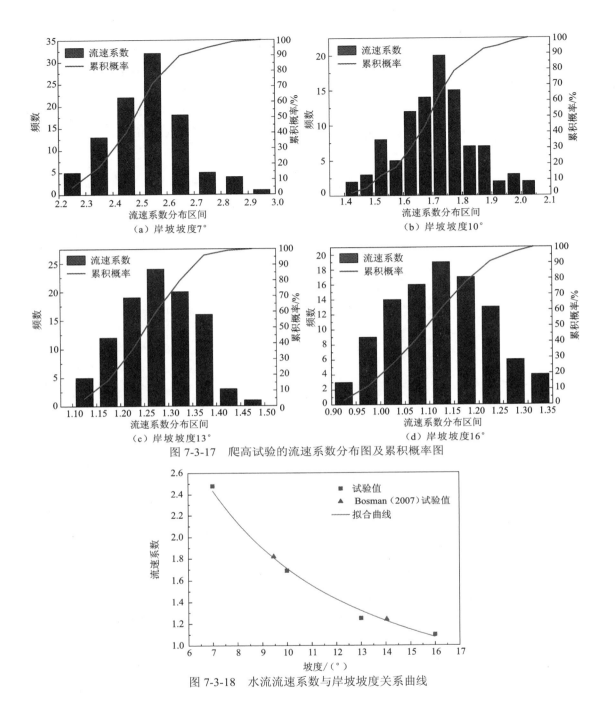

图 7-3-17 爬高试验的流速系数分布图及累积概率图

图 7-3-18 水流流速系数与岸坡坡度关系曲线

7.4 前缘侵蚀对滑坡长期变形的影响

前文构建了考虑波浪侵蚀作用的塌岸预测方法，并建立了其中的关键方程——波浪侵蚀岸坡范围预测方程，通过此方程可以确定塌岸的预测参数，进而开展塌岸预测。本节首先开展考虑前缘侵蚀影响的岸坡物理模型试验，研究侵蚀-塌岸对岸坡变形的影响；然后，基于滑坡非饱和渗流理论和应力场计算原理，采用 GEO-studio 程序中的生死单元技术实现塌岸模拟，建立考虑波浪侵蚀作用的滑坡稳定性分析方法，并以三峡库区树坪滑坡为例计算说明前缘侵蚀-塌岸对滑坡变形的影响。

7.4.1 考虑前缘侵蚀影响的岸坡物理模型试验

1. 试验材料

试验装置见 7.3.3 小节。采用浊度仪测量波浪侵蚀界面处的水体浑浊程度，以此来判断侵蚀进程与侵蚀是否停止；高速摄像机可拍摄岸坡剖面演进及整体变形情况。

试验材料由黏土夹碎石组成，采用粉质黏土及碎石按照设计的工况混合配制试验土料。粉质黏土物理力学参数如表 7-4-1 所示；粉质黏土及碎石的颗粒级配曲线如表 7-4-1 所示。

表 7-4-1   粉质黏土物理力学参数表

比重	塑性指数	黏聚力/kPa	内摩擦角/(°)
2.653	16.2	16.52	20.34

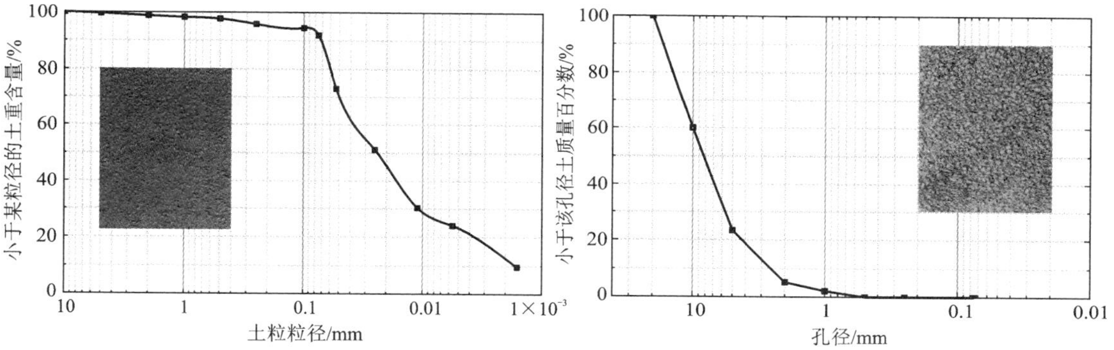

（a）粉质黏土颗粒级配　　　　　　　　　（b）碎石颗粒级配

图 7-4-1   粉质黏土及碎石的颗粒级配

2. 试验工况

本试验利用自主研制的库岸侵蚀试验装置探索波浪侵蚀对岸坡变形的影响，并非针对某一具体岸坡的侵蚀变形进行模拟，因此没有考虑模型试验的尺寸效应问题。试验工况主要考虑岸坡坡度、碎石含量以及波高。三峡库区前缘侵蚀严重的岸坡其坡度大多处于 20°～40°，碎石含量约在 20%～50%；三峡库区风成波浪为规则波，波高集中分布在 2～4 cm，通过控制无级调速电机转速，在固定水位下保持制造 3～3.5 cm 波高的规则波，水位为 35 cm，对应的波长在 85～87 cm，波浪周期在 0.7～0.8 s。

为此设计试验工况如表 7-4-2 所示。

表 7-4-2　模型试验工况

组数	坡度/(°)	碎石含量/%
1	20	20
2	30	20
3	30	30
4	30	40
5	40	40

3. 试验方法及测量

首先根据试验工况中的碎石含量和坡度进行碎石土的制备和铺筑（图 7-4-2）。铺筑过程中对试验岸坡模型进行分层填筑与夯实，以保证铺设土体密度的平均性。待铺筑完成后，通过进水口对钢化玻璃槽进行蓄水，同时观测整个蓄水过程中岸坡变形情况。蓄水完成后静止一段时间，使坡体内部渗流达到稳定，随后进行波浪侵蚀。

试验过程中利用浊度仪测量波浪侵蚀界面处的水体浑浊程度（图 7-4-3），当浊度仪值不再变化时，侵蚀达到稳定；利用高速摄像机拍摄试验过程中的侵蚀演化及岸坡变形情况，并对不同时间段的岸坡剖面进行绘制。

图 7-4-2　岸坡铺筑图

图 7-4-3　浊度测量

4. 试验结果

波浪在对岸坡侵蚀过程中，各时间段的岸坡会形成相应的侵蚀剖面，将对照组岸坡侵蚀剖面演化过程作图，如图 7-4-4 所示。

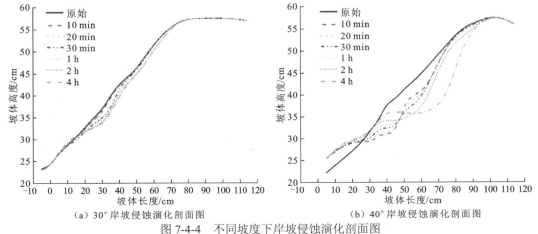

（a）30°岸坡侵蚀演化剖面图　　　　　　（b）40°岸坡侵蚀演化剖面图

图 7-4-4　不同坡度下岸坡侵蚀演化剖面图

由图 7-4-4 可见，在碎石含量相同条件下，40°岸坡相较于 30°岸坡侵蚀剖面演进更为剧烈、坡脚水下淤积更多，这说明坡度越大侵蚀作用越强。

由图 7-4-5 可知，在坡度相同条件下，碎石含量 20%的岸坡相较于碎石含量 30%的岸坡，侵蚀剖面变化更为明显、土体侵蚀量更大，这说明碎石含量越少侵蚀作用越强。

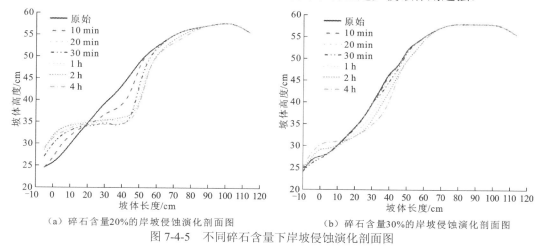

（a）碎石含量20%的岸坡侵蚀演化剖面图　　　　（b）碎石含量30%的岸坡侵蚀演化剖面图

图 7-4-5　不同碎石含量下岸坡侵蚀演化剖面图

5. 前缘侵蚀对岸坡变形影响分析

粒子图像测速（particle image velocimetry，PIV）技术是利用摄像机多次摄像，记录模型试验中岸坡土体颗粒的位置变化，依据图像匹配，分析粒子的运动轨迹等参数的一种图像处理技术。该技术是一种非接触测量方法，能够实现全域瞬态测量及无扰测量。目前，PIV 技术已经在岩土工程领域得到了广泛应用，尤其适用于模型试验（Wang 等，2021；郑俊 等，2019；De Gennaro et al.，2013）中位移的测量及研究。

为揭示岸坡前缘侵蚀演化对岸坡变形的影响规律，针对岸坡前缘侵蚀模型试验结果，运用 PIV 技术（胡亚元，2019；Huang et al.，2012）对不同时间段岸坡坡面进行位移变化分析。图 7-4-6 所示为以第三组试验侵蚀演化不同时刻岸坡坡面照片。

（a）10 min　　　　　　　（b）30 min　　　　　　　（c）60 min

（d）120 min　　　　　（e）240 min　　　　　　　（f）480 min

图 7-4-6　侵蚀演化不同时刻岸坡坡面照片

利用 PIV 技术对图 7-4-6 中岸坡中前部黄色方框进行处理，得到不同时间段内的岸坡表面 X 方向位移矢量图，如图 7-4-7 所示。

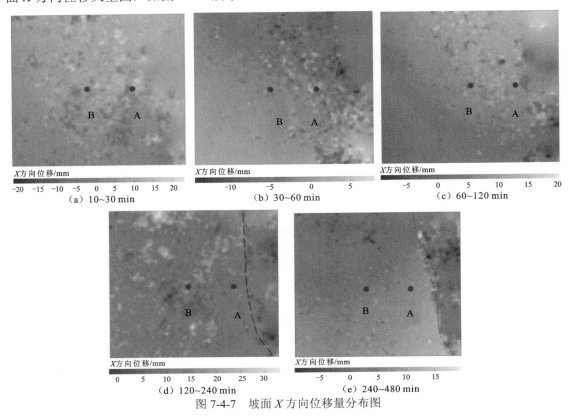

图 7-4-7　坡面 X 方向位移量分布图

对模型试验的 5 种工况均进行坡面位移矢量分析，将各组试验中 A 点、B 点的变形累计位移量绘于图 7-4-8。

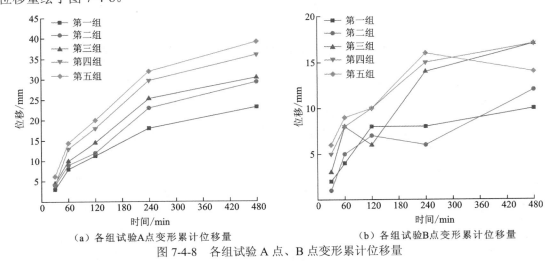

图 7-4-8　各组试验 A 点、B 点变形累计位移量

由图 7-4-8 可知，从整体上看，各组岸坡 A 点及 B 点位移变化趋势一致，位移变化速率先增大后减小，主要位移量发生在前 240 min，此后位移变化速率明显减小；对比分析图 7-4-8（a）～

（b）中岸坡前部 A 点与岸坡中部 B 点的位移数据发现，各实验组 A 点位移量均明显大于 B 点位移量。

波浪侵蚀碎石土岸坡模型试验结果表明：坡度和碎石含量是影响岸坡侵蚀速率的重要因素。通过试验数据发现，在碎石含量相同条件下，岸坡坡度越大，则侵蚀稳定所需要的时间就越少；坡度相同，碎石含量越高，则岸坡抗侵蚀能力越强。采用 PIV 技术提取了模型试验岸坡表面的位移特征值，结果发现岸坡后部变形相较于前部变形小且存在滞后现象，呈现牵引式变形特征。侵蚀对岸坡影响机制表现为侵蚀改变了岸坡前缘形态，导致上部土体产生卸荷效应。

7.4.2　考虑前缘侵蚀影响的岸坡稳定性数值计算方法

在确定滑坡前缘的塌岸最终状态后，首先对滑坡进行渗流场计算，然后采用 GEO-studio 程序中的生死单元技术进行塌岸模拟，并计算塌岸后滑坡的应力场及位移场变化情况，在此基础上确定塌岸后滑坡的稳定性情况。

GEO-studio 中的 Sigma/W 可以实现材料单元的冻结与激活，将计算模型中塌岸范围材料单元进行冻结即可实现塌岸模拟，该方法可保留塌岸前滑坡的应力场结果，从而考虑塌岸对应力场的影响。应力应变结果与稳定性计算原理如下。

1. Sigma/W 模块计算原理

Sigma/W 通过 SOLVE 函数中的数值积分来计算该沿单元边界上施加的外部应力导致的节点力。在 Sigma/W 中荷载可分为三类，它们分别是法向和切向压力，x 向和 y 向应力，以及流体压力。这几类荷载的等效节点力的计算方法如下。

考虑一单元边界受到法向和切向压力分布。为了计算沿边界上的等效节点力，单元荷载必须沿 x 方向和 y 方向进行分解。单位单元长度上的法向力和切向力为 P_n 和 P_t，$\mathrm{d}S$ 为荷载作用边界，可得到 x 方向和 y 方向单元上的力 $\mathrm{d}P_x$ 和 $\mathrm{d}P_y$，它们可以写为

$$\begin{cases} \mathrm{d}P_x = (P_t\cos\partial - P_n\sin\partial)\mathrm{d}S \cdot t = (P_t\mathrm{d}x - P_n\mathrm{d}y)t \\ \mathrm{d}P_y = (P_t\sin\partial + P_n\cos\partial)\mathrm{d}S \cdot t = (P_n\mathrm{d}x + P_t\mathrm{d}y)t \end{cases} \tag{7-4-1}$$

式中：t 为单元厚度。

2. Slope/W 模块计算原理

计算塌岸后的应力场和位移场后，将计算结果导入 Slope/W 模块，采用 Morgenstern-Price 法分析基于应力计算结果的滑坡整体稳定性。Morgenstern-Price 法是一种假设相邻土条之间的切向力和法向力是函数关系的方法，通过不断迭代并结合土体边界条件求解边坡安全系数。

土条法向条间力 E_n 需满足条件：

$$E_n(F_s, \lambda) = 0 \tag{7-4-2}$$

式中：λ 为常数。

土条侧面力矩 M_n 需满足条件：

$$M_n = \int_{x_0}^{x_n} \left(X - E\frac{\mathrm{d}y}{\mathrm{d}x} \right)\mathrm{d}x = 0 \tag{7-4-3}$$

式中：$y = Ax + B$，A、B为任意常数；X为切向条间力；E为法向力。结合 Sigma/W 模块的计算结果，采用 Morgenstern-Price 法应用 Slope/W 模块进行稳定性计算。

7.4.3 前缘侵蚀–塌岸对滑坡长期变形的影响：以树坪滑坡为例

1. 塌岸范围预测

本小节以树坪滑坡为例，应用塌岸预测式（7-3-2）进行塌岸预测示例。树坪滑坡自 2003 年三峡水库开始蓄水后，受库水和波浪侵蚀作用影响，前缘不断发生塌岸（图 7-4-9）。

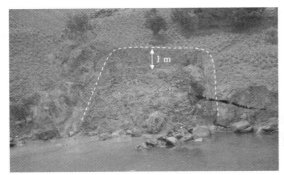
（a）前缘东侧塌岸（2003 年摄）

（b）前缘西侧波浪侵蚀明显（2013 年摄）

（c）前缘西侧大范围坍塌（2020 年摄）

图 7-4-9　树坪滑坡前缘塌岸情况

树坪滑坡曾进行全面的岩土工程勘察，因此塌岸预测的土体物理力学参数参照勘查报告中的数据进行选取，如表 7-4-3 所示。

表 7-4-3　树坪滑坡物理力学参数

土类	黏聚力 c/kPa	内摩擦角 φ/(°)	φ_b/(°)	干容重/(kN/m³)	弹性模量/MPa	泊松比
滑体土	13	33	31	16	27.6	0.20
滑带土	18	21	20	17	5.1×10^4	0.25

树坪滑坡下部黏土的颗粒级配曲线如图 7-4-10 所示，其中黏粒含量为 24.32%。

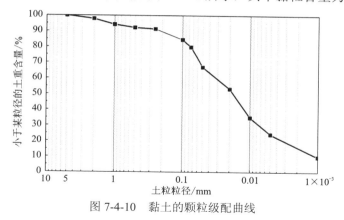

图 7-4-10　黏土的颗粒级配曲线

按预测公式计算，首先需确定水位变幅带波浪爬高与冲磨蚀角，在此基础上采用极限平衡法和土力学理论计算确定水上的稳定剖面，其计算过程如下。

1）波浪爬高与冲磨蚀角的确定

基于研究区茶园坡气象自动站风速监测结果，由官厅水库公式计算确定作用于研究区的波浪波高为 0.062 m，波长为 1.124 m。将波浪参数、土体干密度及土颗粒黏粒含量等参数代入侵蚀范围预测方程式（7-3-56），假定确定的波浪能量全部作用于岸坡，根据计算结果绘制其抗侵蚀能量与摩擦耗能的关系如图 7-4-12 所示，则据图 7-4-11 所确定的冲磨蚀角为 14.3°；将冲磨蚀角代入式（7-3-56）可确定波浪爬高为 0.146 m，按照波浪破碎坡陡公式（7-3-8）、式（7-3-9）计算，塌岸的起算点约在 145 m 水位以下 0.08 m 与岸坡的交点处。

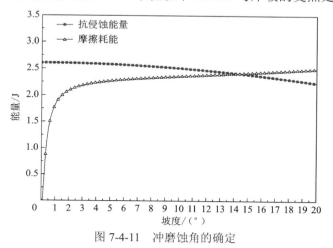

图 7-4-11　冲磨蚀角的确定

2）水上稳定剖面的确定

确定水上稳定坡角时应考虑岸坡消落带范围的最终侵蚀状态，消落带的最终坡度为冲磨蚀角，冲磨蚀范围为塌岸起算点到 175 m 水位以上波浪爬高。在此基础上采用极限平衡法搜索最危险滑动面（图 7-4-12），按照此方法计算所得树坪滑坡的水上稳定坡角分别为 52°。

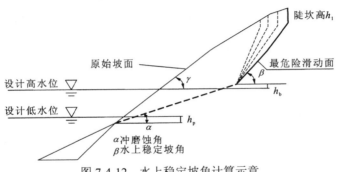

图 7-4-12　水上稳定坡角计算示意

确定水上稳定坡角后，应用式（7-3-1）计算可得此类岸坡的最小稳定坡高为 4.43 m，则图 7-4-12 中所示的陡坎高度 $h_1 \leqslant 4.43$ m，按照此方法最终确定的树坪滑坡塌岸预测终态如图 7-4-13 所示，通过式（7-3-2）计算确定的塌岸宽度分别为 191.86 m 和 120.16 m。显然，树坪滑坡的前缘滑体厚度较大且坡度较缓，塌岸预测宽度和塌岸体积相对滑坡来说均较小，塌岸对滑坡的整体稳定性影响有限。

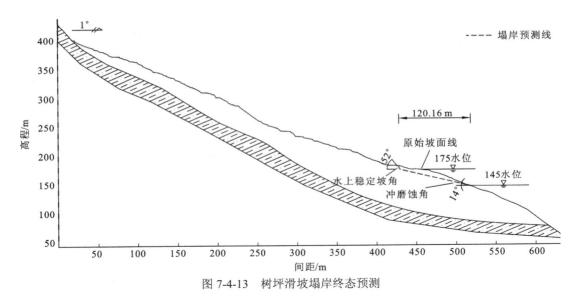

图 7-4-13　树坪滑坡塌岸终态预测

2. 数值计算

1）计算参数表

有限元计算采用的力学参数见表 7-4-3，非饱和水力参数见表 7-4-4。

表 7-4-4　滑体非饱和渗透系数表

饱和渗透系数/（m/d）	残余体积含水率	饱和体积含水率	VG 模型参数 a/（1/m）	VG 模型参数 n	初始地下水位后缘高程/m
7.69	0.02	0.417	13.8	1.592	259

注：VG 模型为视觉几何（visual geometry）模型。

2）计算模型

滑坡的计算模型见图7-4-14，包含塌岸区域，共划分单元4 101个，节点4 325个。

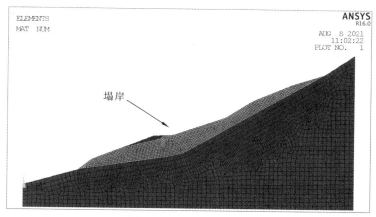

图 7-4-14　计算模型图

3）计算工况

塌岸对滑坡稳定性的影响主要考虑库水位变动工况，库水位变动分为5个阶段。

（1）计算从9月1日开始，以0.4 m/d的速度经历75天上升到175 m水位；

（2）从11月15日开始，在175 m水位稳定148天后，至次年4月10日；

（3）从4月11日开始，以0.3 m/d的速度经历40天水位降落到163 m水位；

（4）从5月21日开始，以1.2 m/d的速度经历15天水位降落到145 m水位；

（5）从6月5日开始，在145 m水位稳定87天，至8月31日。

4）渗流场计算结果

图7-4-15为树坪滑坡压力水头等值线云图，随着库水位的上升，滑坡前缘压力水头逐渐增大，库水位下降时，滑坡前缘压力水头逐渐减小。上升或减小均有明显的滞后性，表现为典型的动水压力型滑坡特征。

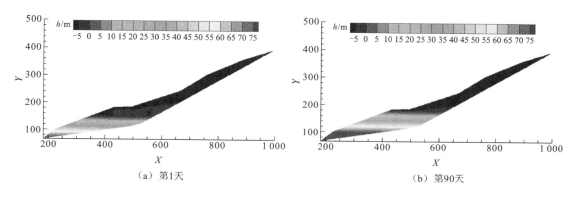

（a）第1天　　　　　　　　　　　　　（b）第90天

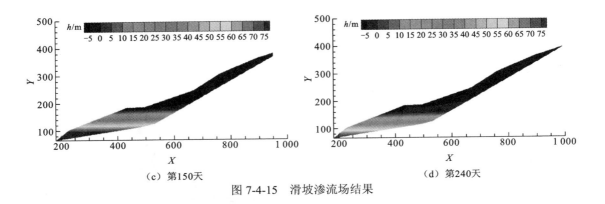

(c) 第150天   (d) 第240天

图 7-4-15　滑坡渗流场结果

5）塌岸前后应力场、位移场和稳定性变化结果

在渗流场计算结果基础上，树坪滑坡塌岸前后的应力场、位移场结果见图 7-4-16 和图 7-4-17。由图 7-4-16 可知，塌岸前后滑坡的剪应力集中处均位于滑坡前缘剪出口，塌岸对应力场有一定的影响，塌岸前前缘剪出口的剪应力为 500 kPa，塌岸后前缘剪出口剪应力约为 400 kPa，表明塌岸对树坪滑坡前缘变形有一定的抑制作用。同时，位移场的结果与应力场相符，树坪滑坡的变形区域集中在滑坡前部，塌岸前的滑坡最大位移约为 0.04 m，塌岸后的最大位移约为 0.035 m，塌岸后滑坡的变形有一定的减小。

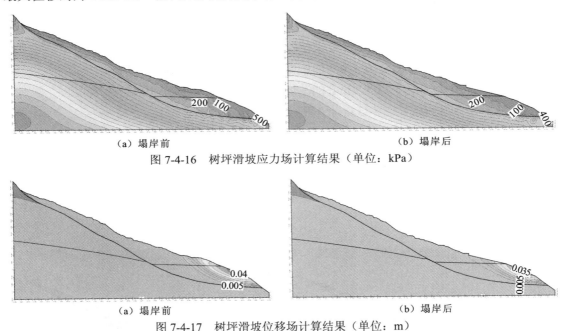

(a) 塌岸前   (b) 塌岸后

图 7-4-16　树坪滑坡应力场计算结果（单位：kPa）

(a) 塌岸前   (b) 塌岸后

图 7-4-17　树坪滑坡位移场计算结果（单位：m）

考虑计算的渗流场和应力场，采用 Morgenstern-Price 法对一个工况内的滑坡稳定性进行计算，稳定性计算结果见图 7-4-18。如图所示，当库水位上升时，滑坡稳定性随之增加，当库水位下降时滑坡稳定性随之减小。塌岸后，由于浮托减重作用，库水位上升时滑坡的稳定性较塌岸前高，库水位下降时塌岸后的稳定系数显著减小，这也表明前缘塌岸对树坪滑坡稳定性的影响是明显的。

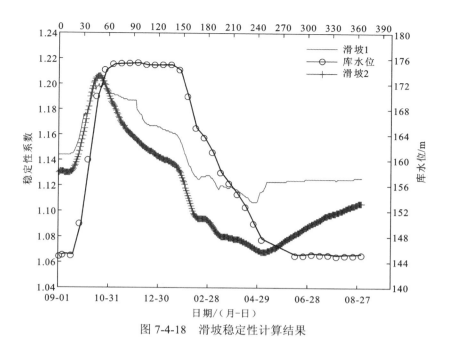

图 7-4-18　滑坡稳定性计算结果

参 考 文 献

安文静, 盛冬发, 张思成, 等, 2022. 沥青混合料非线性黏弹塑性蠕变模型. 材料科学与工程学报, 40(6): 1030-1033, 1054.

蔡国庆, 盛岱超, 周安楠, 2014. 考虑初始孔隙比影响的非饱和土相对渗透系数方程. 岩土工程学报, 36(5): 827-835.

蔡晓禹, 凌天清, 唐伯明, 等, 2006. 波浪对散体岸坡冲刷破坏的机理. 重庆交通学院学报, 25(2): 73-76, 86.

柴军瑞, 仵彦卿, 2001. 考虑动水压力裂隙网络岩体渗流应力耦合分析. 岩土力学, 22(4): 459-462.

陈昌富, 杜成, 朱世民, 等, 2021. 红黏土土层锚杆界面剪切应力松弛试验及其模型. 岩土力学, 42(5): 1201-1209.

陈洪凯, 赵先涛, 唐红梅, 等, 2014. 基于浪蚀龛和土体临界高度的修正的卡丘金法及其工程应用. 岩土力学, 35(4): 1095-1100, 1109.

陈卫忠, 伍国军, 贾善坡, 2010. ABAQUS 在隧道及地下工程中的应用. 北京: 中国水利水电出版社.

陈银, 2019. 基于核磁共振技术的非饱和土渗透系数预测方法. 武汉: 湖北工业大学.

陈勇, 杨迎, 曹玲, 2017. 特殊应力路径下岸坡饱和土体变形特性模拟. 岩土力学, 38(3): 672-677, 684.

赤井浩一, 大西有三, 西垣诚, 1977. 有限要素法饱和-不饱和的浸透流解析. 土木学会论文报告集, 264: 87-96.

戴海伦, 代加兵, 舒安平, 等, 2013. 河岸侵蚀研究进展综述. 地球科学进展, 28(9): 988-996.

邓朝贤, 纪文杰, 2023. 基于 FLAC3D 白荡湖闸站基坑边坡变形和稳定分析. 安徽水利水电职业技术学院学报, 23(1): 9-12.

邓茂林, 周剑, 易庆林, 等, 2020. 三峡库区靠椅状土质滑坡变形特征及机制分析. 岩土工程学报, 42(7): 1296-1303.

董必昌, 张鹏飞, 张明轩, 等, 2021. 基于流固耦合效应的深基坑降水开挖变形规律研究. 公路, 66(4): 349-356.

蒋明镜, 方威, 司马军, 2015. 模拟岩石的平行粘结模型微观参数标定. 山东大学学报(工学版), 45(4): 50-56.

高游, 孙德安, 张俊然, 等, 2019. 考虑孔隙比和水力路径影响的非饱和土土水特性研究. 岩土工程学报, 41(12): 2191-2196.

郭飞, 黄晓虎, 邓茂林, 等, 2022. 三峡库区"阶跃"型滑坡变形机理与预警模型. 测绘学报, 51(10): 2205-2215.

国金琦, 2022. 考虑固液气三相互态作用的非饱和土变形与渗流模拟. 西安: 长安大学.

韩其为, 何明民, 1999. 泥沙起动规律及起动流速. 北京: 科学出版社.

何玲丽, 田东方, 2022. 基于混合格式 Richards 方程的非均质土体渗流模拟. 水利水运工程学报(3): 59-65.

洪大林, 2005. 黏性原状土冲刷特性研究. 南京: 河海大学.

胡冉, 陈益峰, 周创兵, 2013. 考虑变形效应的非饱和土相对渗透系数模型. 岩石力学与工程学报, 32(6): 1279-1287.

胡亚元, 2019. 非饱和等效时间流变模型. 哈尔滨工业大学学报, 51(12): 153-159.

蒋昌波, 隆院男, 胡世雄, 等, 2012. 坡面流阻力研究进展. 水利学报 (2): 67-75.

李端有, 甘孝清, 周武, 2007. 基于均匀设计及遗传神经网络的大坝力学参数反分析方法. 岩土工程学报(1): 125-130.

李华, 李同录, 江睿君, 等, 2020. 基于滤纸法的非饱和渗透性曲线测试. 岩土力学, 41(3): 895-904.

李岗, 严国超, 相海涛, 等, 2023. 无烟煤蠕变模型及 FLAC3D 二次开发. 矿业研究与开发, 43(3): 103-110.

李喜, 2021. 三峡库区水位涨落变化对万州区库岸堆积层滑坡稳定性影响研究. 武汉: 中国地质大学(武汉).

李潇旋, 李涛, 李舰, 2020. 超固结非饱和土的弹塑性双面模型. 水利学报, 51(10): 1278-1288.

李燕, 李同录, 侯晓坤, 等, 2021. 用孔隙分布曲线预测压实黄土非饱和渗透曲线及其适用范围的探讨. 岩土力学, 42(9): 2395-2404.

李永康, 许强, 董远峰, 等, 2017. 库水位升降作用对动水压力型滑坡的影响: 以三峡库区白家包滑坡为例. 科学技术与工程, 17(18): 18-24.

刘传正, 刘艳辉, 温铭生, 等, 2019. 长江三峡库区地质灾害成因与评价研究. 工程地质学报, 27(3): 549.

刘二利, 2004. 波浪破碎过程的能量损失. 大连: 大连理工大学.

刘凯欣, 高凌天, 2003. 离散元法研究的评述. 力学进展, 33(4): 483-490.

刘新喜, 晏鄂川, 唐辉明, 2002. 红石包滑坡滑带土强度参数的神经网络预测. 岩土力学, 23(S1): 37-39.

卢书强, 易庆林, 易武, 等, 2014. 三峡库区树坪滑坡变形失稳机制分析. 岩土力学, 35(4): 1123-1130, 1202.

陆培毅, 韩亚飞, 王成华, 2018. 土体流固耦合理论研究进展. 重庆交通大学学报(自然科学版), 37(9): 53-59.

罗振东, 刘洪伟, 张桂芳, 等, 2002. Burgers 方程基于混合有限元法的差分格式及其数值模拟. 首都师范大学学报(自然科学版), 23(2): 1-4, 8.

马非, 贾善坡, 2014. 泥岩巷道围岩弹塑性参数反演分析与长期稳定性预测. 岩土力学, 35(7): 1987-1994.

任欢, 2017. 含裂隙土质边坡渗流规律的解析模型研究. 成都: 成都理工大学.

邵龙潭, 温天德, 郭晓霞, 2019. 非饱和土渗透系数的一种测量方法和预测公式. 岩土工程学报, 41(5): 806-812.

宋林辉, 黄强, 闫迪, 等, 2018. 水力梯度对黏土渗透性影响的试验研究. 岩土工程学报, 40(9): 1635-1641.

孙德安, 陈振新, 2012. 非饱和上海软土水力和力学特性耦合弹塑性模拟. 岩土力学, 33(S2): 16-20.

孙广忠, 1998. 中国典型滑坡. 北京: 科学出版社.

唐辉明, 2003. 长江三峡工程水库塌岸与工程治理研究. 第四纪研究, 23(6): 648-656.

陶高梁, 孔令伟, 2017. 基于微观孔隙通道的饱和/非饱和土渗透系数模型及其应用. 水利学报, 48(6): 702-709.

陶高梁, 张季如, 庄心善, 等, 2014. 压缩变形影响下的土-水特征曲线及其简化表征方法. 水利学报, 45(10): 1239-1246.

汪发武, 宋琨, 2021. 库水位涨落条件下不同结构边坡的变形破坏机制分析: 以千将坪滑坡和树坪滑坡为例. 工程地质学报, 29(3): 575-582.

王建锋, 吴梦喜, 李智毅, 等, 2003. 长江三峡工程库区宝塔坪滑坡前缘塌岸预测及防护. 中国地质灾害与防治学报, 14(1): 1-8.

王军, 曹平, 唐亮, 等, 2012. 考虑流变固结效应和强度折减法的土质边坡安全系数. 中南大学学报(自然科学版), 43(10): 4010-4016.

王力, 王世梅, 李高, 等, 2020. 考虑渗流与蠕变耦合作用的水库滑坡变形数值分析. 工程科学与技术, 52(1): 66-74.

王翔南, 李全明, 于玉贞, 等, 2019. 基于扩展有限元法对土体滑坡破坏过程的模拟. 岩土力学, 40(6): 2435-2442.

王胤, 艾军, 杨庆, 2017. 考虑粒间滚动阻力的 CFD-DEM 流-固耦合数值模拟方法. 岩土力学, 38(6): 1771-1780.

王媛, 刘杰, 2007. 裂隙岩体非恒定渗流场与弹性应力场动态全耦合分析. 岩石力学与工程学报, 26(6):

1150-1157.

王媛, 刘杰, 2003. 重力坝坝基渗透参数进化反演分析. 岩土工程学报, 25(5): 552-556.

吴创周, 杨林德, 刘成学, 等, 2013. 各向异性岩应力-渗流耦合问题的反分析. 岩土力学, 34(4): 1156-1162.

吴谦, 王常明, 李同录, 等, 2017. 黄土边坡降雨冲刷试验及颗粒流模拟. 长安大学学报(自然科学版), 37(6): 1-8.

吴谦, 王常明, 宋朋燃, 等, 2014. 黄土陡坡降雨冲刷试验及其三维颗粒流流-固耦合模拟. 岩土力学, 35(4): 977-985.

吴勇, 黄江华, 左思贤, 2019. 动水压力作用下堤防边坡流固耦合渗流特性研究. 水道港口, 40(6): 724-729.

肖长波, 刘毅, 谭超, 等. 2018. 三峡水库塌岸对麻柳林滑坡稳定性的影响分析. 安全与环境工程, 25(4): 41-45, 63.

肖敏敏, 程书, 杨礼明, 2023. 考虑沥青混合料空隙率的蠕变特性及改进 Burgers 模型. 科学技术与工程, 23(4): 1698-1708.

肖千璐, 李瑞杰, 王梅菊, 2017. 波浪作用下沙纹床面形态及底摩阻系数研究. 水运工程(5): 12-18.

肖秀丽, 2011. 考虑流固耦合渗流作用的边坡稳定性分析. 武汉: 华中科技大学.

谢林冲, 王超, 赵林立, 2021. 降雨-库水耦合作用对滑坡变形演化的影响研究: 以白家包滑坡为例. 三峡大学学报(自然科学版), 43(5): 49-55, 62.

谢强, 田大浪, 刘金辉, 等, 2019. 土质边坡的饱和-非饱和渗流分析及特殊应力修正. 岩土力学, 40(3): 879-892.

许强, 陈建君, 张伟, 2008. 水库塌岸时间效应的物理模拟研究. 水文地质工程地质, 35(4): 58-61.

薛阳, 吴益平, 苗发盛, 等, 2020. 库水升降条件下考虑饱和渗透系数空间变异性的白水河滑坡渗流变形分析. 岩土力学, 41(5): 1709-1720.

杨超, 汪稔, 孟庆山, 2012. 软土三轴剪切蠕变试验研究及模型分析. 岩土力学, 33(S1): 105-111.

杨玲, 魏静, 许子伏, 2022. 基于平滑先验法-麻雀搜索算法-支持向量机回归模型的滑坡位移预测: 以三峡库区八字门和白水河滑坡为例. 地球科学与环境学报, 44(6): 1096-1110.

杨秀元, 付杰, 韩旭东, 等, 2021. 三峡库区万州至巫山段城镇地质灾害调查进展. 中国地质调查, 8(1): 97-107.

杨育文, 周志立, 蒋涛, 等, 2013. 渗流作用下边坡自稳临界高度计算. 长江科学院院报, 30(10): 54-57.

姚仰平, 方雨菲, 2018. 土的负蠕变特性及其本构模型. 岩土工程学报, 40(10): 1759-1765.

姚仰平, 孔令明, 胡晶, 2013. 考虑时间效应的 UH 模型. 中国科学: 技术科学, 43(3): 298-314.

姚志华, 陈正汉, 方祥位, 等, 2019. 非饱和原状黄土弹塑性损伤流固耦合模型及其初步应用. 岩土力学, 40(1): 216-226.

张帮鑫, 2022. 基于流固耦合的边坡稳定性研究. 兰州: 兰州交通大学.

张根广, 李林林, 邢茹, 2020. 均匀球体泥沙典型分布状态及其起动流速研究. 应用基础与工程科学学报, 28(1): 50-58.

张桂荣, 程伟, 2011. 降雨及库水位联合作用下秭归八字门滑坡稳定性预测. 岩土力学, 32(S1): 476-482.

张宁晓, 陈茜, 林智勇, 2023. 基于强度折减法及雷达探测法的破碎岩质边坡的稳定性研究. 有色金属(矿山部分), 75(4): 58-63.

张奇华, 付敬, 董耀华, 等, 2002. 三峡库区奉节河段库岸再造及滑坡稳定性预测//中国岩石力学与工程学会第七次学术大会论文集. 北京: 中国科学技术出版社: 452-454.

张亚国, 肖书雄, 杨赟, 等, 2023. 一种状态变量相关的非饱和接触面弹塑性模型及验证. 岩土工程学报, 45(10): 2081-2090.

张延军, 王恩志, 王思敬, 2004. 非饱和土中的流-固耦合研究. 岩土力学(6): 999-1004.

张雁, 高树增, 闫超群, 等, 2017. 降雨对黄土路基边坡的冲刷规律. 中国地质灾害与防治学报, 28(4): 34-39.

张玉军, 2005. 饱和-非饱和介质水-应力耦合弹塑性二维有限元分析. 岩石力学与工程学报 (17): 3045-3051.

周葆春, 孔令伟, 2011. 考虑体积变化的非饱和膨胀土土水特征. 水利学报, 42(10): 1152-1160.

周剑, 张路青, 戴福初, 等, 2013. 基于黏结颗粒模型某滑坡土石混合体直剪试验数值模拟. 岩石力学与工程学报, 32(S1): 2650-2659.

周喻, 吴顺川, 焦建津, 等, 2011. 基于 BP 神经网络的岩土体细观力学参数研究. 岩土力学, 32(12): 3821-3826.

朱文彩, 何钰铭, 陈松, 2020. 三峡库区秭归县童庄河流域地质灾害分布特征分析. 资源环境与工程, 34(4): 561-564.

宗全利, 夏军强, 张翼, 等, 2014. 荆江段河岸黏性土体抗冲特性试验. 水科学进展, 25(4): 567-574.

邹维列, 王协群, 罗方德, 等, 2017. 等应力和等孔隙比状态下的土-水特征曲线. 岩土工程学报, 39(9): 1711-1717.

Adachi T, Oka F, 1982. Constitutive equations for normally consolidated clay based on elasto-viscoplast. Soils and Foundations, 22(4): 57-70.

Agus S S, Leong E C, Schanz T, 2003. Assessment of statistical models for indirect determination of permeability functions from soil–water characteristic curves. Géotechnique, 53(2): 279-282.

Alonso E E, Gens A, Josa A, 1990. A constitutive model for partially saturated soils. Géotechnique, 40(3): 405-430.

Bingham E C, 1922. Fluidity and Plasticity. New York: McGraw-Hill.

Biot M A, 1941. General theory of three-dimensional consolidation. Journal of Applied Physics, 12(2): 155-164.

Bjerrum L, 1967. Engineering geology of Norwegian normally-consolidated marine clays as related to settlements of buildings. Géotechnique, 17(2): 83-118.

Bodas F T M, Potts D M, Zdravkovic L, 2012. Implications of the definition of the Φ function in elastic-viscoplastic models. Géotechnique, 62(7): 643-648.

Borja R I, Kavazanjian E, 1985. A constitutive model for the stress–strain–time behaviour of 'wet' clays. Géotechnique, 35(3): 283-298.

Bosman G, 2007. Velocity and flow depth variations during wave overtopping. Delft: Technische Universiteit Delft.

Burdine N T, 1953. Relative permeability calculations from pore size distribution data. Journal of Petroleum Technology, 5(3): 71-78.

Burland J B, 1965. The yielding and dilation of clay. Géotechnique, 15(2): 211-214.

Cao Z, Wang Y, Lin H, et al., 2022. Hydraulic fracturing mechanism of rock mass under stress-damage-seepage coupling effect. Geofluids: 5241708.

Chen K, Chen H, Xu P, 2020. A new relative permeability model of unsaturated porous media based on fractal theory. Fractals, 28(1): 2050002.

Childs E C, Collis-George N, 1950. The permeability of porous materials. Proceedings of the Royal Society of London. Series A. Mathematical and Physical Sciences, 201(1066): 392-405.

de Gennaro V, Pereira J M, 2013. A viscoplastic constitutive model for unsaturated geomaterials. Computers and Geotechnics, 54: 143-151.

di Prisco C, Imposimato S, 1996. Time dependent mechanical behaviour of loose sands. Mechanics of Cohesive-Frictional Materials, 1(1): 45-73.

Duró G, Crosato A, Kleinhans M G, et al., 2020. Bank erosion processes in Regulated Navigable Rivers. Journal of

Geophysical Research: Earth Surface, 125(7): e2019JF005441.

Fredlund D G, 2006. Unsaturated soil mechanics in engineering practice. Journal of Geotechnical and Geoenvironmental Engineering, 132(3): 286-321.

Fredlund D G, Rahardjo H, 1993. An overview of unsaturated soil behaviour//ASCE Specialty Session Unsaturated Soil Properties. Dallas, Texas.

Fredlund D G, Xing A, Fredlund M D, et al., 1996. The relationship of the unsaturated soil shear strength to the soil-water characteristic curve. Canadian Geotechnical Journal, 33(3): 440-448.

Gallipoli D, Wheeler S J, Karstunen M, 2003. Modelling the variation of degree of saturation in a deformable unsaturated soil. Géotechnique, 53(1): 105-112.

Gan L, Shen Z Z, Wang R, et al, 2014. Stress-seepage fully coupling model for high arch dam. Applied Mechanics and Materials, 513/514/515/516/517: 4025-4029.

Gao T, Li G X, Shi J H, et al, 2010. A flume test on erosion mechanism for an abandoned section of the Huanghe (Yellow) River Delta. Chinese Journal of Oceanology and Limnology, 28(3): 684-692.

Gao Y, Li Z, Sun D a, et al., 2021. A simple method for predicting the hydraulic properties of unsaturated soils with different void ratios. Soil and Tillage Research, 209: 104913.

Gao Z Y, Chai J C, 2022. Method for predicting unsaturated permeability using basic soil properties. Transportation Geotechnics, 34: 100754.

Guo H Q, Xu W, Wu Z R, 2004. Study on coupling influences of concrete dam foundation seepage, stress, and creep on structure behaviors of dam body. Geo-Engineering Book Series, 2: 753-758.

Hochreiter S, Schmidhuber J, 1997. Long short-term memory. Neural Computation, 9(8): 1735-1780.

Hu R, Chen Y F, Liu H H, et al., 2013. A water retention curve and unsaturated hydraulic conductivity model for deformable soils: Consideration of the change in pore-size distribution. Géotechnique, 63(16): 1389-1405.

Huang R Q, Wu L Z, 2012. Analytical solutions to 1-D horizontal and vertical water infiltration in saturated/unsaturated soils considering time-varying rainfall. Computers and Geotechnics, 39: 66-72.

Huang S Y, Barbour S L, Fredlund D G, 1998. Development and verification of a coefficient of permeability function for a deformable unsaturated soil. Canadian Geotechnical Journal, 35(3): 411-425.

Hunt I A Jr, 1959. Design of seawalls and breakwaters. Journal of the Waterways and Harbors Division, 85(3): 123-152.

Intrieri E, Carlà T, Gigli G, 2019. Forecasting the time of failure of landslides at slope-scale: A literature review. Earth-Science Reviews, 193: 333-349.

Itasca Consulting Group, 2014. PFC Documentation Release 5. 0.

Jonsson I G, Carlsen N A, 1976. Experimental and theoretical investigations in an oscillatory turbulent boundary layer. Journal of Hydraulic Research, 14(1): 45-60.

Kaczmarek Ł, Dobak P, 2017. Contemporary overview of soil creep phenomenon. Contemporary Trends in Geoscience, 6(1): 28-40.

Kavanagh K T, 1972. An approximate algorithm for the reanalysis of structures by the finite element method. Computers & Structures, 2(5-6): 713-722.

Kennedy J, Eberhart R, 1995. Particle swarm optimization//Proceedings of ICNN'95 - International Conference on Neural Networks. IEEE, 4: 1942-1948.

Kirkby M J, 1967. Measurement and theory of soil creep. The Journal of Geology, 75(4): 359-378.

Komar P D, Gaughan M K, 1972. Airy Wave Theory and Breaker Height Prediction. Coastal Engineering Proceedings, 1(13): 20.

Kondner R L, 1963. Hyperbolic stress-strain response: Cohesive soils. Journal of the Soil Mechanics and Foundations Division, 89(1): 115-143.

Koyama T, Jing L R, 2007. Effects of model scale and particle size on micro-mechanical properties and failure processes of rocks: A particle mechanics approach. Engineering Analysis with Boundary Elements, 31(5): 458-472.

Lai X L, Wang S M, Ye W M, et al., 2014. Experimental investigation on the creep behavior of an unsaturated clay. Canadian Geotechnical Journal, 51(6): 621-628.

Laliberte G E, Corey A T, Brooks R H, 1966. Properties of unsaturated porous media. Colorado: Colorado State University.

Leoni M, Karstunen M, Vermeer P A, 2008. Anisotropic creep model for soft soils. Géotechnique, 58(3): 215-226.

Li C C, Wang Z Z, Liu Q H, 2022. Numerical simulation of mudstone shield tunnel excavation with ABAQUS seepage-stress coupling: A case study. Sustainability, 15(1): 667.

Li S, Fan C J, Han J, et al., 2016. A fully coupled thermal-hydraulic-mechanical model with two-phase flow for coalbed methane extraction. Journal of Natural Gas Science and Engineering, 33: 324-336.

Li X, Zhang L M, Fredlund D G, 2009. Wetting front advancing column test for measuring unsaturated hydraulic conductivity. Canadian Geotechnical Journal, 46(12): 1431-1445.

Liu D, Pu H, Ju Y, et al., 2019. A new non-linear viscoelastic-plastic seepage-creep constitutive model considering the influence of confining pressure. Thermal Science, 23(3): 821-828.

Luo Z F, Zhang N L, Zhao L Q, et al, 2018. Seepage-stress coupling mechanism for intersections between hydraulic fractures and natural fractures. Journal of Petroleum Science and Engineering, 171: 37-47.

Ma Z, Wang Y, Ren N X, et al., 2019. A coupled CFD-DEM simulation of upward seepage flow in coarse sands. Marine Georesources & Geotechnology, 37(5): 589-598.

Makris N, Constantinou M C, 1991. Fractional derivative Maxwell model for viscous dampers. Journal of Structural Engineering, 117(9): 2708-2724.

Małgorzata K S, Łukasz W, Jarosław C, et al., 2018. Factors affecting bluff development around a mountain reservoir: A case study in the Polish Carpathians. Geografiska Annaler: Series A, Physical Geography, 101: 1, 79-93.

Mesri G, Godlewski P M, 1977. Time-and stress-compressibility interrelationship. Journal of the Geotechnical Engineering Division, 103(5): 417-430.

Mesri G, Kwan L D O, Feng W T, 1994. Settlement of embankment on soft clays. Geotechnical Special Publication, 1994, 1(40): 8-56.

Mualem Y, 1976. A new model for predicting the hydraulic conductivity of unsaturated porous media. Water Resources Research, 12(3): 513-522.

Naylor D J, Knight D J, Ding D, 1988. Coupled consolidation analysis of the construction and subsequent performance of Monasavu Dam. Computers and Geotechnics, 6(2): 95-129.

Oda M, 1986. An equivalent continuum model for coupled stress and fluid flow analysis in jointed rock masses. Water Resources Research, 22(13): 1845-1856.

Patsinghasanee S, Kimura I, Shimizu Y, et al., 2017. Cantilever failure investigations for cohesive riverbanks.

Proceedings of the Institution of Civil Engineers: Water Management, 170(2): 93-108.

Riemer W, 1992. Landslide and reservoir//Proceedings of the 6th International Symposium on Landslides. Christchurch: 1373-2004.

Romero E, Gens A, Lloret A, 1999. Water permeability, water retention and microstructure of unsaturated compacted Boom clay. Engineering Geology, 54(1-2): 117-127.

Schreyer T A, Saraswat K C, 1986. A two-dimensional analytical model of the cross-bridge Kelvin resistor. IEEE Electron Device Letters, 7(12): 661-663.

Schüttrumpf H, Möller J, Oumeraci H, 2003. Overtopping flow parameters on the inner slope of seadikes//Coastal Engineering 2002. Cardiff, Wales. World Scientific Publishing Company: 2116-2127.

Schüttrumpf H, Oumeraci H, 2005. Layer thicknesses and velocities of wave overtopping flow at seadikes. Coastal Engineering, 52(6): 473-495.

Shi Y, Eberhart R, 1998. A modified particle swarm optimizer//1998 IEEE International Conference on Evolutionary Computation Proceedings. IEEE World Congress on Computational Intelligence (Cat. No. 98TH8360). Anchorage, AK, USA. IEEE: 69-73.

Singh A, Mitchell J K, 1969. Closure to "general stress-strain-time function for soils". Journal of the Soil Mechanics and Foundations Division, 95(6): 1526-1527.

Singh A, Mitchell J K, 1968. General stress-strain-time function for soils. Journal of the Soil Mechanics and Foundations Division, 94(1): 21-46.

Sun D A, Sheng D C, Cui H B, et al, 2007. A density-dependent elastoplastic hydro-mechanical model for unsaturated compacted soils. International Journal for Numerical and Analytical Methods in Geomechanics, 31(11): 1257-1279.

Sun R, Xiao H, 2016. CFD-DEM simulations of current-induced dune formation and morphological evolution. Advances in Water Resources, 92: 228-239.

Svendsen I A, Madsen P A, Hansen J B, 1978. Wave Characteristics in the Surf Zone. Coastal Engineering Proceedings, 1(16): 29.

Tao G, Wang Q, Chen Q, et al., 2021. Simple graphical prediction of relative permeability of unsaturated soils under deformations. Fractal and Fractional, 5(4): 153.

Taylor D W, 1948. Fundamentals of Soil Mechanics. New York: Wiley.

Terzaghi K, Peck R B, Mesri G, 1996. Soil mechanics in engineering practice. New York: John Wiley & Sons.

Trenhaile A S, 2009. Modeling the erosion of cohesive clay coasts. Coastal Engineering, 56(1): 59-72.

van Genuchten M T, 1980. A closed-form equation for predicting the hydraulic conductivity of unsaturated soils. Soil Science Society of America Journal, 44(5): 892-898.

Vaunat J, Cante J C, Ledesma A, et al, 2000. A stress point algorithm for an elastoplastic model in unsaturated soils. International Journal of Plasticity, 16(2): 121-141.

Wang L, Guo F, Wang S M, 2020. Prediction model of the collapse of bank slope under the erosion effect of wind-induced wave in the Three Gorges Reservoir Area, China. Environmental Earth Sciences, 79(18): 421.

Wang S M, Zhan Q H, Wang L, et al., 2021. Unsaturated creep behaviors and creep model of slip-surface soil of a landslide in Three Gorges Reservoir Area, China. Bulletin of Engineering Geology and the Environment, 80(7): 5423-5435.

Wang Y, Chai J R, Xu Z G, et al., 2020. Numerical simulation of the fluid-solid coupling mechanism of internal erosion in granular soil. Water, 12(1): 137.

Wen T D, Shao L T, Guo X X, 2021a. Permeability function for unsaturated soil. European Journal of Environmental and Civil Engineering, 25(1): 60-72.

Wen T D, Wang P P, Shao L T, et al., 2021b. Experimental investigations of soil shrinkage characteristics and their effects on the soil water characteristic curve. Engineering Geology, 284: 106035.

Xu P, Qiu S X, Yu B M, et al, 2013. Prediction of relative permeability in unsaturated porous media with a fractal approach. International Journal of Heat and Mass Transfer, 64: 829-837.

Yang H, Rahardjo H, Leong E C, et al., 2004. Factors affecting drying and wetting soil-water characteristic curves of sandy soils. Canadian Geotechnical Journal, 41(5): 908-920.

Yin J H, Graham J, 1989. Viscous-elastic-plastic modelling of one-dimensional time-dependent behaviour of clays-. Canadian Geotechnical Journal, 26(2): 199-209.

Zhao K, Gong Z, Zhang K, et al., 2020. Laboratory experiments of bank collapse: The role of bank height and near-bank water depth. Journal of Geophysical Research: Earth Surface, 125(5): e2019JF005281.

Zhang F X, Wilson G W, Fredlund D G, 2018. Permeability function for oil sands tailings undergoing volume change during drying. Canadian Geotechnical Journal, 55(2): 191-207.

Zhang Q Y, Wang C, Xiang W, 2019. A seepage-stress coupling model in fractured porous media based on XFEM. Geotechnical and Geological Engineering, 37(5): 4057-4073.

Zheng D J, Cheng L, Bao T F, et al, 2013. Integrated parameter inversion analysis method of a CFRD based on multi-output support vector machines and the clonal selection algorithm. Computers and Geotechnics, 47: 68-77.

Zheng J, Yang X J, Fan H H, et al., 2018. Experimental study on the failure process of the homogeneous bank slopes of reservoir during the water level's fluctuation. Indian Journal of Geo-Marine Sciences, 47(7): 1430-1434.

Zhou S, Zhang G G, Wang Y L, 2019. Unified standard of sediment in-cipient motion and corresponding relationships between different threshold pa rameters based on probability theory. Taiwan Water Conservancy, 67(3): 16-23.

Zhu J, 2000. Experimental study and elastic visco-plastic modelling of the time-dependent stress-strain behaviour of Hong Kong marine deposits. Hong Kong: Hong Kong Polytechnic University.

Zou Y H, Chen C, Zhang L M, 2020. Simulating progression of internal erosion in gap-graded sandy gravels using coupled CFD-DEM. International Journal of Geomechanics, 20(1): 4019135.